AF343427

LA TERRE

ET

LE RÉCIT BIBLIQUE

DE LA CRÉATION

Vue idéale d'une forêt et d'un marécage pendant la période houillère. (Page 74.)

LA TERRE

ET

LE RÉCIT BIBLIQUE

DE LA CRÉATION

PAR

B. POZZY

MEMBRE DE LA SOCIÉTÉ D'ANTHROPOLOGIE DE PARIS

Veritati cedendo vincere opinionem.

Ouvrage illustré de 150 figures sur bois

PARIS

TYPOGRAPHIE DE CH. MEYRUEIS

13, RUE CUJAS, 13

—

1874

Droits de propriété et de traduction réservés.

PRÉFACE.

Etudier la structure intime de notre globe, les modifications successives qu'il a subies; partir de là pour reconstruire son histoire à l'aide des débris fossiles enfouis dans ses entrailles; rapprocher enfin les résultats ainsi obtenus du récit de la création dans le plus ancien des livres, — tel est le but de cet écrit.

Ce n'est point ici un ouvrage de science pure, c'est plutôt un essai de vulgarisation. Tout en restant dans la vérité scientifique, nous nous sommes efforcé d'être compris de tous. En nous lisant, ceux qui ignorent pourront apprendre quelque chose, ceux qui savent aimeront peut-être à se souvenir.

Dans un temps où l'on cherche à établir une sorte d'antagonisme entre la science et la religion, nous avons voulu montrer que la religion n'a rien à redouter de la science.

« Il n'y a point de vérité contre la vérité, » disait Champollion au souverain pontife effrayé des récentes découvertes du savant français, dans le domaine des antiquités égyptiennes.

Cette conviction est aussi la nôtre. Loin de l'ébranler, l'étude n'a fait que l'affermir, et c'est de tout cœur que nous souscrivons à ces paroles de David Brewster: « Les amis de la religion font tort à la science, les amis de la science la

dégradent, lorsqu'ils les représentent comme hostiles l'une à
l'autre. »

La thèse que nous soutenons, d'autres l'ont soutenue avant
nous. Marcel de Serres, dans *la Cosmogonie de Moïse comparée aux faits géologiques* (1), plus récemment Mgr Meignan, évêque de Châlons-sur-Marne, dans *le Monde et
l'homme primitif selon la Bible* (2), ont essayé de montrer
l'accord de la science et de la Révélation. Nous avons lu
leurs ouvrages ; ils ne nous ont pas satisfait. Sans contester
leurs mérites à d'autres égards, nous trouvons qu'ils restent
trop dans les généralités, qu'ils ne serrent d'assez près ni les
faits de la science, ni le texte des Ecritures. La forme d'ailleurs en est trop sévère, trop didactique. Elle est faite pour
effrayer plutôt que pour attirer les gens du monde, c'est-à-dire
le grand nombre qu'il s'agit surtout d'atteindre.

Sur ce dernier chef, il faut en dire autant d'un autre livre
nouvellement paru, et dont nous n'avons connu l'existence
qu'après que le nôtre était déjà terminé. Nous voulons parler
des *Origines de la Terre et de l'Homme*, par l'abbé J. Fabre
d'Envieu (3). L'auteur s'est livré à une étude approfondie du
sujet, et quoique sur bien des points ses vues diffèrent sensiblement des nôtres, nous nous plaisons à rendre hommage
à la solidité de son savoir et à la pénétration de son esprit.
Il est regrettable qu'au lieu d'éviter la forme scolastique, il
semble plutôt s'y complaire, et se soit ainsi condamné d'avance
à fermer l'accès de son livre au commun des lecteurs.

Le charmant opuscule de M. L. Gaussen, *le Premier*

(1) Deux volumes in-12, 3ᵉ édition. Paris, 1859, chez Lagny frères.

(2) Un volume in-8°. Paris, 1869, chez V. Palmé.

(3) *Les Origines de la Terre et de l'Homme d'après la Bible et d'après la
Science*, etc. 1 vol. in-8°. Paris, Ernest Thorin, 1873.

chapitre de la Genèse (1), où l'on retrouve toutes les qualités brillantes de son aimable auteur, est depuis longtemps dépassé.

Notons enfin deux travaux, *le Surnaturel démontré par les Sciences naturelles* (2), de M. Frédéric de Rougemont, et *les Jours de la création* dans les *Etudes bibliques* (3) de M. le professeur F. Godet, de Neuchâtel (Suisse). L'un et l'autre sont d'éloquents plaidoyers en faveur de l'accord de la science et de la Révélation. Mais outre qu'ils laissent subsister les principales difficultés du sujet sans les résoudre, leur brièveté les rend nécessairement incomplets et ne leur permet point de traiter la question avec une étendue suffisante (4).

En Angleterre où les questions qui touchent à la Bible ont le privilége d'intéresser le public plus que chez nous, il y a toute une littérature du sujet. Nous nous garderons d'en donner une nomenclature complète. Disons seulement que tous les écrits publiés sont loin d'avoir la même valeur. Le livre posthume du célèbre géologue écossais Hugh Miller, *le Témoignage des roches* (5), et le petit volume de M. Mc Causland, *le Langage des pierres* (6), sont ceux que nous avons lus avec le plus de profit. Ce dernier surtout nous a été d'un grand secours pour l'intelligence du récit biblique. Nous lui avons fait de larges emprunts. Il en est de plus complets; nous

---

(1) *Le Premier chapitre de la Genèse*, etc. Toulouse, 1859.

(2) *Le Surnaturel démontré par les Sciences naturelles*. Neuchâtel, 1870.

(3) *Etudes bibliques*, Première série. Ancien Testament. Paris, 1873.

(4) *Le Récit biblique de la Création*, de M. Théophile Rivier (Lausanne, 1873), est plutôt une étude critique qu'un essai de conciliation.

(5) *The Testimony of the Rocks*, etc., by Hugh Miller. Edinburgh, 1857.

(6) *Sermons in Stones, or Scripture confirmed by Geology*, by Dominick Mc Causland esq. Sixth edition. London, 1856.

n'en connaissons ni de mieux écrit ni d'une lecture plus attrayante et plus facile. Malheureusement il se tait ou à peu près sur les temps préhistoriques et sur les nombreuses questions qui s'y rattachent. Le livre de M. James Brodie, *Remarques sur l'antiquité et la nature de l'homme* (1), plein d'observations judicieuses, et celui de sir Ch. Lyell (2) qui en a été l'occasion, nous ont rendu à cet égard de précieux services que nous sommes heureux de reconnaître. Nous devons mentionner aussi *l'Homme avant l'Histoire* (traduit de l'anglais, *Prehistoric Times*), de sir John Lubbock, et, parmi les publications françaises, *les Matériaux pour l'Histoire naturelle et primitive de l'Homme*, de M. Mortillet, actuellement rédigés par MM. Trutat et Cartailhac, les *Bulletins de la Société d'anthropologie de Paris*, et les nombreux ouvrages de MM. Boucher de Perthes, Édouard Dupont, Desor, Fréd. Troyon, etc.

L'Allemagne, si riche en ouvrages de tout genre, l'est peut-être moins que l'Angleterre sur la question dont il s'agit. Citons néanmoins, dans le même courant que Hugh Miller, l'*Histoire de la Terre et de l'Homme* (3), par M. Zæckler, professeur de théologie à Greifswald, et l'opuscule de M. Stutz, professeur de géologie au Polytechnicum fédéral de Zurich, *Sur l'Histoire de la création, d'après la géologie et la Bible* (4).

La Terre et le Récit biblique de la création est divisée en trois livres. Dans le premier nous nous sommes attaché

---

(1) *Remarks on the Antiquity and nature of man*, etc., by the Rev. JAMES BRODIE. Edinburgh, 1864.

(2) *Antiquity of man.*

(3) *Die Urgeschichte der Erde und des Menschen*, 1868.

(4) *Ueber die Schöpfungsgeschichte nach Geologie und Bibel*, 1867.

à exposer les faits de la science; dans le second, les faits
bibliques; le troisième, enfin, est consacré au rapprochement
des deux ordres de faits.

Si tout en instruisant nous avons réussi à dissiper quelques malentendus et à relever la Révélation du discrédit dont
on voudrait la frapper au nom de la science, notre ambi-
tion sera satisfaite.

LIVRE PREMIER

LA TERRE

LIVRE PREMIER

LA TERRE

CHAPITRE PREMIER

La science de la terre, ou géologie (du grec γῆ, terre, et λόγος, discours), est cette branche des connaissances humaines qui a pour objet l'étude de la formation primitive et des modifications successives du globe terrestre, et plus spécialement de cette portion du globe que nous habitons et qui en est comme l'enveloppe solide.

Cette enveloppe est une masse rocheuse, couverte en presque totalité d'eau ou de terrains d'alluvion. Les roches qui la composent sont de différente nature, et se divisent en deux groupes principaux : les roches STRATIFIÉES et les roches NON STRATIFIÉES.

Les roches STRATIFIÉES qu'on appelle aussi *sédimentaires* ou *aqueuses*, à cause de leur origine, sont celles qui ont été formées par *sédiment*, c'est-à-dire par le dépôt, au fond des eaux, de matières terreuses, telles que sable, argile, et qui, sous la double influence de la pression et de la chaleur et aussi de certaines actions chimiques, se sont solidifiées et pétrifiées, comme nous les voyons aujourd'hui. Ces roches toujours stratifiées, c'est-à-dire disposées par couches, comme les feuillets d'un livre, furent originairement déposées dans une position horizontale, sur le lit des océans et des lacs primitifs.

Cette disposition en *strates* ou en *couches*, que nous venons de rappeler, suffirait à elle seule pour établir l'origine aqueuse des roches sédimentaires. Leur structure pétrologique (sous forme de grès, poudingues, brèches, limons, argiles plus ou moins durcis) et surtout la présence d'innombrables fossiles, débris de plantes, de coquilles, de poissons qui peuplaient les océans anciens, et de reptiles, d'oiseaux, de quadrupèdes qui vivaient sur leurs bords et sur leurs îles, achèvent de dissiper toute espèce de doute à cet égard.

Les roches NON STRATIFIÉES sont celles qui ont été formées par l'action du feu, et que, pour ce motif, on a nommées *ignées* ou *pyroïdes* : ignées, d'un mot latin *ignis*; pyroïdes, d'un mot grec πῦρ qui veut dire feu. Elles portent aussi quelquefois le nom de *roches de cristallisation*, à cause de l'aspect cristallin qu'elles présentent en général. Enfin naguère on les appelait *roches primitives*, par opposition aux roches stratifiées qu'on appelait *roches secondaires*, parce qu'on supposait qu'elles avaient été formées plus anciennement que toutes les autres. On a généralement renoncé à cette désignation, depuis qu'on a reconnu que leur apparition avait eu lieu, en divers temps, et pour quelques-unes même, à des époques postérieures à la formation des premières couches fossilifères. Ces roches ne sont pas disposées en strates ou en couches comme les autres, mais en masses irrégulières. La raison en est qu'elles n'ont pas été formées par lit, sur le fond des eaux, mais par éjection, de loin en loin, et en différents lieux, de la masse incandescente et liquide qui est au-dessous.

On les divise en deux classes : les *roches volcaniques* et les *roches plutoniques*.

Les *roches volcaniques* sont celles qui ont été ou qui sont encore de nos jours rejetées à la surface de la terre par les volcans, telles que le *trachyte*, le *phonolithe*, le *basalte*, les *laves, cendres*, etc.

Les roches *plutoniques* (formées par Pluton ou le feu central) sont celles qui se sont fait jour par les fentes et les crevasses de la croûte terrestre, et qui sans éruption proprement dite ont soulevé ou envahi les strates, sur de vastes surfaces, probablement d'une manière lente et successive, peut-être par voie de suintement et avec une énergie que la science ne peut calculer, mais dont on peut se faire une idée générale, en se rappelant que l'apparition des plus vastes chaînes de montagnes est due à leur puissance de soulèvement.

Ces roches qui offrent presque toujours un aspect subcristallin sont le *granit* (avec ses diverses variétés : *syénite, protogyne, porphyres*), la *serpentine*, la *diorite* et l'*aphite*.

Enfin, indépendamment des deux groupes de roches dont nous venons de parler (*stratifiées* et *non stratifiées*) et dont les unes ont été formées par voie aqueuse, tandis que les autres ont été produites par voie ignée, il en est un troisième qui participe des unes et des autres et que l'on a nommé ROCHES MÉTAMORPHIQUES.

Les ROCHES MÉTAMORPHIQUES s'appuient immédiatement sur le granit; elles sont ainsi nommées à cause des changements ou métamorphoses que leur a fait subir la haute température de la base granitique sur laquelle elles ont été déposées. Quoique stratifiées, mais d'une stratification indistincte et souvent difficile à reconnaître, elles sont d'une structure cristalline et d'une substance peu différente de celle des granits sous-jacents avec les débris désagrégés desquels elles ont été en grande partie formées. Tels sont les *gneiss*, les *micaschistes* et les *marbres cristallisés*.

Le *gneiss* ou *granit micacé* appelé aussi *granit stratifié*, en raison de sa structure feuilletée, est une variété de granit composée comme cette roche de feldspath et de mica, mais dans laquelle le mica prédomine.

Il prend le nom de *micaschiste* lorsque le mica devient encore plus abondant.

Le *schiste micacé* est la partie supérieure du *granit micacé*. Il se confond avec lui par sa base et passe dans sa partie supérieure, par une transition graduelle et insensible, au *calcaire saccharoïde*, ou *marbre grenu*.

Le *calcaire saccharoïde* n'est que la pierre à chaux des maçons, à laquelle les actions réunies de la chaleur intérieure et de l'électricité ont donné un commencement de cristallisation qui la fait ressembler à du sucre raffiné.

Ces roches sont de vrais terrains de sédiment comme le prouve leur disposition en couches. Il n'y a que des matières en suspension dans un liquide qui, en se déposant, puissent se ranger de cette manière. Leur épaisseur, que sir Roderick Murchison évalue à 26,000 pieds (anglais), et le nombre des couches dont elles se composent, indiquent qu'elles ont dû mettre une longue suite de siècles à se former.

On regarde généralement le *granit* comme la base sur laquelle reposent toutes les couches sédimentaires. C'est sur lui que se déposèrent les premiers sédiments; ceux-ci devinrent à leur tour la base d'un autre système de couches, et ainsi de suite, jusqu'à ce qu'on arrive aux dépôts les plus élevés, à ceux qui constituent notre sol actuel. Chacun de ces dépôts fut une sorte de théâtre sur lequel firent leur apparition, vécurent et se développèrent des êtres organisés, soit animaux, soit végétaux, pour y être ensevelis ensuite et recouverts par les dépôts subséquents. Ces derniers à leur tour servirent de demeure et plus tard de tombeau aux espèces soit animales soit végétales qui les suivirent. C'est à l'aide des débris ou des empreintes qu'elles ont laissés, qu'on peut reconstruire l'histoire *antéhistorique* de notre globe. Aussi le géologue anglais G. Mantell les appelle-t-il les *médailles de la création* (the medals of creation).

« C'est aux fossiles, dit Georges Cuvier, qu'est due la naissance de la théorie de la terre. Sans eux l'on n'aurait peut-être jamais songé qu'il y ait eu dans la formation du globe des époques successives, et une série d'opérations différentes. Eux seuls donnent la certitude que le globe n'a pas toujours eu la même enveloppe, par la certitude où l'on est qu'ils ont dû vivre à la surface avant d'être ainsi ensevelis dans la profondeur. Ce n'est que par analogie qu'on a étendu aux terrains primitifs la conclusion que les fossiles fournissent directement pour les terrains secondaires; et s'il n'y avait que des terrains sans fossiles, personne ne pourrait soutenir que ces terrains n'ont pas été formés tous ensemble(1). »

Pendant que se déposaient les couches successives dont se compose la croûte terrestre, plusieurs portions du lit des mers et des lacs furent soulevées au-dessus des eaux, par l'action des forces de l'intérieur, tandis que d'un autre côté, des portions de continents s'abaissèrent de manière à être submergées. Voilà pourquoi des pays qui dans un temps avaient servi d'habitation à des êtres sous-marins, ont pu être et ont

_____

(1) *Ossements fossiles* (in-4°). *Discours sur les révolutions du globe*, t. I, p. 29.

été en effet, à d'autres époques, couverts d'une végétation, et peuplés d'animaux terrestres.

Buffon avait déjà pressenti le fait à propos des coquilles dont l'existence avait été signalée au sommet des Alpes. Voltaire prétendit que ces coquilles trouvées dans les Alpes et les Apennins y avaient été perdues par des pèlerins se rendant à Rome (1). Il ignorait que des montagnes entières sont formées par l'accumulation de ces coquilles, que dans les Pyrénées par exemple, des coquilles d'origine marine occupent d'immenses espaces, jusqu'à 2,000 mètres de hauteur. Et comme Buffon se récriait avec emportement contre une pareille explication : « Je ne veux pas, écrivit le philosophe de Ferney, me brouiller avec M. de Buffon, pour des coquilles. »

On voit que Voltaire avait plus d'esprit que de science géologique.

Quoi qu'il en soit, l'hypothèse de soulèvements et d'affaissements successifs de la croûte solide de notre globe, ne rencontre plus aujourd'hui de contradicteurs, elle est passée dans le domaine des faits acquis. Les exemples abondent, même sans sortir des temps historiques.

L'un des plus remarquables est celui que nous fournit le temple de Jupiter Sérapis, bâti sur la rive de la baie de Baies, près de Pouzzoles. Cet édifice, d'une forme quadrangulaire, avait son toit porté par une colonnade de marbre, haute d'environ 42 pieds (anglais), et dont trois colonnes sont encore debout. Elles sont intactes et unies jusqu'à environ 12 pieds de leur base. A partir de ce point et dans une hauteur de 9 pieds, elles sont

(1) *Physique*, de Voltaire, t. I, chap. xv (*Singularités de la nature*); t. XIX, p. 369 et suivantes de l'édition de Lefèvre. Paris, 1818. Ailleurs, pour rendre compte de l'existence des poissons fossiles signalés dans la Hesse et dans les Alpes, il suppose que ces poissons, « apportés par un voyageur, s'étant gâtés, furent jetés et se pétrifièrent dans la suite des temps. » (*Dissertation sur les changements arrivés dans notre globe.*)

perforées d'une multitude de petits trous pratiqués dans le marbre par une espèce de moule appelée *Modiola lithophaga*, qui n'a pu vivre que dans l'eau de mer et dont les coquilles

Fig. 1. — Colonnes du temple de Sérapis, à Pouzzoles.

se trouvent dans les cavités. Tout le reste des colonnes au-dessus de la zone perforée, est uni comme le dessous. La ligne supérieure de la zone est situé à 23 pieds environ au-

dessus du niveau de l'eau qui baigne presque la base des colonnes.

Il suit de là que le sol sur lequel reposait le temple de
Jupiter Sérapis s'est affaissé, depuis la construction de l'édifice, d'une profondeur de 23 pieds au moins, et qu'il a été
relevé à son niveau actuel ou même à un niveau supérieur.
Et comme il a été établi au moyen de certaines inscriptions,
que ce temple a été embelli par Marc-Aurèle, vers le milieu,
et par Septime-Sévère, vers la fin du second siècle, on est autorisé à conclure que tous ces changements ont eu lieu pendant les seize cents dernières années.

Dans des temps plus rapprochés de nous, en 1707, on vit
sortir de la mer, près de l'île Santorin, une île qui avait
5 milles de circonférence et 40 pieds de hauteur au-dessus
des flots. Le 29 septembre 1755 la montagne de Jorullo, d'une
surface de 4 milles carrés, au Mexique, fut vue de tous les
habitants, au bruit épouvantable des feux souterrains, se sou-
lever de la plaine en forme de dôme ou de vessie, à une
hauteur de 1,670 pieds, qu'elle conserve encore aujourd'hui ;
des flammes sortirent de terre autour de la nouvelle montagne sur un espace de plusieurs milles, et la surface de la
plaine s'élevait et s'abaissait comme une mer agitée. D'autre
part, Humboldt croit que tout le continent de l'Amérique
du Sud a été sous l'eau, et que plusieurs îles de l'océan
Austral, spécialement dans l'archipel indien, ont été aussi submergées.

Tout le monde sait que les côtes de la Suède, sur une
étendue de plus de mille milles de longueur, et de cinquante
de largeur, se sont élevées depuis plusieurs années, et continuent à s'élever encore au taux de 4 pieds par siècle ; tandis
que les côtes du Groënland se sont abaissées graduellement
sur une grande étendue, durant les quatre cents dernières
années.

On pourrait citer aussi l'exemple de forêts entières submergées, d'arbres trouvés debout dans le sein des eaux, tandis
qu'on trouve ailleurs des forêts et des fourrés dont les racines et les branches sont entremêlées de plantes et de coquilles aquatiques.

Tous ces faits et d'autres encore qu'il serait facile de multiplier, ne s'expliquent que par l'action des soulèvements et
des affaissements successifs produits par les gaz et les feux
bouillonnants de l'intérieur.

C'est à l'aide de la même cause qu'on peut se rendre compte
des éminences, des boursouflures, des plis, des crevasses qui
ont si profondément modifié la surface première de notre
globe.

Lorsque la masse en fusion soulevée par les forces pertur-
batrices qui l'agitaient, éventrait la croûte solide, alors par
de larges ouvertures, il s'échappait des flots de granit liquide,
qui, comme nous l'avons vu, en se solidifiant au dehors, donnèrent naissance aux premières montagnes. D'autres fois, par
suite du retrait interne occasionné par le refroidissement (car
on sait que les corps se contractent et diminuent de volume
en passant de l'état liquide à l'état solide), il se produisait

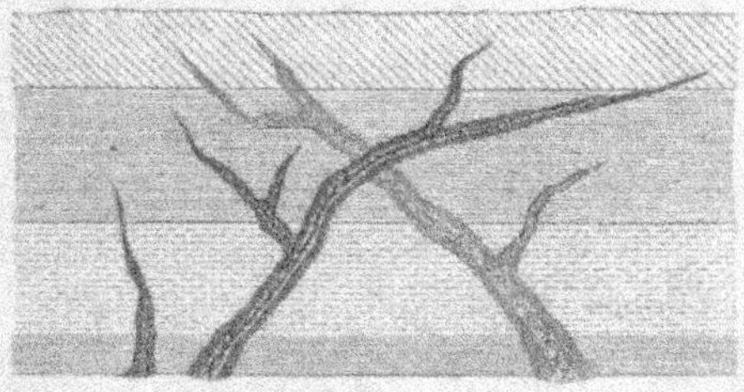

Fig. 2. — Filons.

dans les parties solidifiées, des fractures plus étroites. Les
matières éruptives provenant de l'intérieur, poussées par

le poids des couches supérieures refroidies qui les pressaient de toutes parts, les remplissaient bientôt, et constituaient à travers les couches sédimentaires ces longues trainées connues aujourd'hui sous le nom de *filons* (fig. 2), où se trouvent de précieux gisements de métaux divers, tels que le cuivre, le zinc, l'antimoine et le plomb. D'autres fois encore, et le plus souvent, lorsque les fentes intérieures n'avaient pas traversé toute l'épaisseur de la masse terrestre, les filons s'arrêtaient à une certaine hauteur sans arriver jusqu'au niveau du sol. D'ordinaire, c'est dans les terrains de transition, gneiss, schistes, et surtout dans les terrains primitifs, granits, porphyres, qu'on les rencontre puissants et nombreux.

Il ne faut pas confondre les *failles* avec les filons. Lorsque par suite d'un soulèvement du sol il se produit des ruptures dans les terrains stratifiés, il est rare que les portions séparées restent à la même hauteur. Le plus souvent l'un des deux fragments se trouve plus bas que l'autre et ne lui correspond plus ; il y a alors une apparente interruption dans la couche, parce que la partie qui la continuait s'est affaissée et est tombée plus bas que le niveau de la partie qui était immédiatement en contact avec elle. C'est cette dénivellation qui prend le nom de *faille*, de l'allemand *falle*, chute. (Fig. 3.)

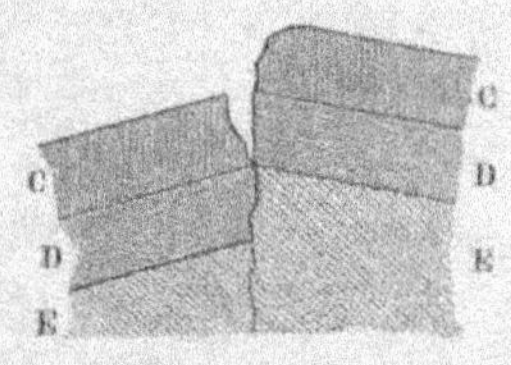

Fig. 3. — Faille.

Disons enfin qu'à travers les crevasses de l'enveloppe du globe, il s'échappait aussi avec du granit et des métaux fondus, d'immenses trombes d'eaux bouillantes, chargées de sels minéraux, de silicates, de composés calcaires et magnésiens. Ce sont ces sels minéraux qui, mêlés à ceux que renfermaient déjà les mers et aux fragments désagrégés des roches granitiques, composèrent les terrains de sédiment ou fossilifères, dont nous aurons plus spécialement à nous occuper. Mais avant d'en venir à les considérer de plus près, nous devons dire un mot de l'origine et de la nature de la masse granitique qui leur sert de base.

CHAPITRE II

On s'accorde généralement à penser que la terre fut originellement une masse incandescente et fluide, et plus originellement encore une sorte de nébuleuse passée successivement de l'état gazeux à l'état liquide, et de l'état liquide à l'état solide, par suite de son refroidissement dans les régions glacées des espaces interstellaires.

Cette hypothèse fut émise pour la première fois par Laplace, l'immortel auteur de la *Mécanique céleste*. Dans cette hypothèse, la nébuleuse d'où sortirent non-seulement la terre mais notre système solaire tout entier prit la forme d'une immense sphère conformément aux lois de la gravitation. Elle reçut en outre du dehors une impulsion qui lui imprima un mouvement de rotation sur elle-même de l'ouest à l'est. Par suite de ce mouvement, la matière vaporeuse tendit à s'accumuler vers l'équateur. La condensation des molécules et la force centripète d'une part eurent pour effet de la faire refluer au centre. De cette double action en sens inverse, il résulta une rupture. Une partie de la matière nébuleuse se détacha et forma vers l'équateur un anneau semblable à celui de Saturne qui, bien que séparé, tourna d'un même mouvement avec la masse totale. Cet anneau se rompit à son tour et se divisa en fragments. Ceux-ci, obéissant comme le noyau primitif à la loi de la gravitation, affectèrent la forme sphérique et tournèrent sur leur axe de l'ouest à l'est autour de la grande nébuleuse. Ce furent les planètes. Ces planètes se divisant donnèrent naissance à d'autres sphéroïdes plus petits qui tournèrent autour d'elles. Ce furent les satellites ou lunes.

Sans entrer ici dans l'examen détaillé de cette théorie, bornons-nous à rappeler quelques-unes des considérations qui peuvent être invoquées en faveur de l'incandescence et de l'état de fluidité de notre globe, à son origine.

D'abord sa forme. Elle est, comme chacun sait, celle d'un sphéroïde aplati vers les pôles et renflé vers l'équateur, tellement qu'il n'y a pas moins de 42 kilomètres de différence entre les deux diamètres. Cette forme du globe nous révèle sa nature primitive. Il est démontré en effet par la mécanique non-seulement que tout corps liquide soumis à la loi de l'attraction prend la forme sphérique, mais encore que si ce corps exécute un mouvement de rotation sur son axe, il se renfle vers le milieu de la sphère, et s'aplatit vers les deux extrémités. C'est sur ce principe que Newton avait pressenti que le globe terrestre devait être un sphéroïde aplati vers les pôles, avant même que les mathématiciens français, par des opérations géométriques, eussent démontré la réalité du fait. La forme de la terre prouve donc que les particules matérielles dont elle se compose n'ont pas toujours été à l'état d'agrégation qu'on observe aujourd'hui, mais qu'elles ont dû être dans un état de fluidité qui seul explique le renflement de la masse à l'équateur.

En outre, l'expérience prouve que la chaleur s'accroît graduellement, à mesure qu'on s'approche du centre, et avec une telle régularité que l'on peut approximativement mesurer la profondeur d'une mine par le degré d'élévation que présente le thermomètre. Cet accroissement est en moyenne de un degré centigrade par chaque 3o mètres. D'où il résulte que si l'on creusait à un peu plus d'une demi-lieue de profondeur (2,697 mètres) on ne trouverait que des eaux bouillantes, et à quatre lieues et demie plus que des roches fondues (1). Les eaux thermales qui jaillissent du sol et dont la température est quelquefois de 100° comme les geysers de l'Islande (fig. 4), le dégagement des gaz et des vapeurs brûlantes par les fissures accidentelles du sol dans les tremblements de terre, les éruptions de lave liquide et rouge de feu qui se produisent dans les phénomènes volcaniques, sont tout autant de faits à l'appui de cette opinion. Enfin la composition et le procédé de cristallisation des roches granitiques semblent lui imprimer le sceau de la certitude. On sait en effet que les caractères physiques de ces roches sont ceux des cristaux qui résultent du refroidissement d'une matière en fusion, si bien qu'en fondant à l'aide d'une chaleur très-élevée des fragments pulvérisés de ces masses, on obtient par ce refroidissement les mêmes formes que celles-ci nous offrent dans leur état naturel. N'a-t-on pas dès lors de fortes raisons de penser que les minéraux cristallisés à l'intérieur du globe, ont été formés de la même manière?

(1) Ce calcul s'établit facilement comme suit : Nous avons dit que la température du globe augmente d'un degré centigrade à mesure qu'on s'enfonce de 3o mètres dans son intérieur. Nous aurions dû ajouter : à partir du point où la chaleur solaire cesse de faire sentir son influence et où, par conséquent, soit en hiver, soit en été, la température est invariable. Ce point est pour Paris à 27 mètres 6o centimètres, et à ce point la température invariable est de 11 degrés 8 dixièmes centigrades (11° 8). L'eau bouillante est à 100°. Entre elle et la couche invariable qui est à onze, la différence est donc de 89°. En calculant à raison de 3o mètres en moyenne par degré, l'eau bouillante doit se trouver à 2,670 mètres de profondeur ; et en ajoutant les 27 mètres de distance entre la surface du sol et la couche invariable, à 2,697 mètres ou un peu moins de trois quarts de lieue. Il est plus difficile de préciser scientifiquement la profondeur où tout l'intérieur du globe est en feu, à cause que ce calcul renferme des facteurs à nous inconnus.

Fig. 4. — Grand Geyser d'Islande.

La théorie de Laplace a trouvé une confirmation plus
éclatante encore dans les curieuses expériences d'un professeur de l'université de Gand, M. Plateau. En introduisant
une certaine quantité d'huile d'olive dans un mélange ingé-
nieusement combiné d'eau et d'alcool, ce savant est parvenu
à obtenir une masse fluide isolée, dans laquelle les molécules
obéissent librement à l'attraction mutuelle qu'elles exercent
les unes sur les autres et aux forces externes, sans que l'action de la pesanteur contrarie le jeu de ces forces. En effet
l'huile d'olive, moins dense que l'eau, aurait surnagé au-dessus de l'eau pure; plus dense que l'alcool elle serait tombée
au fond d'un vase contenant de l'alcool seulement. Mais si
l'on mixtionne de l'eau et de l'alcool dans des proportions
convenables, on obtient un mélange dont la densité est précisément égale à celle de l'huile et dans lequel, par conséquent,
ce dernier liquide, soustrait à l'action de la pesanteur, reste en
équilibre. Si l'on verse dans le liquide ainsi préparé une certaine quantité d'huile, on remarque d'abord que les molécules
d'huile, en se réunissant, constituent une petite masse flottante,
suspendue dans le liquide alcoolique, et affectent la forme d'une
sphère parfaite. Si l'on introduit dans l'intérieur de la sphère
un fil de fer muni d'un petit disque du même métal, préalablement mouillé d'huile, et qu'on donne au fil métallique un
mouvement de rotation, ce mouvement se communique de
proche en proche à toutes les molécules de la sphère, et l'on
obtient le phénomène d'une sphère fluide isolée en rotation.
On voit alors cette sphère *s'aplatir aux pôles et se renfler à
l'équateur*, tant que la vitesse de rotation est peu considérable. Lorsque cette vitesse devient plus grande, la sphère liquide s'aplatit d'abord de plus en plus, puis se creuse au-dessus et au-dessous de l'axe de rotation, en s'étendant toujours
dans le sens de l'axe horizontal, et enfin une partie de l'huile
abandonnant le disque, *se transforme en un anneau parfai-*

tement régulier. M. Plateau est même parvenu à obtenir ainsi une masse sphérique centrale avec un anneau complétement isolé et rappelant tout à fait l'anneau de Saturne. En variant les détails de l'expérience, il a vu le premier anneau se partager en plusieurs masses isolées, dont chacune prenait aussitôt la forme sphérique. Une et même plusieurs de ces sphères obéissaient au moment de leur formation à un *mouvement de rotation* sur elles-mêmes qui était toujours dirigé dans le même sens que celui de l'anneau. Elles continuaient d'ailleurs de circuler quelque temps autour du disque, entraînées par le mouvement que celui-ci avait communiqué à la liqueur alcoolique, et présentaient ainsi le curieux spectacle de planètes tournant à la fois sur elles-mêmes et dans leur orbite. Enfin dans ces conditions, outre trois ou quatre grosses sphères dans lesquelles se partage l'anneau il s'en produit presque toujours une ou deux très-petites, qui peuvent être comparées à des satellites (1).

Il paraît donc que dès l'origine le globe terrestre était fluide et incandescent, mais qu'en se refroidissant par suite du rayonnement de la chaleur dans l'espace, il se consolida partiellement en vertu d'une condensation progressive qui se produisit de la surface au centre (2).

On a établi par les expériences les plus rigoureuses et les calculs les plus exacts que la température de l'espace planétaire est de 60 degrés centigrades environ au-dessous de zéro.

(1) Voy. PFAFF. p. 38. — *Vestiges of the natural history of creation*, p. 11-14. — *Le Monde et l'homme primitif*, par Mgr MEIGNAN, p. 38-40.

(2) Si plausible que paraisse cette hypothèse, elle a pourtant donné lieu à des objections d'une grande valeur. Selon M. Dalmas, l'incandescence de l'écorce minérale du globe par oxydation, explique tout aussi bien que la théorie de Laplace, les phénomènes ci-dessus rappelés. (Voy. *Annales de la Société géologique de France*. Séance du 16 février 1852.)

Il est aussi des faits qui demeurent inexpliqués dans cette théorie, comme les comètes, le mouvement rétrograde des satellites d'Uranus. Mais, de toutes les tentatives d'explication, elle est sans contredit la plus plausible

On comprend dès lors avec quelle rapidité la masse incandescente du globe dut se refroidir.

En se refroidissant, cette masse ne se consolida que partiellement, avons-nous dit. En effet, relativement au volume de la terre, qui n'a pas moins de *trois mille lieues d'épaisseur*, la partie solidifiée est à la partie liquide ce que *un* est à *mille*. C'est beaucoup moins, par exemple, que sur une belle pêche la fine peau qui la recouvre, car si l'on mettait mille pelures de pêches les unes sur les autres on aurait une épaisseur plus grande que celle de leur fruit.

Comme conséquence du refroidissement graduel de notre globe, les gaz constitutifs de l'air et de l'eau durent se condenser tour à tour. L'eau est formée par la combinaison de l'oxygène et de l'hydrogène. Or, il a été démontré par le docteur Rumney Robinson qu'à la température de 212 degrés leur affinité chimique est sensiblement diminuée et quelquefois détruite complétement. D'où l'on a été conduit à penser qu'à une température pareille à celle qui existait autrefois à la surface et qui existe encore (on a tout lieu de le croire) à l'intérieur de notre globe, les gaz ne peuvent s'unir, étant tenus séparés par l'intensité de la chaleur. Il suit de là que si la terre fut, dès l'origine, une masse incandescente et fluide qui se refroidit, lors de la formation de sa croûte solide, les gaz élémentaires s'étant refroidis dans la même mesure, leurs affinités chimiques, paralysées par l'intensité de la chaleur, durent se développer graduellement. L'oxygène et l'hydrogène combinés formèrent de l'eau. L'air fut formé de la même manière, à un certain point de la température du globe, par le mélange de l'oxygène, de l'azote et de l'acide carbonique, ses éléments constitutifs (1).

On s'explique d'ailleurs comment, par suite du refroidis-

(1) M. Causland, *Sermons in Stones*, 8e édit., p. 33.

sement ci-dessus indiqué, la température du globe n'étant plus assez élevée pour retenir à l'état de vapeurs les énormes masses d'eau qui flottaient dans son atmosphère, ces vapeurs passèrent à l'état liquide et tombèrent sur le sol en quantités de plus en plus considérables, au point de finir par le couvrir tout entier. Voici de quelle manière on a essayé de s'en rendre compte :

« Les premières eaux qui vinrent tomber à l'état liquide sur le sol un peu refroidi, ne tardèrent pas à être de nouveau réduites en vapeurs par l'élévation de sa température. Plus légères que le reste de l'atmosphère, ces vapeurs s'élevaient jusqu'aux limites supérieures de cette atmosphère; là, elles se refroidissaient en rayonnant vers les régions glaciales de l'espace; elles se condensaient de nouveau, et retombaient à l'état liquide sur le sol, pour s'en dégager encore à l'état de vapeur, et retomber ensuite à l'état de condensation. Mais tous ces changements d'état physique de l'eau ne pouvaient se faire qu'en soutirant des quantités considérables de chaleur à la surface du globe dont ce va-et-vient continuel hâta beaucoup le refroidissement ; sa chaleur allait ainsi graduellement se perdre et s'évanouir dans les espaces célestes.

« Ce phénomène s'étendant peu à peu à toute la masse des vapeurs d'eau qui existaient dans l'atmosphère, des quantités d'eau liquide de plus en plus fortes couvrirent la terre. Et comme la vaporisation de tout liquide provoque un dégagement notable d'électricité, une quantité énorme de fluide électrique résultait nécessairement de la vaporisation de si puissantes masses d'eau. Les éclats du tonnerre, les fulgurantes lueurs des éclairs, accompagnaient donc cette lutte extraordinaire des éléments.

» Combien de temps dura ce combat suprême de l'eau et du feu, au bruit incessant du tonnerre? Tout ce qu'on peut dire, c'est qu'un moment vint où l'eau fut triomphante.

Après avoir couvert de vastes étendues à la surface de la terre, elle finit par occuper et couvrir entièrement cette surface.

« Ainsi, à une certaine époque, aux débuts pour ainsi dire de son évolution, la terre a été recouverte, dans toute son étendue, par les eaux; l'Océan était universel (1). »

L'explication que nous venons de rappeler suppose que la masse fluide primitive était ignée. Quoique généralement admise, cette hypothèse ne l'est pourtant pas universellement. Il est toute une école de géologues appelés neptunistes qui voient dans le granit un produit aqueux. Leurs principales raisons sont les suivantes : d'abord l'impossibilité de réunir, en une même masse ignée, le feldspath et le mica qui se fondent à une chaleur modérée, avec le quartz qui est presque infusible; ensuite et surtout la découverte faite au microscope de particules d'eau dans le quartz, dans le feldspath et même dans le mica. *Adhuc sub judice lis est.*

Cependant notre globe allait toujours se refroidissant. Par suite de ce refroidissement progressif, il se forma tout autour une écorce solide. Cette écorce fut de nature granitique et, selon toute probabilité, de la même structure cristalline que les formations granitiques cristallines éruptives, qui se sont fait jour depuis à travers les roches stratifiées et constituent la substance des plus hautes montagnes.

Le *granit* est une roche composée de *quartz*, de *feldspath* et de *mica*.

Le *quartz* n'est que de la silice pure. Le *feldspath* est un composé de silicate (2) d'alumine et de silicate de potasse (orthose) ou de soude (albite). Le *mica* (du latin *micare*, briller), est un silicate d'alumine et de potasse, contenant de la magnésie et de l'oxyde de fer.

---

(1) L. Figuier, *La Terre avant le déluge*, 4e édit., p. 41.

(2) On appelle *silicate* en chimie un composé formé par la *silice* et les corps dits alcalis.

On a donné le nom de *granit* au mélange de ces derniers éléments, à cause de l'apparence grenue de sa structure, de l'italien *grano*, grain.

Ajoutons que le feldspath se détruit et se désagrége facilement, sous l'action de l'eau froide et bouillante et de l'acide carbonique de l'air, et l'on n'aura pas de peine à se rendre compte comment ont dû se former les premières couches sédimentaires.

Les eaux qui couvraient l'écorce granitique de notre globe étaient à un haut degré de température. D'autre part, cette écorce trop mince pour contenir les flots de granit liquide, qu'abaissaient et que soulevaient tour à tour le flux et le reflux quotidiens déterminés par l'attraction de la lune et du soleil (1), était sujette à de fréquentes éruptions de matières fondues, de laves et de gaz souterrains. Au milieu du bouillonnement effroyable produit par ces causes diverses dans les eaux des océans primitifs, les roches granitiques durent être profondément modifiées; les silicates divers qui entrent dans leur composition se désagrégèrent, et leurs débris, en se déposant, finirent par former des bancs immenses d'argile et de sable quartzeux qui, peu à peu durcis et solidifiés, constituèrent les premières couches de roches dites sédimentaires.

La *structure schisteuse* de ces premières couches désignées généralement sous le nom de *schistes* s'explique par le fait de la haute température qui régnait encore à la surface du globe. Sous l'action de cette température, les sables et les argiles, provenant de la décomposition des roches feldspathiques et micacées, entrèrent d'abord en fusion; refroidies ensuite, elles prirent, par l'effet d'une demi-cristallisation, cette

(1) M. Alexis Perrey, professeur à la Faculté des sciences de Dijon, a cherché à établir, tant par le calcul que par le rapprochement d'un grand nombre d'observations, que l'attraction lunaire et solaire, qui produit à la surface de notre globe le flux et le reflux des mers, agit également sur la mer intérieure cachée dans les profondeurs du sol.

structure feuilletée ou schisteuse (du grec σχιστός, facile à diviser) que l'on remarque particulièrement dans les ardoises.

Les roches qui reposent immédiatement sur le granit montrent par leur composition et leur structure que telle fut en effet leur origine. Elles sont manifestement stratifiées et composées pour la plus grande partie de fragments détachés des terrains qui sont au-dessous. On trouve de la même manière que les formations ultérieures (à l'exception des roches calcaires et de quelques autres de précipitation chimique) furent produites, en grande partie, par la dégradation des roches plus anciennes.

Les différents dépôts dont se compose la croûte de la terre sont en grand nombre, et d'épaisseurs différentes. Mais à supposer qu'ils fussent *superposés régulièrement les uns au-dessus des autres,* ils s'enfonceraient dans le sol à une profondeur de 82,600 pieds (anglais) ou 25 kilomètres environ, à partir de la surface jusqu'aux couches granitiques. Il est donc évident que si, après s'être formés et durcis, ils fussent restés tranquillement couchés les uns sur les autres comme les diverses peaux d'un oignon, l'homme n'aurait pu rien affirmer de la structure de la plus grande partie d'entre eux, ni de la nature des débris organiques dont ils abondent. Mais la force perturbatrice du feu central, en poussant au dehors les roches ignées de l'intérieur et les soulevant en hautes montagnes, a soulevé du même coup les couches des roches stratifiées qui s'y appuient. Ainsi les bords déchirés des strates les plus basses, ont été exposés aux regards et soumis, avec leur contenu, aux investigations des géologues.

Pour s'orienter dans l'étude et la description des différentes couches dont se composent les *terrains sédimentaires,* on a divisé l'histoire de la formation de ces terrains en trois grandes *époques* ou *ères :*

L'ÈRE PRIMAIRE OU PALÉOZOÏQUE;
L'ÈRE SECONDAIRE OU MÉSOZOÏQUE;
L'ÈRE TERTIAIRE OU CAÏNOZOÏQUE.

Chacune de ces divisions principales comprend plusieurs dépôts secondaires qui se distinguent les uns des autres par leur composition, leur structure et les débris fossiles qu'ils renferment.

L'ÈRE PRIMAIRE comprend :

I. *La période cambrienne*, nommée quelquefois *azoïque*;
II. *La silurienne*;
III. *La dévonienne ou vieux grès rouge*;
IV. *La carbonifère*;
V. *La permienne*.

L'ÈRE SECONDAIRE, qui vient après, comprend :

I. *Le trias*;
II. *Le terrain jurassique*;
III. *Le terrain crétacé*.

Enfin l'ÈRE TERTIAIRE se compose des terrains :

I. *Éocène*;
II. *Miocène*;
III. *Pliocène*.

Ici s'arrête la série des couches sédimentaires soulevées du fond des océans primitifs. En dehors d'elles, une quatrième division connue sous le nom de :

ÈRE QUATERNAIRE OU ACTUELLE, comprend le *terrain post-pliocène* et le *terrain récent* ou dépôts superficiels, tels que *tourbières, alluvions*, etc. (1).

(1) « On peut admettre deux opinions sur la succession des événements qui ont modifié la surface du globe. — Quelques savants pensent que les époques géologiques ont été formées par de longues périodes de tranquillité, termi-

En nous élevant successivement des roches granitiques à la surface, l'ordre dans lequel nous venons de les nommer

nées plus ou moins brusquement par des cataclysmes, dont la cause est probablement un soulèvement partiel du sol, et le résultat un changement dans la limite des continents et des mers. D'autres, au contraire, adoptant la théorie séduisante de Lyell, croient que tous ces faits se sont passés lentement, sans secousses et par degrés. Mais quelque parti que l'on prenne dans ces débats, l'on admet, je crois, généralement, que la grande irruption des eaux qui est venue clore la série des changements géologiques importants, cette irruption qui a déposé en couches horizontales les graviers et les terrains meubles sur toute l'Europe, a été amenée par des causes toutes spéciales. Depuis les temps où remontent les traditions humaines, on doit reconnaître que la forme des mers et leurs limites ont bien peu varié, et il faudrait attendre bien des milliers d'années pour que les petits soulèvements insensibles de quelques rivages ou que les dépôts amenés par les fleuves en pussent changer sensiblement la configuration. Il est donc impossible d'attribuer à ces causes restreintes, des événements aussi importants que ceux qui ont eu lieu, lorsque les eaux diluviennes ont couvert une grande partie de l'Europe. On ne peut évidemment voir là qu'un effet de causes puissantes qui, analogues probablement dans leur essence à celles qui existent de nos jours, en diffèrent dans l'intensité avec laquelle elles ont agi.

« Les événements qu'elles ont amenés établissent une sorte de point d'arrêt entre ces faits antérieurs qui sont du domaine de la géologie et de la paléontologie, et ceux plus récents qui sont en quelque sorte de l'histoire moderne.

« Je crois que l'on peut tirer parti de ces différences d'action des agents intérieurs, pour reconnaître quels sont les terrains où ont dû se déposer de véritables fossiles. On peut admettre, ce me semble, que les corps enfouis par les causes que nous pouvons considérer comme exceptionnelles sont fossiles, tandis que ceux que les accidents actuels peuvent mettre dans une position en apparence semblable, ne méritent réellement pas ce nom.

« On exclurait donc de la catégorie des fossiles, les ossements et les coquilles ensevelis sous des éboulements de montagnes, enfouis dans des tourbières ou des marais actuels ou recouverts par des alluvions modernes; et on réserverait ce nom aux corps organisés déposés dans des terrains qui n'ont pu être formés que dans des circonstances qui ne paraissent pas pouvoir se reproduire de nos jours.

« Ainsi, nous appellerons *fossiles* les corps organisés que recèlent les dépôts arénacés de la plus grande partie de l'Europe, parce que ces dépôts n'ont pu être amenés que par des inondations ou d'autres causes qui ont tout à fait dépassé les limites de celles qui agissent aujourd'hui. Ainsi encore, nous appellerons fossiles les ossements déposés dans les cavernes et les brèches osseuses, parce qu'on ne peut expliquer que par des cataclysmes généraux et puissants, le transport des limons et des cailloux roulés qui les accompagnent. » (PICTET, *Traité élémentaire de paléontologie*, t. I, p. 21.)

est l'ordre même dans lequel se suivent les différentes formations géologiques, quoique vraisemblablement il n'y ait aucune partie du globe où se trouve la série tout entière. Il est évident, par exemple, d'après ce que nous avons dit sur la manière dont se sont formés ces dépôts successifs, au fond des mers alors existantes, que là où il y avait des terres émergées, là aussi ces dépôts n'ont pu se former et doivent manquer par conséquent. L'absence d'un dépôt sur une étendue plus ou moins considérable nous indique donc que le terrain précédent était alors au-dessus des mers, et y formait une île plus ou moins élevée. C'est ainsi que le plateau central de la France a dû être à sec dès les époques les plus reculées, et qu'au moment de la formation parisienne, la plus grande partie de l'Europe même devait être découverte, puisqu'on ne trouve quelques traces de ces dépôts qu'aux environs de Londres, Bruxelles, Paris et Bordeaux. Comme on voit aussi que des parties qui avaient été émergées à un certain moment, ont été recouvertes ensuite par des sédiments plus modernes, on en a conclu qu'elles ont dû s'affaisser pour recevoir ces nouveaux dépôts. Mais quel que soit le nombre ou la nature des strates dans une localité, l'ordre de leur succession est fixe et invariable.

En plusieurs endroits, par exemple, le granit, se faisant jour à travers les roches sédimentaires, apparaît à la surface. Dans ce cas, il serait inutile de chercher une autre espèce de roche inférieure à celle-là puisque le granit est à la base de tout le système. Dans d'autres endroits, au contraire, c'est la houille que nous rencontrons. Là nous sommes sûrs qu'en pénétrant plus bas, nous devons arriver jusqu'au granit. Toutefois avant d'y être parvenus, nous pouvons avoir à traverser diverses couches de grès ou de gneiss, quoiqu'il soit possible que plusieurs d'entre elles, toutes même, viennent à manquer. Mais nous avons la certitude que dans ces endroits ce serait en vain que nous chercherions la craie ou l'oolithe, parce que ces roches appartiennent à des formations plus récentes et plus élevées. C'est ainsi que les roches gardent toujours leurs places relatives dans le système géologique du globe.

Cela dit, appliquons-nous à considérer la composition, la structure et le contenu de chacune d'elles.

CHAPITRE III

ÈRE PRIMAIRE OU PALÉOZOÏQUE DITE DE TRANSITION

L'ère primaire est nommée PALÉOZOÏQUE (du grec παλαιός, antique, et ζωή, vie), parce qu'elle renferme les plus anciens animaux connus. On lui donne aussi quelquefois le nom de terrains *hémilysiens* (demi-dissous) et celui de *trilobitiques* du nom de leurs fossiles les plus caractéristiques. Dana, géologue américain, la divise en âge des mollusques ou ère *silurienne*, en âge des poissons ou ère *dévonienne*, et âge des plantes houillères ou ère *carbonifère*.

Les terrains paléozoïques sont encore nommés terrains de *transition*.

I. — PÉRIODE CAMBRIENNE. — Origine de cette appellation. — Nommée aussi azoïque. — Oldhamia. — Terrains laurentiens. — Eozoon canadense. — Principales divisions du règne animal. — Commencement de la vie organique sur notre globe.

Pendant longtemps on a regardé le centre des montagnes du pays de Galles (Cambria) comme offrant les terrains sédimentaires les plus anciens; de là le nom de cambriens qu'on leur a donné. Plus tard ce nom a été appliqué aux dépôts schisteux de la Bretagne. Mais comme il se trouve que ces terrains de Bretagne sont plus anciens que ceux du pays de Galles, comme d'autre part, ils n'ont d'analogie réelle qu'avec ceux du Cumberland (Cumbria) il en est résulté une inconséquence de langage qu'on a cru pouvoir faire cesser, sans trop modifier une expression reçue, en adoptant pour ces derniers le nom de *schistes cambriens*.

Jusqu'à ces derniers temps, les terrains cambriens ont passé pour être sans fossiles. On n'y avait découvert aucune trace soit de plante, soit d'animaux. D'où le nom d'*azoïques* qu'on leur avait donné (du grec ἀ privatif, et ζωή, vie). Les géologues avaient conclu de ce fait que, pendant toute la durée de leur formation, la vie organique n'avait pas commencé sur notre globe.

Mais la découverte faite, il y a quelques années, par le professeur Oldham, dans les roches de Wrae-Head, près Dublin, d'un bryozoaire (1) fossile, d'une organisation tout à fait rudimentaire analogue à celle de nos modernes sertulaires, le *Oldhamia*, a modifié ces conclusions. On a trouvé aussi dans les mêmes terrains des traces d'annélides, dont les unes comme les *néréites* et les *myria-nites* ont des branchies disposées le long de leur corps, tandis que les autres, les *némertites*, sont complétement dépourvues d'organes externes de la respiration (2). Nous devons ajouter toutefois que les paléontologistes ne sont pas d'accord à cet égard, et que les genres des terrains siluriens inférieurs que nous venons de nommer paraissent appartenir plutôt à l'embranchement des zoophytes.

Fig. 5
Oldhamia antiqua.

L'épithète d'azoïque appliquée d'abord à toute l'étendue des roches cambriennes, dut donc être limitée à la portion de ces roches qui est inférieure à celles de Wrae-Head. De nouvelles découvertes nous obligeraient à restreindre encore l'application de cette appellation. Plus bas que les terrains

(1) Les bryozoaires sont des molluscoïdes très-petits qui se soudent par leur test, de manière à former des colonies agrégées, ce qui les a fait considérer pendant longtemps comme des zoophytes.

(2) Murchison, *Siluria*, p. 700 et 701. — F.-J. Pictet, *Traité élémentaire de paléontologie*, p. 456 et 458.

cambriens, dans le Canada, sont des roches cristallines stratifiées, désignées sous le nom de *système laurentien* par les géologues du pays. Ce sont de grandes assises de gneiss et de calcaire alternant, plus ou moins pénétrées de roches ignées massives. Leur puissance est considérable. Elles sont recouvertes, à stratifications discordantes, par un ensemble de roches schisteuses et quartzeuses, de conglomérats, de calcaires et de diorites qui jusqu'à présent n'ont offert aucune trace de fossiles. C'est seulement au-dessus de ces dernières roches désignées sous le nom de *système huronien* que jusqu'à présent on avait commencé à voir apparaître dans le grès de Postdam, en Amérique, et dans les couches à lingules qui les représentent en Europe (fig. 6), un ensemble de corps organiques que quelques personnes avaient appelé « faune primordiale. » Mais voilà que bien au-dessous du grès de Postdam, sir W. Logan et ses collaborateurs du *Geological Survey* du Canada auraient découvert sur les bords de la rivière Ottawa,

Fig. 6.—Morceau de grès de Postdam avec lingules.

vers le milieu du système laurentien, d'autres corps organiques auxquels M. Dawson a donné le nom de *Eozoon canadense* (de ἠώς, aurore, et ζῶον, animal) comme représentant l'aurore du règne animal. Ces corps n'auraient pu être reconnus que sur la roche polie, et au moyen de plaques minces placées sous le microscope. Ils auraient alors montré tous les caractères de structure du test des rhizopodes polymorphes, et paraîtraient avoir joué dans ces mers primitives, pour la formation des roches calcaires, un rôle analogue à celui des polypiers dans les mers chaudes de nos jours (1).

(1) G. Mortillet, *Matériaux*. Seconde année, p 31.

Disons toutefois qu'on est loin d'être d'accord là-dessus. A l'École des Mines de Paris on n'a vu dans cette empreinte en forme de barbe de plume, que les géologues canadiens affirment être un annélide, qu'une disposition particulière prise par la serpentine dans des calcaires métamorphiques d'autres étages. Ce qui la fit désigner par les élèves du nom plaisant de Eozoon *canardense*.

L'embranchement des zoophytes auquel appartiennent l'Eozoon et l'Oldhamia nous présente la forme la plus simple de la vie animale.

Le règne animal se divise en quatre embranchements ou types principaux qui sont, en allant des plus simples à ceux dont l'organisation est la plus compliquée :

Les *rayonnés* ou *zoophytes* (éponges, polypiers, oursins);

Les *mollusques* (huîtres, limaçon, poulpe);

Les *articulés* (vers, insectes, crustacés);

Les *vertébrés* (poissons, batraciens, reptiles, oiseaux, mammifères).

Quelques naturalistes ont voulu faire de l'homme un groupe à part, sous le nom de *règne humain*. Leurs raisons valent la peine d'être rappelées.

« On ne peut, disent-ils, laisser l'homme dans l'animalité, qu'en négligeant les traits supérieurs et les plus essentiels de l'humanité, traits qui, pour n'être pas corporels, n'en sont pas moins décisifs dans la question, et il y aurait inconséquence pour les naturalistes à méconnaître plus longtemps cette vérité. En effet, ne sont-ce pas des caractères incorporels qui leur servent à distinguer le règne animal du règne végétal? N'est-ce pas l'absence de la sensibilité et du mouvement spontané de la plante, leur présence dans l'animal qui servent à définir les deux règnes dont il s'agit? Pourquoi donc consulterions-nous uniquement les formes et la structure du corps lorsqu'il s'agit de marquer la distance qui sépare l'homme de l'animal? L'homme étudié dans l'ensemble et dans l'essence de ses caractères nous apparaît non-seulement comme un organisme animé, mais comme un être spirituel, comme un esprit à la ressemblance de Dieu. D'où suit que le genre humain constitue un règne à part dans la création. Bien plus, il n'y a aucune transition entre ce règne et le règne animal : en qualité d'être spirituel, l'homme est complétement isolé parmi les créatures terrestres (1). »

Les zoophytes, ainsi que leur nom l'indique, tiennent une sorte de milieu entre la vie végétative de la plante et la vie sensitive de l'animal, en sorte que si, comme l'observation des faits semble l'établir, le pouvoir créateur a suivi une marche constamment progressive depuis les formes les plus élémentaires de l'être jusqu'aux plus élevées, nous sommes en droit de conclure que les premiers êtres vivants qui ont été créés n'ont pu occuper un rang supérieur, dans l'échelle de l'organisation physique, à celui des zoophytes, et que, par conséquent, c'est durant la période cambrienne, dans les terrains de laquelle les plus anciens zoophytes connus ont été trouvés, que la vie animale a fait son apparition sur notre globe.

Plus bas encore, dans des roches schisteuses situées au-dessous des premiers dépôts à restes d'animaux, on a rencontré des débris de plantes marines, appartenant à la classe des fucoïdes. Ces roches schisteuses elles-mêmes, d'après Forchhammer, doivent aux algues des océans primitifs le carbone, le soufre et la soude qui les constituent avec de l'argile (2). En Bohême, en Suède, en Irlande, dans l'Amérique du Nord, partout enfin où apparaissent les premières traces de la vie organique, les roches se montrent à nous toutes noires de débris d'algues, tellement abondantes en certains cas qu'elles

(1) *Semeur*, 1839, p. 178.
(2) Frén. de Rougemont, *Le surnaturel démontré par les sciences naturelles.*

forment comme dans le Dumfrieshire des lits d'anthracite de plusieurs pieds d'épaisseur. Ainsi l'antériorité des plantes, que la raison seule faisait pressentir, après avoir été longtemps contestée, paraît être aujourd'hui un fait scientifiquement acquis.

L'induction que nous avons tirée de la forme rudimentaire des premiers êtres connus est confirmée par le fait qu'à l'époque où furent déposés les sédiments qui forment la substance des roches primitives la surface de la terre était d'une chaleur excessive. La structure schisteuse et cristalline de ces roches en est la preuve. Cette chaleur était telle qu'aucun être vivant, soit animal, soit végétal, n'aurait pu y exister, ce qui explique l'absence totale de fossiles dans les sédiments déposés à cette époque.

Les faits géologiques soigneusement interrogés nous apprennent donc qu'il y a eu un moment où la vie n'existait pas sur notre globe et où elle a commencé. L'évidence qu'ils nous apportent à cet égard, quoique purement négative, acquiert toute la force d'une démonstration positive, par la considération des roches subséquentes et de leur contenu. En remontant des assises sans fossiles aux assises suivantes, nous découvrons des restes de la vie organique, mais de la vie organique la plus rudimentaire, s'élevant peu à peu et progressivement aux formes supérieures, jusqu'à ce que nous arrivions à la forme la plus parfaite, celle de l'homme. A l'évidence négative qui résulte de l'absence de toute vie organique, dans l'âge *azoïque*, s'ajoute donc ici l'évidence directe ou positive d'un commencement de vie, sous sa forme la plus simple, dans les âges subséquents, et de ses progrès graduels depuis ce commencement jusqu'à l'ère humaine.

II. — Période silurienne. — Terrains siluriens inférieurs et terrains siluriens
supérieurs. — D'où leur vient le nom de siluriens. — Ils sont de tous les
plus tourmentés. — Toutes les créations soit animales, soit végétales, sont
sous-marines. — Zoophytes : encrines, marbres à entroques, polypes,
graptolithes. — Mollusques, leur division. — Lingules. — Spirifères. — Articulés : trilobites. — Point d'animal vertébré. — Fucoïdes. — Absence totale
de végétation terrestre. — Étendue des mers durant ces premiers âges. —
Point de terre sèche. — Objections tirées des roches détritiques et des terrains primitifs, en particulier du plateau central. — Réponse. — Ce qu'était
notre globe durant la période silurienne.

Les terrains qui furent déposés au fond des mers pendant
cette période ont été divisés pour plus de rigueur scientifique
en deux classes par les géologues : les terrains siluriens inférieurs, et les terrains siluriens supérieurs. Ils se distinguent
des terrains cambriens en ce qu'ils reposent sur eux en stratifications discordantes (1).

Quant à l'appellation commune sous laquelle on les réunit,
elle leur a été donnée par le naturaliste anglais Roderick
Murchison, parce qu'ils sont largement développés à la surface
et qu'ils ont été pour la première fois l'objet d'un examen
approfondi dans cette partie de l'Angleterre et du pays de
Galles qui fut autrefois habitée par les *Silures*, peuplade celtique de la Grande-Bretagne qui lutta avec héroïsme contre
l'invasion romaine.

Les terrains *siluriens inférieurs* viennent immédiatement
au-dessus des terrains *cambriens* appelés aussi couches à lingules, mollusques brachiopodes que l'on trouve encore dans les
mers actuelles. (Voir fig. 6, p. 32.) Ils existent en France
dans le Languedoc, près de Bédarieux et sur le grand massif

(1) « On dit des couches qu'elles sont discordantes, quand une série est placée
sur une autre série, de telle sorte que le plan de la partie supérieure repose
sur la tranche de la partie inférieure. Dans ce cas, il est évident qu'une période quelconque s'est écoulée entre la formation des deux séries, et que durant cet intervalle, la plus ancienne ayant été bouleversée, la série supérieure
s'est ensuite déposée en couches horizontales. » C. Lyell.

de la Bretagne; et hors de France en Angleterre, en Bohême, en Espagne, en Russie, dans le Nouveau-Monde.

Les terrains *siluriens supérieurs* comprenant les roches de Ludlow, le calcaire de Wenlock, le calcaire de Dudley, les schistes argileux, etc., se trouvent en France, dans les départements de la Manche, du Calvados, de la Sarthe, etc. ; en Angleterre, sur les bords du Rhin, en Espagne, en Bohême, en Suède et en Norwége, en Russie, dans les deux Amériques, surtout aux environs de New-York.

Considéré dans son ensemble, le terrain silurien est de tous le plus tourmenté. Rarement ses couches sont dans une position horizontale ; elles sont le plus souvent redressées, plissées, contournées, quelquefois même verticales comme dans les ardoisières d'Angers. On voit par là que, plus qu'aucun autre, il a dû subir l'action des soulèvements et de fréquentes éruptions.

Au point de vue de la faune et de la flore la période silurienne se distingue de la précédente par l'apparition d'un nombre beaucoup plus considérable de plantes et d'animaux. Le progrès de la vie animale est surtout sensible. Tandis que l'époque la plus ancienne de cet âge ne compte que cent soixante-quinze espèces, les naturalistes en ont compté jusqu'à deux mille cinq cents dans la plus récente. Mais un trait bien remarquable de ces créations soit animales soit végétales, c'est qu'elles sont toutes *sous-marines*, toutes absolument et sans exception. Ce fait est reconnu par tous les géologues.

Pour les végétaux, ce sont des *algues*, plantes marines de la famille des thallogènes qui n'ont proprement ni branches ni feuilles.

Les animaux sont des *zoophytes*, des *mollusques* et des *crustacés*.

Les Zoophytes, nous l'avons déjà dit, participent à la fois de la nature de l'animal et de la plante. On les appelle aussi *rayonnés*, parce que la loi de symétrie de plusieurs organes, semble ne plus être la parité, mais bien une sorte de rayonnement d'un point central au bord extérieur.

Les zoophytes sont généralement divisés en six classes : les *échinodermes*, les *acalèphes*, les *foraminifères*, les *intestinaux*, les *polypes*, et les *infusoires*.

De ces six classes, deux seulement sont représentées dans la période silurienne, celle des échinodermes et celle des polypes.

Dans la première nous devons citer les encrines ou crinoïdes, nommés en anglais « stone lilies » (lis de pierre), à cause de leur ressemblance avec le lis commun. Entre ceux d'alors et ceux d'aujourd'hui il y a cette différence : les anciens types n'avaient que quatre rayons ou des multiples de quatre, tandis que dans les nouveaux types le nombre de rayons est six ou les multiples de six. (Fig. 7.)

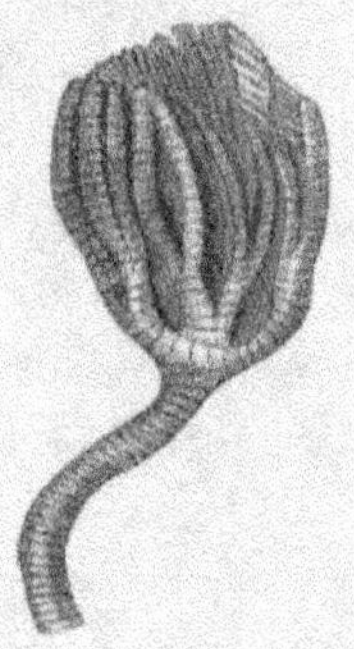

Les encrines qui sont aujourd'hui d'une rareté très-grande ont été très-abondants dans ces temps reculés. Le fond des mers primitives a dû, en plusieurs endroits, en être couvert, si nous en jugeons par l'immense étendue de leurs débris qui constituent actuellement une succession de couches de marbre de plusieurs pieds d'épaisseur et de plusieurs milles de longueur. D'après Buckland, le *marbre à entroques* qui est très-répandu en Europe et en Amérique est presque entièrement formé d'osselets pétrifiés d'encrines.

Fig. 7.— Dimerocrinus icosidactylus.

Ce zoophyte, espèce de lis de pierre, était porté au bout d'une tige flexible qui s'élevait du fond des eaux où il était fixé par une racine, à la manière des végétaux. Il était muni de longs tentacules ou bras qu'il agitait dans toutes les directions et avec lesquels, saisissant sa proie, il la portait dans son

estomac. Les tiges et les bras étaient formés d'une multitude
de petites pièces articulées, artistement travaillées et s'adap-
tant avec une telle précision que l'animal pouvait se tourner
en tous sens, sans éprouver la moindre fracture ni dislocation.
On a évalué à 26,000 le nombre des osselets de l'encrine-

Fig. 8. — Encrinites
liliiformis (trias).

lis. (Fig. 8.) Buckland a montré que dans le
pentacrine Briarée, il y en a plus de 150,000,
et M. de Koninck, qui a compté ceux d'un
échantillon adulte de la même espèce, porte
ce nombre à 615,000 (1). Ces invertébrés des
temps primitifs n'étaient donc pas, comme
on pourrait le croire, des ébauches informes,
mais bien plutôt des êtres d'une perfection
relative très-avancée.

Il ne reste plus aujourd'hui qu'un très-
petit nombre d'encrines, entre autres le *Pentacrinus à tête de Méduse* et le *Comatule*,
tous deux extrêmement rares.

Dans la classe des polypes, qu'on retrouve dans tous les âges jusqu'à nos jours,
on compte un très-grand nombre d'espèces. Quelques-uns
sont nus et composés seulement d'une substance gélati-
neuse. Ceux-là ne peuvent offrir aucun intérêt à la paléontologie, puisque, à supposer qu'ils aient existé dans les mers
anciennes, ils n'ont dû laisser aucune trace de leur existence.
Mais la plupart sécrètent une substance cornée ou calcaire
nommée *polypier*. Ces corps affectent des formes variées
qui leur donnent parfois une sorte de ressemblance avec
des troncs de végétaux, d'où le nom de *zoophytes* qui leur
a été plus particulièrement appliqué. Ajoutés l'un à l'autre
et superposés l'un sur l'autre, ils peuvent prendre un tel développement que le fond des mers en est modifié. On cite dans

(1) F.-J. PICTET, *Traité de Paléontologie.* Paris, 1867, t. IV, p. 281.

l'océan Pacifique des îles entières dont le sol est formé de débris de polypiers calcaires. A presque toutes les époques on rencontre des polypiers, et quelquefois des montagnes entières et des masses très-étendues de terrains sont constituées par des espèces perdues, ce qui montre que dans les temps anciens, comme aujourd'hui dans l'océan Pacifique, des dépôts considérables se sont formés par les sécrétions des polypes. » Il est inutile, remarque Pictet, de rappeler ici que l'on peut y trouver une confirmation de cette loi, si souvent démontrée, que la température a été anciennement plus élevée que de nos jours. »

Les *graptolithes*, qui avec les lingules sont caractéristiques de cette période, étaient de petites créatures en forme de scie et dont quelques-unes étaient assez semblables à un peigne. (Fig. 9.)

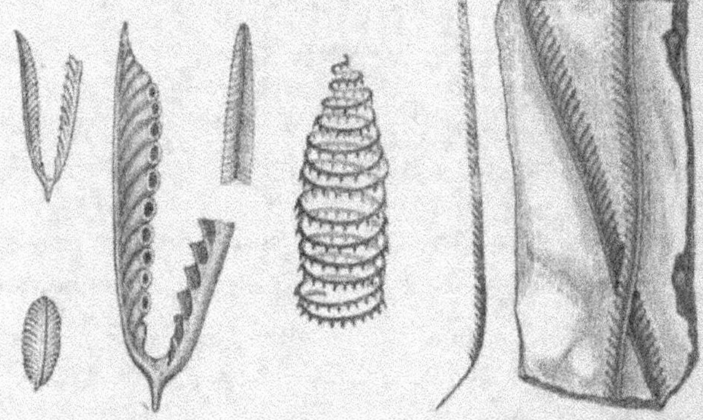

Fig. 9. — Graptolithes.

Les MOLLUSQUES faisaient aussi partie des êtres existant pendant la période silurienne. Ce sont des animaux d'une structure molle, sans squelette osseux à l'intérieur. Quelques-uns sont sans coquille comme la limace commune. Mais le plus souvent ils sont revêtus d'une coquille qui d'ordinaire est visible au dehors, comme dans les huîtres, qui quelquefois est remplacée par un osselet interne, comme dans les seiches.

Cuvier divise les mollusques en six classes : les *céphalo-podes*, les *ptéropodes*, les *gastéropodes*, les *acéphales*, les *brachiopodes* et les *cirrhopodes*. On trouve déjà les cinq premières dans les terrains siluriens; la cinquième y était même si abondamment représentée que Lyell appelle emphatiquement l'âge de ces terrains, l'âge des brachiopodes. Mais ce qui caractérise surtout cette période, c'est la présence de quelques genres de *céphalopodes* qui ne lui ont pas survécu et qu'on ne retrouve nulle part ailleurs, tels que les *phragmoceras*, les *gyroceras*, les *lituites*. (Fig. 10.)

La plupart de ces animaux étaient voraces de leur nature et avaient des habitudes destructives.

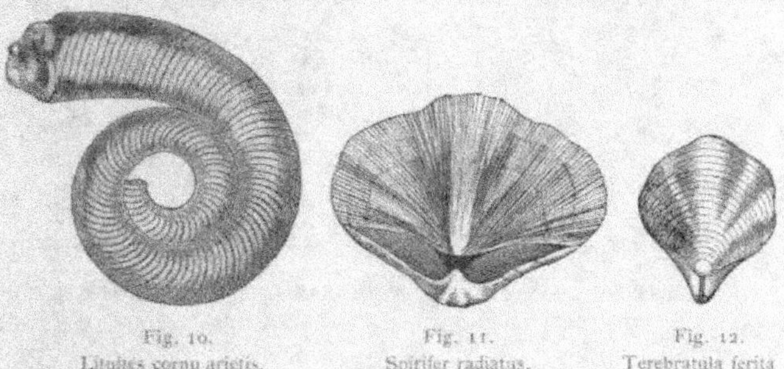

<table>
<tr><td>Fig. 10.</td><td>Fig. 11.</td><td>Fig. 12.</td></tr>
<tr><td>Lituites cornu arietis.</td><td>Spirifer radiatus.</td><td>Terebratula serita</td></tr>
</table>

Dans la classe des *brachiopodes*, il faut citer les *lingules* (fig. 6), les *térébratules* (fig. 12), les *rhynchonella*, les *spirifères* (fig. 11) que leur formidable appareil de destruction a fait surnommer « les balayeurs des anciennes mers » (*the scavengers of the ancient seas*). Ces appareils de destruction qui leur servaient en même temps d'organes de locomotion, consistaient en deux bras charnus, extensibles et garnis de nombreux filaments, d'où le nom de brachiopodes (1).

(1) Du grec βραχίων, bras, et ποδός, gén. de πούς, pied.

Chez les *gastéropodes* (1), ces organes étaient placés sous le ventre, comme dans les limaces, et arrangés autour de la tête en forme de tentacule, chez les *céphalopodes* (2). Ces deux dernières classes sont univalves.

Dans les ARTICULÉS, la classe dominante était celle des *crustacés*, à laquelle appartiennent de nos jours le homard, l'écrevisse, le crabe; et dans cette classe la famille la plus remarquable et la plus développée, quoique aujourd'hui complétement disparue, était celle des *trilobites*. (Fig. 13 et 14.)

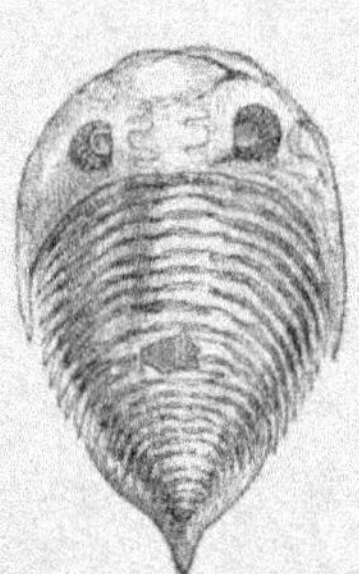
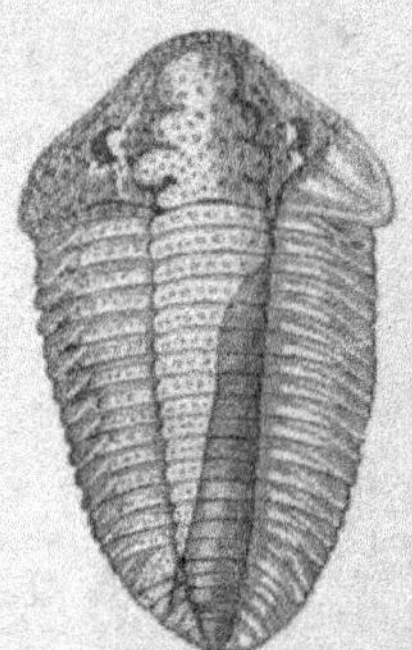

Fig. 13.
Asaphus caudatus
(silurien supérieur).

Fig. 14.
Calymene Blumenbachi
(silurien supérieur).

Les cloportes sont dans le règne animal actuel les êtres qui s'en rapprochent le plus.

Le corps des *trilobites* était divisé en trois lobes ou sections, par trois rainures longitudinales, ce qui lui donnait une apparence trilobée, d'où ils ont tiré leur nom. Ils étaient munis d'un œil à plusieurs centaines de facettes qui, dans certains fossiles, se trouve en un tel état de conservation, qu'on a pu se

(1) Du grec γαστήρ, ventre, et πούς, gén. ποδός, pied, *qui a les pieds au ventre.*

(2) Du grec κεφαλή, tête, et πούς, gén. ποδός, pied, *qui a les pieds à la tête.*

convaincre que du temps où ces crustacés se traînaient sur la vase du fond des mers, la nature de l'eau, de l'air et de la lumière, était essentiellement la même qu'aujourd'hui. Quelques genres cependant, et ce sont les plus anciens, sont dépourvus de l'organe de la vue. Les pattes des trilobites étaient probablement molles et charnues, car elles ne se sont pas conservées; elles ont été sans doute détruites par la fossilisation, ainsi que les téguments de l'abdomen, qu'on ne retrouve pas davantage. Plusieurs d'entre eux avaient, comme les cloportes, la faculté de se rouler en boule. (Fig. 15.) On suppose qu'ils vivaient en familles nombreuses, près des côtes et dans les bas-fonds, nageant sur le dos, le ventre en haut, sans s'arrêter jamais, parce que leurs pieds ne pouvaient pas les fixer et que ce mouvement était nécessaire à leur respiration.

Fig. 15.
Calymene Blumenbachi
enroulé sur lui-même.

Rois des mers pendant l'ère primaire, que l'on a nommée quelquefois pour ce motif l'ère *trilobitique*, ils n'ont pas survécu à cet âge; si bien que les terrains secondaires, même les plus anciens, n'en renferment aucune trace. On en voit de très-beaux spécimens dans les carrières d'ardoise d'Angers.

D'après Roderick Murchison, les crustacés doivent être considérés comme le type le plus élevé de la vie organique à cette époque. « Il est digne de remarque, dit-il, que les recherches les plus minutieuses, dans plusieurs parties du monde, n'ont pu faire découvrir la trace d'un seul animal vertébré dans les couches les plus basses du système silurien. Tous les êtres marins qui, depuis les zoophytes jusqu'aux crustacés, s'élèvent à plus de mille espèces déjà connues, appartiennent sans exception aux invertébrés. » D'où il conclut que « le nom de terrain silurien désigne la première série des dépôts fossilifères, dans la grande masse des-

quels aucun animal vertébré n'a été découvert en aucun
lieu (1). »

Ce que nous venons de dire des créations animales s'applique également aux créations végétales. Notons cependant
une différence. Tandis que la flore silurienne est presque uniquement formée de fucus (2), et s'avance pour ainsi dire vers
l'avenir sur une seule ligne, la faune contemporaine s'avance

(1) *Siluria*, p. 205-240.

(2) Même aujourd'hui les algues ou fucoïdes, dont le type est à peu de chose
près le même que celui des algues siluriennes, composent la majeure partie
de la flore sous-marine. Cette flore, ignorée des anciens naturalistes, mieux
étudiée de nos jours, a révélé des richesses et des magnificences qu'on ne
soupçonnait pas.

« Les plantes de l'Océan, dit M. Moquin-Tandon, ne ressemblent pas beaucoup à celles qui ornent nos bois et nos vallons. D'abord elles n'ont pas de
racines. Celles qui flottent sont globuleuses ou ovoïdes, tubulées ou membraneuses, sans apparence aucune de corps radiculaire. Celles qui adhèrent
sont fixées par une sorte d'empâtement superficiel plus ou moins lobé et divisé. La terre n'est pour rien dans leur développement, car leur point
d'origine est toujours extérieur. Tout se passe dans l'eau, tout vient d'elle et
tout retourne à elle....

« Ces hydrophytes ne possèdent ni vraies tiges ni vraies feuilles; elles se
dilatent souvent en lames ou lamelles larges ou étroites, d'une seule ou de
plusieurs pièces, qui tiennent lieu de ces organes. Elles ressemblent tantôt
à des lanières onduleuses, tantôt à des filaments crispés, celles-ci épaisses
et coriaces, celles-là minces et membraneuses. Il y en a qu'on prendrait pour
de petits ballons transparents, pour des étoffes régulièrement gaufrées, pour
des lambeaux de gelée tremblante, pour des rubans de corne blonde, pour des
baudriers de peau tannée, ou pour des éventails de papier vert! Leur surface
est tantôt lisse, polie, même luisante, tantôt couverte de papilles, de verrues
ou de véritables poils. On y trouve un enduit visqueux, une poussière saline,
une efflorescence sucrée et quelquefois un dépôt crétacé. Leur couleur est
olivâtre, fauve-jaunâtre, d'un brun plus ou moins obscur, d'un vert plus ou
moins gai, d'un rose plus ou moins tendre, ou d'un carmin plus ou moins
vif. Quelques auteurs les ont divisés d'après leurs teintes dominantes en trois
grandes sections : les brunes ou noires (mélanospermées), les vertes (chlo-
rospermées), et les rouges (rhodospermées. Les premières sont de beaucoup plus nombreuses. Elles s'enfoncent plus ou moins et semblent occuper
dans l'Océan trois régions plus ou moins distinctes; elles constituent la plus
grande partie des forêts sous-marines. Les vertes sont superficielles et souvent flottantes. Les rouges se rencontrent habituellement à de faibles profondeurs, et sur les rochers peu éloignés des rivages. » (*Le Monde de la mer*,
Paris, Hachette, 1865.)

sur trois lignes parallèles, embrassant à la fois des mollusques, des crustacés et des rayonnés. Ce fait vaut la peine d'être relevé, parce qu'il montre que la loi du progrès qu'on a constatée d'une manière générale dans la succession des êtres n'est pas absolue.

Reste que les empreintes de plantes trouvées dans les couches schisteuses du terrain silurien appartiennent *toutes* à des plantes marines. Pour les plantes terrestres, on n'en découvre pas la moindre trace jusqu'à ce qu'on arrive tout à fait au sommet du système, et immédiatement au-dessous des couches les plus basses du terrain dévonien, où l'on trouve la première plante terrestre connue, une lycopode. (Fig. 16.) C'est à la même date qu'on voit apparaître le premier animal à vertèbres.

« Les roches siluriennes, dit encore Murchison, s'étendent sur des surfaces aussi vastes, sinon plus vastes, qu'aucune des formations subséquentes, et cependant seules entre toutes elles sont caractérisées par une *absence totale de végétation terrestre* (1). »

Le professeur Nicol, d'Aberdeen, en soumettant au microscope les cendres d'une anthracite silurienne qu'on trouve

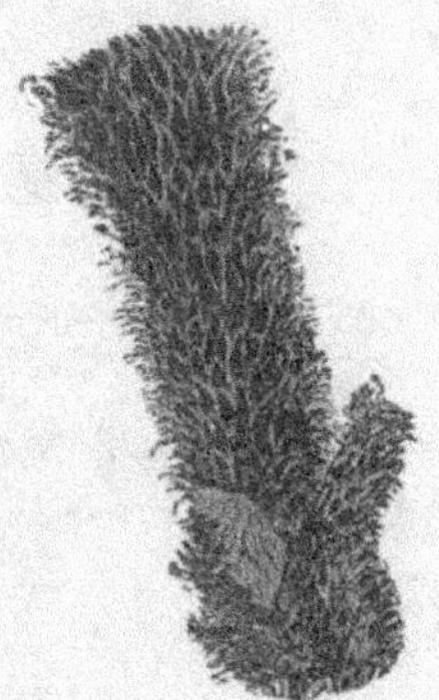

Fig. 16. — Lycopode du terrain dévonien inférieur

dans le Peeblesshire, y a découvert de petites fibres tubulaires qui semblent indiquer une végétation d'un ordre plus élevé que les algues. En fût-il ainsi, cela n'établirait pas qu'elle ne fût d'origine marine, comme la Zostéra par exemple, dont l'habitat propre est dans l'eau salée, et qui cependant laisse voir elle aussi au microscope des fibres tubulaires que ne présentent pas les algues (2).

(1) *Siluria*, p. 475.
(2) *The testimony of the rocks*, p. 424.

Il résulte de ce qui précède, que soit pour les plantes, soit pour les animaux, les seuls êtres qui eussent fait leur apparition, sur la scène de la vie, pendant la longue période silurienne, étaient des CRÉATIONS SOUS-MARINES.

Ce résultat entraîne avec lui d'autres conséquences. Puisque d'une part aucune trace de végétation terrestre ni de vie animale, autre que celle des invertébrés sous-marins, n'a pu être découverte jusqu'ici dans les roches siluriennes ; que d'autre part ces roches, comme les cambriennes sur lesquelles elles reposent, se trouvent en masses considérables partout où on les a étudiées, la conclusion qui ressort de ce double fait n'est-elle pas que les mers dans lesquelles ces roches furent déposées, devaient s'étendre dans toutes les parties du globe, et que durant les périodes cambrienne et silurienne, la terre d'un pôle à l'autre était entourée d'une ceinture d'eau ? (1)

Ainsi formulée, cette conclusion ne sera probablement contestée par personne. Mais nous croyons pouvoir aller plus loin et soutenir, en nous fondant sur l'absence totale de plantes et d'animaux terrestres, que la terre sèche n'existait pas encore et que notre planète tout entière était sous l'eau.

Il faut bien convenir d'abord que cette opinion a pour elle une grande apparence de vérité. Il faut convenir en outre que les raisons à l'aide desquelles on essaye de l'infirmer sont loin d'être décisives. Ainsi l'affirmation de Lyell, « que les plus anciennes formations contiennent des débris de plantes terrestres, » est inexacte, pour autant du moins qu'elle s'applique aux terrains cambriens et siluriens. Il est

(1) Les roches siluriennes ont été l'objet de soigneuses investigations en France, en Angleterre, en Russie, en Allemagne, dans le nord de l'Amérique. On les a explorées aussi dans l'Amérique du Sud, dans l'Afrique australe, et jusque dans les îles Falkland. Partout, au point de vue de la faune et de la flore, elles nous présentent les mêmes caractères.

hors de doute que les seules traces de végétation découvertes
dans leurs strates appartiennent exclusivement à des algues
marines. L'objection se tourne donc en preuve, car si la présence de plantes terrestres (à supposer qu'elle fût démontrée)
eût établi l'existence de terres sèches, l'absence de ces mêmes
plantes doit rendre tout au moins fort probable qu'à cette
époque, il n'y avait point de terres émergées. — L'argument
tiré de la présence dans les terrains sédimentaires les plus
anciens de roches détritiques, conglomérats, etc., qui exigent
pour leur formation la désagrégation de roches préexistantes,
ne prouve pas davantage. — « De nos jours cette désagrégation se fait sous l'influence des agents atmosphériques,
donc il a dû en être ainsi autrefois. »—Cela n'est pas rigoureux. De ce que les choses se passent d'une certaine façon
aujourd'hui, il ne s'ensuit pas qu'elles aient dû se passer ainsi
toujours. Qu'on se rappelle, en effet, ce que nous avons dit
plus haut de l'action mécanique et chimique des eaux des
anciennes mers, tenues dans une agitation perpétuelle par les
éruptions volcaniques et autres qui s'accomplissaient dans
leur sein, et l'on comprendra aisément, sans recourir à l'hypothèse de l'émergence des terres, et la formation des conglomérats et celle des dépôts sédimentaires avec lesquels on
les trouve associés.

On insiste et l'on cite, soit en France, soit en Europe, soit
en Amérique, des roches granitiques qui n'auraient jamais été
recouvertes de terrains de sédiment, et qui par conséquent
devaient être émergées à l'époque où ils se déposèrent. Ainsi
le plateau central de l'Auvergne, la partie granitique de la Bretagne et de la Vendée (1), le nord de la Norwége, de la Suède et

(1) Le terrain primitif qui se montre en France dans le plateau central, la
Bretagne, les Vosges, les Alpes, les Maures et les Pyrénées, se divise en partie
stratifiée comprenant les gneiss, les micaschistes et les talcschistes; et en
partie non stratifiée, comprenant les granits, les syénites, etc. Dans la première il a bien fallu que les eaux aient passé, autrement comment expliquer

de la Laponie russe; dans l'Amérique septentrionale une île s'étendant du 5o° au 68° degré de latitude et qui porte aujourd'hui le nom de Nouvelle-Bretagne; une autre sur la côte occidentale des Etats-Unis, du 32° au 52° degré de latitude, et comprenant la Californie, l'Youtah et l'Orégon actuels; dans l'Amérique méridionale, le Chili, la partie du Brésil contenue entre le 10° et le 30° degré de latitude; enfin la Guyane, dans la région de l'équateur.

Quand même les pays que nous venons de nommer auraient été élevés au-dessus des eaux pendant la période silurienne, encore serait-il vrai de dire que les mers occupaient alors la terre presque tout entière et la faisaient ressembler à un vaste abîme. Mais rien n'est moins prouvé que l'existence de ces parties continentales. Il est très-difficile, pour ne pas dire impossible, de l'aveu des géologues les plus compétents, de préciser l'âge des roches granitiques. « Il y a un demi-siècle à peine, dit Lyell, on croyait généralement que toute roche granitique était *primitive*, c'est-à-dire qu'elle avait été formée avant le dépôt des premières couches sédimentaires et la création des êtres organisés, mais aujourd'hui les opinions ont tellement changé, qu'il n'est pas facile de faire remonter l'origine d'une masse donnée de granit, à une époque antérieure à l'accumulation de toute série fossilifère (1). »

Qui nous assure en effet qu'il ne s'est pas produit des dénudations, et que ces terrains aujourd'hui dénudés n'ont pas été autrefois recouverts de sédiments avec les débris désagrégés desquels ont été formées les roches ultérieures? Sans

la présence des strates dont elle se compose? Et quant à la seconde, celle des terrains non stratifiés, elle est, du moins dans le plateau central, postérieure à la première, dans les terrains de laquelle elle forme des filons, tandis qu'elle est évidemment antérieure aux terrains de transition dans lesquels elle ne pénètre pas. Voy. RAULIN, *Eléments de Géologie* (Géologie de la France), p. 24 et suiv.

(1) Ch. LYELL, *Eléments de Géologie*, t. II, ch. xxxv.

recourir à cette hypothèse, qu'est-ce qui nous empêche d'admettre que ces roches granitiques ont fait irruption à travers les couches sédimentaires, et que, par conséquent, elles sont postérieures à leur dépôt? Ainsi le granit des environs de Christiania en Norwége est de date plus récente que les couches siluriennes du même pays. Il est postérieur aux calcaires à orthocères et à trilobites. On observe à Markerud, près de Christiania, en Norwége, divers cas où la direction des couches n'a point été, même sur de vastes surfaces, dérangée par l'introduction du granit massif et veineux (1). Le granit de Dartmoor en Devonshire s'est fait jour comme le granit syénitique de Christiania, à travers les formations stratifiées, sans changer leur direction. Le granit de Cornouailles est probablement du même âge, et par conséquent aussi moderne que les strates carbonifères, s'il ne l'est pas plus (2). Rien ne s'oppose à ce qu'il en soit de même pour les autres massifs granitiques. Et s'il est vrai que même sur de vastes surfaces, la direction des couches ne soit pas changée par l'introduction du granit massif ou veineux, sur quoi peut-on se fonder pour affirmer, comme on le fait, que ces masses granitiques étaient émergées, lors de la formation des couches? L'opinion contraire a pour elle le fait incontestable de l'absence totale de tout animal et de toute plante terrestre, durant cette période. Que si, pour échapper à cette conclusion, on dit que la terre était trop chaude pour qu'aucune plante ou aucun animal terrestre pût y vivre, nous ferons observer que la même raison aurait dû empêcher l'apparition des plantes et des animaux sous-marins, ce qui n'est pas, puisqu'on en trouve déjà dans les strates les plus basses du système silurien.

Si donc nous voulons nous faire une idée de ce qu'était

(1) Ch. LYELL. *Eléments de Géologie*, t. II, ch. xxxiii.
(2) Ch. LYELL. *Ibid.*, t. II, ch. xxxiv.

notre planète pendant la période silurienne, nous devons nous la figurer comme une vaste étendue d'eau d'un pôle à l'autre, sans qu'aucune terre émergée vînt encore rompre la monotonie de cet océan sans rivage.

« Quaque fuit tellus, illuc et pontus et aer. »

Sans doute nous n'avons pas de certitude absolue qu'il en fût ainsi; mais encore moins peut-on dire avec certitude qu'il en fût autrement.

Sur cette plaine immense et dans les eaux basses, des myriades d'encrines comme des forêts de lis se balançaient avec grâce sur leurs tiges élégantes, tandis que les trilobites aux espèces variées, les céphalopodes carnivores et les non moins voraces brachiopodes s'agitaient sur les algues du fond des mers, butinant la population des eaux.

En résumé : point de terre sèche, point de végétation terrestre, point de quadrupèdes, ni de reptiles, ni d'oiseaux ou d'animal vertébré d'aucune espèce; pour tous habitants des algues, des zoophytes, des mollusques, des articulés; tel est le tableau qu'offrait notre planète durant la période silurienne.

III. — Période dévonienne ou vieux grès rouge. — Origine de ces noms. — Plantes de la nature des cryptogames. — Apparition des premières plantes terrestres et des poissons à vertèbres. — Structure des poissons placoïdes et ganoïdes. — Opinion du Dr Buckland. — Éruptions volcaniques et formation de chaînes de montagnes. — Comment on établit l'âge relatif des montagnes. — Apparition des premières terres émergées. — Traits caractéristiques de la période dévonienne.

Aux terrains siluriens succède un système auquel on a donné le nom de *dévonien* parce qu'il est particulièrement développé et surtout plus abondant en fossiles qu'ailleurs, dans la partie méridionale du Devonshire. Celui de *vieux grès rouge* (*old red sandstone*), sous lequel on le désigna d'abord, venait de ce que dans le Herefordshire, en Ecosse, où il fut étudié pour la première fois, il se compose principalement de grès rouge, de schiste et de conglomérat. Voici, comment Murchison rend compte de cette appellation : « Pendant l'accumulation de presque tous les terrains siluriens, le fond des mers fut, sur une grande étendue, successivement occupé par des dépôts vaseux d'une couleur gris sombre. A la fin de cette période, il survint un grand changement dans la nature et la couleur des sédiments sur les vastes profondeurs des anciennes mers. Dans la région silurienne de la Grande-Bretagne par exemple et tout autour, par suite du mélange de leurs eaux avec les oxydes de fer, la vase grise fut remplacée par des dépôts de couleur rouge, pour la plupart arénacés (1). » Le nom de vieux grès rouge est maintenant abandonné, parce qu'on a reconnu que la couleur rouge n'est pas caractéristique de ces terrains dans tous les pays.

La flore dévonienne ne diffère pas sensiblement de celle de la période précédente. Elle s'en distingue pourtant en ce qu'avec elle nous atteignons un degré plus élevé dans l'ordre des créations végétales; des plantes thallogènes aquatiques, nous passons aux plantes terrestres acrogènes (2). Les plus anciens représentants de cette classe sont de l'ordre des lycopodes, végétaux herbacés d'une nature cellulaire et cryptogamique, mais dont la taille égalait celle de nos arbres actuels. On peut citer parmi eux le *Zostéra* et le *Psilophyton.*

Fig. 17 — Fougère (g. n.)
(terrain dévonien inférieur).

On trouve aussi dans le milieu de la formation dévonienne quelques débris de fougère (fig. 17) avec un lépidodendron,

(1) *Siluria*, p. 241.
(2) On nomme *acrogènes* des végétaux à spores et sans fleurs.

sorte de lycopode aujourd'hui disparu. Enfin, tout à fait au sommet du système, et particulièrement développée au sud de l'Irlande, une magnifique fougère connue sous le nom de *Cyclopteris hibernicus*. (Fig. 18.)

Associé aux antiques débris de la végétation terrestre de cette époque, on rencontre encore et pour la première fois un vrai arbre à fibre ligneuse; c'est un conifère assez semblable aux pins et araucarias de nos jours. (Fig. 19.)

« Je découvris la gangue qui le contenait, dit Hugh Miller, dans un des lits à poissons de Cromarty (Ecosse), il y a un peu plus de dix-huit ans. Mais quoique je l'eusse décrit dans la première édition de mon petit livre sur le vieux grès rouge, en 1841, comme montrant des fibres ligneuses, ce ne fut qu'en 1845 que je pus l'examiner au microscope et constater, comme je l'avais pressenti, que c'était bien le fragment d'un arbre. L'ayant soumis à une de nos premières autorités, feu M. William Nicol, il déclara que « la « texture réticulée de la section trans- « verse, quoique légèrement compri-

Fig. 18. — Cyclopteris hibernicus (g. n.).

« mée indiquait clairement un conifère. » Je dois ajouter, continue Hugh Miller, que ce vétéran des lignites écossais présente une structure à bien des égards particulière. Comme certains araucariés des latitudes intertropicales il ne porte point de trace de croissance annuelle. Les rayons médullaires sont ténus et comparativement imperceptibles, et les disques qui tachètent les parois des réceptacles de la sève (*sap cham-*

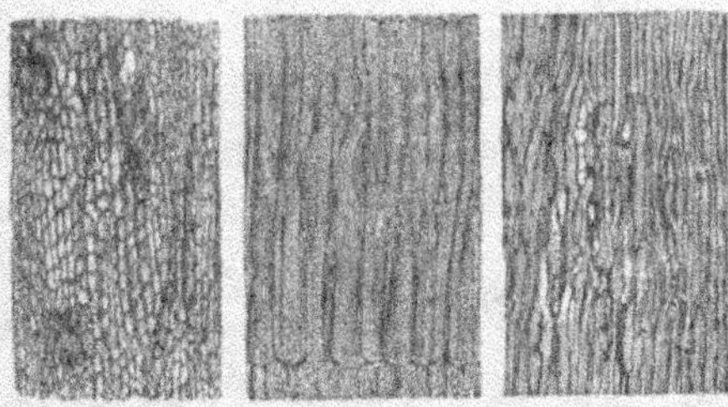

Fig. 19. — Conifère du terrain dévonien.

(1/14 g. n.)

bers), vues en sections longitudinales, sont excessivement petits et rangés, autant du moins qu'on en peut juger dans leur état imparfait de conservation, dans l'ordre alterne qui est propre aux araucariés (1). »

Hugh Miller ayant cité le fait en preuve de l'existence d'un vrai arbre parmi les plus anciennes plantes terrestres connues des géologues (ce qui battait en brèche la théorie du développement progressif), on avait objecté que la gangue dans laquelle il avait été trouvé et qui avait été partiellement détachée du lit à poissons par l'action du ressac, ne faisait nullement partie de ce lit, mais était provenue d'une formation de date postérieure. A quoi le célèbre géologue répondit qu'une telle explication était insoutenable, vu que la même gangue qui enfermait le lignite, enfermait aussi un débris fossile, parfaitement caractérisé, les écailles du *Diplacanthus striatus*, ichthyolite qui comme le *Cocosteus*, dont un spécimen se trouvait dans le voisinage de la gangue, est exclusivement confiné dans les couches inférieures du terrain dévonien.

On trouve également dans une couche de grès à paver qui forme une des divisions de cette période, des fossiles auxquels

(1) *The testimony of the rocks*, p. 435 et suiv.

les carriers donnent le nom de *baies* (*berries*) et qui rappellent par leur forme une mûre ou une framboise comprimée. On n'est pas d'accord sur la nature de ces débris. Les uns y ont vu des panicules ou chatons de quelques plantes, tandis que les autres les ont pris pour un agglomérat d'œufs desséchés de quelque batracien.

Quoique la flore dévonienne avec ses végétaux à spores et sans fleurs fût pauvre, comparée à la puissante végétation de la période suivante, elle était pourtant assez abondante pour former des schistes riches en anthracites, et même en calcaire carbonifère, dans sa dernière époque.

Sous le rapport de la faune, les trilobites diminuent, quoique assez nombreux, au commencement de la période. On y voit apparaître une espèce qui lui est propre, et dont la longueur totale n'aurait pas eu moins de quatre pieds anglais. Les mollusques brachiopodes, gastéropodes et céphalopodes se maintiennent. Les premiers surtout sont particulièrement abondants et revêtent des formes extraordinaires. Dans

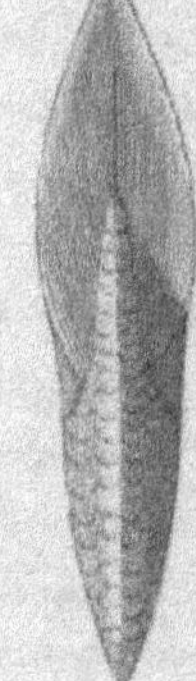

Fig. 20. — Goniatites coniatitus.

les céphalopodes se montre un genre nouveau, les *goniatites*, (fig. 20), genre voisin des ammonites qui caractérisent l'ère secondaire. Les *orthocératites* abondent. (Fig. 41.) On rencontre aussi des *annélides* tubicoles, représentés par le genre *serpule*. Ce sont des animaux vermiformes, protégés extérieurement par une enveloppe testacée. Citons enfin les *cupressocrinus* chez les zoophytes. (Fig. 21.)

Mais le trait saillant et distinctif de la faune dévonienne est l'apparition des premiers animaux à vertèbres, sous la forme la plus rudimentaire, celle des poissons. Dans les couches les plus élevées du système silurien et immédiatement au-dessous des couches les plus basses du système dévonien on signale déjà les restes des plus anciens poissons connus. Mais c'est surtout dans notre période qu'ils se multiplient. On en a compté et décrit plus de 150 espèces différentes.

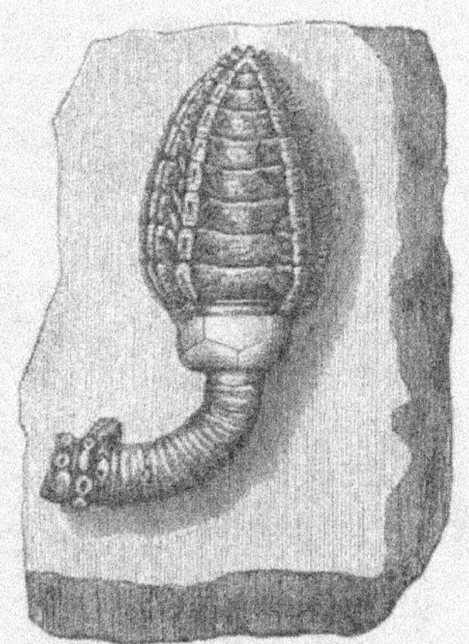

Fig. 21. — Cupressocrinus crassus. (Dévonien)

D'après les ichthyolites ou restes organiques de ces animaux, on voit que leur structure était bien différente de celle de nos poissons actuels. Au lieu d'écailles cornées et minces, analogues à celles qui caractérisent les poissons d'une époque plus récente, les *placoïdes* (les premiers en date) avaient la peau quelquefois tout à fait nue, souvent aussi couverte par de petits corps osseux et épineux, qui tantôt avaient un grand crochet médian comme chez les raies (fig. 22), tantôt étaient très-petits et hérissés et rendaient la peau âpre comme le *chagrin*. Les placoïdes n'avaient pas non plus de squelette osseux. Leur structure interne était cartilagineuse, même dans l'âge adulte et dans la vieillesse.

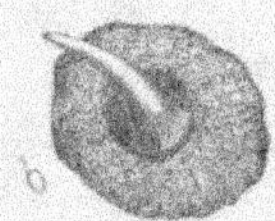

Fig. 22.
Boucle de raie,
a) vue de profil,
b) vue en dessus

De tous les poissons aujourd'hui vivants, le requin de Port-Jackson (*Cestracion Philippi*) est peut-être celui qui peut le mieux nous en donner l'idée. (Fig. 23.)

Le deuxième ordre de poissons de cette période est celui des *ganoïdes*, ainsi nommés à cause d'une sorte d'armure

Fig. 23. — Requin de Port-Jackson.

émaillée et brillante (de γανάω, je brille) à écussons anguleux et réguliers qui se touchaient par leurs bords comme un ouvrage de marqueterie, au lieu d'être placés l'un sur l'autre, ou imbriqués à la manière des écailles de nos poissons actuels. Leur squelette était osseux ou cartilagineux. Dans le *Pterichthys cornutus* (fig. 24) la cuirasse à plusieurs pièces,

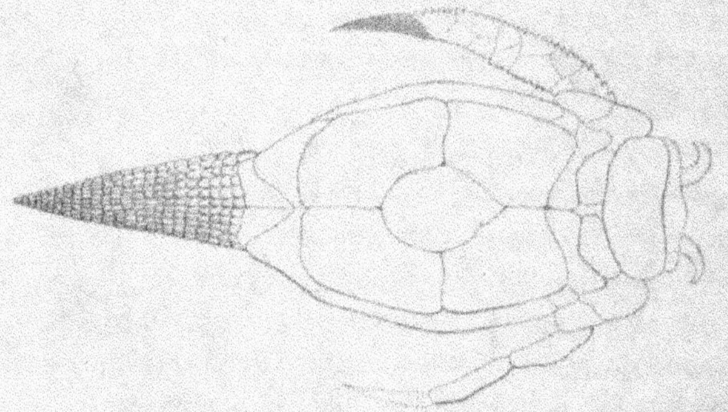

Fig. 24. — Pterichthys cornutus (face ventrale).

assez semblable à une carapace de tortue, couvrait tout le corps; le *Cocosteus* au contraire n'était défendu que dans la partie supérieure et le *Cephalaspis* que dans la partie antérieure du corps.

Mais tandis que chez les deux premiers la carapace protectrice était composée de plusieurs pièces, dans le Céphalaspis la tête était couverte par un écusson unique dont les côtés se prolongeaient en arrière comme les cornes d'un croissant. (Fig. 25.)

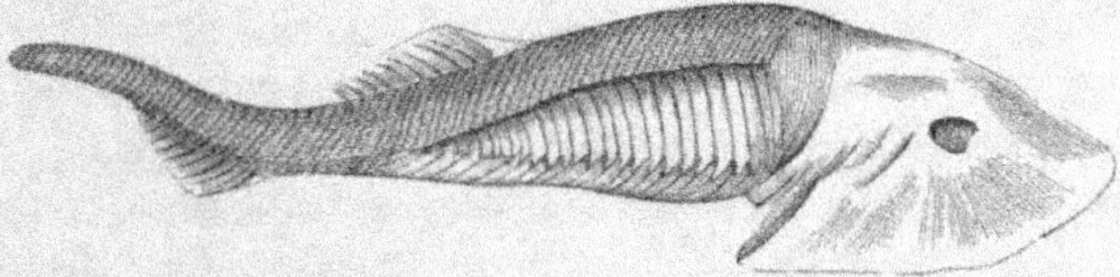

Fig. 25.— Cephalaspis Lyellii.

Une autre particularité remarquable qui distingue ces anciens habitants des mers, c'est la structure et la forme de leur queue. Tous les poissons actuels, à très-peu d'exceptions près, ont ce qu'on appelle une queue homocerque (fig. 26), c'est-à-dire que la queue commence à l'extrémité de la colonne vertébrale et se bifurque en deux sections souvent inégales, mais composées de la même manière, comme dans le saumon, la perche, le hareng, etc. ; tandis que dans les poissons des terrains les

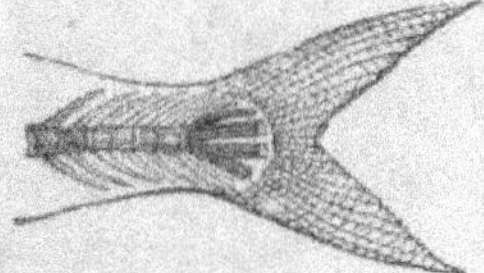

Fig. 26. — Queue homocerque.

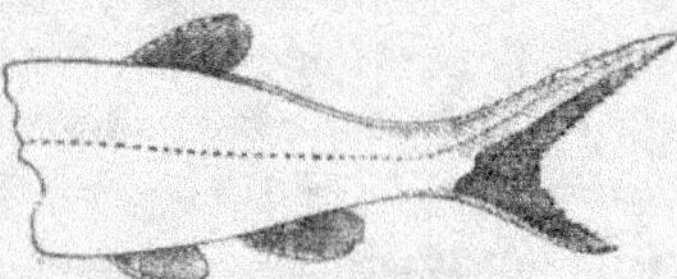

Fig. 27. — Queue hétérocerque.

plus anciens, la colonne vertébrale, au lieu de s'arrêter à la base de la nageoire, se continue dans le lobe supérieur, de façon à ce que les apophyses inférieures portent seules les rayons de la queue qui, par leur inégale longueur, déterminent les formes de cet organe, et constituent ainsi ce qu'on appelle une queue hétérocerque. (Fig. 27.)

Cette forme de queue est invariablement unie au tégument osseux ou émaillé. L'ordre de poissons qu'elle caractérise paraît avoir existé sans interruption à travers tous les systèmes

qui s'étendent des terrains dévoniens aux terrains crétacés
où ils diminuent rapidement et sont remplacés par les poissons à écailles et à queue homocerque (cycloïdes et cténoïdes)
que l'on voit apparaître alors pour la première fois. Il
n'existe aujourd'hui qu'un petit nombre de types de poissons
à queue hétérocerque, l'esturgeon par exemple, dans l'ordre
des ganoïdes. Les placoïdes sont représentés par les raies et
les chiens de mer.

Dans une des strates du terrain dévonien, à Dorpat, on a
trouvé des os gigantesques qu'on avait pris d'abord pour
ceux d'un reptile. Mais on a établi depuis que c'étaient les
restes d'un poisson qui ne devait pas avoir moins de 36 pieds
anglais de long.

De tous les êtres organisés le poisson est celui qui peut
supporter le plus haut degré de température, ce qui résulte
du fait qu'on en a pêché en différents lieux dans les eaux
thermales où aucun autre animal n'aurait pu vivre. Les plaques osseuses et émaillées qui revêtaient comme d'une cuirasse les anciens poissons auraient servi, d'après le Dʳ Buckland, à les protéger contre la température élevée des mers
primitives. A l'appui de cette hypothèse, Hugh Miller a remarqué que c'est à peu près à l'époque de leur diminution
que se montrent les premiers indices d'une alternance de
chaud et de froid dans les saisons, alternance marquée par
l'apparition des cercles annuels concentriques dans les arbres
fossiles. « Juste au moment où l'hiver commence à prendre
sa place au rang des saisons, dit-il, on vit disparaître les
poissons dont la structure avait été disposée pour vivre dans
un milieu d'une température très-élevée. » — « Créés pour
vivre dans les mers thermales, ils disparurent dès que les
mers se refroidirent (1). » L'observation de Hugh Miller est

(1) *The old red Sandstone*, p. 161, 162. 3ᵉ édition.

confirmée par M. Brongniart. Ses investigations sur les végétaux fossiles l'ont amené à penser que les fucus des anciennes mers indiquent une température supérieure à celle des lieux où on les trouve aujourd'hui.

Au point de vue purement géologique, l'introduction du système dévonien paraît avoir été marquée par des perturbations volcaniques profondes et étendues. En brisant les formations précédentes et les élevant au-dessus des mers, ces perturbations donnèrent lieu à des éjections granitiques et formèrent des chaînes de montagnes en divers lieux.

Telles sont en particulier celles que M. Élie de Beaumont, dans son tableau des treize principaux soulèvements auxquels se rapportent les grandes chaînes de l'Europe, attribue à son système de Westmoreland et du Hundsruck, opéré entre le terrain cambrien et le terrain silurien, et à son système de ballons opéré entre le terrain silurien et le grès houiller, sans parler de plusieurs autres qui peuvent avoir été soulevées à la même époque et qui depuis ont disparu abîmées dans les profondeurs de l'Océan.

Jusque-là sans doute il avait pu se produire sur la pellicule de notre globe des gonflements partiels qui avaient donné naissance à des mamelons peu élevés au-dessus de la mer cambrienne. Mais, outre qu'ils n'avaient point de direction déterminée, ces soulèvements étaient trop peu considérables pour avoir une action quelconque sur le déplacement des eaux. Ce déplacement ne se fit qu'à l'apparition des vraies chaînes de montagnes. Or, cette apparition, nous venons de le voir, eut lieu pour la première fois dans les périodes cambrienne et dévonienne, comme cela résulte du tableau ci-dessous.

Mais avant disons qu'on établit l'âge relatif des montagnes sur le principe que le soulèvement doit nécessairement avoir eu lieu entre deux périodes, c'est-à-dire après le dépôt des strates qui ont été soulevées et inclinées, et avant le dépôt de celles qui s'étendent horizontalement et s'appuient sur elles.

Dans la figure 28, par exemple, il est évident que les couches horizontales A, B, C sont postérieures au soulèvement.

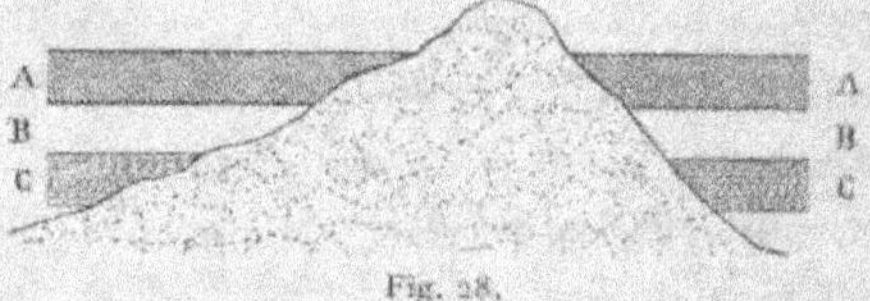

Fig. 28.

Dans la figure 29, au contraire, le soulèvement est postérieur au dépôt de la couche C.

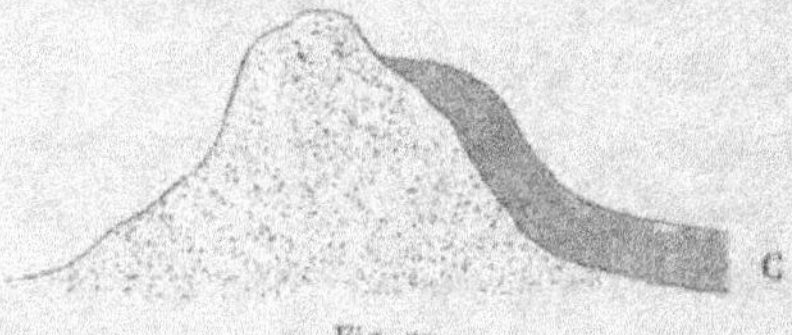

Fig. 29.

Dans la figure 30, il est postérieur au dépôt des couches B, C, antérieur à celui de la couche A.

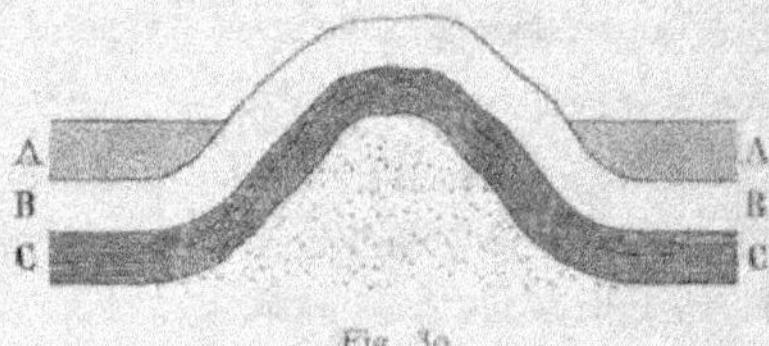

Fig. 30.

Tableau et direction des treize principaux soulèvements de l'Europe.

1° Soulèvement dirigé de l'ouest 35° sud à est 35° nord. (C'est le système de Hundsruck et de Westmoreland, opéré entre le terrain cambrien et le terrain silurien.)

2° Soulèvement de l'ouest 15° nord à est 15° sud. (C'est le système des ballons, opéré entre le terrain silurien et le grès houiller.)

3° Soulèvement dirigé du nord 5° ouest à sud 5° est. (C'est le système du nord de l'Angleterre, opéré entre le terrain houiller et le terrain permien.)

4° Soulèvement dirigé de l'ouest 5° sud à est 5° nord. (C'est celui du Hainaut, entre le terrain permien et le grès vosgien.)

5. Soulèvement dirigé du sud 21° ouest à nord 21° est. (C'est celui du Rhin, entre le grès vosgien et le trias.)

6° Soulèvement dirigé de l'ouest 40° nord à est 40° sud). C'est celui de Thuringerwald, entre le trias et le terrain jurassique.)

7° Soulèvement dirigé de l'ouest 40° sud à est 40° nord. (C'est celui de la Côte-d'Or, entre le terrain jurassique et le grès vert.)

8° Soulèvement dirigé du nord-nord-ouest à sud-sud-est. (C'est celui du mont Viso.)

9° Soulèvement dirigé de l'ouest 18° nord à est 18° sud. (C'est celui des Pyrénées, entre la craie supérieure et le calcaire parisien).

10° Soulèvement dirigé du nord au sud. (C'est celui de Corse, entre le calcaire parisien et la molasse).

11° Soulèvement dirigé du sud 26° ouest à nord 26° est. (C'est celui des Alpes occidentales, entre la molasse et le terrain sub-apennin.)

12° Soulèvement dirigé de l'ouest 16° sud à est 16° nord. (C'est celui des Alpes principales, entre le terrain sub-apennin et le diluvium.)

13° Soulèvement dirigé du nord 20° ouest à sud 20° nord. (C'est celui du Ténare, après le diluvium et peut-être quelques alluvions modernes.)

Il est digne de remarque que les plus anciens soulèvements n'ont donné lieu qu'à de faibles saillies (Bretagne, Ardennes, bords du Rhin); ceux de l'époque moyenne à des montagnes du second ordre (Vosges, Jura, Cévennes); enfin les derniers aux grandes chaînes des Pyrénées d'abord, puis des Alpes en Europe, des Andes et de l'Himalaya en Amérique et en Asie.

Les faits géologiques les mieux constatés établissent donc que les grands soulèvements qui ont donné naissance aux dépressions ou bassins entre lesquels l'eau terrestre se trouve maintenant divisée, sont tous postérieurs aux dépôts cambrien et silurien. Ce ne fut qu'après ces dépôts que les masses aqueuses qui couvraient la terre furent déplacées par l'apparition de chaînes de montagnes et se précipitèrent sur d'autres points, entraînant avec elles de puissantes masses de cailloux roulés, de sable et de vase, débris de roches primitives. Ce fut aussi alors que l'action mécanique des eaux pluviales commença son travail d'érosion sur les flancs des montagnes et entraîna peu à peu d'autres masses de cailloux, de sable et de débris végétaux dans les lacs et les mers. Tous ces débris se déposèrent en stratification discordante au-dessus des gneiss, des micaschistes et des schistes talqueux et ardoisiers là où ces terrains se trouvèrent soulevés. Ainsi se formèrent les terrains dits de *grauwacke*, nom sous lequel les mineurs allemands désignent une variété particulière de grès ordinairement composée d'un agrégat de petits fragments de quartz, de schiste siliceux et de schiste argileux, cimentés par une matière argileuse. Ces grès ne marquent pas, comme l'ont cru les premiers géologues, une époque déterminée dans l'histoire de la terre, car on les trouve non-seulement dans le terrain dévonien, mais encore dans le terrain houiller, dans certaines formations crétacées et même dans l'éocène des Alpes.

Une preuve non moins remarquable à l'appui de ce que

nous avons dit sur les soulèvements caractéristiques de l'époque dévonienne est fournie par la composition géologique des roches de cette formation. Jusqu'ici les grès, les argiles et les schistes sont à peu près les seules substances minérales que nous ayons rencontrées dans les terrains primitifs, et nous avons vu comment on s'en explique la présence par la désagrégation des éléments constitutifs dont se compose le granit. Quant à la *chaux* qui joue un si grand rôle dans les formations subséquentes, ce n'est proprement qu'à partir des époques silurienne et dévonienne qu'on la trouve en quantité suffisante pour qu'on puisse la considérer comme partie essentielle des premières assises de notre globe.

On a essayé plusieurs explications de ce phénomène. Celle à laquelle paraissent se rattacher la plupart des géologues modernes attribue l'apparition de la chaux dans ces terrains aux éjections des eaux bouillantes de l'intérieur, sous l'action des forces volcaniques. On comprend en effet que ces eaux qui tenaient en dissolution du bicarbonate de chaux durent, en faisant irruption à travers les fractures de l'enveloppe terrestre, couverte alors presque entièrement par les océans primitifs, se décharger dans leurs ondes, et déposer ainsi ces masses calcaires que nous présentent les formations de cette période. Laissons parler un écrivain qui plus qu'aucun autre en nos jours a su vulgariser, en les résumant, les découvertes de la science :

« Les fractures et dislocations de l'écorce solide du globe étaient extrêmement fréquentes pendant ces premiers âges. Ce n'était pas seulement du granit liquéfié qui s'épanchait à travers ses énormes fissures : il s'en échappait aussi des eaux bouillantes, tenant en dissolution du bicarbonate de chaux mêlé quelquefois de bicarbonate de magnésie. De véritables fleuves calcaires jaillissaient ainsi de l'intérieur du globe, ce grand et inépuisable réservoir qui a fourni tout ce que la surface de la terre présente aujourd'hui à nos regards. Comme la mer couvrait alors presque toute l'étendue de la sphère terrestre, ces fleuves d'eaux bouillantes calcaires se déchargeaient nécessairement dans les ondes. C'est ainsi que les mers, primitivement dépourvues de composés calcaires, furent chargées de sels de chaux à partir des périodes silurienne et dévonienne. C'est par la même raison que les terrains formés plus tard par les dépôts des mers ont présenté, à partir de cette période, beaucoup de carbonate de chaux. Le même phénomène continuant à se produire après la période dévonienne, nous verrons les terrains calcaires augmenter en nombre et en importance dans la suite des âges géologiques dont nous présenterons le tableau. Pendant les périodes jurassique et crétacée, ces dépôts couvriront, sur la terre entière, des espaces immenses; ils formeront des terrains d'une épaisseur de plusieurs centaines de mètres (1). »

Quoi qu'il en soit des faits ci-dessus relatés, ce qui n'est pas douteux et sur quoi s'accordent tous les géologues, c'est qu'à partir de la période dévonienne et durant la période carbonifère les terres émergées augmentent à la fois en nombre et en étendue (2).

Le terrain dévonien est, comme nous l'avons dit, très-répandu en Angleterre. Mais on le trouve aussi dans le nord, dans l'ouest et dans le sud de la France, en Belgique, en Russie, en Espagne, en Amérique, etc. Outre les grès, les schistes et les calcaires dont il se compose, il renferme les plus anciens dépôts connus de combustible désigné sous le nom d'anthracite. De ce nombre sont probablement les houilles qu'on exploite en France, dans les départements de la Loire-Inférieure et de Maine-et-Loire, et en Espagne dans les Asturies.

(1) L. FIGUIER, *La Terre avant le Déluge.* 4ᵉ édition, p. 76.
(2) *Vestiges of the natural history of creation.* Londres, 1847, p. 43.

C'est aussi dans les terrains dévoniens de l'Amérique du Nord, au Canada et en Pensylvanie qu'on a découvert l'huile de *pétrole* devenue aujourd'hui d'un usage si général, pour l'éclairage, dans presque tous les pays du monde.

Si nous essayons maintenant de nous rendre compte de ce qui distingue la période dévonienne dans la série des âges géologiques, nous dirons qu'elle est caractérisée par trois traits saillants : 1° l'explosion d'une immense quantité de volcans en divers lieux, qui, poussant au dehors la masse granitique, donnèrent naissance aux premières terres émergées; 2° l'apparition des plantes terrestres dans les couches correspondantes au phénomène ci-dessus énoncé; 3° enfin l'introduction des poissons ou premiers animaux à vertèbres sur la scène de la vie.

IV. — Période carbonifère ou houillère. — La houille ne se trouve pas exclusivement dans cette période. — Division des terrains houillers. — Terrain carbonifère marin. — Se divise en deux étages : inférieur et supérieur. — Étage inférieur : calcaire carbonifère à encrines, métallifère. — Étage supérieur : psammites, schistes argileux. — Terrain carbonifère lacustre. — N'a pas de dépôt calcaire à sa base. — Se trouve rarement dans une position horizontale. — Nature végétale de la houille. — Comment elle s'établit. — Conditions probables de la végétation qui lui a donné naissance — Il n'y avait point alors de climat. — Opinion de M. A. de Humboldt. — Magnificence de la flore houillère. — Ses espèces et sa nature. — Conclusion qu'en ont tirée les géologues. — Mode de formation de la houille. — Deux hypothèses. — Perturbations volcaniques. — Pauvreté de la faune — Poissons sauroïdes : Archegosaurus. — Premières traces d'animaux terrestres : arachnides, batraciens.

Au système dévonien en succède un autre qu'on nomme houiller ou carbonifère, à cause de la houille ou charbon de terre qu'il renferme en plus grande abondance qu'aucun autre système (1).

(1) On fait dériver le nom de *houille* du vieux mot saxon *hulla*, qui servait à désigner chez les Allemands ce genre de combustible.

Il ne faut pas croire en effet que le charbon de terre ne se trouve que dans les terrains de cette période. Ce serait une erreur. On trouve de l'anthracite (charbon formé de débris de plantes marines) dans les dépôts siluriens en Irlande et en Portugal. Le système dévonien en Espagne et le système permien en Saxe, fournissent aussi des gisements du même minéral. L'oolithe d'Écosse, d'Amérique et des Indes Orientales en renferme également. L'Allemagne et l'Autriche ont des bancs de houille brune, dans le miocène. Mais pour la qualité ou la quantité du minéral, aucun de ces terrains n'est comparable au terrain carbonifère proprement dit.

Le carbonate de fer peut aussi être considéré comme faisant partie intégrante de cette formation géologique. On l'y trouve en abondance mêlé avec la houille, surtout en Angleterre où il alimente une grande partie des hauts fourneaux de ce pays. Il n'en est malheureusement pas tout à fait ainsi en France. Le *fer carbonaté lithoïde* y est assez rare et n'y existe guère que sous forme de rognons intermittents dans les couches de schiste argileux, entre lesquelles s'étendent d'ordinaire les gisements carbonifères.

Les dépôts houillers se divisent en deux types distincts, selon la nature des eaux dans lesquelles ils se sont formés : *dépôts houillers marins* et *dépôts houillers lacustres*. Les premiers occupent de vastes surfaces et renferment dans leurs couches des produits de la mer à l'état fossile. Les autres, beaucoup plus restreints, ne contiennent que des produits d'eau douce. A ces derniers appartiennent la plupart des bassins houillers de la France, de l'Allemagne, de l'Italie et de l'Espagne. Ceux de la Russie, des Iles-Britanniques et du nord de l'Espagne rentrent au contraire dans la première catégorie.

Terrain carbonifère marin. — Le terrain carbonifère marin se divise lui-même en deux étages : un étage inférieur et un étage supérieur.

1° L'étage inférieur, appelé *calcaire carbonifère,* et par les Anglais *calcaire de montagne (mountain limestone),* parce qu'il forme de véritables montagnes dans le nord de l'Angleterre, est un calcaire compacte, sans mélange de matières argileuses, fréquemment traversé de veines spathiques, tantôt sans fossiles, tantôt en renfermant une grande quantité, notamment des *encrines (calcaire à encrines),* qui donnent à la roche une texture lamellaire. Lorsqu'on la brise, le choc du marteau en fait exhaler une odeur fétide, due à la matière organique modifiée des mollusques et des zoophytes dont il renferme les débris. C'est à la même cause qu'il faut attribuer sa couleur grise ou noirâtre. Les marbres noirs uniformes ou veinés de blanc, connus sous le nom de marbres de Flandre ou de Belgique, si communs à Paris dans les ameublements, ne sont autre chose que des calcaires houillers. On les nomme encore *calcaires métallifères,* à cause des richesses minérales qu'ils recèlent dans le Derbyshire et le Cumberland. On le trouve largement développé en France, dans les Vosges, dans le Lyonnais et dans le Languedoc.

2° L'étage supérieur ou *terrain houiller proprement dit,* est surtout remarquable par la richesse de la végétation de l'époque dont il a conservé les débris. A sa base, il se compose de grès grossiers et de poudingues à cailloux de quartz peu volumineux, et plus haut d'alternats de grès argileux ou *psammites,* et d'argiles durcis ou *schistes argileux* de couleur noire formant un ensemble qui a parfois plus de 500 mètres. C'est ordinairement entre deux couches de schiste argileux que s'étendent les bancs de houille. Leur nombre varie beaucoup et peut aller de 20 à 30. Il en est de même de leur épaisseur. Quelquefois elle est de quelques décimètres; d'autres fois, au contraire, elle est de plusieurs mètres.

TERRAIN CARBONIFÈRE LACUSTRE. — Le terrain carbonifère lacustre n'a pas de grand dépôt calcaire à sa base. Le premier étage du système précédent lui manque donc. De sa base à son sommet, il a la même composition que le second étage du carbonifère marin, avec cette double différence, d'abord que les poudingues inférieurs sont à gros blocs et de fragments de roches primitives (granit, gneiss, micaschiste, etc.), ensuite que les couches de houille sont moins étendues, mais plus épaisses. Elles ont jusqu'à 20 mètres de puissance dans le bassin du Creusot. Les dépôts lacustres se distinguent aussi des dépôts marins, en ce que les couches des premiers offrent des plissements courbes et onduleux, comme cela se voit dans la coupe du bassin de la Loire à Rive-de-Gier (fig. 31), tan-

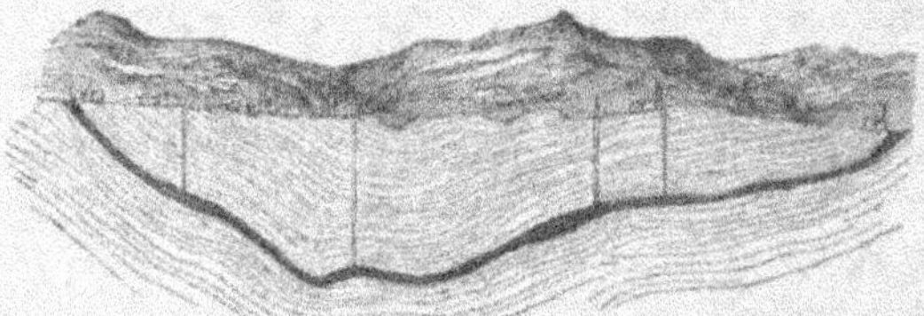

Fig. 31. — Coupe transversale du bassin houiller de Rive-de-Gier (Rhône).

dis que dans les seconds les couches y présentent des plissements rectilignes et anguleux (fig. 32), comme dans le bassin

Fig. 32. — Coupe transversale dans le bassin de Valenciennes.

de Valenciennes, sur le revers septentrional de l'Ardenne.

En général, les couches de houille sont rarement dans leur

position primitive. Elles sont habituellement très-tourmen-
tées, inclinées, redressées, courbées, plissées dans tous les
sens. Cette disposition qu'on remarque dans tout l'ensemble
du bassin houiller de la Belgique et du nord de la France,
permet aux puits verticaux qui servent à l'extraction de la
houille de traverser plusieurs fois les mêmes couches.

Mais cette houille, qui a donné son nom aux terrains de
cette période, quelle est sa nature et son origine?

Tous les naturalistes sont aujourd'hui d'accord pour reconnaître que la végétation terrestre est la substance même
avec laquelle furent formées les masses de charbon que l'on
trouve en si grande quantité dans les entrailles de la terre.
Seulement, comme les plantes qui les composent sont restées
enfouies, pendant des milliers de siècles, sous d'énormes
épaisseurs de roche, elles ont été modifiées, par l'action combinée de l'humidité, de la chaleur et de la pression, et se
sont transformées ainsi en une sorte de combustible, imprégné de ces substances bitumineuses ou goudronneuses qui
sont le produit ordinaire de la décomposition lente des matières organiques.

La nature végétale du charbon de terre s'établit de plusieurs manières. D'abord le carbone est l'élément généra-
teur de la houille, comme il est l'élément principal qui entre
dans la composition des plantes. En outre, il arrive souvent
qu'on trouve dans les mines de houille, ou tout au moins dans
les schistes et les grès qui l'accompagnent, des troncs de végétaux et des empreintes de leurs feuilles (fig. 33), quelquefois
même des parties de houille à l'état de véritable charbon végétal
et qui ont conservé l'organisation du bois. On peut, en les faisant scier en tranches minces transparentes et les faisant polir
ensuite, découvrir, à l'aide du microscope, les fibres et les
cellules des plantes qui les ont formées. On est parvenu ainsi
à s'assurer que la nature des plantes qui composaient les

forêts et les marécages de l'ancien monde était la même que
celle des végétaux qui croissent aujourd'hui dans les mers

Fig. 33. — Pecopteris truncata.

tropicales ou dans les vallées montagneuses des régions équi-
noxiales. Enfin, ce qui achève de mettre le sceau de l'évidence sur l'origine organique du charbon de terre, c'est qu'on
a réussi à reproduire artificiellement de la houille très-com-
pacte, en exerçant sur du bois et autres matières végétales,
la double influence de la chaleur et de la pression. On a même
obtenu, selon les conditions de l'expérience et l'essence du
bois employé, tantôt les houilles brillantes, tantôt les houilles
ternes, ce qui peut nous aider à comprendre la formation des
houilles *striées*, ou composées d'une succession de veinules
alternativement éclatantes et mates. Un physicien anglais,
M. Tyndall, a montré aussi qu'en comprimant des tiges et
des feuilles de fougère entre des lits d'argile et de pouzzo-
lane, elles se décomposent par cette seule pression, et forment
sur ces blocs un enduit charbonneux et des empreintes tout à
fait comparables aux empreintes végétales des blocs de
houille.

Ce que nous avons dit tantôt de la ressemblance des végétaux de la période carbonifère avec ceux qui vivent aujourd'hui sous les latitudes brûlantes des tropiques prouve qu'une chaleur excessive et une humidité extrême régnaient alors sur notre planète. Telles sont en effet, au rapport du docteur Livingstone, les conditions climatériques des parties de l'Afrique équatoriale où se plaît cette végétation puissante. Cela prouve aussi qu'il n'y avait pas de *climat* proprement dit, et que la température était la même à toutes les latitudes, puisqu'on trouve des dépôts carbonifères, non-seulement dans les zones tempérées, mais dans les climats les plus septentrionaux, et que la flore de ces dépôts présente une identité presque complète. Une telle température ne pouvait venir de l'influence du soleil, dans des latitudes si éloignées les unes des autres, elle devait par conséquent provenir de la terre elle-même. Ainsi se trouve confirmé ce que nous avons dit de la chaleur centrale du globe, et de sa continuation jusqu'à cette période de son histoire. On se rend compte également comment la quantité considérable d'acide carbonique qui se dégageait de la terre chaude, combinée avec l'atmosphère, dut favoriser cette végétation luxuriante. C'est la remarque de M. A. de Humboldt. « Il est très-probable, dit-il, que dans la condition primitive du globe, une beaucoup plus grande émission d'acide carbonique était mêlée à l'atmosphère et hâtait la croissance des plantes par l'assimilation du carbone. Ainsi se formèrent ces vastes forêts, qui furent détruites dans les révolutions subséquentes, et qui, accumulées sous les strates déposées par-dessus, donnèrent naissance à ces vastes provisions de combustible, lignite et charbon de terre, que récèlent les entrailles du globe (1). »

Rien de nos jours, même dans la végétation la plus luxuriante des tropiques, ne peut donner une juste idée de la ma-

(1) A. de Humboldt, *Cosmos*, vol. I, p. 190.

gnificence de la flore de cette période. « Ce fut par-dessus
tout et dans un sens emphatique, dit Hugh Miller, l'époque

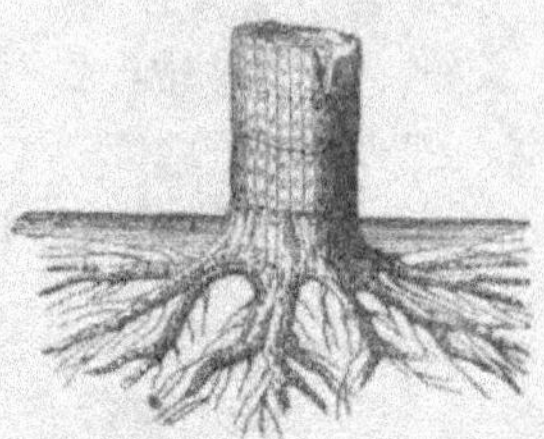

Fig. 34. — Sigillaria reniformis.

Fig. 35. — Stigmaria ficoïdes (1/4 g.).

des plantes et des herbes portant semence. » Dans aucun autre
âge le monde ne vit une telle puissance de verdure, ce qu'at-

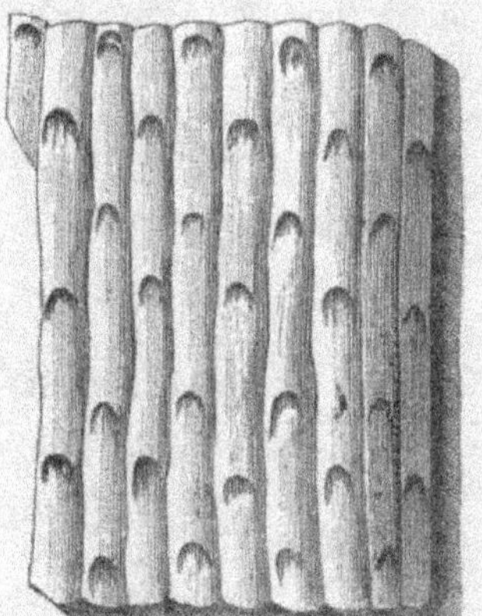

Fig. 36. — Sigillaria pachyderma (1/4 g. n.).

testent encore de nos jours ces
inépuisables mines de charbon de terre qui, pour ne parler que de l'Angleterre, y font
par les machines un travail
équivalent, selon Buckland, à
celui qui exigerait *quatre cents
millions d'hommes*, s'il était
fait par la main des ouvriers.

Qu'on se figure des *fougères*
gigantesques, hautes comme
des arbres (1), des *sigillaires* (fig. 34) de 20 à 25 mè-
tres de long sur 1 mètre de diamètre (2), des *lépidoden-*

(1) Les fougères arborescentes des tropiques s'élèvent de 10 à 12 pieds
seulement. Celles de l'époque houillère atteignaient une hauteur de 30 pieds
au moins.

(2) Les sigillaires ressemblaient extérieurement aux grands cactus américains.
Ils avaient d'énormes racines, qu'on a longtemps prises pour des troncs d'arbres
d'une espèce particulière et qu'on avait appelées *stigmaria* (Buckland) (fig. 35);
mais il est aujourd'hui démontré que ce qu'on avait pris pour un arbre est
simplement la racine des sigillaires, attendu qu'on la trouve dans bien des cas

drons (1) (fig. 37), représentés par nos lycopodes actuels, petits végétaux herbacés à feuilles simples et très-petites qui atteignent

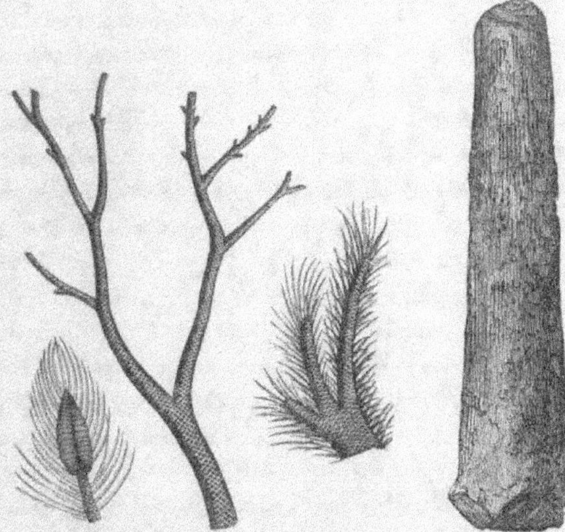

Fig. 37. — Lepidodendron Sternbergii.   Fig. 38. — Calamite (1/8 g. n.).

à peine 1 mètre de haut, dont la tige était considérablement plus grosse que le corps d'un homme, avec des feuilles d'un demi-mètre de long, et qui, à en juger par les proportions ordinaires de la plante, devait avoir au moins de 25 à 30 mètres de hauteur ; — des prêles (fig. 38), sortes d'équisetums qui ne présentent

attachée à la tige de la plante. Les sigillaires sont ainsi nommés, parce que les stigmates de l'attache des feuilles sur le tronc, qui subsistent, lorsque celles-ci sont tombées, ressemblent à des sceaux (*sigillaria*). (Fig. 36.) Ces plantes bizarres donnent un cachet particulier à la végétation houillère. En se promenant à travers les débris de cette antique flore, qui par l'élégance de ses troncs cannelés et par les symétriques et gracieux dessins sculptés sur leurs écorces rappelle les belles colonnes des temples grecs et les capricieuses arabesques de l'Alhambra, le paléontologiste, dit Hugh Miller, pourrait se croire transporté au milieu de fragments brisés des palais de l'ancienne Rome, alors que son architecture était ornementée jusque dans les moindres détails.

(1) De λεπίς, λεπίδος, échelle, et δένδρον, arbre, parce que le genre fossile a la forme d'une échelle.

aujourd'hui que des végétaux herbacés de 1 pied à peine et qui avaient alors de 1 à 2 décimètres de diamètre sur 10 mètres d'élévation. Qu'on se figure des asperges de 24 pieds de haut, des raruncules ou queues de souris de 10 mètres, des champignons mesurant 40 pieds de diamètre; qu'on se figure ces plantes, ces fougères, ces roseaux sans pareils, couvrant d'un pôle à l'autre les marais et les plaines du monde primitif, sous une température brûlante, la même partout, et l'on aura une faible idée de la flore incomparable de la période que nous étudions. (Frontispice.)

Ce n'est pas seulement par leur abondance et par leur grandeur que sont remarquables les débris de cette ancienne végétation, mais encore plus par leurs espèces et la nature de leurs tissus. Pour quelques conifères et un petit nombre de plantes qui se rapprochent des palmiers, la moitié au moins des végétaux

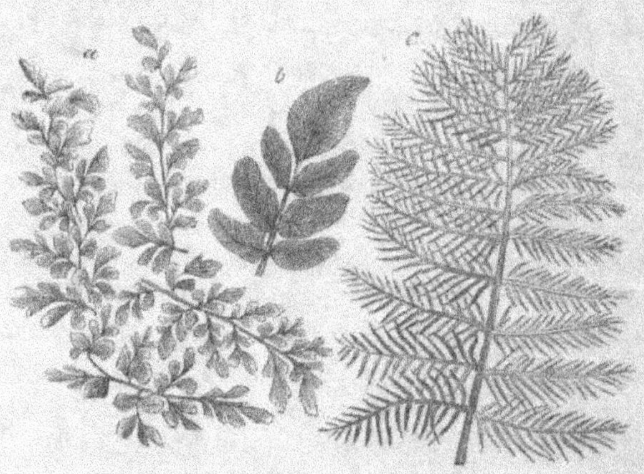

Fig. 39. — Fougères de l'époque houillère. *a)* Nevropteris flexuosa, *b)* Sphenopteris polyphylla. *c)* Pecopteris Mantelli.

de cette période appartiennent à la famille des fougères dont Brongniart a décrit jusqu'à 250 espèces différentes. (Fig. 39).

Les autres se composent en grande partie d'équisetacées, de calamites, de lépidodendrées, de psaroniées et d'autres cryptogames, plantes qui toutes demandent pour croître et se multiplier un état constant d'*ombre*, de *chaleur* et d'*humidité* (1). Elles sont toutes d'une nature molle et pulpeuse, ce qui résulte du fait qu'elles sont habituellement comprimées et aplaties toutes les fois qu'on les trouve dans une position horizontale et inclinée. Quand elles sont droites au contraire, l'intérieur est rempli de sable ou d'argile. Il est probable dans ce cas que l'écorce environnait un axe composé d'une matière molle, pulpeuse et périssable, qui a fait place au sable ou à l'argile.

Appuyés sur ces faits, les géologues ont reconnu : 1° que ces fougères immenses, ces calamites énormes, ces arbres gigantesques sont trop grands, trop beaux, trop développés pour avoir pu croître sous la lumière de notre soleil, même dans les pays les plus chauds. Et comme on en trouve les débris dans les pays les plus froids, non-seulement en Angleterre, mais au Canada, dans la baie de Baffin, au Spitzberg, et jusque sous les glaces de l'île Melville, ils en ont conclu qu'il a dû y avoir sur la terre dans les temps de ces antiques forêts une autre lumière que celle de l'astre qui nous éclaire. « Il a fallu qu'autrefois une lumière plus égale fût jetée sur les régions polaires, dit M. de Candolle, une lumière inconnue maintenant, et ce qui me paraît toujours un fait, c'est que les végétaux fossiles de la baie de Baffin étaient éclairés autre-

(1) « Les caractères de la végétation pendant la période carbonifère peuvent se résumer ainsi : Absence complète ou presque complète de monocotylédones; prédominance des cryptogames acrogènes, et formes insolites et actuellement détruites, dans les familles des fougères, des lycopodiacées et des équisetacées; grand développement des dycotylédones gymnospermes, mais résultant de l'existence de familles complétement détruites, non-seulement actuellement, mais dès la fin de cette période. » ADOLPHE BRONGNIART, *Tableaux des genres des végétaux fossiles*, p. 98.

ment que ceux qui vivent aujourd'hui dans ces régions (1). »

2° Ils ont reconnu encore que cette végétation d'une contexture mollé et pulpeuse, n'a pu se développer que sous l'influence d'une ombre continue, et qu'ainsi pendant toute la durée et jusqu'à la fin de la période carbonifère, à laquelle ils appartiennent, les rayons solaires ont dû être voilés pour la surface du globe, tandis que dans le système permien qui vient après, cette végétation puissante ayant disparu et les débris fossiles des plantes qui les remplacent, ayant une contexture ligneuse plus prononcée, ce changement n'a pu se produire que sous l'influence des rayons du soleil, dégagés des vapeurs et des nuages dont ils avaient été précédemment obscurcis (2).

Quant au mode de formation de la houille, les géologues ne sont pas d'accord. Tous reconnaissent bien qu'elle a été produite, par l'ensevelissement sous l'eau, le sable et l'argile de la matière végétale soustraite à l'action de l'air; mais où ils cessent de s'entendre, c'est sur la question de savoir si le sol sur lequel a vécu et péri cette végétation luxuriante a été submergé et couvert de sable et d'argile, puis élevé de nouveau, et revêtu d'une nouvelle végétation, pour être submergé encore et produire une autre veine de houille au-dessus de la première; ou si les grandes masses de matière végétale dont se compose le terrain houiller, ont été entraînées à diverses époques dans les lacs et les estuaires, par les rivières et les inondations, formant ainsi des deltas d'une immense étendue et profondeur. Dans le cas où des couches lacustres alternent avec d'autres contenant des débris marins, on a supposé que les végétaux terrestres qui les forment ont été transportés par quelque courant sur le bord des océans primitifs, s'y sont déposés, et ont été ainsi mêlés avec les produits de la mer.

(1) *Bibliothèque universelle*, 1835.
(2) Karl Müller, *Les Merveilles du Monde végétal*, t. 1, p. 163 et 164.

Qu'on nous pardonne une citation : « Pour expliquer la présence de la houille au fond de la terre, il n'y a que deux hypothèses possibles. Ces débris végétaux peuvent résulter de l'enfouissement de plantes qui auraient été amenées de loin, et transportées par les fleuves et les courants maritimes, en formant comme d'immenses radeaux, qui seraient venus s'échouer en différents lieux, et auraient été plus tard recouverts par des terrains nouveaux ; — ou bien les plantes qui composent la houille sont nées sur place : elles résulteraient, dans cette seconde hypothèse, de la décomposition accomplie sous terre, d'une masse accumulée de végétaux qui sont nés et qui ont péri dans les lieux mêmes où on les trouve. Examinons chacun de ces deux systèmes d'explication.

» Les couches de houille peuvent-elles résulter du transport par les eaux, et de l'enfouissement d'immenses radeaux formés de troncs d'arbres ? Cette idée a contre elle la hauteur énorme qu'il faudrait supposer à ces radeaux pour en faire des couches de houille aussi épaisses que celles dont les lits successifs composent nos mines de charbon. Si l'on prend, en effet, en considération le poids spécifique du bois et son contenu en carbone, on trouve que les dépôts houillers actuels ne peuvent être que les sept centièmes environ du volume primitif du bois et autres matières végétales qui lui ont donné naissance. Si l'on tient compte, en outre, des nombreux vides résultant nécessairement d'un entassement irrégulier de débris sur le radeau supposé, on reconnaît que la houille, qui a été formée par des plantes d'un poids spécifique peu considérable, ne peut guère représenter que les cinq centièmes de l'épaisseur du radeau hypothétique qui aurait produit cette même houille. Une couche de charbon de terre de 5 mètres d'épaisseur, par exemple, aurait exigé, d'après cela, un radeau d'une épaisseur de 95 mètres. De tels radeaux ne pourraient flotter ni dans nos rivières ni dans une grande partie de nos mers, par exemple dans la Manche, ni sur la côte orientale de l'Amérique du Sud, etc. D'ailleurs ces accumulations de bois n'auraient jamais pu s'arranger assez régulièrement pour former ces couches de charbon parfaitement stratifiées et d'une épaisseur égale sur des étendues de plusieurs kilomètres que l'on voit, dans la plupart des gisements houillers, se succéder par superposition, séparées par des bancs de grès ou d'argile. Et même, en admettant une accumulation lente et graduelle de débris végétaux, comme cela peut arriver à l'embouchure des fleuves, ces végétaux n'auraient-ils pas été alors noyés dans une grande quantité de limon et de terre? Or, dans la plupart des couches de houille, la proportion des matières terreuses ne dépasse pas 15 pour cent. Si nous invoquons enfin le parallélisme remarquable que l'on observe dans les différents lits du terrain houiller, et la belle conservation qu'on y admire des empreintes des parties végétales les plus délicates, il restera démontré que ces formations se sont opérées avec une tranquillité parfaite. Nous sommes donc forcés de conclure que la houille résulte de la fossilisation des végétaux opérée sur place, c'est-à-dire dans les lieux mêmes où ces végétaux ont vécu (1).

« Pour comprendre entièrement le phénomène de la transformation en houille des forêts et des plantes herbacées qui remplissaient les marécages de l'ancien monde, il est une dernière considération à présenter. Pendant la période houillère, l'une des plus anciennes de l'histoire du globe, la croûte terrestre, alors à peine consolidée, ne formait qu'une enveloppe très-élastique en raison de son immense étendue, et qui reposait sur la masse liquide intérieure. Cette croûte élastique était agitée par des mouvements alternatifs d'élévation et d'abais-

(1) On ne s'expliquerait pas non plus, dans l'hypothèse ci-dessus discutée, la position verticale des troncs d'arbres qu'on trouve fixés par leurs racines dans les lits de houille.

sement de la masse liquide interne, qui était soumise encore, comme le sont nos mers actuelles, à l'attraction lunaire et solaire, ce qui donnait naissance à des sortes de marées souterraines, pouvant produire, à des intervalles plus ou moins éloignés, de grands affaissements du sol. C'est peut-être par un de ces affaissements que les forêts et les grandes masses végétales de l'époque houillère se trouvaient submergées, et que les herbes et arbustes, après avoir couvert un certain temps la surface de la terre, finissaient par être noyés sous les eaux. Après cette submersion, de nouvelles forêts se développaient dans le même lieu. Par un nouvel affaissement ces forêts s'enfonçaient à leur tour sous les eaux. C'est probablement par la succession de ce double phénomène, l'enfouissement des plantes et le développement sur le même terrain de masses nouvelles, que les énormes amas de plantes à demi-décomposées qui constituent la houille, se sont accumulés pendant une longue série de siècles (1). »

Disons, avant de terminer sur ce point, que ce ne sont pas précisément les grands végétaux dont nous avons parlé qui ont amassé ces immenses couches de lignites et d'anthracites qu'on trouve dans les houillères, car, malgré leurs dimensions, ils étaient loin de constituer la végétation entière, mais ce sont bien plutôt les herbes et les plantes herbacées qui recouvraient partout le sol d'un vaste manteau de verdure. La houille s'est donc formée à peu près comme se forme aujourd'hui la tourbe avec les plantes de nos marais, et ce sont les couches durcies et transformées de ces herbes du monde primitif qui nous ont conservé intacts les troncs des végétaux arborescents.

(1) *La Terre avant le Déluge*, 4ᵉ édition, p. 106 et suiv.

Dans les bois de Fundy (Nouvelle-Écosse), Lyell a trouvé sur une épaisseur de houille de 400 mètres 68 niveaux différents, présentant les traces évidentes de plusieurs sols de forêts dont les troncs d'arbres étaient encore garnis de leurs racines. (*Ibid.*)

Les perturbations volcaniques de la période dévonienne marquèrent aussi la fin de la période houillère. Les gisements de houille reposent généralement dans des bassins, qu'on dirait moulés sur la courbe du fond des mers. Or, il n'est aucun de ces bassins qui n'ait été brisé en fragments. De ces fragments, les uns sont relevés sur les bords tandis que les autres sont surbaissés, en sorte que les extrémités des strates, bien loin de se correspondre, sont quelquefois séparées de plusieurs mètres, et dans certains cas, de plusieurs dizaines de mètres des extrémités des fragments voisins. Ces dislocations sont dues aux mouvements volcaniques de l'intérieur, attestés d'ailleurs par l'éruption et l'intrusion de roches ignées. Et ce qui prouve que ces perturbations eurent lieu vers la fin de cette formation et pas plus tard, c'est que le groupe de strates immédiatement supérieur n'en porte comparativement que peu de traces. Les conglomérats qu'on trouve dans ces premières strates, au-dessus de la houille, sont encore une autre preuve de ce que nous avançons. On sait que les conglomérats se composent de fragments d'anciennes roches; les volcans brisent les roches; une fois brisées elles sont triturées par le mouvement et l'agitation des eaux et s'empâtent ensuite dans un limon qui se durcit. Il est vrai que dans certaines parties de l'Europe, la formation carbonifère est quelquefois suivie de dépôts supérieurs où l'on ne découvre aucune trace de perturbation, mais c'est là l'exception.

Autant la flore de la période houillère est riche, autant sa faune est pauvre. Les restes fossiles d'animaux qu'elle renferme sont à peu près les mêmes que ceux des âges précédents, ils sont seulement moins nombreux. Ce sont des zoophytes (polypes, crinoïdes), des mollusques acéphales (brachiopodes, gastéropodes), dont les plus remarquables sont le *Murchisonia* (fig. 40) et le *Bellérophon*; des céphalopodes parmi lesquels deux types : les *goniatites* et les *or-thocères* (fig. 41), assez semblables à des nautiles droits et rétrécis, qui ont à peu près disparu avec la fin de la période carbonifère; des crustacés et surtout des trilobites, derniers représentants d'un ordre qui s'éteint. On les trouve généralement dans les couches de calcaire qui alternent avec les couches carbonifères. Les vertébrés y sont représentés par un petit nombre de reptiles et par des poissons. (Fig. 42.)

Quelques rares animaux se montrent ici pour la première fois et semblent indiquer un progrès dans l'œuvre de la création : tels sont les *Archegosaurus*, poissons *sau-roïdes* dont on a découvert des restes en Amérique et en Allemagne, et qui ont quelque ressemblance avec la famille des

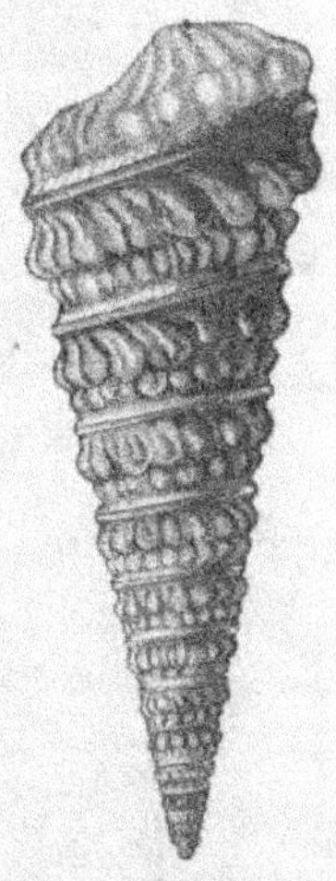

Fig. 40.—Murchisonia bigranulata.

reptiles sauriens que nous aurons occasion d'étudier bientôt. Nous devons noter aussi les premières traces d'animaux terrestres, sous la forme d'arachnides, d'insectes et de reptiles de l'ordre des batraciens. Appartenant à la classe des arachnides, l'exemple le plus remarquable est celui d'un *scorpion* fossile (fig. 43) découvert en avril 1835, dans les environs de Prague (Bohême) par le comte Sternberg. On a trouvé des ailes de névroptères et des élytres de coléoptères dans les terrains carbonifères de Coalbrook-Dale, mais pas le plus petit débris d'insectes butinant les fleurs, dans tout le système. Les premiers frag-

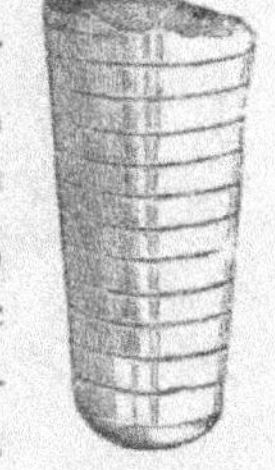

Fig. 41. Orthoceras latérale (calcaire de montagne).

ments brisés d'ailes de papillons se découvrent dans l'oolithe.

(1) *Vestiges of the natural history*, p. 49.

C'est ici que nous voyons apparaître pour la première fois et encore tout à fait à la fin de la période, des êtres à respi-

Fig. 42. — Amblypterus macropterus (ganoïde carbonifère).

ration aérienne. Jusqu'à ce moment l'air était chargé d'une trop grande quantité de carbone pour qu'ils pussent y vivre (1).

Fig. 43.—Cyclophthalmus Bucklandi (scorpion fossile des houillères de Bohême).

Ce carbone s'étant fixé dans les masses considérables de calcaire et les bancs de houille, qui, pour une si large part,

(1) La proportion d'acide carbonique de notre atmosphère est actuellement de 0,0004 à 0,0006; à l'époque carbonifère on pense qu'elle devait être de 0,06

entrent dans la composition de la croûte terrestre et qui commençaient alors à se former, l'atmosphère se purifia peu à peu, et finit par devenir respirable. N'oublions pas d'ailleurs que la végétation houillère, si riche et si puissante à d'autres égards, était extrêmement pauvre en espèces et que le peu d'espèces qu'elle possédait appartiennent aux types les plus inférieurs. Aucune fleur n'embellissait encore le feuillage ; aucun fruit, pouvant servir à la nourriture, ne pendait aux rameaux. Au sein d'une telle nature, que seraient devenus les animaux terrestres? Ils seraient morts certainement. Les rares spécimens que nous présentent les terrains houillers n'étaient pas dans ce cas. Ni les arachnides, ni les névroptères, ni les coléoptères n'avaient besoin de fruits pour se nourrir. A en juger par leurs congénères actuels ils se butinaient les uns les autres et se contentaient d'une nourriture sèche pareille à celle que pouvaient leur fournir les végétaux d'alors.

Quant aux reptiles batraciens dont une portion de squelette (*Terlepeton elginense*) a été trouvée près d'Elgin, dans les couches dévoniennes du Morayshire, tout le monde sait qu'ils forment une sorte de trait d'union entre les poissons et les vrais reptiles (sauriens), et que leur organisation leur permet de se passer d'air et de végétaux. On en a trouvé qui ont vécu enfermés de longues années dans des blocs d'argile ou de pierre, entièrement privés d'air et de nourriture. Leur existence dans la période carbonifère, au sein d'une atmosphère saturée de carbone, et d'une végétation dépourvue de fruits, n'a donc rien d'anormal. Elle confirme bien plutôt les conclusions des géologues sur le caractère de la flore d'alors, comme à son tour la nature de cette flore, nature telle qu'elle ne pouvait s'adapter qu'à des êtres à respiration incomplète, tend à établir ce fait, déjà mis en évidence par la géologie, qu'aucun autre animal d'un ordre plus élevé n'existait à cette époque.

V. — Période permienne. — Étymologie de ce nom. — Se divise en trois étages : 1° le nouveau grès rouge, 2° le zechstein, 3° le grès des Vosges. — Décroissance de la force vitale. — Loi générale sur l'apparition et la disparition des êtres pendant la durée des âges géologiques. — Premiers végétaux à contexture ligneuse et à couches concentriques. — Premières traces d'êtres à respiration aérienne. — Reptiles sauriens. — Division des reptiles en quatre ordres. — Pistes de reptiles et d'oiseaux. — Méprise du professeur Owen. — Marque du flux et reflux de la mer sur les dalles de grès. — Empreintes de gouttes de pluie. — Fin de l'ère paléozoïque.

Nous avons déjà vu que les formations carbonifères se présentent rarement à nous dans leur position primitive, qu'elles ont été disloquées et tourmentées en divers sens par des commotions violentes. Ces commotions doivent être attribuées au refroidissement graduel de la terre. Par suite de ce refroidissement, des ruptures se produisirent dans l'épaisseur de sa croûte consolidée, et par les ouvertures ainsi pratiquées s'échappèrent les matières liquides ou visqueuses contenues au-dessous, brisant et soulevant les lits de charbon sur une vaste étendue, et formant des dômes ou éminences de syénite et de porphyre, qui offrent assez exactement l'aspect d'un dé à coudre. C'est sur ces masses ainsi tourmentées que fut déposé un autre système de roches sédimentaires que l'on a nommées *permiennes* parce qu'elles se sont développées dans des circonstances particulièrement favorables dans la partie orientale de la Russie d'Europe, autrefois le siége de l'ancien royaume de Perm. Ces roches existent aussi en France, en Angleterre et en Allemagne, mais elles n'y présentent que des affleurements peu nombreux.

Elles se composent de plusieurs dépôts arénacés dont les plus bas offrent des grès généralement de couleur rouge que les Anglais ont appelés *lower new red sandstone, nouveau grès rouge inférieur*, par opposition à *l'old red sandstone* des terrains dévoniens.

Le terrain permien se divise en trois étages qui sont, en allant de bas en haut :

1° Le *nouveau grès rouge*; 2° le *zechstein*; 3° le *grès des Vosges*.

Le *nouveau grès rouge*, qu'on nomme aussi quelquefois *formation psammérythrique*, constitue la base du système. Il comprend le *todt-liegende* des mineurs de la Thuringe et le *red-conglomerat* des Anglais.

Le *zechstein* ou *pierre de mine*, ainsi nommé par les Allemands à cause des nombreux gisements métallifères qu'il renferme, est comme le précédent peu développé en France. Il se compose surtout de calcaires magnésiens qui l'ont fait appeler aussi *formation magnésifère (magnesian limestone)*. Dans ses roches subordonnées il présente des schistes bitumineux inflammables qu'on trouve en grande quantité près de Mansfeld en Thuringe, parmi les minerais de cuivre gris argentifère et plombifère, largement exploités dans ce pays.

Enfin le *grès des Vosges*, habituellement de couleur rouge, tire son nom des montagnes des Vosges où il est très-abondant et dont il compose toute la partie septentrionale. Son épaisseur y peut aller jusqu'à 100 et 150 mètres.

A première vue, la période permienne offre un contraste frappant avec la période houillère. « Le voyageur qui errait dans les luxuriantes *selvas* de l'Amazone, dit un écrivain, ou celui qui gravissait les riches vallées du Tell algérien, ne se trouve pas moins surpris à l'entrée des plaines sablonneuses du Sahara, ou des arides *llanos* de l'Amérique, que le géologue transporté tout à coup des immenses forêts de la houille dans les stériles déserts du système permien. Plus le moindre dépôt de matières combustibles; les algues sont fort rares dans les mers et les animaux ne le sont pas moins. Il paraît même qu'ils manquent tout à fait dans le grès des Vosges. »

La décroissance de la force vitale, tel est donc le trait saillant de la période permienne. La grande tribu des trilobites a disparu dès lors complétement et sans retour. Les placoïdes et les ganoïdes subsistent encore, mais tendent aussi à disparaître. Le nombre des espèces va diminuant de plus en plus. Tandis que dans les premiers temps de la période silurienne la vie organique, qui n'était représentée que par deux à trois cents espèces, s'était élevée au nombre de deux à trois mille vers la fin du même âge et au commencement de l'âge dévonien, elle redescend à trois ou quatre cents espèces seulement dans la période permienne (1). La végétation elle-même perd de sa vigueur, il ne se forme plus aucun vaste dépôt houiller. « Le vieux monde paléozoïque se meurt, » dit le célèbre naturaliste américain Dana. « Aucune espèce ne passe de l'ère carbonifère dans le nouvel âge des terrains secondaires (2). » Ce phénomène si remarquable se reproduit d'ailleurs pendant tout le cours des âges géologiques, aux époques plus modernes comme aux plus anciennes. La plupart des espèces ne dépassent pas la sous-période qui les a vues naître; aucune ne parcourt le cycle complet de la série à laquelle elle appartient. Seuls, les êtres inférieurs, tels que les mollusques, les infusoires en particulier, semblent faire exception à cette loi. Mais il faut ajouter qu'à chaque mort succède une éclosion nouvelle, qu'aux espèces éteintes succèdent d'autres espèces, et aux genres disparus de nouveaux genres. Ce principe, que semblent confirmer de plus en plus les découvertes de la science, est une des principales bases qui servent à établir la classification des terrains (3).

(1) M. BARANDE dans le *Bulletin de la Société géologique*, t. X, p. 415 (1853). Voy. aussi L. GRÜNER, dans la *Revue chrétienne*, p. 289 (1863).

(2) *Manual of geology*. Philadelphie, 1863.

(3) Voy. PICTET, *Traité élémentaire de paléontologie*, t. II, p. 58.

La flore se distingue de celle de la période précédente par un caractère très-remarquable. Nous avons vu que les plantes dont les débris fossiles se rencontrent dans les amas de houille sont d'une nature molle et ne présentent pas de traces de couches concentriques. Il en est tout autrement dans le système permien. On y voit apparaître les premiers végétaux *d'une texture ligneuse et serrée, disposée en couches concentriques,* qui attestent une succession de froid et de chaud, correspondant à l'alternance des saisons. C'est ainsi qu'à Co-

Fig. 44. — Cône du lias.

ventry, en Angleterre, Buckland a découvert dans le nouveau grès rouge des troncs silicifiés de conifères dans lesquels on voit très-distinctement des anneaux cellulaires concentriques qui prouvent que ces arbres ont végété dans un climat inégal, où le froid des hivers interrompait la végétation. Rien de semblable dans les dépôts houillers. Point de couches concentriques, point de texture ligneuse proprement dite, mais une végétation puissante, pulpeuse, régulière, telle qu'elle existe encore aujourd'hui sous les tropiques, là où les saisons n'ont point laissé de traces de leur passage. Ce fait entièrement nouveau est un des traits les plus saillants qui servent à distinguer cette période et celles qui la suivent de la précédente. Après avoir remarqué que l'on trouve très-rarement des cônes associés aux restes de conifères de la période carbonifère, tandis que ces cônes se rencontrent assez fréquemment dans les dépôts du lias et de l'oolithe (fig. 44), Hugh Miller ajoute : « Un autre trait caractéristique de la flore secondaire, c'est que tandis que celle des temps paléozoïques n'offre, comme celle des tropiques, aucune de ces lignes concentriques annuelles, qui marquent le règne de l'hiver, ces lignes annuelles sont tout aussi fortement imprimées sur les bois de l'oolithe que sur ceux de la Norwége ou de notre propre pays, dans les temps actuels (1). »

La période permienne peut encore être caractérisée par l'apparition des premières traces incontestables de vrais reptiles sauriens et d'oiseaux, *êtres à respiration aérienne*.

A propos de reptiles sauriens disons qu'on divise généralement les reptiles en quatre ordres : les *chéloniens* ou tortues ; les *sauriens* tels que crocodiles, lézards, etc. ; les *ophidiens* ou serpents, et les *batraciens* qui comprennent les grenouilles, les salamandres, les protées, etc.

Les reptiles, d'abord peu nombreux dans cette période, deviennent extrêmement abondants et gigantesques dans la suivante.

Indépendamment des débris organiques, nous avons une autre preuve de l'existence et de la nature des êtres qui vivaient et se mouvaient sur la terre à cette époque. Ce sont les empreintes de pieds fossiles laissées par les animaux sur la vase molle et le sable qui bordaient les rivages des anciennes mers et des anciennes rivières.

(1) *The testimony of the rocks*, p. 470.

Ainsi, dans l'étage inférieur ou grès rouge, on a découvert des empreintes de reptiles et d'oiseaux parfaitement reconnaissables. En Écosse, on en a trouvé que l'on suppose avoir été faites par des animaux appartenant au genre tortue.

Dans la vallée du Connecticut, aux États-Unis d'Amérique, sur un dépôt de grès rouge (1) on a observé des empreintes de pieds d'oiseaux tellement nettes (fig. 45), qu'on a pu se con-

Fig. 45. — Empreintes des grès de Massachussets.

vaincre qu'elles avaient été faites par autant de genres différents.

La longueur des enjambées comparée à la longueur du pied, a fait présumer que la plupart d'entre eux avaient des

(1) Les géologues ne sont pas d'accord sur la date des grès de la vallée du Connecticut. Pendant longtemps on a cru qu'ils appartenaient au trias; on croit généralement aujourd'hui ne pas devoir les faire remonter plus haut que le lias.

jambes longues et étaient par conséquent des échassiers, ce que rend probable d'ailleurs leur présence sur une terre humide. Le pied du plus grand de ces oiseaux mesure 15 pouces de long sans compter l'éperon qui mesurait 2 pouces. La distance qui sépare les empreintes est de 4 à 6 pieds anglais; elle indique que la jambe devait avoir environ 7 pieds de long. En réunissant tous ces traits, on a calculé que ce gigantesque bipède avait une taille double de celle de l'autruche, le plus grand de tous les oiseaux aujourd'hui existants (1).

Nous n'ignorons pas que certains géologues se refusent à voir dans ces vestiges de pas une preuve suffisante de l'existence des oiseaux dans cette période. Jusqu'à ce qu'on ait découvert dans les terrains de cette formation les restes osseux d'un oiseau, ils aiment mieux attribuer ces pistes à un reptile encore inconnu et dont les pattes auraient offert la disposition ci-dessus décrite. Mais cette opinion, qui n'est qu'une pure hypothèse, n'est point partagée par la plupart des géologues. Elle s'accorde mal d'ailleurs avec le fait que ces empreintes sont les traces d'un animal à deux pieds, car dans les cas où l'on voit clairement qu'il a marché, on ne trouve jamais qu'il y en ait plus d'une rangée à la suite les unes des autres. « Il faut reconnaître, dit Pictet, que la comparaison avec ce que nous présente le monde actuel, montre que ces traces ressemblent plus à celles des oiseaux qu'à celles de quelque autre animal que ce soit, et que de là on peut déduire la probabilité que ces êtres ont déjà vécu à cette époque. »

En effet, la division des phalanges dans chaque groupe d'animaux est sujette à des lois particulières dont on n'a pas toujours tenu un compte suffisant. C'est une loi dans l'espèce humaine que le pouce n'a que trois phalanges, tandis que les

(1) *Bulletin de la Société géologique*, t. VII, p. 20.

autres doigts, même le plus petit, en ont cinq. De même
chez les oiseaux, c'est une loi générale que des trois doigts
qui forment le pied, l'extérieur soit com-
posé de trois phalanges, celui du milieu de quatre, et l'intérieur, quoique le
second seulement en grandeur, de cinq.
Or telle est justement la disposition qui
s'observe dans les pistes des grès du
Massachussets. (Fig. 46.)

Ce qui a surtout conduit les géologues
à douter que ces pistes dussent être attribuées à des oiseaux, c'est leur dimension.
Celles qui sont de grandeur moyenne

Fig. 46.
Piste d'oiseau fossile.

dépassent de beaucoup les empreintes des oiseaux les plus
gigantesques qui existent aujourd'hui, tandis que les plus
grandes égalent celles des plus énormes quadrupèdes. Mais
des découvertes comparativement récentes ne nous permettent
plus d'entretenir un tel doute. Dans un dépôt de la Nouvelle-
Zélande qui remonte à peu près à l'époque humaine, on a
trouvé des restes d'oiseaux dont les dimensions sont de bien
peu inférieures à celles dont nous venons de parler. Les
os du *Dinornis giganteus* que le Dr Mantell produisit dans
l'automne de 1850 à Edinburgh dépassaient de beaucoup en
grandeur ceux du cheval. Un os de la cuisse de 16 pouces
de long mesurait au milieu près de 9 pouces de circonférence;
la tête d'un tibia, 21 pouces. On a calculé que l'oiseau auquel
cet os a appartenu n'avait pas moins de 11 à 12 pieds de
haut, ce qui est la taille extrême du grand éléphant d'Afrique.
Il n'y a rien d'invraisemblable dès lors à ce que les pistes
du Connecticut soient celles de grands échassiers qui hantaient les rivages des anciennes mers, à l'époque du lias.

Des empreintes de pieds découvertes, il y a quelques années, dans les grès de Postdam, l'un des dépôts du système

silurien, avaient été prises par le professeur Owen pour des pistes de reptiles. Si cette conjecture eût été fondée, elle aurait établi l'existence d'animaux vertébrés dans cette période. Mais de plus soigneuses investigations l'ont conduit à reconnaître que ces empreintes n'étaient pas, comme il l'avait d'abord cru, celles d'animaux appartenant à l'embranchement des vertébrés, mais plutôt à celui des crustacés (1).

Dans les carrières de grès ouvertes en plusieurs lieux et dans diverses formations, à partir des systèmes cambrien et silurien, existent de vastes surfaces de strates marquées de rides et de plissures pareilles à celles qu'on voit sur les plages sableuses couvertes par le flux et le reflux, ou dans le fond des mers peu profondes. Ces ondulations laissées par le passage des eaux sur les sables des mers du monde primitif se sont conservées par la dessiccation, et ces mêmes sables, s'étant transformés plus tard en grès solides et cohérents, nous ont transmis ainsi les traces consolidées de ces ondulations. Des traces de ce genre ont été recueillies en France, aux environs de Boulogne-sur-Mer. On a même découvert sur des bancs provenant d'une carrière de grès infra-liasique, exploitée à Chalindrey (Haute-Marne), avec les traces de l'ondulation des vagues, les empreintes des excréments de vers marins ; en sorte, comme le dit l'auteur qui nous a fourni ces détails, qu'on se croirait transporté sur une plage de l'Océan, au moment du reflux. Il paraît de là que ces grès ont formé les rivages et les fonds des mers primitives, et que ces mers, comme aujourd'hui, étaient sous l'influence des vents et de la marée montante et descendante. On trouve fréquemment aussi, dans les mêmes endroits, l'impression des gouttes de pluie qui durent tomber sur le sol de l'ancien monde, dans ces âges reculés où le grès n'était encore que du sable. On peut même

(1) *Quart. Journ. geolog. Soc.*, vol. VIII, p. 80.

dans certains cas découvrir la direction dans laquelle la pluie était poussée par le vent, à la forme oblique des marques qu'elle a laissées et à l'espèce de bourrelet ou d'élévation des bords qu'elle a formé d'un côté.

Ainsi, à cette époque séparée de nous par des périodes d'une inconcevable durée, la marée montait et descendait, les vents soufflaient, la pluie tombait sur la terre comme aujourd'hui, toutes les lois régulatrices du monde physique étaient en pleine activité.

Ici finit ce que les géologues ont appelé l'époque de *transition* ou ère *paléozoïque* (1). Nous allons entrer maintenant dans l'étude d'une ère nouvelle de l'histoire de notre globe qui a reçu le nom d'*ère secondaire* ou *mésozoïque*.

(1) Plusieurs géologues placent le terrain permien au commencement de l'ère secondaire. Quelques-uns même n'en forment qu'un seul groupe avec le terrain triasique.

CHAPITRE IV

ÈRE SECONDAIRE OU MÉSOZOÏQUE

L'ÈRE SECONDAIRE OU MÉSOZOÏQUE qu'on a nommée aussi *âge des reptiles, époque paléosaurienne, terrain ammonéen,* comprend trois groupes principaux :

LE TRIAS OU TERRAIN TRIASIQUE,

LE TERRAIN JURASSIQUE,

LE TERRAIN CRÉTACÉ.

Cette grande variété de terrains qui atteignent souvent une puissance considérable, nous dit assez que l'ère où nous entrons est une des plus importantes et qu'elle a été probablement une des plus longues.

Au point de vue de leur mode de sédimentation, les terrains secondaires, aussi bien que les tertiaires qui viennent après, diffèrent sensiblement de ceux de transition. Tandis que ces derniers recouvrent les terrains primitifs en se modelant sur leurs inégalités, les premiers forment dans la concavité de chaque bassin des séries de collines à dos plus ou moins allongé, ou des plateaux plus ou moins étendus composés d'alternats de sable et marne, surmontés çà et là ou infiltrés de roche de silex. Cette disposition peut tenir au fait que les roches de transition inclinées par leur soulèvement n'ont pas été recouvertes entièrement par les formations secondaires ; seule leur partie basse l'a été, ainsi qu'on peut le voir au voisinage des montagnes où les dépôts secondaires et tertiaires forment des collines qui s'appuient contre les pentes du terrain de transition.

Les couches des terrains secondaires sont généralement disposées en stratifications concordantes, par où l'on voit que pendant la longue durée de leur formation la terre n'a été que fort rarement troublée par des catastrophes locales.

Enfin, une autre particularité de ces dépôts, c'est qu'ils manquent absolument vers les pôles. Ils ne se montrent plus après le 60° degré de latitude.

Disons enfin que si, pendant l'ère de transition, la primauté appartient aux êtres qui vivent dans les eaux, et notamment aux crustacés et aux poissons, pendant l'ère secondaire elle appartient aux reptiles ; et que tandis que le règne végétal perd beaucoup de sa puissance, le règne animal prend au contraire un développement considérable.

I. PÉRIODE TRIASIQUE.

1. PÉRIODE TRIASIQUE. — Pourquoi ainsi nommée. — Sous-période conchylienne. — Voltzia et Haïdingera. — Cheirothérium ou Labyrinthodonte — Salamandroïdes gigantea. — Le grès bigarré. — A quelles constructions il a servi. — Sous-période salifèrienne ; marnes irisées. — Puissants dépôts de sel. — Explication. — Manière de les exploiter. — Faune et flore à peu près les mêmes que celles de l'âge précédent.

La période triasique est ainsi nommée parce que les terrains qui la représentent renferment trois parties principales : des grès, des calcaires et des marnes, ce que du reste ils ont de commun avec plusieurs autres systèmes (1), ou bien encore parce qu'ils étaient autrefois divisés en trois étages : les

(1) « C'est une chose bien remarquable que ce retour périodique des trois termes : sable, calcaire, argile, reproduits cinq fois au moins dans le tableau

grès bigarrés, le *muschelkalk* et les *marnes irisées* ou *keuper*
des Allemands. De ces trois étages on ne compte plus aujourd'hui que deux : la *sous-période conchylienne* qui embrasse le grès bigarré et le muschelkalk, et la *sous-période saliférienne*.

SOUS-PÉRIODE CONCHYLIENNE.

La sous-période conchylienne comprend, ainsi que nous venons de le dire : le *grès bigarré* et le *muschelkalk* ou *calcaire coquiller*, ainsi nommé par les Allemands, à cause de la grande quantité de coquilles qu'il renferme.

C'est ici, d'après M. Ad. Brongniart, que commence le règne des plantes dicotylédones gymnospermes (1), représentées par les genres de conifères *Voltzia* et *Haidingera*.

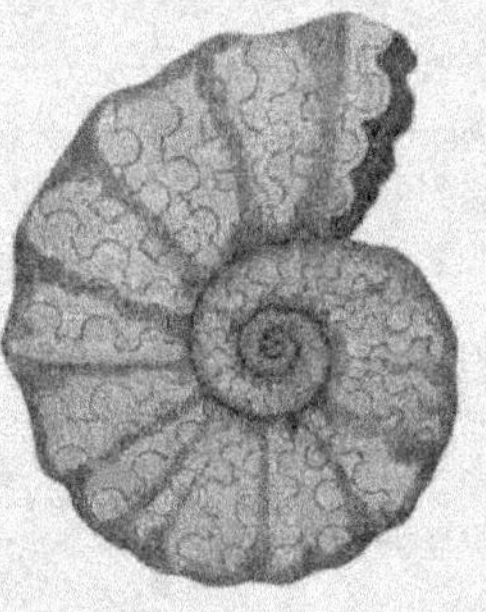

L'animalité nous présente de nombreux mollusques, notamment l'une des plus belles coquilles connues, une sorte d'ammonite, le *Ceratites nodosus* (fig. 47) qu'on trouve dans le muschelkalk et pas ailleurs; des encrines d'une dimension considérable comparés aux chétifs représentants que nous offre le calcaire car-

Figure 47. — Ceratites nodosus.

des dépôts secondaires et tertiaires. En second lieu, il présente une circonstance essentielle et bien digne de fixer l'attention du géologue, aux yeux duquel les terrains secondaires ne sont que des dépôts de sédiment; c'est que les substances sable, calcaire, argile y sont rangées dans chaque groupe de la série, selon l'ordre des pesanteurs spécifiques. Car par l'expérience triviale du potier de terre, il est démontré que lorsque dans un liquide le sable, le carbonate de chaux et l'argile se trouvent mêlés ensemble, le dépôt s'opère de telle manière que le sable occupe le fond du précipité, la matière calcaire le milieu et l'argile la superficie. » (L. A. Chaubard, *Eléments de géologie*, 1838, p. 255.)

(1) On appelle plantes « dicotylédones gymnospermes, » celles qui ont *deux* graines *nues* au fond du calice.

bonifère, comme nous le montre l'encrine en forme de lis *Encrinus liliiformis* (fig. 8, p. 39), le *Posidonia minuta*, et pour la première fois des *trigonies*, coquilles aux formes angulaires qu'on trouve en très-grand nombre dans les couches suivantes.

Des reptiles sauriens, des tortues et six genres nouveaux de poissons revêtus de cuirasses ont aussi laissé dans ces terrains des traces de leur existence.

Les tortues terrestres apparaissent pour la première fois.

Mais le plus curieux de tous les êtres de la faune conchylienne est un reptile auquel on a donné le nom de *Cheirotherium*, à cause de la ressemblance qu'offre la disposition de ses doigts (à en juger d'après les pistes) avec ceux de la main humaine (χειρός, main). (Fig. 48.) Quelques rares représentants de ces animaux avaient déjà fait leur apparition dans les

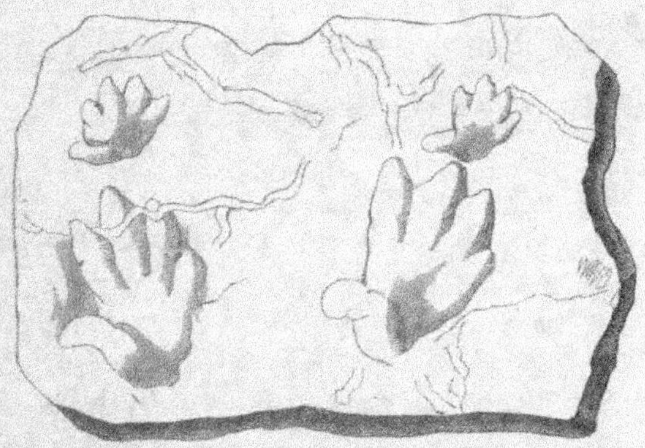

Fig. 48. — Pistes fossiles de Cheirotherium.

terrains permiens (nouveau grès rouge d'Angleterre). Ils se rapprochaient des salamandres et des grenouilles. (Fig. 49.) Le savant paléontologiste Owen les range dans l'ordre des batraciens. La composition microscopique de leurs dents est très-compliquée, et leur a fait donner aussi le nom de *Labyrin-*

thodontes. Leur section montre des lames osseuses sinueuses et une organisation qu'on ne peut comparer qu'à celle des dents de quelques poissons, d'où certains naturalistes ont été

Fig. 49. — Cheirotherium restauré (1/20 g. n.).

conduits à penser qu'ils n'étaient qu'un simple développement de cette classe.

Les grenouilles ou salamandres dont nous venons de parler étaient d'une dimension prodigieuse. On suppose que l'une d'elles (*Labyrinthodon Jægeri* ou *Salamandroïdes gigantea*) devait avoir au moins la taille d'un énorme cochon. Sa tête avait 72 centimètres de long sur 57 de large. Cette tête, le bassin et une partie de l'omoplate sont tout ce qu'on en a retrouvé, indépendamment des empreintes de pas conservées dans les terrains argileux de notre sous-période.

Le grès bigarré existe en France dans les Pyrénées et autour du plateau central. Il se montre aussi sur les deux versants des Vosges, dans le Var et la Forêt-Noire, où il est accompagné du muschelkalk. Ce dernier manque en Angleterre.

La plupart des cathédrales gothiques qu'on admire sur les bords du Rhin, celles de Strasbourg et de Fribourg en Brisgau par exemple, et jusqu'à des villes entières de l'Allemagne sont bâties de pierres d'un brun rougeâtre qu'on retire des carrières du grès bigarré.

SOUS-PÉRIODE SALIFÉRIENNE.

Cette formation qu'on appelle aussi quelquefois *formation keuprique (keuper, marnes irisées)* prend le nom de *terrain saliférien* à cause des gisements considérables de sel marin qu'on y trouve, alternant, par couches minces, avec des argiles ou des marnes, irrégulièrement colorées en rouge, en jaune bleuâtre ou verdâtre. Ce sont ces colorations qui ont fait donner à cet étage géologique le nom de *marnes irisées*. L'ensemble de cette alternance atteint quelquefois une épaisseur de 150 mètres, et les couches salifères ont souvent elles-mêmes 7 et jusqu'à 10 mètres d'épaisseur.

Comment s'expliquer dans ces terrains la présence de ces puissants dépôts de sel? — On pense qu'il faut l'attribuer à l'évaporation de grandes quantités d'eau de mer fortuitement introduites dans des dépressions, des cavités ou des golfes que des dunes venaient ensuite séparer de la haute mer. Enfermée là, comme dans un bassin sans issue, l'eau de mer, en s'évaporant, laissait une couche de sel qui ne tardait pas à se recouvrir d'un banc terreux formé par le dépôt de l'argile et de la vase suspendus dans l'eau bourbeuse du bassin, jusqu'à ce que, sous l'action des mêmes causes, l'eau de la mer envahissant de nouveau, une seconde couche de sel marin bientôt recouvert d'un autre banc terreux vînt s'ajouter à la première, et ainsi de suite.

On rencontre des dépôts de sel gemme du terrain secondaire, dans plusieurs de nos départements, en particulier dans le département de la Meurthe, à Vic, Dieuze et Château-Salins, dans le département de la Haute-Saône, et aussi dans plusieurs parties de l'Allemagne.

Leur mode d'exploitation n'est pas le même que celui des dépôts du terrain tertiaire. Comme on ne peut les atteindre par des galeries, à cause de la profondeur de leur gisement, on a recours au forage de puits. Ces puits sont remplis d'eau. Une fois l'eau chargée de sel, on la retire au moyen de pompes, on la fait évaporer et l'on obtient du sel cristallisé. Les assises salifères des terrains tertiaires au contraire étant relativement superficielles sont débitées à ciel ouvert ou par des galeries peu profondes, comme celles de Wieliczka, en Pologne.

La faune saliférienne ne diffère pas sensiblement de celle de l'étage précédent. Elle s'en distingue pourtant en ceci qu'avec elle on voit reparaître quelques types anciens mélangés avec ceux de la période secondaire.

Nous pouvons en dire autant de la flore, si ce n'est qu'à cette époque doit être rapportée la première apparition des vraies monocotylédones. La période houillère comme la dévonienne n'avait guère produit que des cryptogames et des conifères. « La *presleria antiqua*, aux longs pétioles, » dit M. Lecoq, dans sa *géographie botanique*, « suspendait, en grimpant, sur les vieux troncs, ses grappes de baies colorées, comme le font aujourd'hui les similax, à la famille desquelles la *presleria* pouvait appartenir. Ailleurs, au milieu des marécages, naissaient les touffes des *palæoxyris Munsteri*, graminée enjoncée peut-être qui égayait les bords des eaux. » M. Brongniart range cette dernière avec la *presleria*, parmi les monocotylédones douteuses.

II. Période jurassique. — Tire son nom des montagnes du Jura. — Sous-période du lias. — Cycadées. — Ammonites et bélemnites. — Âge des reptiles. — Coprolithes. — Trois classes de reptiles sauriens : énaliosaures ou sauriens de mer (Ichthyosaure et Plésiosaure); dinosaures ou sauriens de terre (Mégalosaure et Iguanodon); ptérosaures ou sauriens ailés, ou ptérodactyles. — Tortues. — Sous période oolithique. — Subdivisions : Oolithe inférieure : (Terre à foulon. — Grande oolithe. — Mammifère de Stonesfield. — Marsupiaux.) — Oolithe moyenne : (assises callovienne, oxfordienne et corallienne; fruits et insectes fossiles; punaises, abeilles, papillons, libellules; ramphorynchus; bancs madréporiques). — Oolithe supérieure : (assises kimmeridgienne et portlandienne; terrain wealdien; troncs de zamias et de cycas dans le *dirt-bed*). — Premiers restes organiques d'oiseaux. — Preuves de leur existence à cette époque.

Cette période est ainsi nommée parce que les terrains que les mers déposèrent pendant sa durée composent en grande partie les montagnes du Jura.

On la subdivise en deux sous-périodes : le *lias* et l'*oolithe*, que nous allons étudier successivement.

SOUS-PÉRIODE DU LIAS.

Les carriers anglais ont donné le nom de *lias* à un calcaire argileux, particulier au terrain jurassique. Au-dessous et à la base du système, se trouvent des sables, des grès quartzeux, appelés *grès du lias* et qui comprennent la plus grande partie du *quadersandstein* (pierre à bâtir des Allemands). Enfin l'étage se termine par des marnes tour à tour sablonneuses et bitumineuses.

Mentionnons simplement pour mémoire la subdivision du lias en *lias inférieur* ou à *gryphées arquées*, *lias moyen* ou calcaire bleu avec sa jolie ammonite (*Ammonites margaritatus*), et *lias supérieur* caractérisé par *Ammonites annulatus* et *Ammonites Walcotti*.

La végétation de cette époque, quoique sensiblement différente de celle des âges précédents, conserve cependant encore un caractère de luxuriance dont quelques îles tropicales du monde actuel peuvent seules nous donner l'idée. Son trait distinctif est l'introduction des cycadées, famille de plantes qui tenaient à la fois des fougères et des conifères et ressemblaient dans leur aspect général à des palmiers nains. (Fig. 5o.)

Fig. 5o. — Cycas revoluta.   Fig. 51. — Zamia pungens.

A cette famille se rattachent des genres nombreux tels que les zamias (fig. 51), les pterophyllum (fig. 52), les nilsonia,

Fig. 52.
Pterophyllum pres-
lanum.

Fig. 53. — Rameaux de Conifères.

Les conifères abondent. (Fig. 53). On en a compté de 14 à 20 espèces différentes en Grande-Bretagne.

Avec les conifères et les cycadées il y avait aussi un grand nombre de fougères. Elles formaient les deux cinquièmes de la flore totale, et à côté d'elles, quoique moins nombreuses, étaient des plantes alliées, telles que l'*Equisetum columnare* (fig. 54) qui compose presque exclusivement le Brora Coal, un des dépôts les plus considérables de cette période en Europe.

Mais à l'exception des calamites on ne rencontre plus de ces végétaux composites, qui participent à la fois de la nature de l'arbre et de celle de la plante. Ainsi plus de lepidodendron, de sigillaria, de favullaria, etc.

Les zoophytes sont représentés par un des plus beaux fossiles connus, le *Pentacrinus fasciculosus*, de l'ordre des crinoïdes. (Fig. 55.)

Parmi les mollusques, nous l'avons déjà fait pressentir, deux genres spéciaux de l'ordre des céphalopodes, sont caractéristiques du lias : les ammonites et les bélemnites.

Les *ammonites* ou cornes d'Ammon, ainsi nommées à cause de leur forme enroulée, semblable à celle

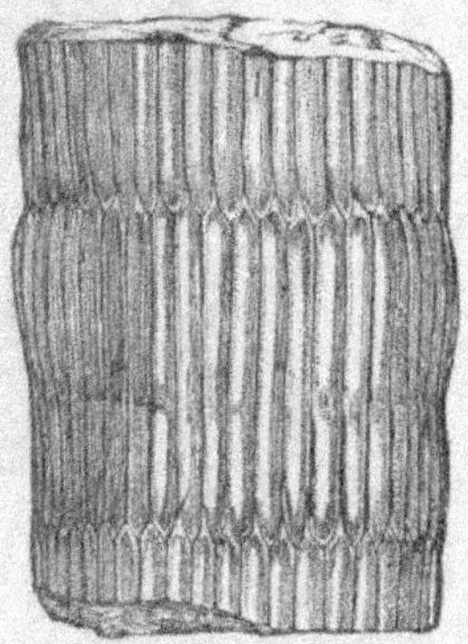

Fig. 54.
Equisetum columnare (g. n.).

d'une corne de bélier (fig. 56), et parce que, dit-on, elles étaient employées autrefois dans le culte de Jupiter Ammon, étaient des coquilles d'une grande variété de formes, et dont quelques-unes atteignaient la dimension d'une roue de carrosse. On suppose qu'elles naviguaient comme aujourd'hui les nautiles et les argonautes. La surface nacrée de leur test, jointe à l'élégance et à la variété de leurs formes, devait en faire l'ornement des anciennes mers. Quoiqu'elles fussent divisées en une série de cavités, le corps de l'animal n'occupait que la plus extérieure, les autres étaient vides et traversées par un tube qui partait de la première. L'ammonite pouvait, à volonté, in-

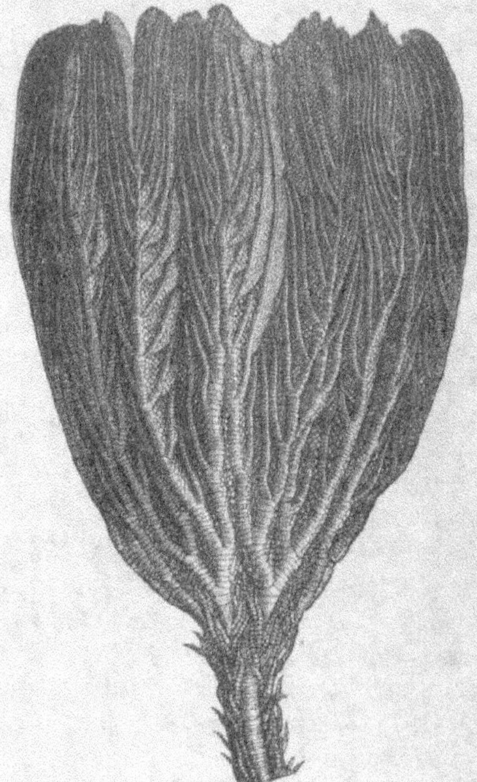

Fig. 55. — Pentacrinus fasciculosus.

troduire de l'eau dans ce conduit et l'en expulser, ce qui la rendait plus légère ou plus lourde, et lui donnait ainsi la faculté de s'élever au-dessus de l'eau ou de disparaître dans ses profondeurs. On la trouvait rarement sur les rivages, où sa coquille aurait risqué de se briser contre les rochers.

Les *bélemnites* au contraire (fig. 57), dont quelques-unes

étaient aussi très-grandes (au moins quatre pieds de long), avec leur rostre puissant étaient probablement côtières. Ce rostre leur servait à protéger leur corps, lorsqu'une impulsion violente les poussait à la côte. Il paraît d'ailleurs qu'elles nageaient au fond des eaux, contrairement aux ammonites qui flottaient à la surface. Comme les céphalopodes nus actuels, elles avaient un sac à encre qui leur permettait d'échapper à leurs ennemis par la faculté qu'il leur donnait de rendre, tout d'un coup, l'eau noire et opaque autour d'elles. Dans

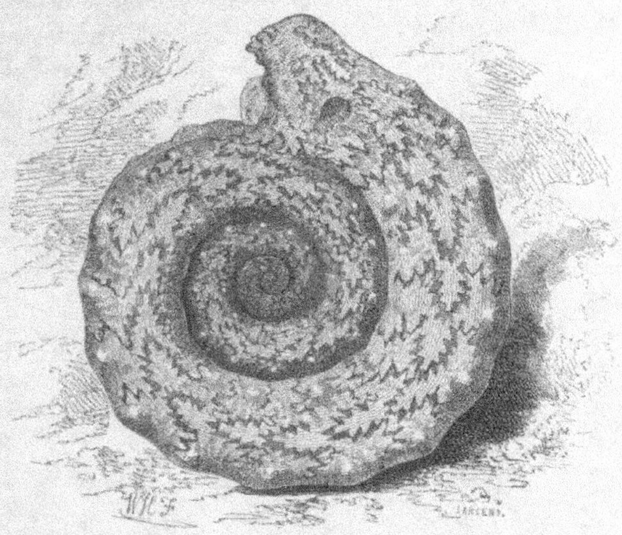

Fig. 56. — Moule d'Ammonite.
(Cette figure et celle de la page 9 sont empruntées aux *Montagnes* de M. Albert Dupaigne.)

les échantillons décrits par M. Owen, l'encre est si bien conservée que l'on peut s'en servir comme de la sépia. Elle a une teinte d'un brun très-foncé (1).

Mais c'est ici surtout l'âge des reptiles. Leurs ossements

(1) PICTET, *Traité élémentaire de paléontologie*, t. II, p. 326.

sont en si grand nombre dans le terrain jurassique que l'une des assises de ce terrain est aujourd'hui désignée par tous les géologues, à l'exemple des Anglais, sous le nom de *bone-bed*. On trouve même les excréments de ces animaux (*coprolithes*) mêlés à leurs os en lits épais qu'on exploite comme le *guano* des îles du Sud, pour l'amendement des terres, à cause du phosphate de chaux dont ils se composent. C'est principalement dans notre sous-période que ces débris fossiles abondent, en particulier dans le lias de Lyme-Regis en Angleterre, et en Allemagne dans le lias d'Aldorf, et de Boll en Wurtemberg.

La grande famille des reptiles sauriens peut se diviser en trois classes distinctes et bien définies :

I. Les ENALIOSAURES ou sauriens de mer.

II. Les DINOSAURES ou sauriens de terre.

III. Les PTÉROSAURES ou sauriens ailés.

Un mot sur chacune d'elles.

1° ENALIOSAURES. Onze espèces de crocodiles marins de petite taille avaient déjà vécu dans la période triasique.

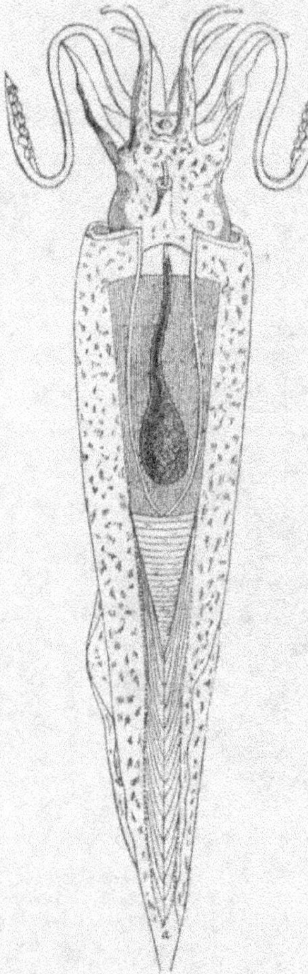

Fig. 57. — Bélemnite restaurée.

Mais c'est dans le lias qu'on voit paraître le roi des mers de cette époque, le gigantesque *Ichthyosaure*.

C'était un animal amphibie, à pattes de cétacé, à corps de poisson, à tête et queue de lézard. (Fig. 58.) Il avait de 5 à 7 mètres de longueur (quelques espèces même ont dû atteindre jusqu'à 10 mètres) et ne pouvait que rarement quitter la mer, car sa taille lourde et massive ne lui permettait pas de se traîner

Fig. 58. — Ichthyosaurus communis.

aisément sur le sable, avec ses courtes pattes. Ses longues mâchoires étaient armées de dents formidables comme celles du crocodile; on lui en a compté jusqu'à 180. Les débris de poissons et autres reptiles à moitié digérés, trouvés dans son estomac, ainsi que ses déjections fossiles, tout annonce que ses habitudes étaient féroces et carnivores (1). Ce qui rendait surtout sa physionomie aussi bizarre que sinistre, c'était ses yeux d'une grandeur énorme qui lui permettaient de voir dans les ténèbres. Protégés en avant par un cercle de pièces osseuses, ils étaient de la grosseur de la tête d'un homme. Par leur rétraction, ces pièces augmentaient la convexité de la partie antérieure de l'œil et le transformaient en microscope. En reprenant leur position naturelle, elles en faisaient un téles-

(1) Une Anglaise, Miss Mary Anning, à laquelle on doit beaucoup de découvertes, faites dans les environs de Lyme-Regis, sa ville natale, possédait dans sa collection un énorme *coprolithe* d'Ichthyosaure. C'était la perle du petit musée de Lyme-Regis. Après avoir fait le tour de la collection, on entrait dans le salon; Miss Anning disparaissait, puis un domestique apportait sur un plat, couvert d'une serviette très-propre, l'échantillon qu'il déposait sur un meuble. Ce n'est qu'après la retraite des dames, qu'on était admis à lever la serviette. (FIGUIER, *la Terre avant le Déluge*. — VOGT, *Leçons de géologie*, in-18. Leipzig, 1863, édition française, p. 400.)

cope, ce qui lui permettait de voir de près comme de loin. Il est probable que c'est principalement la nuit qu'il se glissait sous l'eau pour saisir sa proie. La forme de sa poitrine montre qu'il avait une respiration aérienne qui ne lui permettait pas de s'écarter beaucoup des rivages, et lorsqu'il nageait entre deux eaux, il était obligé de remonter souvent à la surface pour respirer.

Le *Plésiosaure* (ancien lézard) l'un des sauriens de mer les plus remarquables de la même époque, se distinguait du précédent par ses formes plus élancées, son cou très-allongé, semblable au corps d'un serpent, et sa tête de lézard. (Fig. 59.) Moins fort que lui, il devait avoir plus de souplesse et d'agilité

Fig. 59. — Plesiosaurus dolicodeirus.

pour saisir sa proie, soit un peu au-dessus des eaux, soit au-dessous de la surface, en enfonçant sa tête et son long cou, à la manière des cygnes, comme le donne à penser, d'après la structure de ses côtes, la grande facilité qu'il avait à gonfler les poumons, et par conséquent à faire provision d'air, pour pouvoir plonger. La forme de ses pattes prouve qu'il était aquatique, ainsi que l'Ichthyosaure, et qu'il devait avoir beaucoup de peine à se traîner sur la terre. Il hantait probablement des eaux plus tranquilles, car plus grêle et plus faible, il était moins bien taillé pour résister aux vagues.

L'Ichthyosaure et le Plésiosaure étaient les deux grands reptiles marins de la sous-période du lias.

On nomme encore parmi les sauriens de mer le *Cétiosaure* et le *Téléosaure*. Mais ni l'un ni l'autre n'appartiennent à la sous-période actuelle; on ne les trouve que dans l'oolithe. Un autre genre marin, le *Mosasaure*, apparaît dans la période crétacée; nous en parlerons en son lieu.

2° Les DINOSAURES ou sauriens de terre présentent aussi plusieurs genres dont les principaux sont le *Mégalosaure* et l'*Iguanodon*.

Avec eux le type crocodile cède le pas au type supérieur

Fig. 60. — Mégalosaure restauré.
(Emprunté aux *Montagnes* de M. Albert Dupaigne.)

du lézard. Comme le Mosasaure ils appartiennent à la craie, la dernière des grandes divisions de l'âge secondaire.

D'après les débris organiques du *Mégalosaure* qu'on retrouve encore à la base des terrains crétacés, il est à croire que c'était un reptile d'une dimension énorme (de 14 à 16 mètres de longueur) et tenant pour sa structure et ses habitudes du crocodile et du monitor de nos jours. (Fig. 60.) La forme de

ses jambes et de ses pieds dénote un animal terrestre, mais
capable aussi de vivre dans l'eau. Ses dents étaient formidables.
Elles produisaient, dit Buckland, l'effet combiné du couteau,
du sabre et de la scie. En grandissant, elles prenaient une

Fig. 61. — *Iguanodon restauré.*
(Emprunté aux *Montagnes* de M. Albert Dupaigne.)

courbure en arrière qui rendait toute fuite impossible à la
proie une fois saisie, comme les barbes d'une flèche rendent
son retour impraticable. D'où l'on a été amené à conclure
qu'il était carnivore et destructeur.

L'*Iguanodon* ou *animal aux dents d'Iguane* (du grec ὀδούς,
dent) était une autre espèce de lézard aussi haut que les plus
gigantesques éléphants, mais à la fois beaucoup plus long et
beaucoup plus gros. (Fig. 61.) On le considère comme le plus colossal de tous les reptiles connus. Prototype de l'Iguane actuel et
herbivore comme lui, il était dix à douze fois plus long. Tandis
que les iguanes et les monitors qui sont les plus grands reptiles existants atteignent à peine une taille de 2 mètres, on a
trouvé des restes fossiles d'Iguanodon d'après lesquels on a
calculé qu'il devait avoir une longueur de 30 à 35 mètres

sur 4 à 5 de circonférence. Il portait une corne sur le nez.
L'os de sa cuisse avait 1 m. 1/2 de long. Qu'on se figure ce
monstrueux reptile vivant et se mouvant sur le sol! L'imagination recule épouvantée.

3° Enfin disons un mot des PTÉROSAURES ou sauriens ailés,
autrement dits PTÉRODACTYLES (de πτερόν, aile; δάκτυλος,
doigt, animal au doigt en forme d'aile).

C'étaient des espèces de dragons volants, aussi étranges
que ceux qu'ait jamais rêvés l'imagination en délire des ro-
manciers du moyen âge. Ils avaient des dents de crocodile,

Fig. 62 — Pterodactylus crassirostris (1/3 g. n.).

des ailes semblables à celles des chauves-souris, le corps et la
queue d'un mammifère. (Fig. 62.) De leurs ailes sortaient des
doigts terminés par de longs crochets assez semblables à l'ongle
crochu du pouce d'une chauve-souris. Armés de ces puissantes pattes, ils étaient capables de se traîner, de grimper
le long des rochers ou de se suspendre aux troncs et aux
branches des arbres d'où ils se laissaient tomber sur leur
proie, en déployant leurs ailes, en guise de parachute, car il
n'est pas à croire qu'ils pussent proprement voler et fendre
les airs, à la manière des oiseaux. Il est probable qu'ils
étaient aussi capables de nager. Ils se nourrissaient d'insectes,

de poissons ou de petits reptiles. La grandeur de leurs yeux indique des animaux nocturnes. Quelques-uns d'entre eux étaient d'une taille gigantesque (1), quoique la plupart ne dépassassent pas celle du canard ou du cygne. Les plus petits n'étaient pas plus gros qu'une bécassine.

Indépendamment des reptiles ci-dessus et en même temps qu'eux, vivait une autre classe d'êtres, celle des TORTUES. On trouve déjà leur empreinte de pied dans le trias et, bien que leur taille ne paraisse pas en général avoir excédé celle des tortues actuelles, on est fondé à croire d'après leurs débris que dans quelques pays, en Asie par exemple, leurs carapaces avaient jusqu'à 7 mètres de longueur (2).

SOUS-PÉRIODE OOLITHIQUE.

La formation *oolithique*, beaucoup plus variée et plus puissante que le lias, est une série de dépôts calcaires dont le principal est composé d'une agglomération ou collection de petits grains sphéroïdes assez semblables à un monceau de petits œufs ou frai de poisson. De là le nom d'oolithe, oolithique (ὠόν, œuf; λίθος, pierre).

Comme le lias, l'oolithe se subdivise en trois sections : *oolithe inférieure, moyenne* et *supérieure*.

L'*oolithe inférieure* ou *terrain bathonien*, ainsi nommé parce qu'il est très-développé aux environs de Bath, en Angleterre, comprend plusieurs étages auxquels on a donné les noms de *grande oolithe*, — *argile de Bradfort*, — *marbre de forêt* (*forest marble*) calcaire coquiller, exploité dans la

(1) Les ailes d'un ptérodactyle de la craie, qui est dans la possession de M. Rowerbank, dit Hugh Miller, doivent avoir eu une envergure d'au moins 18 pieds; celles d'un ptérodactyle, récemment découvert dans le Greensand ou terrain glauconieux, une envergure d'au moins 27 pieds. Le grand condor des Andes, le plus grand des oiseaux volants, ne dépasse pas 12 pieds. (*The Testimony of the rocks*, p. 81.)

(2) PICTET, *Traité élémentaire de paléontologie*, t. II, p. 15.

forêt de Wichswood, *Cornbrash* (ou terre à blé), formé surtout de pierrailles calcaires qui encombrent les champs cultivés en céréales.

On appelle *terre à foulon* (*fullers eart*) des alternances d'argile et de marne, bleuâtre ou jaunâtre, placées au-dessus des calcaires de la première assise de l'oolithe inférieure, et dont on se sert pour dégraisser les draps qui sortent des fabriques.

C'est dans les schistes de Stonesfield dont le niveau correspond à celui de la grande oolithe, qu'on a trouvé pour la première fois les débris fossiles d'un petit mammifère insectivore (fig. 63) de la famille des MARSUPIAUX (1). On a dit que c'était un mammifère terrestre. Agassiz en fait plutôt un genre de cétacé, groupe aquatique qui représente la classe des mammifères à cette époque. Quoi qu'il en soit, les marsupiaux ou mammifères di-

Fig. 63. — Thylacotherium Prevosti.

delphes sont considérés par les naturalistes comme un lien entre les reptiles ovipares et les mammifères proprement dits. Tandis que les mammifères mettent au monde des petits vivants, et les nourrissent, pendant le premier âge de leur existence, avec le lait de leurs mamelles, les marsu-

---

(1) M. PLIENINGER, professeur à Stuttgard, découvrit, en 1847, deux dents molaires fossiles qu'il avait recueillies dans une brèche à ossements entre le lias et le keuper (trias) dans le Wurtemberg. D'après la forme de ces dents, il crut qu'elles avaient appartenu à un mammifère, animal de proie, probablement un insectivore, auquel il donna pour cette raison le nom de *microlestes* de μικρός, petit, et λῃστής, bête de proie. M. WATERHOUSE, du Musée britannique, après avoir examiné l'une des deux molaires, s'est rangé à l'opinion de M. PLIENINGER. Mais, d'autre part, LYELL déclare avoir montré ces dents à M. OWEN, qui n'a pu leur reconnaître d'affinité avec aucun des genres nouveaux ou éteints de mammifères à lui connus.

Nous croyons donc être autorisé à maintenir que les plus anciens mammifères fossiles découverts jusqu'ici sont ceux des schistes de Stonesfield. (Voy. LYELL, *Manuel de géologie élémentaire*, t. II, p. 28.)

piaux, après une courte gestation, les portent dans une poche
où ils demeurent suspendus par la bouche au mamelon de la
mère, jusqu'à ce qu'ils soient capables de déchirer leurs langes
et de vivre à l'air nu. (Fig. 64.) Leur mode de génération tient
ainsi le milieu entre la génération ovipare et vivipare, entre

Fig. 64. — Kangurou.

la génération des oiseaux ou des reptiles et celle des mammifères. Ils occupent donc vis-à-vis de ceux-ci la même position
que les batraciens vis-à-vis des reptiles : les uns servant de
chaînon entre les poissons et les reptiles, les autres entre les
reptiles et les mammifères. Et de la même manière que les
batraciens firent leur première apparition à la fin de la période carbonifère qui précéda *l'âge des reptiles*, de la même
manière les marsupiaux firent la leur sur les confins de *l'âge*

des mammifères. Ils peuvent être considérés comme les hérauts qui annoncent l'avénement d'un ordre plus élevé de créatures.

Aux espèces végétales du lias, il faut joindre comme caractère différentiel de l'oolithe inférieure les premières traces de *liliacées*, avec quelques arbres de la famille des *pandanées*, remarquables par leurs racines aériennes, leurs longues feuilles et leurs fruits globuleux. On peut citer encore quelques conifères des genres *thuites*, *taxites* et *brachyphyllum*.

L'*oolithe moyenne* comprend trois assises : l'assise *callovienne* (dont l'argile de Kalloway est le type en Angleterre), l'assise *oxfordienne* composée d'un calcaire bleuâtre ou blanchâtre, souvent argileux, rarement oolithique, aux environs d'Oxford, et l'assise *corallienne* ou *coral-rag*, ainsi

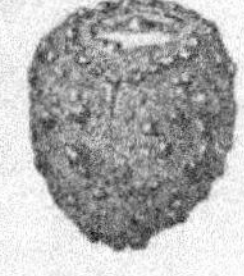

Fig. 65.
Carpolithes conica.
(1/3 g. n.).

Fig. 66.
Carpolithes Bucklandi.

nommée, parce que le calcaire qui la constitue en grande partie est formé par l'agrégation de nombreux débris de coraux et de polypiers entiers ou roulés.

Sa flore n'a rien de spécial, si ce n'est qu'on y a trouvé des carpolithes (fig. 65 et 66) ou fruits fossiles qui sembleraient indiquer l'apparition des premiers palmiers (1).

La faune est caractérisée par la présence de nombreux insectes, si nombreux qu'ils semblent avoir formé la principale nourriture des premiers mammifères et probablement aussi des reptiles volants d'alors. Ce sont des punaises, des

(1) « Aucun vrai palmier fossile n'a encore été découvert dans l'oolithe et le wealden, quoiqu'on en rencontre certainement dans les terrains carbonifères et permiens, et qu'ils soient comparativement communs dans le tertiaire inférieur et moyen. On ne peut fonder grand'chose sur une évidence purement négative. Mais ce serait assurément une curieuse circonstance s'il était établi que cette gracieuse famille des palmiers, après avoir fait sa pre-

papillons, (?) des libellules (demoiselles). (Fig. 67.) La première
abeille fait son apparition dans l'éocène avec le premier
bombyx.

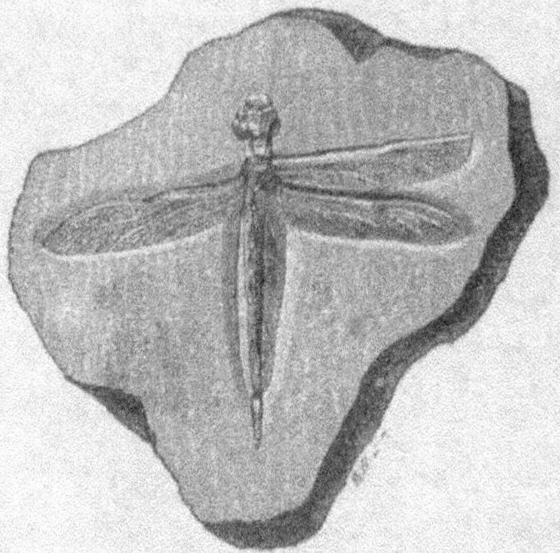

Fig. 67. — Libellula.

C'est également à cette époque que vivait le *Ramphorynchus* (fig. 68), reptile voisin du ptérodactyle, mais qui s'en
distinguait par ses mâchoires dépourvues de dents vers leur
extrémité antérieure et par une longue queue dont on trouve
le sillon linéaire dans les empreintes qu'il a laissées.

Un autre trait caractéristique de cette section et de la précédente, dans la sous-période oolithique, c'est la formation
de nombreux bancs madréporiques, au sein des mers. Ces
bancs ou récifs, de forme ordinairement circulaire, étaient
produits par l'accumulation continue des coquilles de petits
êtres, vivant sous l'eau, mais à une faible distance de la
surface. C'est ainsi que se produisent encore aujourd'hui les

mière apparition dans les derniers temps paléozoïques, eût été retranchée de
la création pendant les âges moyens de l'histoire de la terre, pour y êtr sintro-
duite de nouveau, mais avec des proportions beaucoup plus grandes, pendant
les périodes tertiaire et récente. » H. MILLER, *Testimony of the rocks*, p. 42.

récifs de coraux ou madrépores, dits *atolls,* dans les mers de l'Océanie.

Fig. 68. — Ramphorynchus restauré.

L'*oolithe supérieure* se divise en deux assises : l'assise *kimméridgienne* très-développée près de Kimmeridge en Angleterre, et l'assise *portlandienne* composée d'un calcaire que l'on exploite dans l'île de Portland pour les constructions de Londres.

Le *wealden* ou *terrain wealdien* qui est d'eau douce, et que la plupart des géologues ont considéré jusqu'ici comme étant contemporain de la craie, semble aussi appartenir à l'étage supérieur du terrain jurassique.

On trouve également dans cet étage une couche de terre végétale très-bien conservée, d'une épaisseur de 30 à 45 centimètres, à laquelle on a donné le nom de *couche de boue* (*dirt-bed*). Des troncs silicifiés de conifères et de plantes analogues aux *zamia* et aux *cycas* y sont enfouis. Dans l'île de Portland, ce sol est horizontal; ailleurs, dans certaines falaises, il a une inclinaison de 45°, ce qui n'empêche pas que les troncs restent parallèles entre eux. C'est un des plus beaux exemples qu'on puisse citer du changement de position des couches primitivement horizontales.

Jusqu'à présent l'existence des oiseaux ne nous avait été attestée que par les empreintes de leurs pieds sur les sables durcis des rivages des anciennes mers. Aucun débris organique ne nous avait été conservé. Les premiers qu'on ait découverts l'ont été dans les carrières de calcaire lithographique de Solenhofen qui appartiennent à cette période. (Fig. 69). La tête manque; les pattes et les plumes seules ont été trouvées. A partir de cette époque la présence de cette classe de vertébrés s'affirme de plus en plus. Ainsi, dans les schistes calcaires de Glaris qui appartiennent au terrain néocomien de la

Fig. 69. — Oiseau de Solenhofen (Archæopteryx).
(Emprunté aux *Montagnes* de M. Albert Dupaigne.)

période crétacée, on a recueilli un oiseau parfaitement caractérisé, ayant la taille d'une alouette et les caractères généraux des passereaux. On a aussi trouvé près de Maidstone, dans les terrains crétacés du midi de l'Angleterre, quelques os d'oiseaux et en particulier un humérus de la dimension de

celui d'un albatros, qui indiquent probablement une espèce
perdue de la famille des palmipèdes, et dans la formation
wealdienne de la forêt de Tilgose, les os d'un oiseau échassier
plus grand que le héron (1). Aucun doute ne peut donc plus
être élevé sur l'existence des oiseaux à cette époque.

III. Période crétacée. — Constitution et mode de formation des roches
crayeuses. — Apparition des dicotylédones angiospermes. — Légère modification de la faune. — Sous-période crétacée inférieure. Étages néocomien et glauconieux; forêt sous-marine à l'embouchure de la Charente;
apparition des rudistes; végétation analogue à celle de nos climats. —
Sous-période crétacée supérieure. — Assises turonienne, sénonienne et
danienne. — Récifs de rudistes. — Mosasaure. — Fin de l'âge des reptiles.

La période dans laquelle nous entrons et qui est la dernière de l'époque secondaire, tire son nom de la craie ou
carbonate de chaux dont se composent en grande partie les
terrains déposés alors dans le fond des anciennes mers. La
craie, nous l'avons vu, se retrouve en plus ou moins grande
quantité dans tous les dépôts, à partir de l'âge cambrien,
mais les géologues français ayant été plus particulièrement
frappés de son abondance dans le bassin de Paris, ont donné
le nom de *crétacée* à l'ère géologique de sa formation.

Nous ne reviendrons pas sur ce que nous avons déjà dit
de l'origine de la chaux, mais nous devons ajouter un mot
pour expliquer la constitution des roches crayeuses. Ces roches en effet, quand on les examine au microscope, se montrent à nous comme un composé d'une infinité de débris de
zoophytes, de petites ammonites, de coquilles diverses et surtout de foraminifères dont quelques-unes vivent encore aujourd'hui dans différentes parties du globe. (Fig. 70.) Ces
petits êtres sont d'une ténuité telle qu'on a calculé que cent

(1) Pictet, *Traité élémentaire*, etc., t. I, p. 343.

cinquante étant placés bout à bout ne formeraient pas la longueur d'un millimètre. Or, comment se rendre compte de leur présence dans la composition des roches calcaires? Le voici :

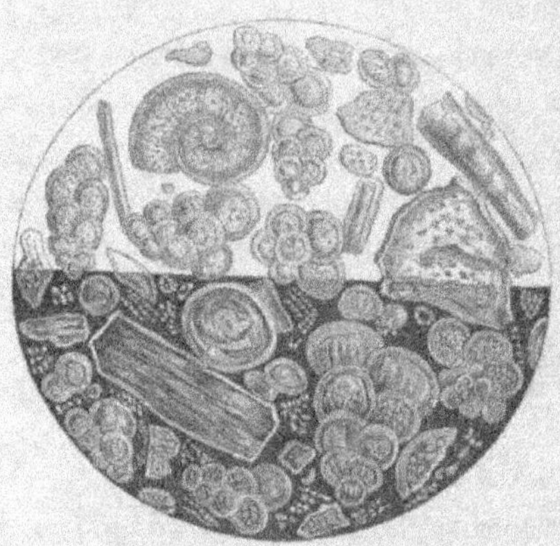

Fig. 70. — Parcelle de craie vue au microscope.
(Emprunté aux *Montagnes* de M. Albert Dupaigne.)

Les eaux thermales chargées de silice ou de carbonate de chaux qui s'élançaient de l'intérieur du globe à la surface, alors presque entièrement couverte par l'océan primitif, durent, en se déchargeant dans ses ondes, les rendre sensiblement calcaires. On suppose qu'elles devaient contenir de 1 ou 2 pour 100 de chaux. Les zoophytes, les polypiers, les rudistes, les foraminifères qui pullulaient et vivaient en troupes innombrables dans ce milieu s'emparèrent de cette chaux pour former leur enveloppe minérale. Après la mort de ces animaux, grands et petits, la matière animale destructible se dispersait, au sein des mers, par l'effet de la putréfaction; mais la matière inorganique, c'est-à-dire le carbonate de chaux qui formait le test de leur enveloppe, se déposait. Ces dépôts successifs, accumulés en couches épaisses, et agglutinés entre eux, finissaient par former un lit continu au fond des eaux. D'autres couches se superposaient de la même manière;

et c'est ainsi qu'à la longue et dans la suite des siècles ont été constitués des terrains d'une puissance énorme (4,000 mètres environ), auxquels les géologues ont donné le nom de terrains calcaires.

Les couches de ces terrains se présentent généralement en stratification concordante, et quant aux fossiles qu'ils renferment, aucun ne paraît correspondre à une zone bien tranchée; mais les différentes zones de création se succèdent sans limites circonscrites et par gradation.

Au point de vue paléontologique, ce qui caractérise la période crétacée, c'est, dans le règne végétal, l'apparition d'une flore qui est comme l'avant-coureur de la végétation des temps actuels. Les cryptogames cellulaires et les dicotylédones gymnospermes (1) qui avaient régné jusqu'alors disparaissent peu à peu pour faire place aux *dicotylédones angiospermes* qu'on voit naître ici pour la première fois (2), et qui constituent actuellement plus des trois quarts de la création végétale de notre globe. « Le règne végétal commence à se façonner sous un aspect moins mystérieux : des formes familières à nos yeux, des cimes arrondies, des ombrages aimés se montrent à nos regards. Les palmiers apparaissent, et dans leurs diverses espèces, nous en reconnaissons qui diffèrent peu de celles de nos contrées tropicales. Les dicotylédones augmentent un peu en nombre. Au milieu des fougères, des cycadées, qui ont considérablement perdu en quantité et en im-

(1) Les dicotylédones *gymnospermes* sont ceux dont les graines n'ont point de péricarpe et sont nues au fond du calice (du grec γυμνός, nu, et σπέρμα, semence.)

Les *angiospermes* sont ceux dont les graines sont revêtues d'un péricarpe (du grec ἀγγεῖον, vase, et σπέρμα, semence ou graine).

(2) Déjà dans l'oolithe on voit apparaître quelques feuilles contestées de dicotylédones angiospermes ; mais ce n'est que dans la craie qu'on les trouve en quantité quelque peu considérable et seulement dans les couches les plus basses des terrains tertiaires qu'on réussit à découvrir un vrai arbre de cette famille.

portance, nous voyons, à n'en pas douter, croître les arbres dicotylédones de nos climats tempérés : ce sont des aunes, des charmes, des érables, des noyers… Arbres de nos pays, nous vous saluons avec joie (1). »

La faune de cette période, quoique très-riche, puisqu'elle renferme 268 genres d'animaux jusqu'alors inconnus et plus de cinq mille espèces d'êtres vivants spéciaux, ne présente pas un progrès marqué sur celle de la période précédente. Les marsupiaux ne se montrent plus, les reptiles seuls occupent la terre. Seulement au lieu de rappeler les crocodiles par leur organisation, comme les reptiles de la période jurassique, ils ressemblent plutôt à des lézards. Ils sont portés sur des pattes plus hautes, et ne rampent plus sur le sol. C'est le seul point qui les rapproche des mammifères et semble indiquer un perfectionnement. Notons encore comme un indice de progrès dans la création animale de cette période les traces de plus en plus nombreuses d'oiseaux qu'elle nous présente.

On peut diviser la période crétacée en deux sous-périodes : l'inférieure et la supérieure.

SOUS-PÉRIODE CRÉTACÉE INFÉRIEURE.

Les terrains déposés par les mers pendant cette sous-période forment deux étages : l'étage *néocomien* et l'étage *glauconieux*.

Le terme de *néocomien* vient du mot *Neocomum*, nom latin de la ville de Neuchâtel, en Suisse, où ce terrain a été reconnu et étudié pour la première fois.

Quant à celui de *glauconieux* il se tire d'une roche nommée *glauconie*, composée de calcaire et de grains verdâtres

____

(1) *La Terre avant le Déluge*, 4ᵉ édit., p. 218.

de silicate de fer, qui s'y trouve souvent mêlée. C'est le grès vert ou *green sand* des Anglais.

Chacun de ces étages se subdivise à son tour en plusieurs membres caractérisés, soit par leur composition minérale, soit par les débris fossiles qu'ils renferment. Nous ne saurions nous engager dans cette étude de détail. Disons seulement qu'à l'embouchure de la Charente, dans l'assise supérieure du terrain *glauconieux*, on a trouvé une couche très-remarquable où l'on voit avec des arbres énormes, pourvus de leurs branches, mais dans une position horizontale, beaucoup de matières végétales et de rognons de succin ou de résine fossile. Cette couche a été décrite, sous le nom de forêt sous-marine.

Sans parler du Mégalosaure et de l'Iguanodon que nous avons déjà décrits, ni d'un grand nombre de mollusques nouveaux et de zoophytes aux formes variées, on trouve dans la faune terrestre de la craie inférieure un grand lézard, encore imparfaitement connu, l'*Hyléosaure* (ὕλη, σαῦρος, — lézard des bois), qui fut découvert dans la forêt fossile de Tilgate, en 1832. On suppose qu'il n'avait pas moins de 8 mètres de longueur.

La faune marine se distingue par l'abondance des mollusques céphalopodes, les dimensions énormes que prennent les ammonites et l'apparition de mollusques acéphales qui jouent un rôle très-important dans la sous-période suivante et caractérisent particulièrement les roches crétacées du midi de l'Europe, les *rudistes*. Les *hippurites* (fig. 71) et les *sphérulites* sont de simples membres de la famille des rudistes.

Fig. 71.
Hippurites cornu-pastoris.

La flore n'offre rien de bien particulier, c'est un mélange de formes exotiques et de celles de nos climats. Des *credneria*, dicotylédones qu'on a cru devoir placer à côté des amentacées arborescentes, des fougères, des zamites, quelques palmiers, entremêlés d'aunes, de charmes, d'érables, de noyers, appartenant à des espèces analogues à celles de nos jours, tel est d'une manière générale l'aspect que présentait la végétation de cette époque.

SOUS-PÉRIODE CRÉTACÉE SUPÉRIEURE.

La division qui sépare le terrain crétacé supérieur de l'inférieur n'est ni profonde ni tranchée. La craie est d'abord mêlée à des argiles qui lui donnent une couleur sale et qu'on nomme pour ce motif la craie marneuse ou tufau. Elle est généralement sans silex. Au-dessus, elle est plus pure et renferme un grand nombre de rognons de silex, formant par leur réunion des espèces de lits répétés plusieurs fois sous de petites épaisseurs. On en attribue l'origine à des infiltrations de silex produites postérieurement. Enfin au-dessus de la craie blanche apparaît un dépôt marin qu'on a appelé le *calcaire pisolithique* et dont les couches forment la base des terrains tertiaires auxquels on peut les rattacher.

Les pisolithes (du latin *pisum*, pois, et du grec λίθος, pierre) sont de petits globules pierreux, de la grosseur d'un pois. Ils ne diffèrent des oolithes que par la dimension. Leur mode de formation est absolument le même. Dans les bassins d'eau calcaire sujets à l'action du remous les molécules sableuses, tenues en suspension par le mouvement rotatoire des eaux, deviennent un centre d'attraction. Le carbonate de chaux se dépose dessus, et peu à peu cette enveloppe croît en épaisseur jusqu'à ce que son poids ne lui permette plus de surnager. Les molécules se précipitent alors et, se soudant l'une à l'autre, elles forment ces masses granuleuses auxquelles on a donné le nom de roches oolithiques ou pisolithiques, selon la dimension de leurs grains.

Les trois assises dont nous venons de parler ont été désignées par les appellations de *turonienne*, *sénonienne* et *danienne*.

La première est ainsi nommée de *Turonia* (Touraine), parce que cette province en possède le plus beau type. L'assise *sénonienne* qui comprend la *craie blanche* tire son nom de l'antique *Senones* (Sens), ville située dans la partie la mieux caractérisée de cet étage. Enfin l'assise *danienne* qui occupe le sommet de l'échelle des formations crétacées est particulièrement développée à Maëstricht, et dans l'île de Seeland (Danemark), où elle est représentée par un calcaire compacte, légèrement jaunâtre, exploité pour les constructions de la ville de Taxoé. Cette roche est surtout célèbre pour avoir servi de gisement au fameux *Mosasaure* ou *animal de Maëstricht*, dont nous allons parler bientôt.

La végétation de cette époque ne diffère en rien de celle de la sous-période précédente.

Quelques oiseaux du genre des bécasses et quelques nouveaux reptiles riverains caractérisent la faune terrestre.

Mais c'est surtout dans la faune marine qu'il faut chercher les traits distinctifs de la formation qui nous occupe. L'un de ces traits c'est l'apparition au sein des mers crétacées supérieures d'une quantité de récifs de *rudistes* (hippurites et sphérulites) constitués par l'accumulation, en divers lieux, de ces animaux, sous l'influence des courants sous-marins. On peut encore en voir les restes, isolés ou en groupe, et dans un état de conservation parfaite, sur plusieurs points du midi de la France. Ces récifs de rudistes caractérisent la sous-période que nous étudions, comme les îles coraliennes ou madréporiques sont caractéristiques de la sous-période oolithique.

Il est temps de dire un mot du *Mosasaure* ou *grand animal de Maëstricht*.

Les grands sauriens de mer dont nous avons parlé ci-dessus appartiennent tous à la période jurassique et disparaissent avec elle. Mais à leur place, on voit éclore dans la suivante, un autre genre marin, dont plusieurs espèces sont de même taille, le *Mosasaure*, ainsi appelé parce que ses restes ont été trouvés pour la première fois, en 1780, dans les carrières crétacées de Maëstricht, non loin des bords de la Meuse. Ce colossal lézard n'avait pas moins de 8 mètres de longueur. C'était un reptile carnassier, organisé pour une natation rapide, et d'une souplesse suffisante pour saisir avec facilité les poissons dont il faisait sa nourriture ordinaire. La tête qui fut découverte à Maëstricht figure aujourd'hui au Muséum d'histoire naturelle de Paris. (Fig. 72.)

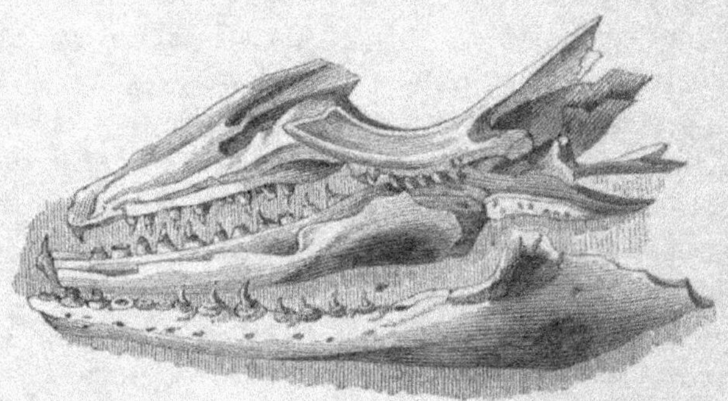

Fig. 72. — Tête du Mosasaure de Camper.

Ce beau fossile a été parmi les savants du dernier siècle et du commencement de celui-ci l'objet d'une controverse retentissante dont nous empruntons les détails à M. Figuier :

« Maëstricht est une ville de la Hollande, bâtie aux bords de la Meuse. Aux portes de cette ville, dans les collines qui

bordent le côté gauche ou occidental de la Meuse, au milieu
d'un massif calcaire qui correspond à l'étage de notre craie
de Meudon et renferme les mêmes fossiles, il existe une carrière de pierre à bâtir qui s'étend jusqu'à la ville de Liége.
Cette carrière est remplie de produits marins fossiles, souvent
d'un grand volume.

« De tous ces débris fossiles, ceux qui durent attirer le plus
les yeux des ouvriers occupés à l'extraction de la terre, et
mériter l'attention des étrangers, ce furent assurément les os
de ce gigantesque animal dont il va être question. L'un des
curieux qu'attiraient habituellement dans cette carrière la vue
et la découverte de ces étranges vestiges, était un officier de
la garnison de Maëstricht, nommé Drouin. Il achetait aux
ouvriers les ossements, à mesure que la pioche les dégageait
de la carrière, et il finit par se former ainsi une collection
que l'on citait avec admiration dans Maëstricht. En 1766, le
Musée britannique, ayant eu vent de cette curiosité, l'acheta
et la fit transporter à Londres.

« Excité par la bonne fortune de Drouin, le chirurgien de
la garnison, nommé Hoffmann, se mit en devoir de recueillir à son tour un musée semblable, et il eut bientôt formé une
collection beaucoup plus riche encore que celle de Drouin.

« C'est en 1780 que notre officier acheta aux ouvriers la
magnifique tête fossile, longue à elle seule de 2 mètres, qui
devait tant exercer la sagacité des naturalistes.

« Hoffmann, toutefois, ne jouit pas longtemps de sa précieuse trouvaille; le chapitre de l'église de Maëstricht fit valoir,
avec plus ou moins de fondement, certains droits de propriété, et en dépit de toute réclamation, la tête du *grand
crocodile de Maëstricht*, comme on l'appelait déjà, passa
aux mains du doyen du chapitre, nommé Goddin.

« Ce dernier jouissait en paix de son trophée antédiluvien,
lorsqu'un incident imprévu vient bientôt changer les choses.

« Cet incident n'était rien moins que le bombardement de Maëstricht, en 1793, suivi, en 1794, de la prise de cette ville par Kléber, à la tête de l'armée du Nord.

« L'armée du Nord ne s'était pas mise en campagne pour conquérir des crânes de crocodile, mais il y avait dans son état-major un savant qui s'était réservé cette pacifique conquête. Ce savant c'était Faujas de Saint-Fond, qui fut le prédécesseur de Cordier dans la chaire de zoologie, au Jardin des Plantes. Faujas de Saint-Fond s'était fait attacher à l'armée du Nord en qualité de *commissaire des sciences*, et nous soupçonnons qu'en sollicitant cette mission, notre naturaliste couchait quelque peu en joue la fameuse tête du crocodile de la Meuse.

« Quoi qu'il en soit, Maëstricht était tombée aux mains des Français. Faujas n'eut rien de plus pressé que de réclamer pour la France le précieux fossile, qui fut emballé avec tous les soins dus à une relique âgée de plusieurs milliers de siècles, et expédié à notre Musée d'histoire naturelle.

« Dès l'arrivée du fossile, Faujas s'en empara, et entreprit sur le crocodile de Maëstricht un travail qui, dans sa pensée, devait le couvrir de gloire. Il commença la publication d'un ouvrage intitulé : *La montagne de Saint-Pierre de Maëstricht*, contenant la description de tous les objets fossiles trouvés dans la carrière flamande, et surtout celle du *grand animal de Maëstricht*. Il voulait à toute force prouver que cet animal était bien un crocodile.

« Malheureusement pour la gloire de Faujas, un savant de la Hollande avait pris les devants dans la même étude. C'était Adrien Camper, fils d'un grand anatomiste de Leyde, Pierre Camper, mort en 1789. Avant la prise de Maëstricht et l'enlèvement du fossile par le commissaire français, Pierre Camper avait acheté aux héritiers du chirurgien Hoffmann diverses parties du squelette de l'animal retiré de la montagne de Saint-Pierre. Il avait même publié, en 1786, dans les *Transactions philosophiques de Londres*, un mémoire dans lequel il classait cet animal parmi les baleines; mais, comme on le rangeait alors, d'un avis unanime, parmi les crocodiles, et qu'aucun doute ne s'était encore élevé sur cette origine, l'assertion du célèbre anatomiste parut une étrangeté, et ne convainquit personne.

« A la mort de son père, Adrien Camper reprit l'examen du squelette de l'*animal de Maëstricht*, et dans un travail que Cuvier cite avec admiration, il fixa les idées jusque-là restées si flottantes. Adrien Camper prouva que ces pièces ne provenaient ni d'un poisson, ni d'une baleine, ni d'un crocodile, mais bien d'un genre particulier de reptiles sauriens qui avait de grands rapports avec l'iguane d'une part et le monitor de l'autre. Si bien qu'avant que Faujas de Saint-Fond eût achevé la publication de son ouvrage sur la *Montagne de Saint-Pierre*, le travail d'Adrien Camper avait paru et changé toutes les idées à cet égard.

« Ce qui n'empêcha pas Faujas de continuer d'appeler son animal le *crocodile de Maëstricht* et même d'annoncer, quelque temps après, que M. Adrien Camper s'était rangé à cette opinion. » — « Cependant, ajoute Cuvier, il y a aussi loin du crocodile à l'iguane, et ces deux animaux diffèrent autant l'un de l'autre par les dents, les os et les viscères, qu'il y a loin du singe au chat, et de l'éléphant au cheval. »

« Ce travail de Faujas de Saint-Fond est d'ailleurs rempli de vues inexactes et de fausses analogies. Cuvier, dans son beau *Mémoire sur l'animal de Maëstricht*, traite fort mal ce naturaliste qu'il affecte de nommer avec ironie « cet habile « homme. » Cuvier, dont le génie ne répugnait pas, à ce qu'il paraît, aux jeux de mots, appelait souvent dans ses entretiens familiers, le prédécesseur de Cordier, « M. Faujas *sans* « *fond*. »

« Le beau mémoire de Cuvier, en confirmant toutes les vues d'Adrien Camper, a restitué d'une manière invariable l'individualité de cet être surprenant qui a reçu plus tard le nom de *Mosasaure*, c'est-à-dire *saurien* ou *lézard de la Meuse* (1). »

L'animal qui vient de nous occuper est sans contredit le plus remarquable de tous les êtres qui, en si grand nombre, peuplaient la mer, pendant la sous-période crétacée supérieure.

A partir de cette époque, une nouvelle création organique prend la place de celle qui avait existé jusqu'alors, et le sceptre de la royauté qui avait appartenu aux reptiles pendant cet âge, passe, dans l'âge suivant, à la classe la plus élevée du règne animal, aux mammifères.

(1) *La Terre avant le Déluge*, 4ᵉ édit., p. 248 et suiv.

CHAPITRE V

ÈRE TERTIAIRE OU CAÏNOZOÏQUE (1).

Les formations crétacées furent déposées dans des mers d'une surface et d'une profondeur considérables, ce qui explique à la fois leur puissance et leur développement. Celles qui viennent après, l'ayant été dans les couches crayeuses, espèces de golfes et d'estuaires laissés à la fin de la période précédente, sont relativement beaucoup plus minces et beaucoup moins étendues. Elles constituent ce qu'on appelle les *terrains tertiaires*, et se composent, comme les formations antérieures, d'argile, de calcaire, de marne, de sable et de gravier où l'on trouve les débris organiques des animaux qui occupèrent le globe durant cette époque. Ces matières ne sont pas superposées comme des couches sédimentaires, mais se trouvent plutôt accolées les unes aux autres comme des parties variables d'un même tout.

Pour la première fois nous voyons dans ces terrains se succéder des couches alternantes contenant des êtres organiques marins et des êtres propres aux eaux douces. Ces dépôts

(1) Du grec καινός, nouveau, et ζωή, vie.

d'eau douce s'expliquent par les atterrissements des fleuves qui probablement prirent naissance à cette époque.

Les calcaires à coquilles marines ont en général le grain beaucoup moins serré que les calcaires d'eau douce. Ceux-ci

Fig. 73. — Platax altissimus. (Éocène.)

présentent une plus ou moins grande quantité de tubulures et autres cavités irrégulières qui, jointes à leur texture presque toujours compacte, permet de les distinguer au premier coup d'œil, sans recourir à la nature de leurs débris. Lorsqu'ils ne contiennent point d'argile, ils sont recherchés pour leur dureté et leur inaltérabilité.

L'ère tertiaire, nous l'avons déjà dit, est surtout caractérisée par la présence des mammifères. A part les marsupiaux qu'on peut considérer comme des mammifères imparfaits, aucun animal de cette classe ne s'est encore offert à nous, dans le dépouillement successif des diverses couches dont se compose l'écorce de notre globe. Avec l'ère tertiaire

Fig. 74. — Lebias cephalotes. (Miocène.)

commence un nouvel ordre de créatures. Ce sont d'abord les anciens pachydermes (παχύς, épais; δέρμα, peau), dans l'éocène; puis les grands herbivores appartenant à des espèces maintenant disparues, dans le miocène; puis enfin, dans le pliocène, les petits carnassiers et la plupart des animaux aujourd'hui existants.

Dans la classe des poissons les placoïdes et ganoïdes, à qui jusque-là l'empire des eaux avait appartenu sans conteste, diminuent sensiblement et sont remplacés par les poissons actuels à écaille cornée et queue homocerque (fig. 73 et 74), qui vont toujours en augmentant jusqu'à l'époque humaine où ils atteignent leur apogée. Ils constituent aujourd'hui les neuf dixièmes de toute la classe.

Dans celle des reptiles on voit apparaître des salamandres grosses comme des crocodiles.

La classe des oiseaux s'enrichit de plusieurs genres et de plusieurs espèces inconnus auparavant.

Les ammonites et les bélemnites, si nombreuses dans l'époque précédente, disparaissent du sein des mers. Elles sont remplacées par des mollusques à coquilles de dimensions microscopiques, les foraminifères et les nummulites, ces dernières ainsi nommées à cause de leur forme analogue à celle de monnaies, mais qui se multiplient tellement que leurs débris agglomé-

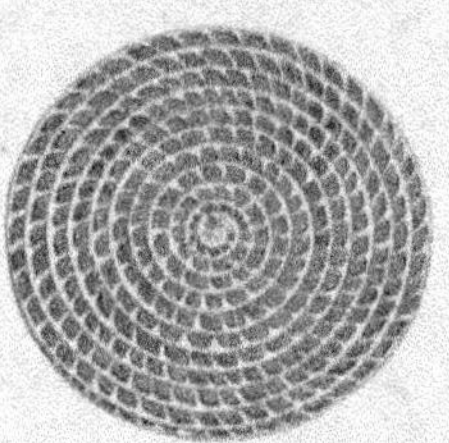

Fig. 75. — Nummulite.

rés ont suffi pour former des terrains de centaines de mètres d'épaisseur. (Fig. 75.)

D'une manière générale, on peut dire qu'avec l'ère tertiaire la vie animale arrive à son apogée. Jamais on n'en avait vu et jamais on n'en vit depuis un si riche épanouissement.

Quant à la flore, elle se rapproche de plus en plus de celle de nos jours. Les dicotylédones qui avaient fait leur apparition dans la période crétacée se montrent ici dans tout leur développement et forment le trait saillant de la végétation tertiaire (1). Les arbres à fleurs et à fruits prennent peu à peu la place des fougères; les conifères persistent toujours;

(1) Ce caractère ressort d'un si grand nombre d'observations, dit Hugh Miller, que lorsque le Dr John Wilson, le savant missionnaire de l'Eglise libre d'Ecosse auprès des Parsis de l'Inde, me soumit des spécimens de bois fossiles qu'il avait recueillis dans le désert d'Egypte, pour que j'essayasse d'en déterminer l'ancienneté, je lui dis, avant même qu'ils eussent subi aucune préparation pour un examen plus attentif, que si leur structure était celle des conifères, ils devaient appartenir à une période géologique comprise entre le vieux grès rouge inférieur et les formations subséquentes; mais que s'ils marquaient par la nature de leurs tissus être des végétaux dicotylédones, ils

mais à mesure que la température jusque-là très-chaude
et uniforme s'abaisse et se diversifie, les palmiers disparaissent de nos climats et se retirent vers l'équateur. De vastes et riches pâturages s'étendent à perte de vue. Les bou-
leaux, les chênes, les ormes, les érables, balancent dans les
airs leurs cimes arrondies. Tout annonce l'approche de l'ère
humaine, si bien qu'entre les arbres de ces temps reculés et
ceux du nôtre, on peut à peine saisir quelque différence spécifique.

On divise généralement les couches tertiaires en *inférieures,
moyennes et supérieures*.

Les couches inférieures appelées aussi *terrain parisien*
comprennent les plus anciennes formations des environs de
Paris et de Londres ; les couches *moyennes* ou terrains de
molasse sont celles du Bordelais et de la Touraine. Tout ce
qui repose sur ce dernier groupe forme le *tertiaire supérieur*.

A cette division, Lyell en a substitué une autre, fondée sur
les rapports plus ou moins intimes des coquilles fossiles contenues dans ces différentes couches avec la faune actuelle.
Dans le premier groupe ou terrain tertiaire inférieur, il a calculé qu'il n'y avait que trois espèces de coquilles sur cent
qui fussent identiques aux espèces actuelles, et il a donné à
ce terrain le nom d'*éocène*, du grec, ἕως, *éos*, aube, et καινός,
caïnos, récent, parce qu'il n'y a qu'une proportion extrêmement faible de coquilles de cette époque qui puisse être rapportée aux espèces aujourd'hui vivantes, en sorte que cette

ne pouvaient être plus anciens que les terrains tertiaires. Examinés au microscope, après avoir été sciés en tranches minces, on y reconnut la structure
propre aux dicotylédones aussi distinctement que dans le chêne ou le noyer.
Les recherches du lieutenant Newbold dans le dépôt où on les avait trouvés
ont en effet établi depuis, par des considérations stratigraphiques, que non-
seulement ce dépôt rentre dans la grande division tertiaire, mais encore qu'il
appartient à une des formations les plus récentes de cette division. (*The
testimony of the roks*, p. 42.

période semble indiquer l'aurore de la faune des mollusques actuels, puisque aucune espèce vivante n'a été découverte dans les roches antérieures. Dans le second groupe ou *tertiaire moyen* (faluns de la Loire et de la Gironde) la proportion est d'environ dix-sept pour cent. Dans le troisième groupe ou *tertiaire supérieur*, elle est de cinquante pour cent, et parfois dans les couches les plus modernes de quatre-vingt-dix ou quatre-vingt-quinze pour cent. De là vient qu'il a appelé le second *miocène* (μεῖον, *meïon*, moins, et χαινός, *caïnos*, récent) et le troisième *pliocène* (πλεῖον, *pleïon*, plus, et χαῖνος), parce que l'un renferme une moins grande proportion d'espèces actuelles de mollusques, et l'autre une quantité relative de beaucoup supérieure.

II. ÉOCÈNE OU TERRAIN TERTIAIRE INFÉRIEUR, appelé aussi terrain parisien. — Pachydermes du bassin de Paris. — Palæotherium. — Anoplotherium. — Xiphodon. — Merveilleuses restaurations de G. Cuvier. — Pourquoi les animaux fossiles sont mieux conservés dans leurs parties de dessous que dans celles de dessus.

L'ÉOCÈNE ou *terrain tertiaire inférieur*, appelé aussi *terrain parisien*, parce que les roches qui le composent sont parfaitement développées dans le bassin de Paris, est divisé en trois étages principaux :

1° L'*argile plastique* employée comme terre à poterie et les *sables inférieurs*.

2° Le *calcaire grossier*, comprenant le *calcaire à nummulites*, le *calcaire à milliolites* et le *calcaire à cérithes*.

3° La *formation gypseuse*, dont la plus grande épaisseur en France est dans les plâtrières des environs de Paris (1).

(1) Le *gypse* ou plâtre est une roche composée d'acide sulfurique, de chaux et d'eau.

La série se termine par les *grès de Fontainebleau*, dont on se sert pour le pavage de la capitale.

La flore de l'éocène, comme celle des terrains tertiaires en général, présente un aspect tout différent de celle des âges antérieurs. Les fougères et les plantes alliées sont réduites à leurs proportions actuelles; les conifères jadis si abondants n'occupent plus une place proéminente. Par contre les herbes et les plantes dicotylédones, jusque-là si peu considérables dans la création, sont largement développées. Des arbres de la famille des amentacées, le chêne, le noisetier, le hêtre, n'étaient peut-être pas moins nombreux dans les forêts de l'éocène que dans celles de nos jours. Avec eux étaient mêlés des arbres d'autres familles (légumineuses, lauriacées, etc.); des palmiers élégants croissaient sous la latitude de Londres, et des plantes grimpantes de la famille des cucurbitacées attestent par leurs débris laissés dans les mêmes couches qu'elles occupaient dès lors de vastes surfaces sur le sol.

Dans leur ensemble, les coquilles du terrain éocène présentent une certaine analogie avec celles des tropiques. Indépendamment des nummulites, de nombreuses cérithes et d'une quantité prodigieuse de milliolites d'une ténuité extrême, à tel point que la plupart n'atteignent pas un millimètre, on y remarque diverses espèces de nautiles, de mitres, de volutes, une grande cypræa (*Cypræa elegans*) et une rostellaria gigantesque (*Rostellaria macroptera*).

L'éocène est encore caractérisé dans sa partie inférieure par le *Coryphodon*, dans sa partie moyenne par le *Lophiodon*, et dans sa partie supérieure par le *Palæotherium*, l'*Anoplotherium*, le *Xiphodon*, etc., genres inconnus aujourd'hui. C'étaient des mammifères herbivores, de l'ordre des pachydermes. Ils étaient de taille moyenne, et tenaient à la fois du rhinocéros, du cheval et du tapir. Le plus grand des palæothères avait les jambes courtes et massives et le volume d'un cheval ; le plus petit était de la grosseur d'un lièvre ; l'Anoplothère ne dépassait pas la taille de l'âne ; le Xiphodon gracieux et agile avait quelque ressemblance avec le chamois.

Il est digne de remarque que dans la période éocène de l'ère tertiaire les mammifères ne comptent dans leurs rangs que peu de grands carnivores. Les seuls géants que les mers recèlent dans leurs abîmes sont des cétacés, des baleines, des dauphins, tandis que sur les continents d'immenses troupeaux de pachydermes se promènent en paix sur de vastes et riches pâturages.

Ce fut avec ces pachydermes du bassin de Paris (fig. 76), no-

Fig. 76. — Animaux du bassin de Paris.

tamment des carrières à plâtre de Montmartre ou de Pantin, que G. Cuvier effectua ses merveilleuses restaurations, à l'aide de l'anatomie comparée. Dans les argiles de Londres, on en trouve aussi de nombreux spécimens, mais ils sont en général dans un état de conservation beaucoup moins parfaite. Chose singulière, tandis que les membres et les côtes de dessous sont à peu près intacts et dans leur position naturelle, les membres et les côtes de dessus manquent. On dirait, selon la remarque de Hugh Miller, qu'un boucher

préadamite a partagé les carcasses longitudinalement et a
enlevé toutes les moitiés supérieures.

Voici quelle paraît être l'explication du phénomène. Quand
ces animaux se couchèrent et moururent, le gypse dans lequel on trouve leurs débris était assez mou pour que la partie
de dessous pût s'y enfoncer. Ce gypse se durcit graduellement
et les os furent ainsi gardés dans leur position primitive.
Mais la partie de dessus qui était découverte et se trouvait
exposée à des influences diverses de destruction ou tombèrent en poussière, ou furent déplacées par accident. Ce
que nous venons de dire de ces palæothères ne s'applique
qu'aux plus petits d'entre eux. Les os des plus grands sont
en général détachés, et ce n'est qu'à l'aide de l'anatomie
comparée qu'on a pu les rapprocher de manière à reconstituer le squelette dans son entier.

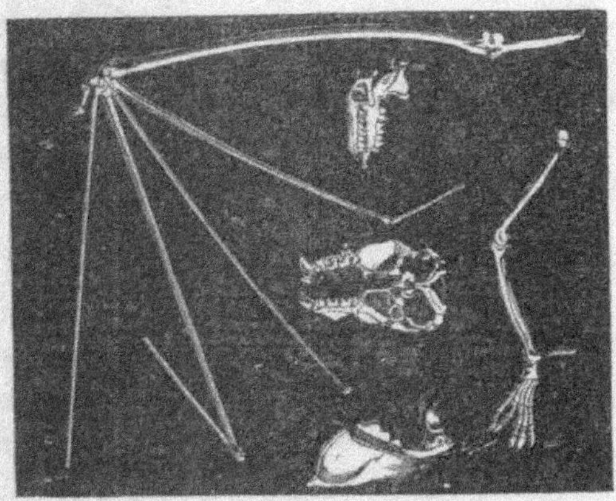

Fig. 77. — Chauve-souris fossile. (Vespertilio parisiensis.)

Les pachydermes de l'éocène disparaissent à la fin de
cette période.

En même temps qu'eux avaient apparu d'autres genres de
mammifères : des cheiroptères (chauves-souris) (fig. 77), des
marsupiaux, des rongeurs.

Les genres bœuf, cerf, mouton, chèvre, antilope n'existaient pas encore.

Les chevaux ne devaient apparaître qu'à la fin de l'ère tertiaire.

III. MIOCÈNE OU TERTIAIRE MOYEN. — Comprend deux étages : L'étage de la molasse et celui des faluns.—Herbivores gigantesques : Dinotherium giganteum ; Mastodonte. — Premiers singes anthropomorphes.

Le *terrain miocène* comprend deux étages :

1° L'étage de la *molasse* qui renferme le *calcaire de la Beauce* (dépôt d'eau douce).

2° Celui des *faluns*, agglomérat de coquilles et de polypiers, presque entièrement brisés, et dont on se sert pour le marnage des terres, en plusieurs pays.

Outre les végétaux déjà parus dans l'éocène, la flore du miocène s'enrichit de nouveaux arbres : le platane, le saule, le nerprun, quoique d'espèces un peu différentes de celles d'aujourd'hui.

C'est dans le miocène qu'on voit surgir pour la première fois des herbivores de taille colossale, appartenant à des espèces perdues de genres aujourd'hui existants. Ce terrain est caractérisé par le *Dinotherium giganteum*, le *Mastodon giganteum* et le *Rhinocéros leptorhinus*.

Le *Dinotherium giganteum*, prototype de la famille des éléphants, est le plus grand de tous les mammifères terrestres connus. (Fig. 78.) On pense qu'il devait avoir 6 mètres de long. Il est surtout remarquable, au premier aspect, par ses défenses recourbées vers le bas qui lui servaient comme de pioche pour arracher les plantes aquatiques et les racines féculentes dont il paraît avoir fait sa nourriture. Sa tête, qui n'avait pas moins de 1 mètre 30 centimètres de long sur 1 mètre de large, « volume raisonnable assurément, » remarque malicieusement Hugh Miller, « pour satisfaire les exigences des phrénologues les plus difficiles, » était pourvue de muscles d'une force prodigieuse. (Fig. 79.) Elle avait par derrière une

Fig. 78. — Dinotherium giganteum.

grande ressemblance avec celle des cétacés. Son museau était muni d'une trompe semblable à celle de l'éléphant. On pense qu'avec ses défenses, il s'accrochait au bord des rivières ou des estuaires, tandis que son corps flottait dans l'eau. Rien dans les habitudes paisibles de ce pachyderme ne justifie le nom redoutable que lui ont donné les naturalistes (δεινός, terrible, θηρίον animal.)

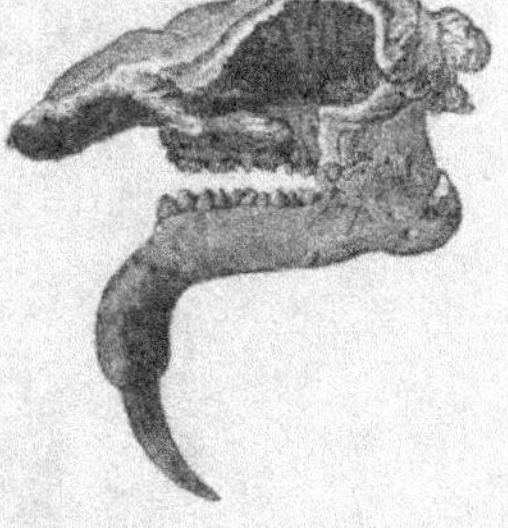

Fig. 79. Tête de dinotherium.

Le Dinotherium peut être considéré comme formant une sorte de trait d'union entre deux formes animales étroitement associées dans l'esprit humain, à cause de leur grosseur, la baleine et l'éléphant.

Le *Mastodonte* (*Mastodon giganteum*) se montre aussi pour la première fois dans le miocène. Il avait à peu près la taille et la forme de l'éléphant (1) dont il ne se distingue que

(1) Sa hauteur n'excédait pas celle de l'éléphant d'Afrique, mais il le dépassait de beaucoup en longueur. Un spécimen dont la taille n'excédait pas 12 pieds de haut, indique une longueur d'au moins 24 pieds.

par la disposition de ses dents molaires. (Fig. 80.) Ces dents
présentent à la surface de leur couronne de grosses tubéro-

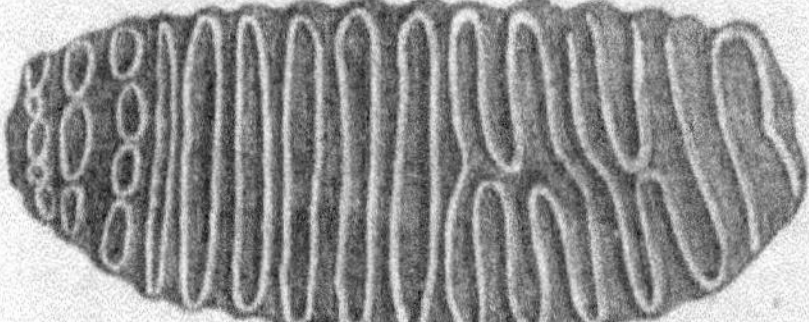

Fig. 80. — Molaire d'Elephas primigenius.

sités coniques à pointes arrondies (fig. 81 et 82), d'où le nom
de Mastodonte qui lui fut donné par Cuvier, μαστός, ὀδούς

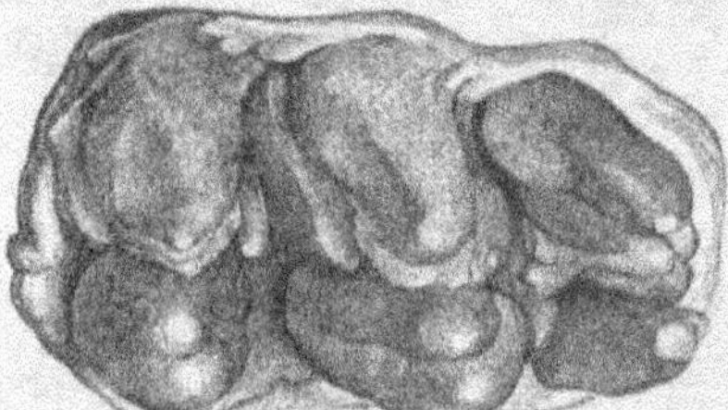

Fig. 81. — Molaire de Mastodonte vue en dessus.

(*dents en forme de mamelon*.) Au lieu de deux défenses
comme l'éléphant, il en avait quatre, dont les plus petites

Fig. 82. — Molaire de Mastodonte vue de profil.

étaient placées à la mâchoire inférieure; il était probablement aussi muni d'une trompe.

Comme l'éléphant, le Mastodonte se nourrissait de racines
et d'autres parties charnues de végétaux. Ce fait qu'on aurait
pu induire déjà de la forme de ses dents a été mis en pleine

lumière par les curieuses trouvailles faites en 1805 en Amérique par M. Burton, professeur à l'université de Pensylvanie. On avait déterré à 6 pieds de profondeur, sous un banc de craie, une quantité suffisante d'ossements de Mastodonte pour en composer un squelette, lorsqu'on découvrit au milieu de ces ossements et enveloppée dans une sorte de sac qui avait dû être l'estomac de l'animal, une masse végétale en partie broyée, composée de branches et de petites feuilles, parmi lesquelles on put reconnaître une espèce de roseau qui est encore aujourd'hui commun dans l'Etat de Virginie. Impossible d'avoir des doutes après cela sur le genre de nourriture de l'animal. Une des dents trouvées par le professeur Burton ne pesait pas moins de 8 kilogrammes et demi.

A cette même date apparaissent les premiers représentants des tapirs, des castors, des rats et des chiens. La faune est encore essentiellement herbivore. Toutefois les instincts carnassiers se manifestent et se personnifient dans les premiers chats et les premiers ours.

C'est aussi dans cette période que les singes anthropomorphes font leur première apparition, tels que le *Dryopithecus* et le *Pithecus antiquus* qui avaient presque la taille de l'homme et appartenaient au groupe des orangs-outangs. Le *Mésopi-*

Fig. 83. — Palœophis toliapicus.

thecus, de plus petite taille, se rapprochait davantage du Macaque (1).

Enfin dans la classe des reptiles la faune s'enrichit de

(1) Le *Macacus eocenus* (Owen) avait déjà paru dans l'éocène.

salamandres grosses comme des crocodiles, et du premier
serpent ou ophidien. (Fig. 83.) C'est une couleuvre qui, à en

Fig. 84. — Palmacites Lamanonis. (Palmier du miocène d'Aix.)

juger d'après les restes qu'on en a trouvés, devait avoir de 14 à
20 pieds de long.

Fig. 85. — Feuille d'érable. Acer trilobatum. (Miocène d'Œningen.)

Nous donnons ici (fig. 84, 85 et 86), quelques spécimens
de la flore miocène.

IV. Pliocène ou terrain tertiaire supérieur. — Terrain sub-apennin (*crag*
des anglais).—Apparition des genres cheval, bœuf cerf, chameau, éléphant,
rhinocéros, hippopotame. — Pourquoi nous ne plaçons pas le diluvium
dans l'ère tertiaire.

Le *pliocène*, nommé aussi en Angleterre *crag*, et en Italie
terrain sub-apennin parce qu'il s'étend sur les versants de
la chaine des Apennins, a été divisé par Lyell en *pliocène
inférieur* et *pliocène supérieur*. Cette dernière subdivision se
confond, pour le même auteur, avec le *diluvium*.

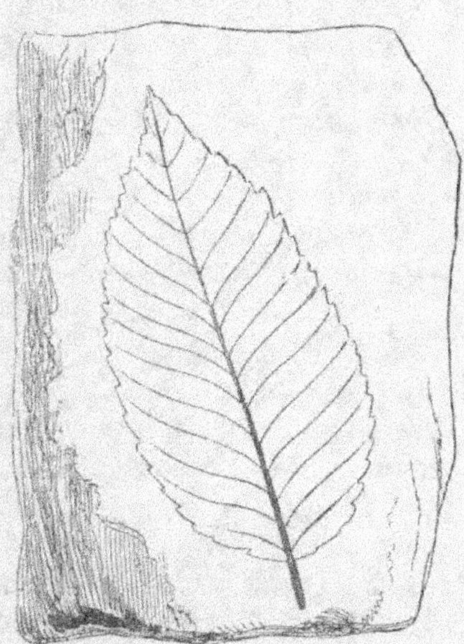

Fig. 86. — Feuille d'orme. Ulmus Bronnii. (Miocène de Bohême.)

La flore du pliocène ne diffère pas de celle de nos jours.
Ce sont non-seulement les mêmes ordres, mais presque les
mêmes genres et les mêmes espèces, à l'exception toutefois
de trois familles dont les botanistes n'ont pas encore réussi
à trouver la moindre trace dans les terrains tertiaires, et qui

paraissent être propres à l'époque humaine : les rosacées, les graminées et les labiées.

Au point de vue de la faune, le pliocène est caractérisé par l'apparition des genres cheval, bœuf, cerf, chameau, éléphant (Elephas meridionalis), hippopotame (Hippopotamus major), mais non des mêmes espèces qui vivent aujourd'hui.

Le Mastodonte s'y retrouve aussi, mais tandis que le *Mastodonte de l'Ohio* avait 4 défenses, l'espèce du pliocène qu'on a nommée *Mastodonte de Turin* n'avait que les deux grandes défenses de la mâchoire supérieure.

Lyell, nous l'avons dit, place le diluvium qui comprend les dépôts glaciaires et ceux des cavernes, à la fin de l'ère tertiaire, dans ce qu'il appelle le pliocène supérieur.

D'autres géologues et paléontologistes distingués pensent que les dépôts glaciaires et ceux des cavernes doivent faire partie de l'ère quaternaire ou actuelle. Nous nous rattachons à cette dernière opinion, et voici pourquoi :

Admettons avec Lyell que la faune des dépôts glaciaires et des cavernes doive être rangée dans le pliocène supérieur, au lieu de faire partie de la faune actuelle ou quaternaire, comment se rendre compte de la différence énorme qui existe entre la faune actuelle de l'Europe et celle de l'Afrique et de l'Asie ? En faisant abstraction de l'homme et des espèces domestiques, la population des mammifères européens ne dépasse pas une soixantaine d'espèces, tandis qu'elle est beaucoup plus considérable en Afrique et dans l'Inde, où abondent le lion, le tigre et autres grands carnivores. Une telle disproportion ne s'explique pas si ces deux faunes appartiennent à la même zone géologique. Mais si, dans cette zone, nous faisons entrer le diluvium et la faune qui s'y rapporte, dès lors l'équilibre est rétabli, et la population de l'Europe devient aussi riche que celle de ces contrées, par l'adjonction des espèces dont les dépôts glaciaires et des cavernes renferment

les débris (hyènes, ours, lions, panthères, éléphants, rhinocéros, etc.). Pour ce motif, nous pensons que le commencement de l'ère quaternaire doit être placé au point où commence la faune qui forme le complément de notre faune
actuelle.

CHAPITRE VI

L'ère quaternaire ou actuelle se divise en deux périodes : la période post-pliocène et la période récente.

I. PÉRIODE POST-PLIOCÈNE.

A *Époque glaciaire* attestée par les moraines, les stries de roches et les blocs erratiques. — Se fit sentir jusque dans la région méditerranéenne. — L'extension des glaciers ne nécessite pas un froid excessif. — B. *Diluvium*. Les géologues ne sont pas d'accord sur les causes qui l'ont produit. — Diluvium gris. — Lœss. — Diluvium rouge. — Le diluvium ne doit pas être confondu avec le déluge de nos saints Livres. — Le phénomène diluvien n'est point propre à la période post-pliocène. — C. *Cavernes à ossements*. — Diverses sortes — Cavernes de Belgique et d'Angleterre. — Cavernes de France. — Stations sous abri du Périgord. — Grotte funéraire d'Aurignac. — Classification des cavernes et abris sous roche.

La période post-pliocène comprend : A. L'époque glaciaire, B. le diluvium, C. les cavernes à ossements.

Cette formation est aussi désignée sous le nom de boue glaciaire, argile à blocs (*boulder-clay* des Anglais).

A. ÉPOQUE GLACIAIRE.

On s'accorde généralement à la placer à la fin du pliocène. A cette époque et par suite du mouvement d'élévation et d'affaissement que subirent les continents, il y eut un refroidissement exceptionnel. Un manteau de glace couvrit

Fig. 87. — Le glacier d'Aletsch et ses moraines médianes. (Emprunté aux *Montagnes* de M. Albert Dupaigne.)

tout le nord de l'Europe et de l'Amérique, et s'étendit jusque dans les régions de l'Europe centrale, ce qu'attestent les *moraines*, les *stries de roches* et les *blocs erratiques* transportés des montagnes de la Norwége en Pologne, en Prusse, en Angleterre, et du haut des Alpes sur les flancs du Jura.

On appelle *moraines* des débris de roches détachés de la montagne par l'action des agents atmosphériques et qui, tombant à la surface des glaciers, sont emportés par leur mouvement de progression et forment ainsi des traînées longitudinales de pierres souvent énormes. Elles sont dites simplement alors *moraines latérales*. On les nomme *moraines frontales* quand elles s'entassent au point de la vallée ou de l'escarpement où le glacier se termine. Enfin, lorsqu'au confluent de deux glaciers les deux moraines latérales qui aboutissent à l'angle intérieur de ce confluent, confondent leurs débris en une seule longue traînée qui continue à cheminer sur le dos du glacier, la moraine prend le nom de *moraine médiane*.

La figure 87, représentant le glacier d'Aletsch et ses moraines, nous offre un bel exemple, pris dans la nature, de ces moraines médianes.

Les *roches striées* sont les roches qui supportant les glaciers ou encaissant leurs rives ont été broyées par frottement, par suite de leur poids énorme et de leur mouvement continuel. Ces rayures ou stries sont produites soit par la glace elle-même, soit surtout par les cailloux ou blocs de pierre dure engagés sous le glacier. Ordinairement c'est une couche de galets, de sable et de boue humide qui sépare la glace du terrain sous-jacent. Dans ce cas le glacier nivelle comme un polissoir les aspérités des roches et les arrondit. De là le nom de *moutonnées* que leur a donné Saussure, à cause de leur ressemblance avec un troupeau de moutons. (Fig. 88.)

Enfin les *blocs erratiques* sont des fragments de roches souvent énormes, anguleux, transportés sans la moindre dégradation à des distances plus ou moins considérables de leur lieu d'origine. L'état de conservation parfaite de leurs angles atteste que leur dépôt est dû à la présence de quelque ancien glacier.

Fig. 88. — Lac et roches moutonnées du Grimsel.
(Emprunté aux *Montagnes* de M. Albert Dupaigne.)

Sur les flancs du Jura par exemple, existent des blocs granitiques d'une formation géologique identique à celle des roches des pics alpestres. C'est donc des Alpes qu'ils sont descendus. Mais comment s'est opéré ce transport? Le voici :

Entre les Alpes et le Jura s'étendait jadis un immense glacier qui couvrait la plaine suisse et se prolongeait jusqu'à Lyon. En se détachant des Alpes, ces blocs tombèrent à la surface du glacier, et par suite du mouvement de progression ils furent transportés sur les montagnes du Jura. Plus tard la température se radoucit, les glaces fondirent et les blocs granitiques ainsi transportés furent déposés intacts dans le lieu de leur gisement actuel.

On s'explique de la même manière l'existence des stries de roches, des moraines, des cailloux frottés qui sont caractéristiques de la formation glaciaire. L'argile ou boue qui la compose a été produite par le frottement des glaciers contre le sol ferme. Les roches solides sur lesquelles passaient ces glaciers, étaient polies, lissées, cannelées, tandis que les cailloux libres contenus dans cette boue étaient roulés et striés par le mouvement de toute la masse. Quant aux moraines, elles étaient comme les blocs erratiques, flottées par les glaçons, et furent déposées plus tard dans la couche, par la fonte de ceux-ci.

L'époque glaciaire fit sentir son influence jusque dans la région méditerranéenne. Au tout commencement de cette période, les coquilles septentrionales existaient dans les mers de Sicile. Et le Dr Hooker a découvert dans l'automne de 1860 que les cèdres du Liban croissaient sur une moraine d'un glacier disparu qui était descendu d'une hauteur de 4.000 pieds anglais au-dessous du sommet de la chaîne. Or, on ne trouve plus aujourd'hui, même sur les points les plus élevés, de neige perpétuelle. Le climat de la Syrie a donc considérablement changé.

L'ancienne extension des glaciers est aujourd'hui un fait universellement admis par les géologues, mais ils sont loin d'être d'accord quand il s'agit d'en déterminer la cause. Toujours est-il qu'il n'est pas nécessaire de recourir à l'hypothèse d'un froid extraordinaire pour expliquer la formation et la permanence de ces glaciers dans des contrées qui jouissent maintenant d'un climat tempéré; il suffit pour cela de l'abaissement de quelques degrés de la température moyenne. Que le froid soit intense ou modéré, cela importe peu relativement, pourvu que les hivers soient longs et humides, afin que les réservoirs se remplissent de neige, et que les étés ne soient pas trop chauds, pour ne pas faire disparaître la neige tombée pendant l'hiver. C'est ainsi qu'en Suisse, pendant les années à été pluvieux, de 1812 à 1818, le glacier du Rhône avait tellement avancé que deux géomètres, MM. Pichard et Marc Secrétan, calculèrent qu'il ne lui aurait pas fallu plus de 744 ans (temps insignifiant sur le cadran de la géologie) pour arriver du fond du Valais jusqu'à Soleure.

On a calculé de même qu'il suffirait de diminuer la température moyenne de 4 degrés pour que les glaciers de l'Arve et du Rhône atteignent de nouveau Genève. Ecoutons là-dessus M. Ch. Martins :

« La température moyenne de Genève est de $9°5$. Sur les montagnes environnantes, la limite des neiges perpétuelles se trouve à 2,700 mètres au-dessus de la mer. Les grands glaciers de la vallée de Chamonix descendent à 1,550 mètres au-dessous de cette ligne. Cela posé, supposons que la température moyenne de Genève s'abaisse de $4°$ seulement et devienne par conséquent de $5°5$. Le décroissement de la température avec la hauteur étant de $1°$ pour 188 mètres, la limite des neiges éternelles s'abaissera de 750 mètres et ne sera plus qu'à 1,955 mètres au-dessus de la mer. On accordera sans difficulté que les glaciers de Chamonix descendraient au-dessous de cette nouvelle limite d'une quantité au moins égale à celle qui existe entre la limite actuelle et leur extrémité inférieure. Or, actuellement le pied de ces glaciers est à 1,150 mètres au-dessus de l'Océan : avec un climat plus froid de $4°$ il sera de 750 mètres plus bas, c'est-à-dire au niveau de la plaine suisse. Ainsi donc l'abaissement de la ligne des neiges éternelles suffirait pour faire descendre le glacier de l'Arve jusqu'aux environs de Genève... Le climat qui a favorisé le développement des glaciers n'a rien dont nous ne puissions nous faire une idée exacte : c'est

le climat d'Upsal, de Stockholm, de Christiania et de la partie
septentrionale de l'Amérique, dans l'Etat de New-York (1). »

B. LE DILUVIUM.

Le diluvium ou terrain de transport est celui qui fut déposé au fond des vallées ou dans l'intérieur des cavernes, à
la fin de la période glaciaire.

Les géologues ne sont point d'accord sur les causes qui
l'ont produit. Selon les uns, la fonte des glaciers, sous l'action d'un climat plus chaud, accrut considérablement les
cours d'eau et exhaussa le niveau des bassins de manière à
creuser des vallées et à déposer de puissantes couches de
limon, de sable, de gravier et de matériaux incohérents, stratifiés d'une manière à peu près horizontale. Selon d'autres,
ces dépôts constitutifs des terrains diluviens seraient dus à
l'action de grandes vagues qui auraient fait invasion sur nos
continents, à la suite d'un déplacement quelconque de la
partie mobile de notre globe, produit soit par le soulèvement d'une montagne, dans le voisinage et dans le bassin
même de l'Océan, soit par l'affaissement du sol au-dessous
du niveau des mers. Ces mouvements alternatifs d'élévation
et d'abaissement auraient occasionné dans le régime des
cours d'eau des changements attestés par ces terrasses de
gravier ou de limon qui bordent certains fleuves à une
hauteur quelquefois très-considérable, et ces grandes plaines
de cailloux roulés qu'on appelle diluviens.

Mais quelle que soit la cause à laquelle il faille attribuer
l'accumulation de ces terrains, ce qui paraît certain, c'est
qu'ils sont loin d'appartenir tous au même moment, et que
dès lors on ne saurait confondre le diluvium avec le déluge
de nos saints Livres dont les dépôts ne constituent, dans tous

(1) *Revue des Deux-Mondes*, 1ᵉʳ mars 1847, p. 927.

les cas, qu'une faible partie des terrains diluviens et probablement la moins ancienne.

Dans toute l'épaisseur des couches diluviennes on trouve
des restes de la faune quaternaire (Elephas primigenius,
Equus fossilis, Megaceros hibernicus, Ursus spelæus, Hyæna
spelæa, Rhinoceros tichorhinus, etc.), quelquefois même et
en certains endroits des restes d'Elephas antiquus. La plupart de ces espèces n'existent plus aujourd'hui ; elles n'existaient pas non plus avant l'ère quaternaire ; elles sont donc
un excellent moyen de distinguer des autres cette période.

Trois couches principales, complétement distinctes quant à
leur âge et quant à leur composition, forment ce qu'on est
convenu d'appeler les terrains diluviens :

1. Le *diluvium* proprement dit ou *diluvium gris*.
2. Le *lœss*.
3. Le *diluvium rouge*.

1° Le *diluvium* proprement dit (*drift* des Anglais) remonte
à une époque reculée, antérieure à l'homme de plusieurs
milliers d'années peut-être. Il paraît avoir été provoqué dans
l'Europe centrale par le soulèvement des Alpes centrales et
l'exhaussement de la ligne de partage des eaux du continent
européen. Il a eu pour conséquence le creusement des vallées (fig. 89) par l'écoulement des eaux et la fonte des glaces dont
une partie du globe était alors couverte, et c'est à lui qu'il
faut rapporter les dépôts de cailloux roulés et de sable aigu
qu'on remarque sur le bord et jusqu'à un certain point dans
le fond des vallées. Dans ce dernier cas il est très-épais,
tandis qu'au penchant et sur le sommet des légères collines,
où on le trouve quelquefois, son épaisseur est très-faible et
n'atteint guère que 1 ou 2 mètres seulement. Dans le fond
des vallées sa puissance moyenne est de 10 à 15 mètres. Il se
compose de graviers, de sables, de fragments de roches ar-

rachés aux collines environnantes, tantôt confondus sans ordre les uns dans les autres, tantôt disposés en strates séparées par des couches de sable qui varient de quelques décimètres à un mètre d'épaisseur.

Les géologues français l'ont appelé diluvium alpin ou diluvium gris en raison de sa nature et de la couleur que ses dépôts affectent dans le nord de la France.

Fig. 89. — Vallée d'érosion dans une plaine.
(Emprunté aux *Montagnes* de M. Albert Dupaigne.)

2° *Lœss*. Le diluvium alpin a été suivi et complété par une période fluviatile, pendant laquelle les cours d'eau ont achevé le creusement des vallées et remanié, au fond de ces dernières, les matériaux diluviens. Ainsi s'est formée une nappe argilo-sableuse ou calcaréo-sableuse, sorte de limon auquel on a donné le nom de *lœss*. Sa puissance est quelquefois très-grande et peut aller jusqu'à une centaine de mètres. Les coquilles terrestres et d'eau douce qu'on y trouve en très-grand nombre appartiennent à des espèces qui existent encore de nos jours (*Succinea elongata*, *Pupa muscorum*, *Helix plebeia*, etc.).

En général le lœss repose immédiatement sur le diluvium gris, ce qui prouve qu'il lui est postérieur. Ce n'est que dans les endroits où le diluvium gris n'existe pas ou a été enlevé qu'il recouvre immédiatement les couches des formations précédentes.

C'est à bon droit qu'on considère le lœss comme une phase nouvelle de la période quaternaire. On n'y trouve en effet aucune trace de bouleversement, ni graviers, ni cailloux roulés, rien qui indique une époque tourmentée. Le dépôt est parfaitement uniforme et n'a pu s'effectuer que lentement et pendant une période de tranquillité très-grande, d'une manière analogue à la vase qui se forme au fond des lacs, des marais, des cours d'eau douce dont la tranquillité et le calme permet un dépôt continu et régulier (1).

On a essayé de calculer approximativement à quelle époque remontent ces phénomènes, en comparant le volume total des deltas des grands fleuves, du Mississipi, du Rhône, du Nil par exemple, à celui de leur accroissement annuel, et l'on est arrivé ainsi à leur assigner une antiquité de seize à vingt mille ans au plus. Encore faut-il remarquer que ce chiffre est de beaucoup trop élevé, eu égard à cette considération que la corrosion des vallées et l'enlèvement des débris étaient beaucoup plus considérables alors qu'aujourd'hui.

3° *Diluvium rouge*. Le second diluvium ou déluge de nos saints Livres repose soit sur le diluvium gris directement, soit sur le lœss. Il s'en distingue en ce que les cailloux n'y sont plus roulés et déposés en stratification fluviatile, mais

____

(1) Le *Déluge mosaïque*, par l'abbé Ed. Lambert, Paris, 1870.

brisés par fragments irréguliers, empâtés dans de l'argile rouge ou grossièrement sableuse, et que ceux de ces cailloux qui sont encore entiers se brisent au moindre choc. Ce second diluvium appelé *diluvium rouge*, ou *diluvium à cailloux anguleux* ou à *blocaux*, a été attribué à une action chimique ou volcanique. Ainsi s'expliqueraient la couleur rouge des dépôts et l'état fracturé ou la fissilité des cailloux qu'ils contiennent.

C'est dans ce terrain et à des niveaux différents qu'on a trouvé des silex taillés et la fameuse mâchoire humaine de Moulin-Quignon, ce qui prouve, d'une manière irréfragable, que l'homme existait avant le déluge. Mais s'il existait avant, son existence ne remonte guère au delà, car jusqu'ici dans le dépôt des blocs erratiques du nord de l'Europe, immédiatement antérieurs, on n'a pu encore découvrir d'ossements d'homme ni de restes de son industrie.

Ce que nous avons dit plus haut suffit déjà pour établir une distinction marquée entre le déluge de nos saints Livres et le diluvium proprement dit. Ils se différencient encore par d'autres caractères.

Le déluge est resté dans le souvenir de tous les peuples comme une inondation soudaine et de peu de durée; soudaine, puisque les hommes n'ont pas eu le temps de fuir à son approche, et de peu de durée, puisqu'une famille aurait eu sur son embarcation des vivres nécessaires pour subsister, en attendant le retrait des eaux. Le diluvium au contraire est caractérisé par la lenteur de ses formations et représente une longue suite de siècles. Enfin, sans pouvoir préciser d'une manière absolue la date du déluge, il est permis d'affirmer qu'il est de beaucoup postérieur au diluvium. Les vallées actuelles étaient entièrement achevées lorsqu'il s'est produit, ainsi que le montrent les dépôts de diluvium rouge superposés à ceux du diluvium

gris dont ils sont séparés parfois, comme dans les grottes de
la province de Namur, par des couches de stalactite déposées par les sources pendant la période fluviatile (1).

Ces deux diluviums diffèrent aussi par la nature des débris
qu'ils renferment.

Antérieurement au diluvium alpin et dans la première
phase de la période fluviatile qui a suivi ce dernier, ce sont
des espèces, aujourd'hui disparues, l'ours des cavernes, le
mammouth, le grand rhinocéros qui prédominent en Europe;
l'on retrouve leurs restes dans les relais diluviens et dans les
grottes des parties hautes des vallées (2).

Plus tard, c'est-à-dire vers la fin de la période fluviatile et
durant celle du diluvium à cailloux anguleux, les espèces
actuellement vivantes, mais émigrées dans d'autres climats,
le renne, l'aurochs, le castor, l'hyène, etc., se substituent
peu à peu aux précédentes; c'est dans les parties basses des
vallées, à la partie supérieure des sables diluviens qu'elles
ont laissé leurs débris.

Enfin au-dessus du diluvium rouge, se trouve un dernier
dépôt formé soit par la tourbe, soit par les alluvions actuelles, soit par des éboulis, etc. Il est caractérisé, au point de

(1) Nous n'avons pas à entrer ici dans la question si souvent controversée
de savoir si le déluge a été universel ou limité simplement à cette portion de
notre globe alors habitée par le genre humain. Nous nous bornerons à dire
que cette opinion, parfaitement conciliable avec le texte de nos Livres saints,
est la seule qui nous paraisse d'accord avec les données de la science. Nous
renvoyons ceux qu'une telle étude pourrait intéresser, à l'ouvrage anglais de
Hugh Miller, *The Testimony of the rocks*, et, dans notre langue, au *Déluge
mosaïque*, par l'abbé ED. LAMBERT, Paris, 1870.

(2) Les eaux auxquelles est dû le creusement des vallées déposèrent leurs
alluvions sur les plateaux avant d'en déposer dans les vallées. Ce fut un
creusement de haut en bas. D'où il suit qu'*un dépôt est d'autant plus ancien
qu'il est plus élevé au-dessus de l'étiage des cours d'eau, et que les cavernes
situées sur les escarpements des vallées et qui ont été ouvertes par ces cours
d'eau sont d'autant plus anciennes qu'elles sont plus élevées au-dessus du
même étiage.*

vue de la faune, par la présence à peu près exclusive des espèces qui se perpétuent encore aujourd'hui sous les mêmes latitudes.

Quoique le nom de diluvium ait été donné à l'une des époques de la période post-pliocène, il ne faut pas croire que ce phénomène soit propre exclusivement à cette période. Les terrains houillers portent déjà des traces incontestables de pareils déluges; mais ce nom a été spécialement réservé à l'étage que nous étudions, parce que nulle part ailleurs les témoignages visibles de ce phénomène (ravinement du sol, érosion de la base des collines, déplacement de matériaux roulés ou entraînés à de grandes distances, poudingues ou conglomérats) ne sont aussi nettement accusés.

C. CAVERNES A OSSEMENTS.

Au diluvium ou terrain de transport appartiennent les dépôts ossifères des cavernes. C'est donc ici le lieu d'en dire un mot.

On divise généralement les cavernes à ossements de l'ère quaternaire en trois groupes principaux :

Celles qui ont servi d'habitation à l'homme;

Celles qu'on considère comme ayant été des lieux de sépulture;

Celles que hantaient les grands carnassiers et dont ils faisaient leurs repaires.

Dans ces dernières, les ossements abondent; ce sont les restes d'animaux que des tigres, des hyènes et des ours avaient traînés là pour les dévorer. Les os sont rongés, jamais fendus en long et ne portent aucune trace de la main de l'homme.

Les cavernes qui ont servi d'habitation à l'homme sont très-faciles à distinguer, même en l'absence de débris humains, par les incisions longitudinales que présentent les ossements d'animaux, sans doute pour l'extraction de la moelle. On y trouve dans certains cas plusieurs couches superposées correspondant à diverses époques.

Les cavernes ou grottes funéraires sont généralement petites, à ouverture étroite et facile à fermer avec une dalle, pour soustraire les corps à la rapacité des hyènes et autres animaux carnassiers.

Fig. 90. — Entrée de grottes dans un terrain calcaire.
(Emprunté aux *Montagnes* de M. Albert Dupaigne.)

Nous n'avons pas l'intention de donner ici une nomenclature complète des cavernes à ossements ni de les décrire toutes. Il nous suffira d'en rappeler quelques-unes. (Fig. 90.)

CAVERNES DE BELGIQUE.

Nous avons déjà dit un mot des cavernes de Belgique et notamment de celles des environs de Liége explorées, il y a

plus de trente ans, par le D' Schmerling. Plus de quarante
d'entre elles, situées le long de la Meuse et de ses affluents,
furent fouillées par lui au milieu des plus grandes difficultés.
« Il devait souvent se suspendre à une corde pour arriver dans
une galerie souterraine, le long de laquelle ce n'était qu'en
rampant qu'il pénétrait dans des salles plus spacieuses. Là
il surveillait, à la lueur des torches, les ouvriers occupés
à percer la couche stalagmatique qui recouvrait la brèche
osseuse (1) dont il fallait étudier le contenu, en tenant compte
de la position relative de chaque espèce. Les pieds dans
la boue, la tête mouillée par l'eau qui suintait des parois, il
réunissait ainsi les matériaux d'une publication dont le mérite ne devait être apprécié qu'après la mort de son auteur.
C'est par ces travaux qu'il est parvenu à recueillir les restes
de 33 genres de mammifères représentés par plus de 40 espèces. Des objets d'industrie humaine accompagnaient fréquemment le grand ours, l'hyène, l'éléphant, le rhinocéros,
le chat sauvage, le castor, le sanglier, le renne, le chevreuil,
le loup, la belette, le lièvre, le lapin, le hérisson, la taupe,
le rat d'eau et la musaraigne, parfois avec des coquilles terrestres, plus rarement avec des os de poissons d'eau douce
et d'oiseaux, mais jamais avec l'hippopotame, le grand cerf
d'Irlande ni avec le *Bos primigenius*. Les os n'étaient pas
rongés comme dans les repaires, mais épars, brisés, roulés,
détériorés; il y en avait pourtant çà et là qui restaient intacts
et réunis dans leur position naturelle, provenant sans doute
de quelque membre recouvert de ses chairs, mais nulle
part de squelettes complets. Les silex façonnés, ainsi que
quelques os taillés, étaient disséminés dans toutes les parties

(1) On appelle brèche osseuse ou brèche à ossements, des débris d'animaux
qu'on trouve souvent dans les fentes des rochers et qui forment en quelques
endroits, avec des fragments de roche et le ciment qui les unit, une masse
tellement compacte qu'elle égale ou surpasse même en solidité la roche dans
laquelle elle est enclavée.

de la brèche, de la même manière que les fossiles. La caverne
de l'Engis, sur la rive gauche de la Meuse, contenait les
restes d'au moins trois êtres humains. Le crâne d'un jeune
individu, placé tout à côté d'une dent de mammouth, ne
put être retiré qu'en mauvais état. Il n'en fut pas de même
d'un crâne adulte du type caucasique, assez bien conservé
et qui gisait à 1 m. 50 de profondeur, dans une brèche
où se trouvaient le rhinocéros et le renne. Sur la rive droite
de la Meuse, la caverne d'Engihoul offrait aussi en grande
abondance le mélange d'ossements d'homme, de grand
ours et d'autres mammifères éteints; mais ici pas de
crânes, à part deux petits fragments, tandis que les os des
extrémités étaient nombreux et placés comme ailleurs, tantôt au-dessus, tantôt au-dessous de ceux de l'éléphant, de
l'ours et du rhinocéros. « Si je n'avais pas découvert d'ossements humains, dit Schmerling, dans des conditions tout
à fait propres à me les faire considérer comme appartenant à
l'époque antédiluvienne, j'aurais pu néanmoins trouver des
preuves de l'existence de l'homme dans la présence des os
et des silex travaillés. » A la suite de ses nombreuses observations, il n'hésite pas à conclure que l'homme a été, dans
le district de Liége, contemporain de l'ours des cavernes, et
d'autres espèces éteintes (1).

CAVERNES D'ANGLETERRE.

Caverne de Brixham. — En 1858, à Brixham, dans le
Devonshire, l'exploitation d'une carrière fit découvrir accidentellement une caverne dont les dépôts ossifères sont à peu
près identiques à ceux des cavernes de Belgique. Cette caverne communiquait avec plusieurs autres dont les quatre
ouvertures extérieures, qui donnaient sur un escarpement,

(1) Fréd. Troyon, *L'Homme fossile*, p. 54.

étaient entièrement obstruées. Ayant appris la chose, la Société royale d'Angleterre vota une certaine somme pour les travaux d'exploration, travaux qui devaient être conduits scientifiquement par une commission de géologues nommés *ad hoc*. Une fois la somme épuisée, Miss Burdett Coutts, qui demeurait à Torquay, à 3 milles environ de l'endroit où étaient les cavernes, fournit les fonds nécessaires pour mener à bonne fin l'entreprise. On fit déblayer sur une longueur de plusieurs centaines de mètres les galeries qui courent en sens divers. Quelques-unes étaient remplies jusqu'au faîte de gravier, d'os et de limon. Dans d'autres, il y avait un vide considérable entre le toit et le sol. Un encroûtement stalagmatique recouvrait, en général, un limon rougeâtre à ossements, d'une épaisseur de 60 centimètres à 4 mètres. Ces ossements étaient ceux du mammouth, du rhinocéros, de l'ours, de l'hyène et du lion des cavernes, du renne, du bœuf, du cheval, etc. De plusieurs parties de ce dépôt furent retirés des silex: l'un des plus parfaits, au même niveau et dans le voisinage immédiat d'un membre postérieur gauche complet d'ours des cavernes, qui avait dû être recouvert de ses chairs, ou tout au moins de ses ligaments naturels, lorsqu'il fut déposé sur ce point. En outre, un humérus du même carnassier gisait sur la croûte stalagmatique où se trouvaient les silex taillés; ce qui prouve que dans cette partie de l'Angleterre, l'ours des cavernes a non-seulement coexisté avec l'homme, mais qu'il a survécu à son apparition.

D'autres cavernes ont encore été explorées en Angleterre, parmi lesquelles nous ne ferons que mentionner celles de Kirkdale (comté d'York), fouillées par Buckland; celles de Wells (Somersetshire); celles de la presqu'île de Gower dans le Glamorganshire (Galles du sud), où l'on a recueilli des instruments en silex associés à des ossements de l'*Elephas antiquus* et du *Rhinoceros hemitæchus*.

CAVERNES DE FRANCE.

Les cavernes de France ont été divisées en trois groupes principaux, celles de l'Est, celles du Centre et celles du Midi.

Signalons seulement dans le premier groupe le *trou de la Fontaine* et la grotte de *Sainte-Reine*, situées toutes deux dans les environs de Toul (Meurthe). On y a recueilli des ossements d'ours, d'hyène et de rhinocéros associés à des produits de l'industrie humaine.

Au second groupe appartiennent les grottes de Vallières, de la Chaise, de Vergisson et des Fées.

La grotte de *Vallières* (Loir-et-Cher) n'offre rien de particulier.

Celle de *la Chaise*, près Vouthon (Charente), outre des ossements d'ours des cavernes, de rhinocéros et de renne, mêlés à plusieurs restes de l'industrie humaine, a présenté surtout comme particularité remarquable deux longues baguettes en bois de renne, effilées à un bout et taillées en biseau à l'autre, sur lesquelles on voit gravées des figures d'animaux.

La grotte de *Vergisson* (Saône-et-Loire) a été explorée par M. de Ferry. Les ossements qu'on y a trouvés se rapportent à deux âges différents : l'époque du grand ours et celle du renne. La présence de l'homme y est attestée non-seulement par des silex taillés, mais encore par des crânes humains qui y ont été découverts dernièrement.

Grotte *des Fées*. — Non moins remarquables sont les découvertes faites par M. le marquis de Vibraye, près d'Arcy-sur-Cure, dans la grotte des Fées, en Bourgogne. Là aussi, sous deux couches d'alluvion contenant chacune des débris de différents âges, des ossements d'homme et des restes d'industrie ont été trouvés mêlés à des os d'ours des cavernes, d'hyène, de mammouth, de rhinocéros, de renne, dans des conditions telles que tout soupçon de remaniement postérieur doit être écarté.

Dans les cavernes du midi de la France on distingue celles du Périgord, du bas Languedoc et du pays de Foix (Ariége).

Cavernes du Périgord. — Le département de la Dordogne renferme plusieurs grottes ossifères intéressantes qui ont été explorées et décrites avec soin par feus MM. Lartet et Christy. La faune en est caractérisée par la prédominance des débris du renne, accompagnés de ceux du cheval, du bœuf, du bouquetin, du chamois, auxquels il faut joindre de nombreux os d'oiseaux et de poissons. Dans la *grotte des Eyzies* (commune de Tayac, à 35 mètres au-dessus du niveau de la Beune-Dordogne), tous les os longs sont invariablement fendus ou cassés, probablement pour l'extraction de la moelle, et la plupart portent des entailles ou des rayures faites par des instruments tranchants. La présence de l'homme est d'ailleurs mise hors de doute par le nombre considérable des produits de son industrie ou même de son art qu'on trouve amalgamés au milieu de ces ossements. Outre

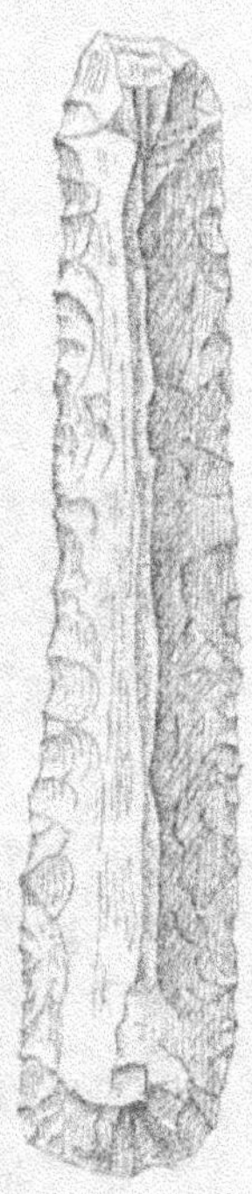

Fig. 91.
Couteau en silex

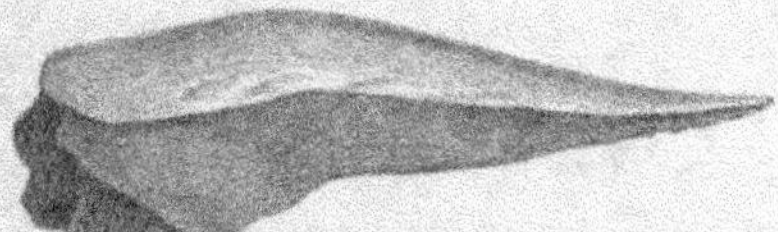

Fig. 92. — Poinçon en silex.

des lamelles en silex taillés sur des plans divers et à diverses intentions (fig. 91 et 92), outre des *nuclei* (blocs-matrices),

d'où elles avaient été tirées par percussion, on y rencontre
encore des aiguilles ou alênes en bois de renne, finement
travaillées et percées d'un chas (fig. 93), des espèces de mor-

Fig. 93. — Aiguille en os.

tiers en galet granitique, des grattoirs en silex à tête arrondie ou taillée à petites facettes obliques (fig. 94), des poinçons en os, des flèches en bois de renne munies de barbes

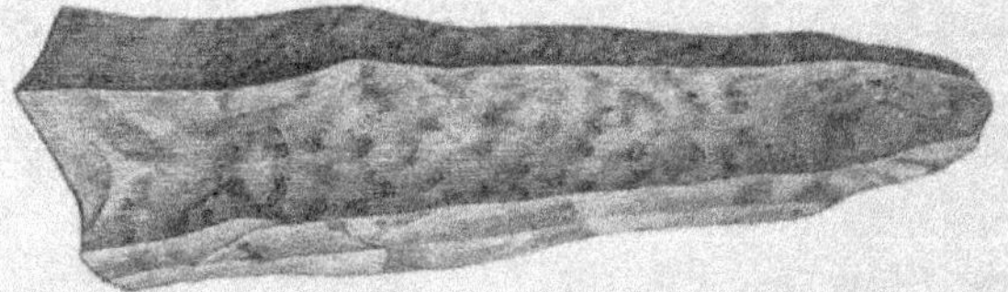

Fig. 94. — Racloir en silex.

récurrentes (fig. 108), une phalange de ruminant, percée au-
dessous d'un trou rond, en forme de sifflet (fig. 95), une ver-
tèbre de jeune renne, perforée d'une flèche en silex, des har-
pons en os d'oiseau, des débris de charbon sur plusieurs
points, indiquant l'emplacement d'anciens foyers, etc.

Citons encore les grottes du *Moustier* et de la *Gorge
d'Enfer*, dans la vallée de la Vézère, et celle du *Pey de l'Azé*,
toutes trois dans le département de la Dordogne (arrondisse-
ment de Sarlat); — dans le bas Languedoc, celles de *Pondres*
et de *Savignargues* (Hérault), où M. de Christol avait reconnu, dès 1829, la coexistence de l'homme et des grands
mammifères éteints ; — dans le département de l'Ariége, celles de *Massat*, de *Lherm* et de *Bouicheta*.

Outre les brèches osseuses des cavernes du Périgord, on
rencontre dans certaines vallées du pays, au pied des grands escarpements de calcaire crétacé, ou adossés aux roches en saillie et surplombantes, des accumulations des restes de la nour-

riture des aborigènes, sortes de kjœkkenmœddingen, constitués non de coquilles marines, comme en Danemark, mais
d'innombrables ossements accompagnés de silex taillés.

Ces stations humaines, qui sont des
abris sous roche, se trouvent toutes dans
la vallée de la Vézère, sur la rive droite et
à peu de distance de la rivière.

La plus ancienne, celle du *Moustier*,
nous reporte à l'époque de la hache taillée
ou du grand ours des cavernes.

En suivant le cours de la Vézère et toujours sur la rive droite, on rencontre trois
autres stations explorées pour la première
fois par MM. Lartet et Christy. Celles-ci
sont de l'époque du renne. La première,
située dans la commune de Tursac, est appelée la *Madeleine;* les deux autres, dans
la commune de Tayac, plus en aval de la

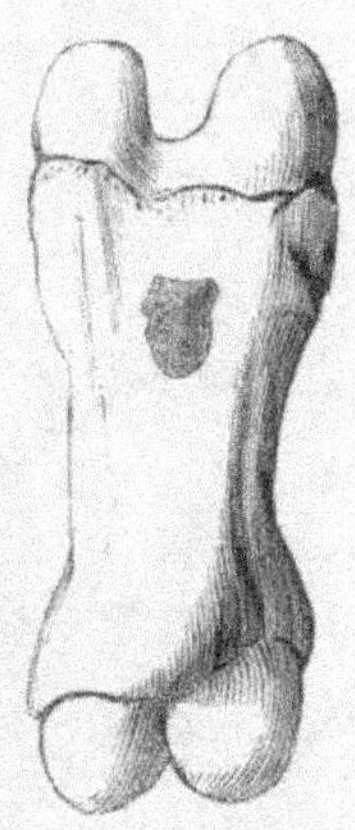

Fig. 95.
Phalange de ruminant
percée d'un trou
et servant de sifflet.

rivière, sont aux lieux nommés *Laugerie-Haute* et *Laugerie-
Basse.*

Les débris organiques et les restes d'industrie qu'elles renferment sont de la même nature que ceux des grottes, et
appartiennent à la même époque.

C'est dans ces stations qu'ont été découverts les plus curieux spécimens des premiers essais de l'art humain. Ce sont
des représentations d'animaux gravés sur la pierre et sur le
bois, ou même sculptés en ronde-bosse sur des bois de renne.

M. Elie Massenat, qui a fouillé avec soin le sol de Laugerie-Basse, nous a donné une nomenclature et une description
complètes de ces divers objets.

Bornons-nous à en citer quelques-uns.

La figure ci-contre (fig. 96) reproduit les bœufs jumeaux,
remarquable morceau de sculpture en bois de renne qui a dû,

selon M. Élie Massenat, faire partie d'un bâton de commandement ou peut-être formait l'extrémité d'un poignard. Les
têtes de jeune bœuf sont parfaitement sculptées, la crinière,

Fig. 96. — Bœufs jumeaux.

les cornes naissantes et surtout la barbiche très-accentuée que
chaque animal porte sous le menton caractérisent tout parti-

Fig. 97. — Cheval gravé sur une omoplate.

culièrement cette espèce de buffle aujourd'hui disparue du pays.
Les objets gravés sont en grand nombre et généralement
d'une facture supérieure à celle des objets sculptés. La figure 97

représente un cheval gravé sur une omoplate; l'animal est
arrêté, la tête relevée et allongée indique la position d'un animal inquiet qui redoute une surprise; par suite d'une cassure, tout le train de derrière manque, sauf l'extrémité des
deux jambes.

La figure 98 est une partie de spatule en os, sur
laquelle se trouve assez profondément gravée une tête
humaine. L'œil, le nez, la bouche sont dessinés d'une
façon tout à fait primitive comme pourrait le faire
un enfant de huit à dix ans, s'amusant à illustrer son
livre d'étude. La forme de la tête est brachycéphale.

Fig. 98.
Tête humaine gravée sur une spatule en os.

Mais de toutes ces gravures la plus remarquable
est celle représentée dans la figure 99. Sur une fraction de bois de renne de 25 centimètres environ de longueur
se trouve profondément gravé un magnifique aurochs mâle,

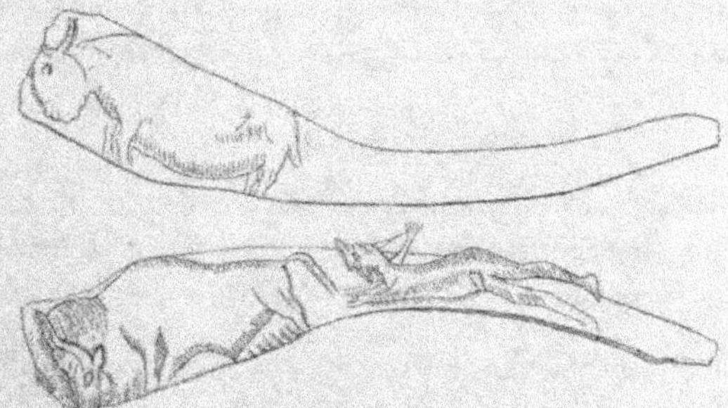

Fig. 99. — Chasse à l'aurochs.

fuyant avec précipitation devant un homme nu qui semble lui
lancer des traits; l'homme et l'aurochs sont parfaitement dessinés; l'aurochs a la tête basse, hérissée et excessivement volumineuse; les cornes menaçantes, les naseaux très-ouverts,
la queue relevée et arquée annoncent bien un bœuf effrayé,
s'efforçant d'échapper par la fuite à un ennemi redoutable.

L'homme est nu. C'est, je crois, dit M. Elie Massenat, le plus
beau et le plus parfait dessin de forme humaine de l'époque

des grottes trouvé jusqu'à ce jour. La forme de la tête est brachycéphale, les cheveux sont roides et en touffe sur le sommet de la tête; le menton est orné d'une barbiche très-apparente, le col un peu long; la partie du bras, du coude à l'épaule, relativement courte; les mains mal dessinées; le bras droit, rejeté en arrière, semble vouloir lancer un trait dont il est armé; tandis que le bras gauche paraîtrait vouloir saisir l'aurochs par la queue. La poitrine très-bombée, le ventre bien dessiné; la colonne vertébrale un peu longue et par sa forme arquée se rapproche de celle du singe marchant droit sur ses jambes. Les cuisses assez bien dessinées, mais annonçant un fémur d'une longueur très-courte; le bas des jambes et le pied réguliers et bien faits. La tête est légèrement rejetée en arrière, la physionomie a une certaine expression de joie qui frappe dès l'abord.

Sur l'autre côté du bois de renne se trouve gravé un animal du genre bœuf dont la tête et une partie de l'avant-corps sont presque dissimulées par des concrétions calcaires très-adhérentes (1).

Des sculptures et gravures du même genre ont été trouvées à Bruniquel (Tarn-et-Garonne), et dans d'autres stations de la même époque.

Grotte funéraire d'Aurignac. — Aurignac est un chef-lieu de canton du département de la Haute-Garonne, au pied des Pyrénées. C'est non loin de là, sur le versant nord d'une éminence dite de Fajoles, appelée par les habitants du pays, « mountagne de las Hajoles » (montagne des hêtres), qu'est situé le lieu de sépulture dont nous avons à parler. Sa découverte fut le résultat du hasard. Voici comment :

En 1842 un ouvrier terrassier, nommé Bonnemaison,

(1) *Objets gravés et sculptés de Laugerie Basse (Dordogne)*, par M. Élie Massenat. Voir *Matériaux*, 5° année, 2° série, 1868, p. 348 et suiv.

poursuivant un lapin qui s'était blotti dans son terrier, contre
l'escarpement d'une roche calcaire, mit son bras dans le terrier et en retira un os volumineux, dans lequel il crut reconnaître l'os d'un squelette humain. Piqué de curiosité, il écarta
les éboulis de la colline qui formaient talus en contre-bas du
trou, et découvrit une grotte dont l'ouverture cintrée était
fermée presque verticalement par une grande dalle de grès.
Cette dalle ôtée, il pénétra dans l'intérieur, et trouva 17 individus humains, dont le squelette était accroupi, courbé sur
lui-même, comme dans les sépultures celtiques. (Fig. 100.)

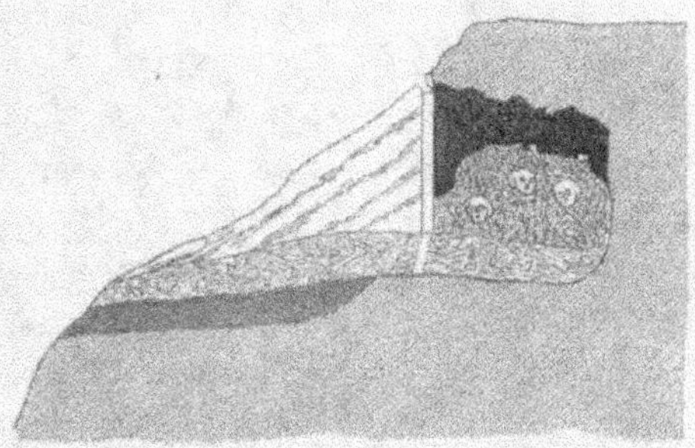

Fig. 100. — Grotte funéraire d'Aurignac.

Il recueillit aussi, au milieu des ossements, 18 petits disques
ou rondelles percées au centre, et destinés sans doute à être
rassemblés en collier ou en bracelet. Ils étaient composées de
la coquille marine d'une espèce de *cardium*.

Quand les gens d'Aurignac entendirent parler de cette singulière trouvaille, en un lieu si écarté, ils accoururent en foule.
Les commentaires les plus divers ne tardèrent pas à se produire. On évoqua le souvenir d'une bande de faux-monnayeurs
qui, un demi-siècle auparavant, au dire des anciens du lieu,
avaient exploité le pays, et, sur la foi de cette légende, on ne
douta pas que la grotte nouvellement découverte n'eût servi
de refuge à ces malfaiteurs qui, pour cacher leur crime, y
déposaient les cadavres de leurs victimes. Peu soucieux d'ap-

profondir ce mystère, le Dr Amiel, maire de l'endroit, ordonna que les os fussent transportés et enterrés au cimetière de la commune, après avoir constaté toutefois que les squelettes appartenaient à 17 individus des deux sexes.

Dix-huit ans plus tard, en 1860, M. Ed. Lartet, aux oreilles duquel le fait était parvenu, se rendit à Aurignac pour faire de nouvelles recherches. Personne, pas même le fossoyeur, ne put lui dire où ces restes précieux avaient été ensevelis. Il résolut alors de faire exécuter des fouilles dans la grotte même.

Disons d'abord qu'au devant de la grotte, le sol calcaire se continue en plate-forme inclinée jusqu'au fond du vallon qu'arrose un ruisseau. C'est à 13 mètres environ au-dessus du ruisseau qu'est située l'ouverture de la grotte. Mais pendant des siècles, et cette cavité et la terrasse elle-même étaient restées ignorées, cachées qu'elles étaient aux regards des habitants du pays par un talus de débris de roches et de terre végétale descendus du haut de la colline. Quand M. Lartet commença ses fouilles, il découvrit en dehors de la caverne, sur la plate-forme, une couche de cendres et de charbon qui ne pénétrait pas dans l'intérieur. Cette couche était surmontée de terre meuble ossifère et de terre végétale. Le sol de l'intérieur était couvert d'un lit de terre meuble d'une épaisseur d'environ 60 centimètres. On y trouva des ossements d'ours, de renard, de renne, d'aurochs, de cheval, etc., mêlés à de nombreux débris de l'industrie humaine, et même à des ossements d'homme, mais pas de cendres ni de charbons, pas d'os rongés, ni calcinés, tandis que sur la terrasse tous les os à cavités médullaires étaient brisés, quelques-uns fendus en long, plusieurs portaient l'empreinte d'un instrument tranchant, et d'autres avaient été rongés par un grand carnassier, sans doute l'hyène dont les coprolithes n'étaient pas rares. Il n'existait en cet endroit aucune trace d'ossements humains.

De là on fut conduit à penser qu'il y avait eu à Aurignac un lieu de sépulture où les parents apportaient, pour accomplir certains rites funéraires, des objets d'art, les armes ou les ornements affectionnés du défunt, des amulettes, des trophées, des animaux entiers ou abattus. Après quoi, et le corps une fois enseveli dans la caverne, on se rendait sur la terrasse située au devant, pour s'y livrer à un repas, le *repas des funérailles*. La cérémonie finie, on fermait l'accès de la grotte par la dalle précitée, afin de soustraire le corps à la voracité des bêtes féroces qui, rôdant aux alentours, ne pouvaient dévorer ou ronger que les débris restés au dehors.

« On le voit, ces deux gisements d'Aurignac séparés l'un de l'autre par la dalle qui fermait l'entrée de la caverne, diffèrent sensiblement entre eux. D'une part, un foyer, de nombreux os brisés et calcinés, restes évidents de repas, divers objets d'industrie fabriqués sur place, rappellent les dépôts des cavernes, résultant d'une longue occupation par l'homme. Un trait cependant demande à être relevé. Cette occupation n'a pas été continue sur la terrasse d'Aurignac. On le soupçonnerait déjà par le fait que cette station était à ciel ouvert, mais une preuve plus directe de son occupation momentanée résulte des visites, sans doute nocturnes, de l'hyène, qui tout en affirmant sa présence par les coprolithes retrouvés, a laissé l'empreinte de ses dents sur les os, évidemment encore frais, abandonnés sur le sol.

« D'autre part tous les débris recueillis à l'intérieur de la grotte répondent à des usages funéraires bien connus, et se retrouvent les mêmes, à l'exception toutefois des espèces animales, dans les salles sépulcrales de bien des *tumuli*. Tout d'abord nous avons affaire à une population étrangère à l'incinération. Non-seulement les corps des défunts n'ont pas été brûlés, mais ils ne sont même accompagnés d'aucun charbon. L'usage d'accompagner le mort de ses armes, de ses ornements, des instruments de sa profession, de quelque nourriture, de vases contenant des parfums, de boissons, de fruits ou de mets, a été fort répandu et existe encore de nos jours. La grotte d'Aurignac ne fait qu'attester la haute antiquité de ces coutumes. La conservation générale des os exclut l'idée de repas pris par les vivants dans la demeure des morts, de même que l'absence d'empreintes de dents de carnassiers montre que l'entrée du tombeau était soigneusement fermée. On ne peut douter qu'une partie du moins des os d'animaux ne soient les restes d'offrandes destinées à la nourriture du défunt, surtout quand on les trouve dans leur juxtaposition naturelle, comme c'était le cas pour une jambe d'ours des cavernes qui devait être recouverte de ses chairs, quand elle fut déposée auprès du défunt.

« Si le double dépôt d'Aurignac séparé par une simple dalle, présente des caractères bien distincts, il n'en appartient pas moins à une même époque nettement indiquée par la faune. Il suffit de mentionner à cet égard l'espèce dont la présence est le plus caractéristique, je veux dire le grand ours des cavernes, que l'habile explorateur d'Aurignac a retrouvé soit sur la terrasse extérieure, soit avec les restes humains. On ne saurait donc admettre que les sépultures soient postérieures à la formation de la couche ossifère qui repose sur la terrasse (1). »

Les inductions que nous venons de rappeler sont généralement admises; elles n'ont pourtant pas trouvé un assentiment universel. Il y a des gens qui pensent que la grotte d'Aurignac, après avoir servi de repaire aux animaux carnassiers de l'époque quaternaire, dont les os se trouvent mêlés avec ceux des herbivores qu'ils y avaient entraînés pour les dévorer, a été appropriée plus tard par les habitants du

---

(1) Frép. Troyon, *L'Homme fossile*, p. 77 et suiv.

pays, qui en ont fait un lieu de sépulture où ils enterraient leurs morts.

Cette opinion vient d'être confirmée par une récente visite faite à la célèbre grotte, par MM. Trutat et Cartailhac, et dont le compte rendu a été envoyé par eux, en juillet 1871 à l'Académie des sciences de Paris. Les investigations nouvelles auxquelles ils se sont livrés les ont conduits à penser 1° que la grotte d'Aurignac a servi de station à l'homme quaternaire dont le foyer et les débris de repas sont le point de départ des conclusions que tant de découvertes sont venues confirmer depuis; 2° que longtemps après cette première occupation elle a servi de crypte sépulcra'e.

Les raisons principales sur lesquelles ils s'appuient sont : 1° La différence de coloration des parois de la grotte, différence qui frappe dès l'entrée. En bas, jusqu'à une certaine hauteur, ces parois sont jaunâtres; puis, au-dessus, on remarque une large bande d'une nuance plus claire. MM. Trutat et Cartailhac pensent que ces couleurs différentes répondent à deux assises très-distinctes de terre qui avaient rempli la cavité, en se superposant à deux époques. 2° Une seconde raison se fonde sur la différence des objets trouvés dans les deux assises. En bas, dans la terre la plus sombre de la base, dans les fissures et anfractuosités de la roche, ils ont recueilli une dent de rhinocéros, une autre de renne, des fragments d'os d'*Ursus spelæus*, deux silex du type grattoir. Plus haut, au contraire, dans toute l'étendue de la couche supérieure blanchâtre et après de minutieuses recherches, ils n'ont trouvé qu'un petit tesson de poterie, une belle rondelle percée de *cardium* et quelques petits os d'hommes ou d'animaux sauvages actuels. (Nous avons dit que les ossements humains furent transportés au cimetière, en 1842, au moment de la découverte, par ordre du maire d'Aurignac.) Or, jamais, d'après nos auteurs, la poterie et les rondelles percées de *cardium* n'ont été retrouvées au delà de l'âge de la pierre polie. D'où ils croient pouvoir conclure que les débris recueillis à la surface remaniée de la couche inférieure sont d'un âge relativement récent, et « qu'il nous faut renoncer au festin des funérailles et à tout ce que l'on pourrait appeler la *poésie d'Aurignac* (1). »

Dans les cavernes à ossements dont nous venons de parler, le sol est ordinairement couvert d'une croûte épaisse de stalagmites. Ces stalagmites (du grec σταλάζειν, distiller), aussi bien que les stalactites qui les accompagnent, sont dues à l'infiltration des eaux dans les roches calcaires. En traversant ces roches, les eaux se chargent de carbonate de chaux, l'entraînent avec elles dans leur cours, jusqu'à ce qu'après avoir pénétré la masse rocheuse elles viennent se suspendre et tomber goutte à goutte le long des parois et au plafond de la grotte : « En tombant, la goutte d'eau laisse attaché à la pierre un petit anneau d'une substance blanchâtre : c'est le commencement de la stalactite. Une autre goutte vient trembler à cet anneau, le prolonge en ajoutant à ses bords un mince dépôt de chaux, puis tombe à son tour. Ainsi se succèdent indéfiniment les gouttes et les gouttes, dégageant chacune les molécules de chaux qu'elles contenaient et formant à la longue de frêles tubes autour desquels s'accumulent lentement les dépôts calcaires. Mais l'eau qui se détache des stalactites n'a pas encore perdu toutes les particules de pierre qu'elle avait dissoutes ; elle en conserve assez pour élever les stalagmites et toutes les concrétions mamelonnées qui hérissent ou recouvrent le sol de la grotte. On sait quelle décoration féerique certaines cavernes doivent à ce suintement continu de l'eau à travers les voûtes. Il est sur la terre peu de

(1) *Matériaux*, 8ᵉ année, p. 207 et suiv.

Fig. 101. — Stalagmites et stalactites dans la grotte d'Adelsberg en Carniole.

spectacles plus étonnants que celui des galeries souterraines dont les colonnades d'un blanc mat, les innombrables pendentifs et les groupes divers, semblables à des statues voilées, n'ont pas encore été salis par la fumée des torches! (1) » La grotte d'Adelsberg, près de Trieste, dont nous donnons ici la figure, empruntée à l'ouvrage de M. Albert Dupaigne (2), nous offre un bel exemple de ce phénomène. (Fig. 101.)

C'est en général sous la croûte calcaire formée par les stalagmites que l'on trouve les restes et les ossements des hommes et des animaux qui habitaient autrefois les cavernes des montagnes.

Le nombre de ces cavernes et des stations sous abri, dans la période quaternaire, est considérable. On en connaît déjà une centaine qui sont parfaitement constatées.

Pour déterminer leur âge et les classer chronologiquement, M. G. de Mortillet a proposé une méthode qui se fonde sur les produits de l'industrie humaine.

Ce qui frappe d'abord, dit-il, c'est la grande prépondérance des instruments en silex dans les stations qui possèdent la faune la plus ancienne, et au contraire, l'abondance des instruments en os dans les stations les plus récentes.

De là deux grandes divisions.

Chacune de ces divisions se subdivise elle-même en deux autres auxquelles on donne le nom de la localité la plus connue et la plus typique.

Pour l'âge des silex taillés on distingue deux époques, celle du *Moustier* et celle de *Solutré*.

L'époque du *Moustier* est caractérisée par la hache taillée

---

(1) Elisée Reclus, *La Terre*, t. I, p. 352. Paris, 1868.
(2) *Les Montagnes.*

en amande (fig. 102-104), et par des pointes en silex, à face lisse d'un côté, finement retaillée de l'autre.

Les instruments en os font presque défaut.

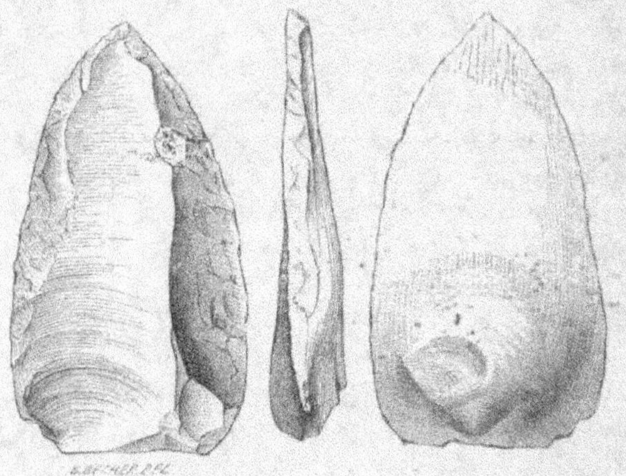

Pointe de lance ou de flèche en silex taillée sur un seul côté. (Type du Moustier.)
Fig. 102. Face taillée. Fig. 103. Vue de profil. Fig. 104. Face non taillée.

Époque de Solutré. — « Les haches en amande ont disparu. Les pointes de silex par contre se sont grandement perfec-

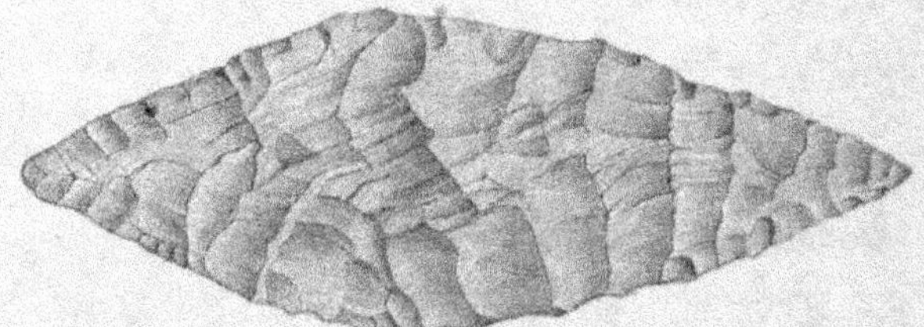

Fig. 105. — Pointe de lance ou de flèche en silex. (Type de Solutré.)

tionnées ; elles sont en forme de feuille de laurier, finement retaillées sur les deux faces et aux deux extrémités. (Fig. 105.) Ce sont elles qui caractérisent l'industrie de cette époque.

L'arme est un casse-tête anguleux qui se retrouve à l'époque suivante. Les simples lames sont rares, ainsi que les instruments en os. »

L'âge des instruments en os embrasse aussi deux époques, *Aurignac* et la *Madeleine*.

Epoque d'Aurignac. — « Le nombre des instruments en os s'accroît considérablement. Le casse-tête anguleux existe toujours, mais les pointes de trait et de lance, au lieu d'être en silex, sont en

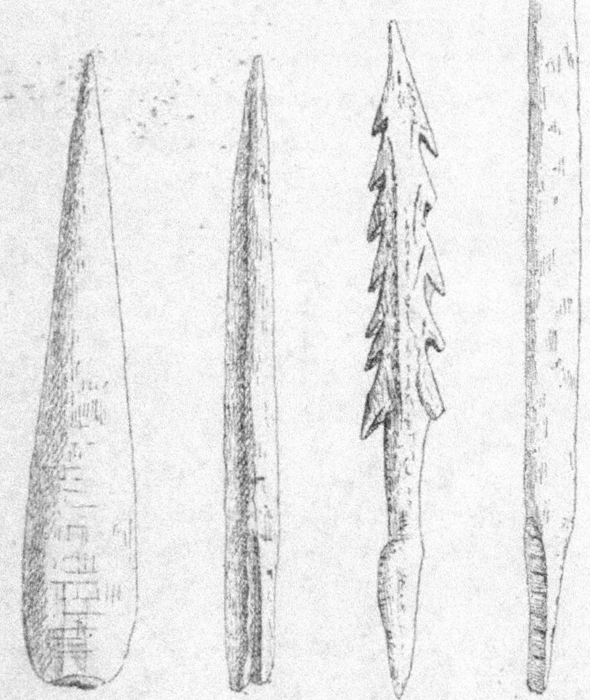

<table>
<tr><td>Fig. 106.
Pointe de lance ou de
flèche en os.
(Type d'Aurignac.)</td><td>Fig. 107.
Pointe de lance ou
de flèche en os.
(Type d'Aurignac.)</td><td>Fig. 108.
Pointe de flèche
en os.
(La Madeleine.)</td><td>Fig. 109.
Pointe de flèche
en os.
(La Madeleine.)</td></tr>
</table>

os ou en bois de renne; leur caractère essentiel est d'être

fendu à la base (fig. 106 et 107), de manière que c'est la hampe taillée en biseau qui entre dans la pointe. La faune quaternaire est encore largement représentée. »

L'époque de la Madeleine « est caractérisée par ses pointes de trait ou de lance en os et bois de renne, extrémité inférieure en pointe ou en biseau, entrant dans la hampe. (Fig. 108 et 109.) On y trouve aussi des lances de silex ; nombreux produits artistiques, gravures et sculptures d'animaux. Disparition des animaux d'espèces éteintes, grand développement des animaux d'espèces actuellement émigrées dans les régions froides, surtout du renne (1). »

II. PÉRIODE RÉCENTE.

Ce qui la distingue de la période post-pliocène. — Tourbières du Danemark. — Kjœkkenmœddingen — Terramares. — Tèpes. — Wierden. — Dolmens. —Tumuli. — Palafittes. — Crannoges.

Dans la période post-pliocène dont nous venons de parler, toutes les coquilles fossiles appartiennent à des espèces vivantes, tandis que *quelques-uns* des mammifères fossiles appartiennent à des espèces éteintes.

La période récente s'en distingue en ce que *tous* les fossiles, coquilles ou mammifères, sont d'espèces qui vivent encore aujourd'hui.

Les tourbes, plaines d'alluvion, etc., rentrent dans cette période. Ces terrains sont évidemment postérieurs au diluvium, autrement, comme ils occupent le fond des vallées, ils auraient été ou entraînés par les flots ou recouverts par les graviers diluviens.

A la même période se rapportent certains faits géologiques trop importants pour qu'il nous soit permis de les passer sous silence.

(1) *Essai d'une classification des cavernes et des stations sous abri, fondée sur les produits de l'industrie humaine,* par G. DE MORTILLET, Compte rendu de l'Académie des sciences, t. LXVIII. 1er mars 1869.

De ce nombre sont les *tourbières* du Danemark, les *kjœkkenmœddingen* des côtes scandinaves, les *terramares*, les *wierden*, les *dolmens*, les *tumuli*, les *ténevières* et *palafittes* ou constructions lacustres de la Suisse, les *crannoges* de l'Irlande, etc.

Tourbières du Danemark. — On appelle *tourbe* la décomposition actuelle des végétaux (cyperacées, *carex sphagnum*) dans les eaux peu profondes et un peu croupissantes. A mesure qu'une couche de tourbe se forme, une nouvelle végétation commence au-dessus d'elle, et les couches se superposant les unes au-dessus des autres, chacune avec les débris contemporains de sa formation, constituent ce qu'on appelle des *tourbières*.

Celles du Danemark ont été l'objet d'investigations particulières. Formées dans les cavités du *drift* septentrional, elles ont de 10 à 30 pieds (anglais) de profondeur. Après les strates les plus basses, composées de plantes marécageuses et d'une épaisseur de 2 ou 3 pieds, vient une autre couche qui n'est pas exclusivement formée de plantes aquatiques. Tout autour et à des profondeurs variables gisent des troncs d'arbres qui primitivement croissaient sur les bords. C'est d'abord le pin d'Ecosse, disparu du Danemark depuis les temps historiques et qui n'y a jamais prospéré toutes les fois qu'on a voulu l'y introduire. Immédiatement au-dessus on rencontre deux variétés de chêne. Celui-ci disparaît à son tour, pour faire place au hêtre commun. Tous les fossiles, sans exception, trouvés dans ces tourbes appartiennent à des espèces récentes. Quant aux instruments et autres indices de la présence de l'homme, on en a recueilli en silex sous les pins d'Ecosse; ceux en bronze apparaissent surtout dans les couches du chêne, tandis que ceux en fer correspondent essentiellement à l'époque du hêtre.

Les *kjœkkenmœddingen* (cuisine-fumier-tas) sont des amas d'huîtres et de coquilles qu'on observe sur les côtes du

Danemark et de la presqu'île scandinave. Le nom qu'on
leur a donné dans le pays et qui signifie « rebuts de cui-
sine, » vient probablement de ce que c'étaient des sortes de
tas de fumier où les habitants primitifs de ces rivages abandonnaient les restes de leur nourriture et les débris hors
d'usage de leurs armes et de leurs ustensiles. La hauteur de
ces tas varie de 0^{m}97 à 1^{m}3o, quelquefois 3^{m}44. Il y en a
qui ont jusqu'à 322^m d'étendue sur une largeur cinq ou six
fois moindre. Ces monticules qu'on trouve en une multitude
de localités différentes sont généralement situés dans le voisinage immédiat de la mer, très-peu au-dessus de son niveau.
D'après Lyell leur antiquité serait très-grande, preuve en soit
qu'on ne les trouve point sur les côtes occidentales de l'O-
céan où la mer ronge peu à peu ses rivages. Une preuve
plus décisive encore selon lui, c'est qu'on a extrait de ces
débris l'huître commune, la moule, la pétoncle, la bigorne,
toutes de dimension ordinaire, tandis que la première ne
peut plus vivre aujourd'hui dans la Baltique, si ce n'est tout
à fait à l'entrée, et que les autres n'y atteignent que le tiers
de leur taille ordinaire, à cause de l'imperfection relative de
la salure des eaux. Il suivrait de là qu'à l'époque où les
populations scandinaves abandonnaient ainsi sur la rive les
reliefs de leurs grossiers festins, l'Océan avait un accès plus
facile dans la Baltique que de nos jours (1). On n'y a découvert jusqu'ici aucun objet en métal, ce qui nous conduit naturellement à les rapporter à l'âge de la pierre. Les silex et les
morceaux d'os taillés, aussi bien que les fragments de poteries faites à la main qu'ils renferment, indiquent un état de
civilisation peu avancé. Mais comme d'autre part on n'y

(1) D'après M. de Baer, c'est à cinq mille ans au plus avant notre siècle qu'il
faudrait faire remonter la fermeture du détroit qui existait entre la Suède
méridionale et le grand massif des plateaux du nord. Élisée Reclus, *La
Terre*, t. I, p. 762.

rencontre aucun ossement d'espèce paléozoïque, sauf le lynx et l'urus, qui n'ont disparu que depuis l'époque historique, qu'on en a même déterré des restes de cochon et de chien, on a pensé qu'il fallait les placer chronologiquement dans la seconde phase de l'âge de la pierre, à côté des cavernes ossifères de l'époque la plus récente. Il paraît aussi que ces populations primitives s'aventuraient en pleine mer sur des canots creusés dans des troncs d'arbres pour pêcher le hareng et la morue, dont les débris sont confondus pêle-mêle avec ceux dont nous avons déjà parlé.

Des amoncellements analogues aux kjœkkenmœddingen ont été signalés dans le Cornwall, sur la côte nord de l'Ecosse, aux Orcades.

Les *terramares* de l'Emilie, appelées aussi marières (1) ont, comme les kjœkkenmœddingen, été formées peu à peu par l'accumulation des détritus de ménage autour des mesquines cabanes du peuple qui habitait ces parages. Le même fait se reproduit de nos jours en Amérique. A tous les angles de la ville de Guayaquil, dans la république de l'Equateur, on rencontre des tas d'immondices ; l'odeur répandue par ces cloaques est insupportable. A Mexico, les immondices qu'on jette à la porte de la ville, forment des amas qui avec le secours des siècles ont pris les proportions de petites collines (2). Les terramares contiennent de la cendre, du charbon, des silex travaillés, des ossements d'animaux qui appartiennent tous à l'époque actuelle. On y a trouvé aussi des tessons de poterie et divers autres restes de l'industrie des premiers âges.

Les *tepes* de la Perse sont, comme les marières de l'Emilie, formés de débris de poteries, d'os, de charbons et de cendres.

Sur les côtes de Hollande, le long de la mer du Nord, dans

(1) Les *terramares* sont ainsi nommées, parce qu'elles fournissent une sorte d'engrais terreux, connu dans le pays sous le nom de *terra mara*.

(2) *Matériaux*, 1ʳᵉ année, p. 77.

les provinces de Frise et de Groningue, on rencontre de petits
monticules de 4 à 6 mètres de haut, élevés par les anciennes populations du pays pour leur servir de refuge. Accrus
depuis par les débris que les diverses générations y ont laissés, ils ont formé comme autant de couches successives de
fumier que l'on exploite aujourd'hui comme engrais. Ce sont
les *wierden* ou *terpen*. On y a découvert des antiquités romaines et carthaginoises, des objets de l'âge du bronze et même
de celui de la pierre.

Fig. 110. — Dolmen de Chirac. (Lozère.)

Plus récemment enfin on a signalé sur les côtes de Provence
un amoncellement, comme une sorte de kjœkkenmœdding,
où se trouvaient des silex taillés associés à des débris de co-
quillages et de charbon, et à quelques ossements d'animaux.

A la même époque, c'est-à-dire à la fin de l'âge de la pierre,
doivent être rapportés ces monuments en pierres énormes non
taillées, connus sous le nom de *dolmens, tumuli, allées couvertes, menhirs.*

Les *dolmens* sont de gros blocs de roches d'une forme apla-

tie, posés horizontalement sur des pierres plus ou moins nombreuses dressées verticalement pour leur servir de support.
(Fig. 110.) Les supports et la table forment une sorte de chambre qui servait à ensevelir les morts. Quelquefois deux étages
sont superposés, constituant ainsi des sépultures multiples.

Le plus souvent, comme dans le cas ci-dessus, les pierres
des chambres sépulcrales nous apparaissent nues. Mais il est
probable que dans l'origine elles étaient recouvertes de terre ;
cette terre aura disparu par l'action du temps. D'autres fois,
au contraire, on les trouve recouvertes d'un monticule dont

Fig. 111. — Tumulus-dolmen danois

les dimensions varient suivant l'importance du monument.
Le dolmen prend alors le nom de *tumulus*. (Fig. 111.)

On appelle *allées couvertes* des galeries qui dans les *tumuli* aboutissent à une salle plus spacieuse où étaient placés les corps morts. (Fig. 112 et 113.) Ces galeries étaient
formées d'énormes dalles de pierre, placées les unes à la suite
des autres. Dans certains tumuli il y avait une salle unique ;
dans d'autres, au contraire, comme dans le tumulus danois
figuré plus haut, il y en avait plusieurs.

Les monolithes ou *menhirs* sont aussi des monuments mégalithiques formés d'énormes blocs de pierres brutes que l'on fichait en terre dans le voisinage des tombeaux. Tantôt ils sont placés isolément, tantôt en cercle ou en avenue.

Placés en cercles uniques ou multiples, ils prennent le nom de *cromlech* (en allemand *krummsteine*, pierres placées en cercle). Dans ce cas, ce sont de vastes enceintes de pierres rangées d'ordinaire autour d'un dolmen.

Fig. 112. — Forme générale d'une allée couverte.

Sur la grève de Bretagne on rencontre un alignement de menhirs en avenue : c'est le fameux *alignement de menhirs de Carnac.*

Ces monuments mégalithiques abondent en France et en Angleterre. Il est tel de nos départements, comme le Lot, le Finistère où on en a compté plus de cinq cents. Longtemps on les a pris pour des autels druidiques; mais l'exploration minutieuse dont ils ont été l'objet a fait reconnaître en eux des lieux de sépulture, de véritables tombeaux antéhistoriques. On y a trouvé des silex taillés, des haches, des têtes de flèche, des couteaux. Plusieurs de ces engins sont travaillés avec beaucoup d'art. Il faut y joindre des poteries grossières, façonnées à la main. Les ossements d'animaux qu'on y rencontre, mêlés d'ordinaire à des charbons et à des cendres, appartiennent tous à la faune actuelle. Il est même quelques-uns de ces monuments où la pierre ne se montre qu'exceptionnellement et où le bronze domine, ce qui prouve qu'ils sont d'une date relativement récente et en tous cas postérieure au premier et au second âge de la pierre.

Palafittes. — Dans l'hiver de 1853-1854, les lacs et les rivières de la Suisse, ayant subi une baisse considérable dans

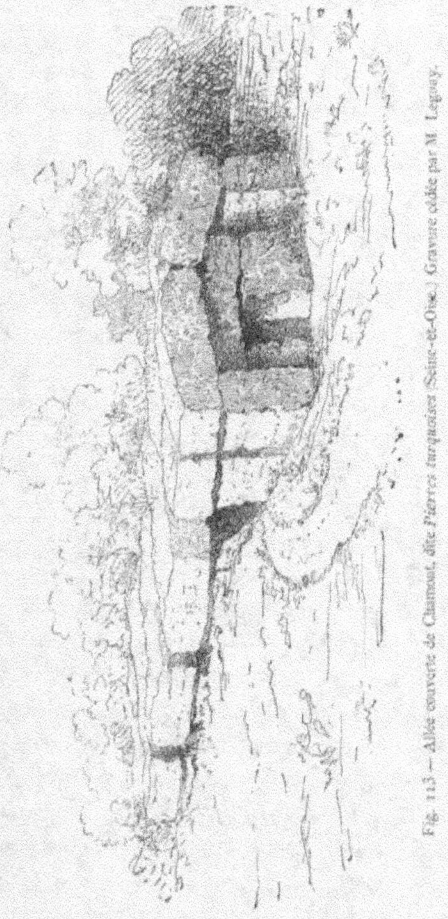

Fig. 113 — Allée couverte de Chamant, dite *Pierre turquoise* (Seine-et-Oise.) Gravure cédée par M. Leguay.

le niveau de leurs eaux, les habitants de Meilen, sur le lac de Zurich, eurent l'idée d'empiéter sur le lac, en creusant dans les eaux peu profondes du voisinage, et se servant des déblais pour combler la portion du lac dont ils voulaient s'emparer. Dans le cours de cette opération, ils découvrirent un nombre considérable de pieux profondément enfoncés dans le lit du lac, et parmi eux une grande quantité de marteaux, de haches et d'autres instruments, tous en pierre, à l'exception d'un brassart en mailles de cuivre mince, et d'une petite cognée en bronze. Des fragments de bois carbonisés indiquaient qu'un village bâti sur pilotis (fig. 114) avait péri par le feu, et c'est à cette circonstance sans doute qu'il faut attribuer le nombre considérable d'instruments qu'on y trouve. L'attention étant dirigée de ce côté, on se mit à explorer d'autres lacs, et l'on ne tarda pas à découvrir des constructions semblables, dont quelques-unes avaient dû servir d'habitation à une population de mille personnes et plus. Généralement dans les cités lacustres les pieux sont disposés parallèlement à la rive. La plate-forme se compose de plusieurs couches croisées de troncs d'arbres et de perches reliés par un entrelacement de branches. Par-dessus se trouvent des planches recouvertes par une couche d'argile.

Ce mode de construction était employé dans les lacs à fond vaseux. Mais lorsque le sol était dur et rocheux, comme c'est le cas sur plusieurs points de la rive septentrionale du lac de Neuchâtel, alors on élevait artificiellement le fond du lac au moyen de pierres amoncelées entre de gros pieux qui se trouvaient fixés par le fait de l'empierrement et avaient moins pour but de supporter les habitations que de retenir les pierres et d'en faire un tout compacte. Ces stations de pierres formaient des renflements ou petits monticules que les gens du pays désignent sous le nom de *ténevières*. C'étaient donc plutôt des îles artificielles, à la manière des *crannoges* d'Irlande (voir fig. 126), que des constructions sur pilotis proprement dites.

Fig. 114. — Un village lacustre de la Suisse.

Les restes qu'on en a retirés trahissent, comme dans les tourbières du Danemark, l'existence de trois âges différents, celui de la pierre, celui du bronze et celui du fer; mais même dans l'âge de la pierre, les instruments (fig. 115 et 116) quoique rappelant par leurs formes ceux retirés des tourbières et des antiques sépultures de la Scandinavie, de la Belgique, de la

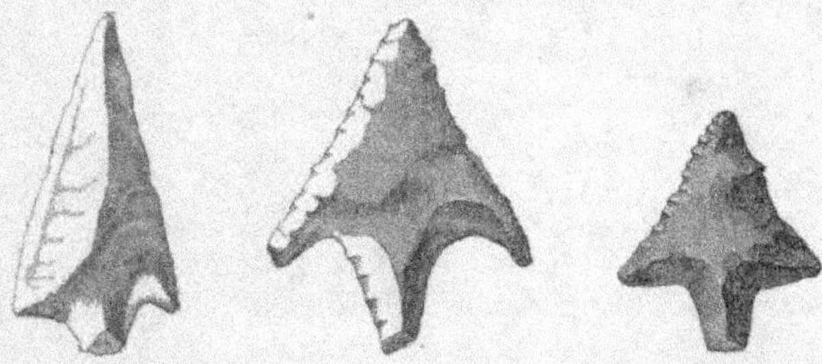

Fig. 115. — Diverses formes de pointes de flèches des habitations lacustres
de la Suisse.

Grande-Bretagne et de la France, dénotent cependant un état social moins rudimentaire. Les haches (fig. 117) sont usées et aiguisées sur la meule de manière à présenter un tranchant très-régulier, ce qui n'est jamais le cas pour les haches d'Abbeville, des cavernes ou même des kjœkkenmœddingen, qui sont taillées par éclat; la poterie (fig. 118) est bien façonnée à la main, mais elle affecte une assez grande variété et offre déjà des rudiments d'ornement. On s'en servait pour la conservation des denrées telles que fruits et céréales. Au pont de Thiele on a recueilli de forts beaux grains de froment qui sont carbonisés comme la tourbe qui les environne. A la station de l'île Saint-Pierre on a trouvé en outre de l'orge, de l'avoine, des pois, des lentilles et des glands. Celle de Robenhausen sur le lac de Pfœffikon dans la Suisse orientale a fourni d'amples collections de fruits de toute espèce, des pommes, des cerises, des faines, des graines de fraises, de framboises, etc. On a pu

même constater que les habitants des cités lacustres de l'âge
de la pierre savaient triturer le grain, comme le prouvent la
découverte de meules dont plusieurs atteignent
jusqu'à 60 centimètres de diamètre, et celle de

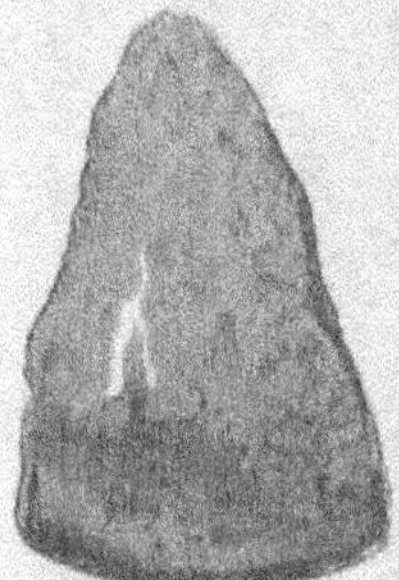

Fig. 117.
Hache de pierre des habitations lacustres de la Suisse.

pilons en granit et en grès qui étaient destinés
à cet usage. Dans la station de Robenhausen

Fig. 118.
Vase en terre cuite des habitations lacustres de la Suisse.

Fig. 116.
Pointe de lance en
silex.

déjà citée on a trouvé des lambeaux de tissus
de lin et même du pain qui s'est conservé à la faveur de la
carbonisation. Le grain n'étant qu'imparfaitement broyé, on
a constaté qu'il était fait de froment. Quant au travail domestique, il a été mis hors de doute par la découverte d'une
quantité de petits disques percés d'un trou que les savants
s'accordent à regarder comme des pesons de fuseau. (Fig. 119.)

Sans sortir de l'âge de la pierre on trouve aussi dans les
lacs suisses des instruments en os, tels que pointes de flèches

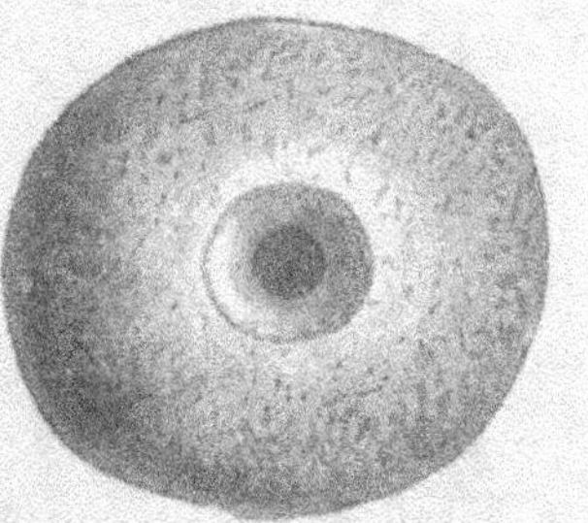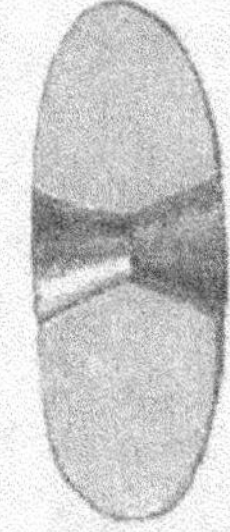

Fig. 119. — Peson de fuseau trouvé dans les habitations lacustres
de la Suisse.

(fig. 120), poinçons (fig. 121 et 122), ciseaux (fig. 123 et 124),
et même des épingles à cheveux. (Fig. 125.)

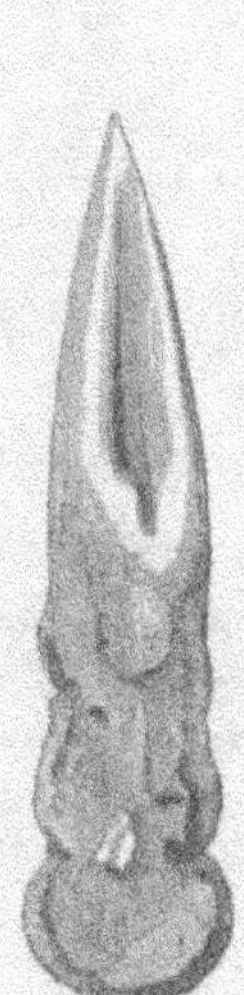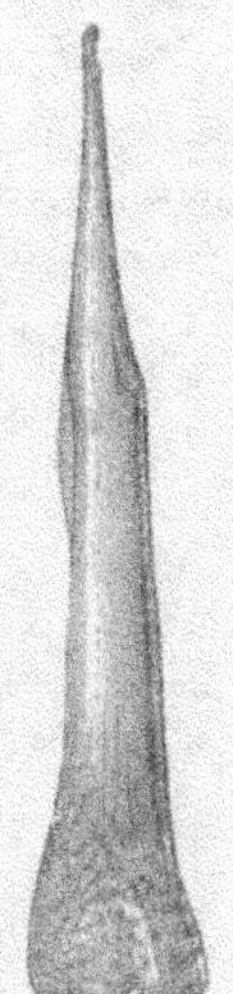

Fig. 120.
Pointe de flèche en
os.

Fig. 121.
Poinçon en os des
habitations lacus-
tres de la Suisse.

Fig. 122.
Poinçon en os des
habitations lacus-
tres de la Suisse.

Les animaux dont la drague a ramené les ossements sont
l'ours brun, le blaireau, la fouine, la loutre, le loup, le chien,

le renard, le chat sauvage, le castor, le sanglier, le porc, la chèvre, le mouton, tous identiques à ceux qui vivent au-

Fig. 123.
Ciseau en os des
habitations lacus-
tres de la Suisse.

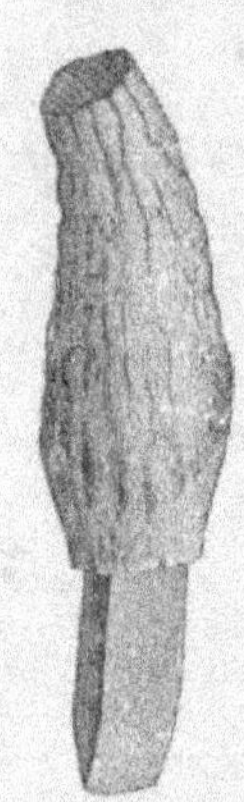

Fig. 124.
Ciseau de pierre avec
manche en bois de
cerf des habitations
lacustres de la Suisse.

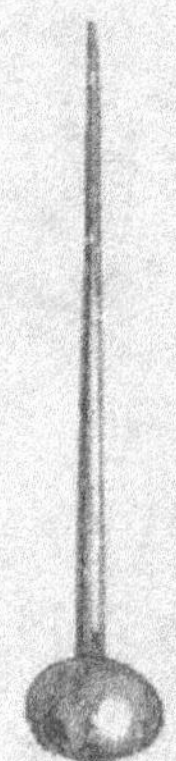

Fig. 125.
Epingle en os.

jourd'hui, à l'exception de l'élan, de l'aurochs et de l'urus qui ne se rencontrent plus en Suisse, mais qui existaient encore en Allemagne, au commencement de notre ère.

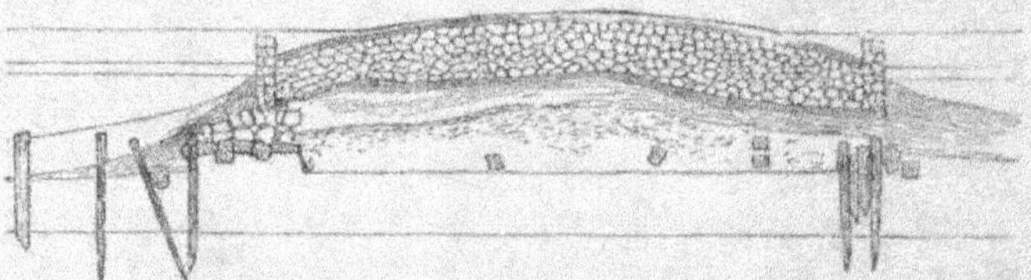

Fig. 126. — Crannoge de l'Irlande.

Les *crannoges* de l'Irlande (fig. 126) sont des espèces d'îlots artificiels d'une construction fort analogue à celles des ténevières de la Suisse et remontent, comme elles, à l'âge de la pierre.

CHAPITRE VII

CHRONOLOGIE PRÉHISTORIQUE

Trois âges correspondant aux divers degrés de civilisation — Cette division n'a pas de valeur absolue. — Silex de l'abbé Richard. — Age de la pierre; ses trois phases. — Fragments de poteries. — Probabilité sur l'introduction du bronze en Europe.

On distingue dans l'histoire de notre espèce trois âges différents correspondant aux différents degrés de civilisation : l'âge de la pierre, celui du bronze et celui du fer.

Quand on parle de l'âge de la pierre, cela ne veut pas dire que dans cet âge la pierre seule, à l'exclusion de toute autre matière, fut employée. On ne veut pas dire non plus que le bronze seul le fût dans l'âge du bronze, ou le fer seul dans l'âge du fer. On veut dire simplement que l'usage de la pierre prédominait dans le premier, celui du bronze dans le second, et celui du fer dans le troisième.

Ces observations ont reçu de nos jours une confirmation nouvelle de la récente découverte de couteaux en silex faite par M. l'abbé Richard, dans le tombeau de Josué. En les présentant dans une séance de l'Association britannique pour l'avancement des sciences, tenue à Edinburgh le 2 août 1871, M. l'abbé Richard les accompagna des explications suivantes :

« Ce fut au pied du Sinaï biblique, dit-il, que je trouvai le plus grand des ateliers de silex que j'aie encore vu, avec

les spécimens les plus remarquables et surtout des pointes
de flèches extrêmement fines. La plus jolie a été trouvée dans
l'Ouadi Férou, au centre même des montagnes sinaïtiques.
(Fig. 127.)

Fig. 127. — Le mont Sinaï.

« Vinrent ensuite plusieurs instruments trouvés en Palestine,
à Elbireh, à Tibériade; et entre le mont Thabor et le lac de
Tibériade, sur un plateau élevé de plus de 250 mètres au-
dessus du Jourdain, dans un champ cultivé, une hache sem-

blable, quant à la nature du silex et à sa forme, à celles de
la Somme. (Fig. 128.)

« Mais les instruments qui méritent, je pense, la plus grande
attention sont ceux que j'ai trouvés sur le bord du Jourdain,
à Galgal, lieu où, d'après la Bible, Josué reçut l'ordre de
Dieu de circoncire le peuple d'Israël, et dans le tombeau
que la science archéologique regarde aujourd'hui comme le
tombeau de Josué. J'ai
trouvé ces instruments soit
dans le tombeau même de
Josué, dans la chambre
sépulcrale intérieure, soit
dans le vestibule, mêlés à
des débris de poteries, à
de la terre, etc.

« J'en ai trouvé aussi
dans le champ qui est de-
vant le tombeau et jusque
sous un grand chêne vert
éloigné de la tombe de Josué d'environ 70 à 80 mè-
tres ; ils avaient été ainsi
disséminés, quand on a
fouillé et violé le tombeau.

« C'est la forme com-
munément appelée *cou-
teaux* qui domine dans ces instruments ; quelques-uns,
comme on peut s'en convaincre, sont encore très-tranchants.
Il y a cependant des scies, des pièces plates et arrondies, etc.
La plupart sont du silex ; il y en a aussi en calcaire blanchâtre qui semble avoir passé au feu.

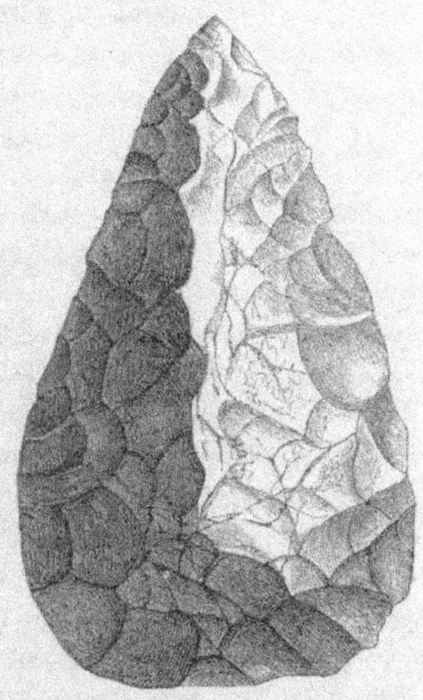

Fig. 128.
Hache en silex de la vallée de la Somme.

« J'ai l'espoir, continue M. l'abbé Richard, que ces *instruments du tombeau de Josué* et ceux dont j'ai parlé d'abord

intéresseront les amateurs si nombreux et si éclairés de l'archéologie humaine que l'Association compte dans son sein; et en les soumettant à votre appréciation, je viens vous apporter non pas des idées préconçues, non pas des théories, mais des faits, de simples faits historiques et archéologiques.

« C'est un fait historique que la fabrication de couteaux de pierre pour la circoncision des enfants d'Israël à Galgal, non loin du Jourdain. C'est un fait historique que le tombeau de Josué, élevé non loin de Sichem, longtemps oublié ou perdu, a été retrouvé, et que ses restes ont été vus et décrits par MM. de Saulcy, Guérin, etc. C'est un fait historique attesté par la version authentique des Septante qu'un certain nombre de couteaux de pierre de Galgal ont été projetés dans le tombeau de Josué, au moment de sa sépulture.

« M. de Saulcy, dans son Voyage en Palestine, n'avait pas hésité à dire, dans sa confiance absolue au récit des Livres saints, que ces couteaux de pierre devaient exister encore dans le tombeau retrouvé de Josué. Mais l'abbé Moigno, mon illustre ami, dans son journal *les Mondes*, avait rappelé l'affirmation de M. de Saulcy, et m'avait vivement pressé d'aller, pendant que j'étais en Palestine, chercher ces silex. J'y suis allé et je les ai trouvés.

« Quant aux conclusions que l'on peut tirer de mes instruments, aux arguments qu'ils peuvent apporter ou aux objections qu'ils fourniront contre les théories mises en avant par les diverses écoles anthropologiques ou biologiques modernes, je les laisse de côté.

« Si mes silex historiques ressemblent à s'y méprendre, par leur nature et leur forme, aux silex que l'on veut être essentiellement *préhistoriques*, je pourrai le regretter, au point de vue des illusions que cette coïncidence peut faire évanouir, mais la vraie science doit accepter les faits, et reconnaître l'identité des silex *préhistoriques* et des silex *historiques*. »

Le 29 du même mois, M. l'abbé Richard présentait ses silex à l'Académie des sciences de Paris, et dans un compte rendu de cette séance paru au *Moniteur universel* les mêmes faits ci-dessus relatés étaient reproduits.

De ces faits il résulte, comme nous le disions tantôt, que les âges de la pierre, du bronze et du fer n'ont pas toujours été successifs, mais quelquefois simultanés. Il n'est pas douteux par exemple qu'à l'époque où l'officine de silex taillés était en grande activité, au pied du Sinaï, l'usage du fer était depuis longtemps connu en Égypte. Quand, au pied de ce Sinaï, Dieu menace les enfants d'Israël, en disant : « Si vous ne m'écoutez point, je ferai que le ciel sera pour vous comme de fer, et votre terre comme d'airain » (Lév. XXVI, 19), qui peut douter que l'usage du fer et de l'airain ne fût connu des Israélites? Quand, après une victoire sur les Madianites, Moïse dit que l'or, l'argent, l'airain, le fer, l'étain, le plomb..., soient purifiés par le feu » (Nomb. XXXI, 22); quand le livre de Josué parle des chariots de fer des Cananéens (Josué XVII, 16), n'est-il pas évident qu'on connaissait alors tous ces métaux? Quand, vers la même époque, Job nous dit « que le fer se tire de la terre » (Job XXVIII, 2); quand il s'écrie : « Plût à Dieu que mes discours fussent gravés avec une touche de fer et avec du plomb, et qu'ils fussent taillés sur une pierre de roche à perpétuité! » (Job XIX, 24) ne sommes-nous pas autorisé à tirer la même conclusion? (1)

Une autre remarque préliminaire qu'il ne faut pas perdre de vue, c'est que si les trois âges que nous avons distingués marquent des étapes réelles dans la civilisation des peuples, tous ne les ont pas parcourues aux mêmes époques. Encore à l'heure qu'il est, il est telle tribu dans les îles de la Sonde et de l'Océanie qui en est à l'âge de la pierre; les Américains

____

(1) *Annales de Philosophie chrétienne*, 1871, p. 226 et suiv.

les plus avancés n'en étaient qu'à l'âge du bronze à l'époque de Christophe Colomb, et les peuples du centre de l'Asie connaissaient l'emploi du fer, bien longtemps avant qu'il fût cosnu dans le centre de l'Europe.

Ces réserves faites, il n'en reste pas moins qu'il y a là une importante série de faits dont il vaut la peine de tenir compte.

Le premier âge du développement humain est *l'âge de la pierre*.

En effet les premiers produits de l'industrie humaine sont des objets en pierre et en os taillés. Mais ces objets n'ont pas tous la même valeur, au point de vue de l'art. Tandis que les uns sont d'une fabrication très-grossière, les autres dénotent une habileté plus grande, et par conséquent une civilisation plus avancée. On a été ainsi conduit à distinguer deux phases principales dans l'âge de la pierre : celle de la pierre taillée, et celle de la pierre polie.

Cela même a été contesté. Il est des géologues qui pensent que les pierres polies ont été à toutes les périodes des haches qu'on portait à la main, tandis que les silex simplement taillés étaient des pointes de lance qu'on jetait contre la proie. Ils supposent que dans le temps où les hommes chassaient le mammouth et autre gibier de même dimension, l'attaque se faisait comme aujourd'hui celle de l'éléphant en Afrique. D'après le D' Livingstone les nègres, en pareille occurrence, s'assemblent en grandes troupes, armés de faisceaux de lances qu'ils dardent sur leur proie, en nombre si considérable que, malgré qu'aucun des coups portés ne soit mortel, l'animal finit par succomber à la multitude des blessures qu'il a reçues. Or, pour une telle chasse, ajoutent les archéologues dont nous citons l'opinion, des éclats de silex ramenés à la forme voulue avec le marteau, et aiguisés sur le bord, pouvaient fournir une arme parfaitement suffisante. Plus tard, quand les grands mammifères eurent disparu et que les hommes durent

pourvoir à leur nourriture, en faisant la chasse à des animaux
dont les moyens de défense consistaient plutôt dans la rapidité de leur fuite que dans leur force, on abandonna l'usage
des têtes de lance, et on y substitua des pointes de flèche en
os ou en corne.

L'époque de la pierre taillée se divise elle-même en trois
périodes.

La première se rattache à un type de silex dits en *amande*

Fig. 129. — Hache en silex taillée sur deux faces. Type de Saint-Acheul.
Vue de profil et de face.

ou de *Saint-Acheul* (fig. 129), que les ouvriers de la Somme
appellent *langues de chat*. Ces silex, haches ou lances, toujours assez gros, épais à la partie moyenne, amincis sur les
bords, sont de forme ovalaire, taillés sur les deux faces et
biconvexes.

La deuxième est caractérisée par le type du *Moustier*. Les
pointes de ce type ne sont taillées que sur un côté et sont plates
sur l'autre, par conséquent plus minces. (Voir fig. 102-104.)

Enfin la troisième période est caractérisée par des instruments plus petits, finement retaillés, à rebords amincis, à con-

tours symétriques et réguliers. La pointe de lance de Solutré en est le type convenu. (Voir fig. 105.)

Plus tard, cette période est encore caractérisée par des couteaux ou lancettes minces et étroites que l'on enlevait d'un seul coup sur un bloc de silex. (Fig. 130.)

Sous le rapport de la faune :

La première période se distingue par la prédominance du Mammouth, du Rhinocéros tichorhinus, de l'Ursus spelæus, du Felis spelæa, du Cervus megaceros. La prédominance, disons-nous, car il y avait aussi d'autres animaux qui ont vécu jusqu'à nos jours, comme le cheval, l'urus, l'aurochs, et d'autres encore qui ont quitté nos climats, pour se réfugier en d'autres lieux, comme le renne, le glouton, le chamois, etc.

Dans la deuxième période, ce sont surtout les animaux émigrés qui dominent; bien qu'on y trouve encore quelques mammouths, de grands lions et quelques rhinocéros.

Fig. 130.
Couteau en silex.

Enfin dans la troisième, mammouths, grands lions et rhinocéros ont disparu. Le renne et autres animaux arctiques seuls, accompagnés de ceux qui vivent aujourd'hui, demeurent.

La première phase de l'âge de la pierre nous transporte donc à ce moment où la température sensiblement radoucie permettait à une végétation assez abondante de se développer pour nourrir de nombreux animaux, mais où elle était cependant assez basse pour que l'hippopotame et le castor trogontherium habitassent nos fleuves (1), que les marmottes, les bou-

(1) Lyell rapporte que « le tigre du Bengale s'avance parfois au nord jusqu'à la latitude de 52°, où sa principale nourriture est le renne. » *Ancienneté de l'homme*, p. 164. Rien d'étonnant dès lors à ce que l'hippopotame et le castor aient cohabité dans les mêmes lieux.

quetins et les chamois, maintenant relégués au sommet des Alpes et des Pyrénées, vécussent dans les plaines basses de la Méditerranée, et pour que le bœuf musqué, qui ne se montre plus que par delà le 60° degré de latitude de l'Amérique septentrionale, et le renne plus arctique encore, errassent dans les plaines du Périgord.

Avec la fin de l'âge de la pierre taillée commence une nouvelle phase, celle de la pierre polie.

Ici encore gardons-nous d'établir une distinction trop absolue. Les pierres polies, nous l'avons déjà remarqué, se retrouvent à toutes les époques de l'âge de la pierre. Toutefois elles ne se rencontrent qu'exceptionnellement, il faut le reconnaître, dans les graviers et les sables diluviens, et même dans les grottes du Périgord. C'est dans les tourbières plus récentes, dans les amoncellements qui s'élèvent sur le sol actuel, dans les sépultures d'une haute antiquité qu'on retrouve ces haches en silex, en serpentine, en jade néphrétique, en obsidienne, que les antiquaires ont désignées sous le nom de *celts*. Dans les étages qui les contiennent, on ne rencontre que des débris de la faune actuelle, à une seule exception près, l'urus, qui n'a disparu qu'au commencement de l'époque historique. Les grands pachydermes, les grands carnivores, le renne lui-même n'existaient plus.

Les haches de l'époque de la pierre polie diffèrent de celles de l'époque de la pierre taillée, comme on le peut voir par la comparaison des figures 117 et 128, en ce que celles-ci perçaient ou fendaient par leur petit bout, tandis que les premières ont le tranchant à l'extrémité la plus large.

Les rares spécimens de poteries trouvés dans les couches ossifères des grottes, et dont les unes étaient simplement séchées au soleil, dont les autres plus perfectionnées avaient subi une légère cuisson à l'extérieur, appartiennent à cette troisième phase.

Avec l'*âge du bronze* et celui *du fer* nous sortons du domaine de la géologie archéologique, pour mettre le pied sur le terrain de l'histoire. Nous n'avons donc rien à en dire.

Bornons-nous à remarquer que l'usage du bronze a été probablement introduit en Europe par les premières migrations aryanes, et sur les côtes par le commerce et la colonisation phénicienne. Le bronze, en effet, étant un alliage, aurait dû être précédé d'un âge du cuivre qu'on ne trouve nulle part dans les contrées de l'Europe (1). Cette lacune ne s'explique que dans l'hypothèse d'une importation. D'autres

Fig. 131. — Chariot en bronze.

faits viennent à l'appui de cette opinion. Sur quelques stations lacustres de l'âge de la pierre, riches en instruments de roches diverses, on trouve de rares objets en bronze du meilleur fini. On a aussi découvert dans les *tumuli* du Mecklembourg et du pays de Skône de petits chars en bronze (fig. 131) semblables à ceux que Salomon fit fabriquer par Hiram de Tyr, et dont la description nous est donnée au

(1) *Matériaux*, 2ᵉ année, p. 186.

VIIe chapitre du Ier livre des Rois. Même dans les parties les plus éloignées de la côte, en Scandinavie, on trouve des bracelets de bronze si petits que des femmes phéniciennes seules ont pu les porter, et des épées à poignées ornées de pierreries à la façon phénicienne et trop courtes pour des guerriers scandinaves; tandis qu'à côté on en rencontre quelquefois de plus simples et à poignées longues qui ont évidemment servi aux aborigènes. D'ailleurs les traces de la colonisation phénicienne se montrent partout sur les côtes de la Scandinavie, au dire du savant Nielson : dans les fêtes de *Balder*, que l'on célébrait naguère encore dans le pays de Skône avec les mêmes cérémonies que celles attribuées dans le livre des Rois (I Rois, XVIII, 22-40) aux prêtres de Baal invoquant leur dieu; dans le *balstein* ou feu de Baal, que l'on allume dans la soirée du plus long jour de l'été; dans la découverte de pierres coniques de différentes hauteurs, analogues aux pierres qu'on révérait dans les temples de Baal et dans l'ancienne Egypte sous le nom d'*Ob-El*, d'où les Grecs ont fait *obelos* et nous *obélisque*, et jusque dans les noms de lieux où l'on retrouve le même radical, comme *mer Baltique*, grand et petit *Belt*, etc.

Après avoir passé en revue, comme nous venons de le faire, les différentes périodes et les différentes époques de l'ère quaternaire, il est temps de dire un mot des caractères généraux de sa faune.

CHAPITRE VIII

FAUNE QUATERNAIRE

Parmi les grands carnassiers, nous devons citer d'abord (*Ursus spelæus*) (fig. 132) l'ours des cavernes, d'un quart plus grand que nos ours bruns. Il existait déjà sur la fin de l'ère tertiaire et paraît avoir disparu avant le creusement de la val-

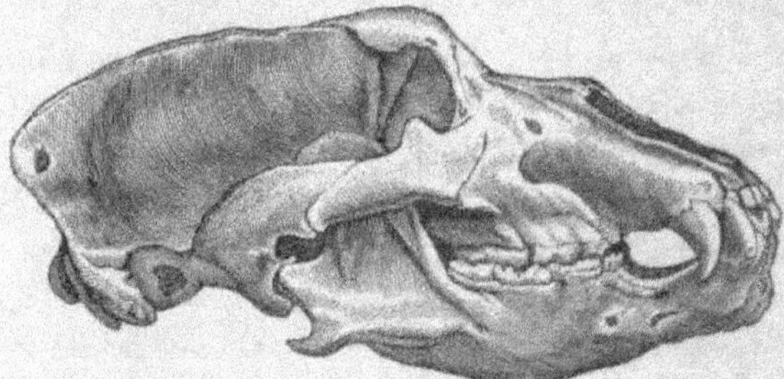

Fig. 132. — Tête d'Ursus spelæus.

lée de la Somme. A la même époque vivait (*Hyæna spelæa*) (fig. 133) l'hyène des cavernes appelée par Cuvier *hyène fossile*, et (*Felis spelæa*) le grand lion des cavernes ou tigre gigan-

tesque qui tenait à la fois du tigre et du lion, avec une longueur de plus de 4 mètres, et une taille dépassant celle de
nos plus grands taureaux. Leurs traces disparaissent avec les
assises supérieures du diluvium. On trouve aussi dès lors
d'autres carnassiers, mais d'une taille moindre, tels que le
putois, le loup, le chien et le renard.

Il faut citer parmi les herbivores le mammouth (*Elephas primigenius*), le rhinocéros à narines cloisonnées (*Rhinoceros
tichorhinus*), trois espèces de chevaux, le cerf à bois gigantes-

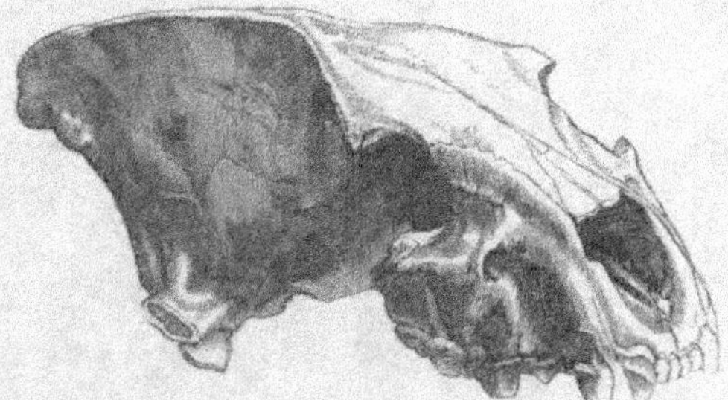

Fig. 133. — Tête de Hyæna spelæa.

ques ou grand cerf d'Irlande (*Megaceros hibernicus*), le renne
(*Cervus tarandus*), abondant surtout dans les cavernes, après
l'époque du grand ours ; l'aurochs (*Bison europeus*), qui paraît
remonter jusqu'à la fin de l'ère tertiaire, et vit encore aujourd'hui dans les forêts de la Lithuanie ; enfin l'urus (*Bos primigenius*), dont aucun reste n'a été retrouvé avant le dépôt
des assises inférieures du diluvium.

La plupart des grands carnassiers paraissent avoir marqué le commencement de la période post-pliocène. Plus tard
on les vit disparaître peu à peu avec l'abaissement de la température qui amena l'époque glaciaire. Certains animaux, tels
que le renne, le bœuf musqué, le glouton, émigrèrent vers
le Nord ; d'autres, les hippopotames, les éléphants périrent,
et deux d'entre eux, le rhinocéros à narines cloisonnées et le

mammouth ou éléphant velu, se trouvent encore ensevelis en chair et en os dans la terre glacée du nord de la Sibérie. Ils y étaient si nombreux que des îles entières, appelées *îles à ossements*, sont formées de leurs os, et que le commerce de l'ivoire alimenté par leurs défenses, s'élève annuellement à 30,000 kilogrammes.

Le mammouth (*Elephas primigenius*) (fig. 134) ou éléphant velu, est la plus récente des colossales créatures de l'ancien

Fig. 134. — Mammouth restauré.
(Emprunté aux *Montagnes* de M. Albert Dupaigne.)

monde, celle qui se rapproche le plus de l'époque humaine. Il avait 5 à 6 mètres de hauteur. Sa taille dépassait donc celle des plus grands éléphants actuels. Les poils longs et serrés dont il était revêtu, l'énorme crinière qui flottait sur son cou et le long de son épine dorsale, non moins que les restes abondants dont nous avons parlé et qu'on a découverts dans les régions arctiques, semblent indiquer qu'il était destiné à vivre dans les pays froids. Un des plus curieux spécimens de ces restes est celui qui fut trouvé en 1799 par un pêcheur toungouse, sur

les bords de la mer Glaciale, près de l'embouchure de la Léna,
au milieu des glaçons. Les chairs étaient dans un tel état de conservation, lorsque M. Adams, adjoint de l'Académie de Saint-
Pétersbourg et professeur à Moscou, qui voyageait avec le
comte Golovkin, envoyé par la Russie en ambassade en
Chine, se rendit sur les lieux, sept ans après la découverte,
que « les Iakoutes du voisinage en avaient dépecé les chairs
pour en nourrir leurs chiens. Des bêtes féroces en avaient
aussi mangé; cependant le squelette était en entier, à l'exception du pied de devant. L'épine du dos, une omoplate, le bassin et le reste de trois extrémités étaient encore réunis par les
ligaments et par une portion de la peau. L'omoplate man-
quante se retrouva à quelque distance. Une des oreilles, bien
conservée, était garnie d'une touffe de crins; on distinguait
encore la prunelle de l'œil. Le cerveau se trouvait dans le
crâne, mais desséché; la lèvre inférieure avait été rongée et
la lèvre supérieure détruite laissait voir les mâchelières. Le
cou était garni d'une longue crinière. La peau était couverte
de crins noirs et d'un poil ou laine rougeâtre; ce qui en restait
était si lourd que six personnes eurent beaucoup de peine à le
transporter. On retira, selon M. Adams, plus de trente livres
de poils et de crins, que les ours blancs avaient enfoncés
dans le sol humide, en dévorant les chairs. L'animal était
mâle, ses défenses étaient longues de plus de neuf pieds, en
suivant les courbures, et sa tête, sans les défenses, pesait plus
de 400 livres (1). »

Les os de ce mammouth transportés à Pétersbourg, par
les ordres de l'empereur de Russie, ont été déposés dans le
musée de cette ville, et forment le plus beau squelette d'*Elephas primigenius* qui soit connu.

Le rhinocéros à narines cloisonnées (*Rhinoceros tichorhi-*

---

(1) *Mémoires* (Commentarii) *de l'Académie de Pétersbourg*, par M. ADAMS.

nus), qu'on appelle ainsi à cause d'une cloison osseuse qui sépare les deux narines (fig. 135) et qui ne se trouve pas dans le rhinocéros actuel, avait deux cornes qui surmontaient son nez, au lieu d'une seule, comme dans les espèces aujourd'hui existantes. Il était couvert de poils très-abondants et sa peau était dépourvue des rides et des squammes calleuses que présente la peau du rhinocéros d'Afrique.

On sait que des cadavres entiers de mammouth et de rhinocéros fossiles ont été découverts ensevelis dans la glace. La conservation merveilleuse de ces cadavres doit être attribuée à l'action continue du froid. Cuvier pense que ces animaux auront péri subitement.

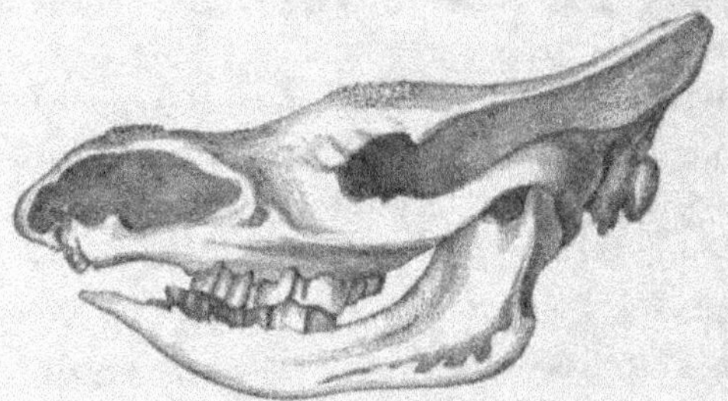

Fig. 135. — Tête de Rhinocéros tichorhinus.

« S'ils n'eussent été gelés aussitôt que tués, dit-il, la putréfaction les aurait décomposés. Et d'un autre côté, cette gelée éternelle n'occupait pas auparavant les lieux où ils ont été saisis, car ils n'auraient pu vivre sous une pareille température. C'est donc le même instant qui a fait périr ces animaux et qui a rendu glacial le pays qu'ils habitaient. Cet événement a été subit, instantané, sans aucune gradation (1). »

Il a émis plus tard une autre opinion. Dans ses *Recherches sur les ossements fossiles* (t. II, p. 245), il dit : « Je ne

<hr>

(1) *Ossements fossiles*, t. III, p. 87. — *Discours sur les révolutions du globe.*

pense pas qu'il y ait eu un changement de climat. Les éléphants et les rhinocéros de Sibérie étaient couverts de poils
épais, et pouvaient supporter le froid aussi bien que les ours
et les argalis, et les forêts dont ce pays est couvert à des
latitudes fort élevées, lui fournissaient une nourriture plus
que suffisante. »

En 1771, le naturaliste Pallas fit la découverte d'un Rhinoceros tichorhinus tout fraîchement retiré des glaces, sur
le bord du Viloui, rivière de Sibérie qui se jette dans la Léna,
par 64° de latitude boréale. Le corps de l'animal mesurait
3 aunes 3/4 de Russie de longueur et 3 aunes 1/2 de hauteur.
Il était revêtu de sa peau qui avait conservé toute son organisation extérieure, et sur laquelle on apercevait plusieurs
poils courts. Les paupières même ne paraissaient pas entièrement tombées en putréfaction. On remarquait aux pieds
des restes très-sensibles de tendons et de cartilages où il ne
manquait que la peau. « La place de la corne, ajoute Pallas,
le rebord de la peau qui se forme autour d'elle, et la séparation qui existe dans les pieds de devant et de derrière, sont
des preuves certaines que cet animal était un rhinocéros (1). »

Les restes du cerf gigantesque (*Cervus megaceros*), se trouvent surtout en Irlande, aux environs de Dublin. Cet animal
tenait à la fois de l'élan et du cerf. Les magnifiques bois qui
ornaient sa tête étaient au moins de 3 mètres de longueur et
tellement divergents que, mesurés d'une extrémité à l'autre,
ils laissaient un écartement de 3 à 4 mètres. (Fig. 136.)

On a découvert également dans les terrains de cette période des restes d'animaux antédiluviens, appartenant à l'ordre des édentés (2), mais tous propres à l'Amérique. Ce sont :
le glyptodon, le megatherium, le mylodon et le megalonyx.

(1) *Voyages de Pallas*, t. IV, p. 130-134.
(2) On sait que cet ordre est caractérisé surtout par l'absence de dents sur
le devant de la bouche.

Le glyptodon (fig. 137) était une sorte de tatou recouvert
par une carapace solide, composée de plaques, qui le faisait

Fig. 136. — Cervus megaceros.

ressembler à une tortue. Il vivait dans les pampas de Buenos-Ayres, se nourrissait de racines et de débris de végétaux.

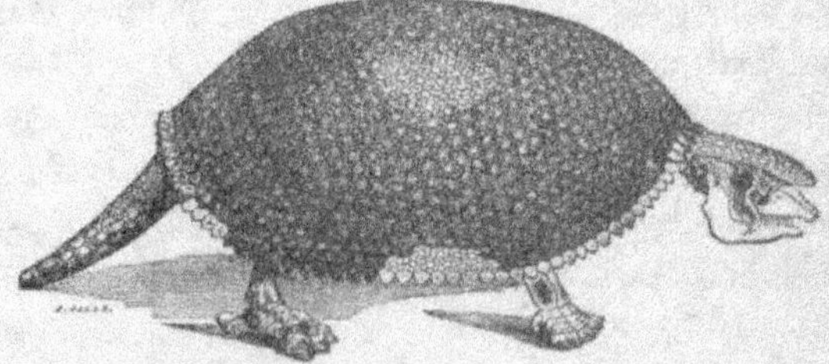

Fig. 137. — Glyptodon clavipes. (1/30 g. n.)

Le megatherium, autrement dit l'animal du Paraguay,

où il fut trouvé à Buenos-Ayres en 1788, appartenait à l'ordre actuel des paresseux. C'était un animal de la grosseur d'un éléphant (4 mètres de long sur 2 1/2 de haut), très-robuste, mais lourd dans ses mouvements. Il se nourrissait exclusivement de fruits, de feuilles et de racines. Sa queue, qui n'avait pas moins de 60 centimètres de diamètre, lui servait à la fois d'instrument de défense et de point d'appui pour supporter le poids énorme de son corps. Ses pattes anté-rieures, dont les doigts étaient armés de griffes puissantes et gigantesques, avaient environ 1 mètre de long et un tiers de large. Avec elles, il fouillait la terre et déracinait les arbres à une grande profondeur.

Le mylodon et le megalonyx étaient aussi de la famille des paresseux, herbivores, mais d'une moindre dimension et de formes un peu moins lourdes que le megatherium.

La présence de genres spéciaux de grands édentés n'est pas le seul trait caractéristique qui différencie la faune qua-ternaire de l'Amérique de celle de l'Europe et de l'Asie. Le rhinocéros par exemple, compagnon fidèle du mammouth en Europe et en Sibérie, manque complétement dans l'Amé-rique du Nord, bien qu'on y trouve plusieurs espèces d'élé-phants. Le genre mastodonte a même subsisté plus long-temps dans les deux Amériques qu'en Europe. Les chevaux, bœufs et cerfs sont d'espèces différentes dans les deux conti-nents, à l'exception du renne qui est le même que celui des contrées boréales. Le chat et l'ours n'atteignent point la taille de leurs congénères d'Europe. L'hyène manque complète-ment ainsi que l'hippopotame.

Toutefois il est digne de remarque que les caractères géné-raux de la faune quaternaire sont les mêmes dans l'ancien et dans le nouveau monde, ainsi que les phénomènes qui l'ac-compagnent. « Tous ces vertébrés, dit M. d'Archiac, plus grands que leurs congénères actuels qui habitent les mêmes pays, apparaissent à un moment donné pour régner dans des régions géographiques distinctes, et disparaître ensuite, laissant leurs débris dans les alluvions des vallées, au fond des marais, dans les cavernes et les brèches, dont ils nous servent à déterminer l'âge avec certitude. Or la généralité et la concordance de ces phénomènes d'ordres si différents sur tous les points de la terre, nous semblent un des résultats les plus importants et les plus curieux des observations de nos jours (1). »

(1) D'Archiac, *Faune quaternaire*, p. 281.

CHAPITRE IX

L'HOMME FOSSILE

Une question fort controversée en géologie et qui, dans
ces derniers temps surtout, a fixé d'une façon toute particulière l'attention et provoqué les recherches des paléontologistes de tous les pays, est celle de l'antiquité relative de
l'homme et de la place qui doit lui être assignée sur l'échelle
des temps géologiques. Cuvier l'avait rencontrée sur son
chemin. Il s'était prononcé hautement contre l'existence de
l'homme fossile, et son opinion, malgré l'évidence de faits
nombreux mais imparfaitement observés, avait prévalu presque sans conteste parmi les savants.

« L'on n'a jamais trouvé d'os humain parmi les fossiles,
dit-il, bien entendu parmi les fossiles proprement dits, ou
en d'autres termes dans les couches régulières de la surface
du globe, car dans les tourbières, dans les alluvions, comme
dans les cimetières on pourrait aussi bien déterrer des os
humains que des os de chevaux ou d'autres espèces vulgaires;

il pourrait s'en trouver également dans des fentes de rocher, dans des grottes où la stalactite se serait amoncelée sur eux. Mais dans les lits qui récèlent les anciennes races, parmi les palæotherium et même parmi les éléphants et les rhinocéros, on n'a jamais découvert le moindre ossement humain. Cependant, ajoute-t-il, les os humains se conservent aussi bien que ceux des animaux, quand ils sont dans les mêmes circonstances. On ne remarque en Egypte nulle différence entre les momies humaines et celles des quadrupèdes... On ne voit pas dans les champs de bataille que les squelettes d'hommes soient plus altérés que ceux des chevaux, et nous trouvons, parmi les fossiles, des animaux aussi petits que le rat, encore parfaitement conservés (1). »

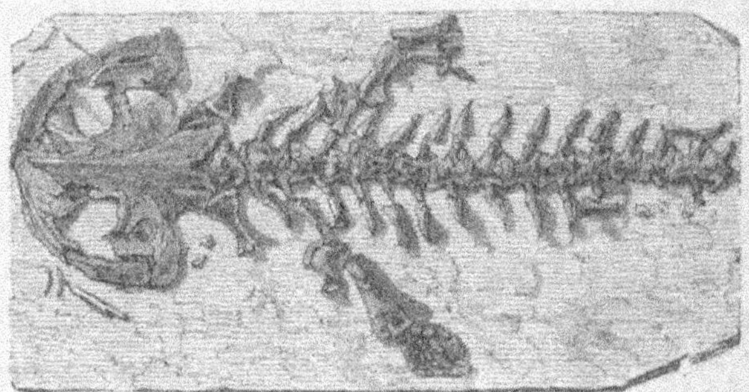

Fig. 138. — Homo diluvii. (Andrias Schleuchzeri.)

La conclusion de Cuvier, nous l'avons dit, était celle de la plupart des géologues. Elle trouva néanmoins des contradicteurs. Déjà de son temps on prétendait avoir découvert des fossiles humains. Mais aucune de ces prétendues découvertes ne résista aux investigations de la science. Il fut facile de montrer ou par l'anatomie comparée que ce qu'on avait pris pour des fossiles humains était tout simplement les restes organiques de quelque animal inférieur, ou par la géologie

(1) G. Cuvier, *Discours sur les révolutions du globe*, p. 142.

que les dépôts dans lesquels on les avait rencontrés étaient
de formation récente.

On fit grand bruit, au commencement du dernier siècle,
d'un squelette trouvé en Suisse dans les terrains sub-apennins
d'Œningen. (Fig. 138.) Il fut décrit par Schleuchzer (1731)
comme le squelette d'un homme, dans son ouvrage intitulé :
Homo diluvii testis. Or, après examen, il fut reconnu que
cet *homo diluvii* était une salamandre d'une espèce aujour-
d'hui disparue.

On a beaucoup parlé aussi de squelettes humains pétrifiés,
découverts dans les roches calcaires des rivages de la Guadeloupe. Mais quand on y a regardé de plus près on s'est
aperçu que les calcaires de la Guadeloupe où l'on a trouvé
ces ossements, au lieu d'être des roches anciennes, comme
on l'avait cru d'abord, étaient un dépôt récent formé, sous
l'action de l'atmosphère, par des eaux chargées de carbonate
de chaux, provenant des détritus de récifs de corail situés
dans le voisinage. L'expérience a démontré que des roches
pareilles sont souvent formées par des bancs de sable composés des mêmes substances, sur les bords des mers tropicales.

On s'était encore appuyé pour établir l'existence de l'homme
fossile, sur la présence d'ossements humains dans les cavernes naturelles où on les trouve souvent, recouverts de stalactites, d'autres fois enfouis dans des couches terreuses, pêle-
mêle avec les débris d'animaux d'espèces éteintes. Déjà, en
1774, Esper avait signalé la découverte d'ossements humains avec ceux de l'Ursus spelæus et d'autres mammifères, dans la caverne de Gaylenreuth, en Franconie. En
1823, Buckland soutenait de même, dans ses *Reliquiæ di-
luvianæ*, la coexistence de l'homme avec des espèces perdues. Après lui, plusieurs géologues, à la tête desquels il faut
placer le Dr Schmerling qui, depuis 1830, mit une ardeur in-
fatigable, comme nous l'avons vu, à explorer les cavernes de

la province de Liége, constatèrent dans différentes grottes la même réunion des débris humains avec des animaux fossiles, et en tirèrent la même conclusion.

A cela l'on répondait que le fait pouvait s'expliquer par la coutume générale qu'ont eue les hommes, de tout temps, d'enterrer leurs morts dans ces cavités. Quant au mélange d'ossements humains avec ceux d'autres animaux d'espèces qui n'existent plus aujourd'hui, on faisait remarquer qu'on n'en peut rien conclure, en faveur de leur contemporanéité. Plusieurs de ces cavernes ont été habitées par des tribus sauvages qui, pour les approprier à leur convenance, ont à plusieurs reprises remué le sol dans lequel leurs prédécesseurs avaient peut-être été enterrés. Cela suffit, ajoutait-on, pour faire comprendre comment des fragments de squelettes humains et les os des modernes quadrupèdes ont pu se rencontrer mêlés occasionnellement avec ceux d'espèces plus anciennes, introduits à des époques antérieures, par des causes naturelles. A l'appui de cette dernière observation, on faisait remarquer encore que plusieurs de ces cavernes ont servi de canaux d'écoulement aux eaux des inondations accidentelles ou des cours d'eau permanents qui, en s'y engouffrant, y ont entraîné et confondu, après coup, dans un même dépôt, les restes des êtres animés qui ont peuplé le pays à différentes époques.

De nos jours, la question a été agitée avec une ardeur nouvelle. Elle l'a surtout été à cause des traces de l'industrie humaine qui ont été trouvées dans les terrains du diluvium. Ces traces avaient été signalées depuis longtemps, mais avaient passé plus ou moins inaperçues. Ainsi John Frère recueillit, en 1797, à Hoxne en Suffolk, des armes en silex qui gisaient avec des ossements d'espèces détruites, à 11 pieds de profondeur, sous des couches de terrain non remanié. Personne ne songea à s'y arrêter.

M. Boucher de Perthes, président de la Société d'émulation d'Abbeville (Somme), est le premier qui ait réussi à attirer l'attention des savants sur des instruments en silex du même genre trouvés dans les graviers diluviens du département de la Somme. D'abord peu encouragé par la plupart des géologues et des archéologues il n'en continua pas moins ses recherches avec persévérance, et il obtint enfin que quelques hommes éminents, et dont le nom fait autorité, vinssent se convaincre par eux-mêmes de la réalité des faits qu'il avait signalés. MM. H. Falconer et J. Prestwich se rendirent avec quelques amis dans le département de la Somme, et firent pratiquer, sous leurs yeux, des fouilles nombreuses qui furent couronnées d'un plein succès. L'un et l'autre furent convaincus, comme M. Prestwich l'a déclaré lui-même, dans une lettre adressée à l'Académie des sciences de Paris. Après eux, M. Gaudry pratiqua des fouilles analogues à Amiens et à Abbeville, et écrivit, à son tour, dans le même sens, à la même docte assemblée. Cela se passait en juin 1859. Dans la même année, sir Charles Lyell se rendit sur les lieux, examina les faits et fut amené à la même conviction, qu'il exprima dans une réunion des principaux naturalistes anglais à Aberdeen.

Il s'agissait de démontrer :

1° Que les instruments en silex étaient l'ouvrage de l'industrie humaine;

2° Que les terrains de leur gisement étaient vierges;

3° Que l'époque à laquelle on peut les rapporter est contemporaine de celle des espèces d'animaux aujourd'hui disparues qu'on considère comme caractéristiques de la période diluvienne, par opposition à la phase actuelle.

Sur le premier point, l'évidence parut complète, du moins pour les silex en forme de hache. En visitant la collection de M. Boucher de Perthes, à Abbeville, M. Prestwich fut très-frappé du nombre et de la beauté des objets qu'elle contenait. Néanmoins, il eut peine à reconnaître dans plusieurs de ces silex des produits de l'industrie humaine, leurs formes lui parurent pouvoir bien être purement accidentelles; mais pour les *haches*, il avoue qu'il n'était pas possible d'entretenir le moindre doute. La constance de leurs formes, leur tranchant régulier et le grand nombre de petites cassures qui ont été nécessaires pour amener ce résultat, tout indique qu'elles ont été taillées de la main de l'homme. Ces haches, quoique assez imparfaites, se distinguent cependant de celles de la période celtique. Celles-ci sont *polies* avec soin au lieu d'être simplement *taillées*. Il est facile de voir qu'elles n'ont pas été faites par la même population, d'autant plus facile que les tourbières du département de la Somme renferment beaucoup de vraies haches celtiques, enfouies avec de la poterie grossière et des débris de sépulture (1).

A l'objection qui se présente naturellement : « Pourquoi ne trouve-t-on dans ces graviers ni poteries ni ossements humains ni aucun autre débris d'instruments ? » on a répondu que les poteries et les ossements humains n'ont pas résisté comme le silex à l'action des graviers avec lesquels ils ont été roulés par l'inondation diluvienne. Mais outre que cette réponse est insuffisante, puisque au milieu des silex taillés et des os fossiles d'animaux on a aussi trouvé un certain nombre de petites boules percées d'un trou, en pierre calcaire plus ou moins dure, et paraissant avoir servi à former des colliers et des bracelets, les faits sont venus depuis donner une réponse plus péremptoire.

En effet, au mois de mars 1863, M. Boucher de Perthes exhuma des hauts graviers diluviens de Moulin-Quignon la

---

(1) Les tourbières de la vallée de la Somme sont, comme chacun sait, d'une date postérieure à celle des graviers diluviens où les silex ont été trouvés.

partie inférieure d'une mâchoire humaine (fig. 139), qui gisait à 4^m50 au-dessous du sol, et à 30 mètres au-dessus de la Somme. L'authenticité de cette mâchoire, contestée d'abord, fut pleinement reconnue dans la suite par une commission composée de savants anglais et français, représentant les opinions con-

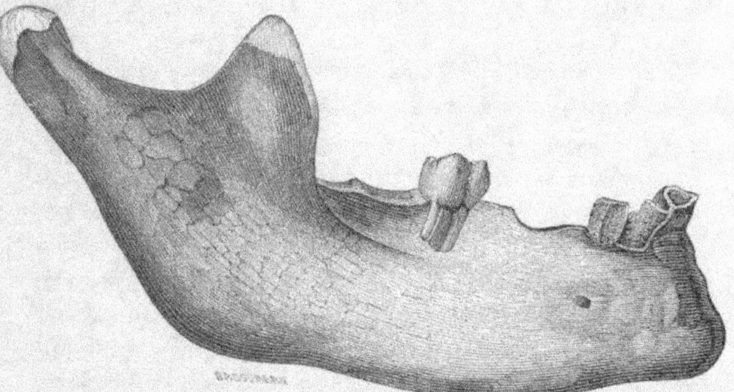

Fig. 139. — Mâchoire inférieure de Moulin-Quignon.

traires (1). Dans les mêmes assises, en 1863 et 1864, M. Boucher de Perthes continua ses fouilles. Sur une étendue d'environ 40 mètres de terrain non remanié et en dehors de toute infiltration, fissure ou puits, il recueillit plus de 200 débris d'ossements, la plupart humains, dénotant une race petite. « Ceux que l'on rencontre le plus fréquemment, dit-il, sont des morceaux de fémur, de tibia, d'humérus, de crâne surtout, et des dents soit entières, soit brisées. Ces dents représentent tous les âges; il y en a d'enfants de deux à trois ans, d'adolescents, d'adultes, de vieillards. J'en ai recueilli *in situ*, une douzaine, soit entières, soit brisées, et autant en passant au tamis le sable et le gravier retirés des tranchées. En outre, j'ai pu extraire de ce sable beaucoup de parcelles

(1) MM. Milne Edwards, Falconer, Carpenter, Busck, Prestwich, Lartet, Desnoyers, Quatrefages, Delesse, Daubrée, abbé Bourgeois, Hébert, Gaudry, Delanou et Garrigou.

de ces mêmes dents réduites presque en poussière (1). »

Le deuxième point, savoir le gisement des silex, a été étudié avec le plus grand soin par MM. Prestwich, Gaudry, etc. Il s'agissait de savoir si ces silex, qu'on a trouvés dans les terrains de la Somme, à une profondeur de 3 à 5 mètres, n'y avaient pas été introduits, depuis la formation de ces dépôts, soit par la main des hommes, soit par pénétration, à la suite de quelque remaniement des couches. Cette hypothèse paraît être tout à fait inconciliable avec les faits. Les couches qui les recouvrent ne portent pas la plus légère trace de perturbation; on peut voir sur de longues étendues qu'elles sont vierges et que, depuis le moment qu'elles ont été déposées, aucune circonstance ne les a modifiées. Les silex taillés sont donc antérieurs à l'inondation qui a déposé ces graviers.

3° Enfin, quant à l'époque à laquelle ils appartiennent, elle est déterminée par celle des gisements où ils se trouvent, laquelle est déterminée à son tour par les débris fossiles d'animaux auxquels ils sont associés, dans les mêmes gisements. Ces animaux sont le mammouth, le rhinoceros tichorhinus, l'ours et l'hyène des cavernes, le cerf gigantesque, etc., types aujourd'hui éteints mais caractéristiques, comme nous l'avons vu, de l'ère quaternaire.

Une fois éveillée sur un point l'attention ne tarda pas à se porter sur d'autres. Des faits auxquels on ne s'était pas arrêté ou dont on avait cru pouvoir se débarrasser facilement, à l'aide de l'une ou l'autre des raisons rapportées plus haut, acquirent une importance nouvelle. Tel fut le cas des cavernes à ossements. En ayant déjà parlé dans un précédent chapitre, nous n'y reviendrons pas ici.

Il semble bien difficile après cela de nier la contemporanéité de l'homme et des animaux de la faune quaternaire.

(1) Boucher de Perthes, *Nouvelles découvertes d'os humains dans le diluvium en 1863 et 1864*. Rapport à la Société impériale d'émulation.

Ce n'est pas seulement dans les graviers de la vallée de la
Somme, mais sur les bords de la Loire, de la Garonne, de
la Seine, au pied des Pyrénées, en Suisse, en Espagne, en
Angleterre qu'on a trouvé des silex taillés, mélangés avec les
ossements des mammifères antédiluviens. Des faits analogues,
nous l'avons vu, ont été observés dans les cavernes naturelles,
sans qu'il soit possible d'en rendre compte à l'aide des explications rapportées plus haut. Les fentes longitudinales, les
cassures régulières et les entailles que présentent souvent les
os fossiles et qui sont d'une finesse et d'une netteté parfois
remarquables, ne peuvent être attribuées qu'à l'homme et au
tranchant de son couteau siliceux.

Mais ce qui décide pour nous la question ce sont les *graf-
fiti*, ces dessins à la pointe gravés sur le schiste, l'ivoire ou
la corne extraits des cavernes du Périgord. Un de ces graffites
(fig. 140) découvert en 1864, par M. Ed. Lartet, dans la
grotte de la Madeleine, porte l'image d'un mammouth avec
sa longue crinière, figuré à l'aide d'incisions sur une lame

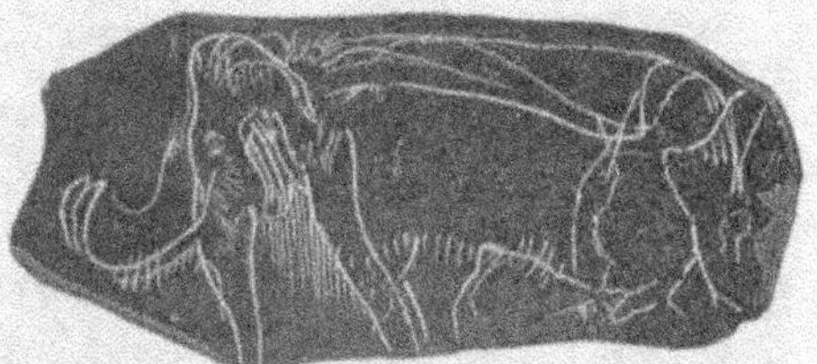

Fig. 140. — Mammouth gravé sur une lame d'ivoire.

d'ivoire fossile. L'homme existait donc en même temps que
le mammouth, autrement il n'aurait pu le copier.

La coexistence de l'homme et de l'ours des cavernes, généralement considéré comme plus ancien que le mammouth,
nous paraît ressortir de faits non moins positifs et non moins
nombreux.

A moins de répéter ce que nous avons déjà dit, nous ne pouvons que renvoyer le lecteur à la description des grottes de Belgique, de Brixham et d'Aurignac qui nous ont présenté, et en grand nombre, les ossements de l'ours des cavernes associés à ceux de l'homme et aux débris de son industrie. Signalons simplement le fait qu'à Brixham comme à Aurignac, des membres entiers ont été trouvés dans leur juxta-

Fig. 141. — Dessin du grand ours trouvé sur un galet dans la grotte de Massat.

position naturelle, ce qui écarte toute idée d'un remaniement ultérieur. Mais ce qui met le comble à l'évidence et coupe court à toute contestation, c'est la découverte faite dans la grotte de Massat, en Périgord, de cette curieuse pierre (fig. 141) où l'on voit gravée d'une façon assez correcte l'image de ce carnassier.

Nous pouvons donc conclure de ce qui précède que l'homme a été le contemporain de la faune quaternaire. Ce fait, nié par Cuvier, et qui, jusqu'à ces derniers temps, avait été révoqué en doute par la plupart des géologues, a pris place désormais au rang des conquêtes positives de la science. Est-ce à dire que nous ayons retrouvé les premiers vestiges de l'apparition de l'homme sur la terre? Nous ne saurions aller jusque-là. Nous affirmons simplement que, dans l'état actuel de nos connaissances, il n'est pas permis de rapporter son existence à une époque moins reculée.

Cette antiquité n'a pas paru suffisante à quelques-uns. Des traces de l'existence de l'homme se retrouveraient, d'après eux, dans le tertiaire supérieur, ou le pliocène.

On a parlé d'abord de deux squelettes humains enfouis sous les dernières éruptions du volcan de Denise, près du Puy, en Velay, et dont M. Aymard publiait la découverte en 1844. D'un côté du cône du volcan étaient des déjections argilo-volcaniques, sous lesquelles l'homme avait été enfoui; de l'autre des os d'un animal tertiaire, l'*Elephas meridionalis*. On a cru pouvoir inférer de là la contemporanéité de l'homme et de cet éléphant. — Mais, pour que la conclusion fût légitime, il faudrait préalablement établir que les déjections des deux versants sont de la même époque. Or c'est ce qui n'est rien moins que prouvé. Tout au contraire, M. J. Robert a démontré que les tufs où l'*Elephas meridionalis*, le *Rhinoceros megarhinus*, l'*Hyæna brevirostris* et autres animaux caractéristiques de la faune pliocène supérieure, ont été trouvés, doivent être attribués au volcan de Sainte-Anne, regardé comme intermédiaire entre les premiers et les derniers cônes volcaniques du Velay (1).

On a parlé encore d'ossements d'*Elephas meridionalis*, de *Rhinoceros leptorhinus*, d'*Hippopotamus major*, et d'autres mammifères considérés comme caractéristiques du pliocène qui porteraient des traces de la main de l'homme. Découverts en 1863, par M. Desnoyers, à Saint-Prest, près de Chartres, ce naturaliste dit y avoir constaté des entailles et des stries qui lui paraissent avoir été faites à l'aide de silex, comme celles qu'on remarque sur les restes des quadrupèdes trouvés dans les cavernes ossifères, dans les terrains diluviens, et même dans les tombeaux d'âges postérieurs. C'est au même

_____

(1) Dr H.-E. SAUVAGE, Association française pour l'avancement des sciences. Compte rendu de la 1re session 1872. Bordeaux, p. 780.

ordre de faits que se rattachent les fossiles pliocènes de l'Arno, en Toscane, que l'on montre dans plusieurs musées, et sur lesquels on remarque des entailles de la même nature. — Mais quelle certitude avons-nous que ces entailles et ces stries ont été faites par la main de l'homme? Charles Lyell, ayant donné des ossements à des porcs-épics du jardin zoologique de Londres, vit ces rongeurs y découper toutes sortes d'entailles très-semblables à celles des ossements de Saint-Prest; d'où il pensa que ces dernières pouvaient être attribuées au grand rongeur de Chartres, qu'il croit être un *trogontherium*, et que M. Langel a nommé *conodontes Boisviletti* (1).

Depuis, on est encore allé plus loin. Le 2 décembre 1867, M. Mortillet s'exprimait ainsi : « En étudiant les calcaires de Beauce (miocène inférieur) de la commune de Thenay (Loir-et-Cher), M. l'abbé Bourgeois a reconnu que plusieurs couches de cette formation d'eau douce contiennent des silex taillés de main d'homme. En même temps, M. l'abbé Delaunay découvrait les débris d'un squelette d'*halitherium*, espèce de cétacé fossile, à la base des faluns de la carrière de la Barrière, commune de Chazé-le-Henri, près de Pouancé (Maine-et-Loire). Quelle ne fut pas sa surprise, quand il reconnut, sur deux fragments de côtes, extraits devant lui du gisement, des coupures et de profondes incisions ! Elles ont tous les caractères des coupures et incisions faites intentionnellement avec un couteau ou une scie. » Nous devrions donc, grâce aux ossements incisés de M. Delaunay, faire remonter l'origine de l'homme jusqu'aux faluns de l'Anjou, jusqu'au miocène moyen. Nous devrions, grâce aux silex taillés de M. Bourgeois, aller encore plus loin, et faire remonter l'homme jusqu'aux calcaires de Beauce, ou miocène inférieur. — Mais M. Hébert, professeur de géologie à la faculté de Paris, qui a

(1) G. Mortillet, *Matériaux pour l'histoire de l'homme*, 1re année, p. 12.

examiné ces pièces attentivement et en présence de MM. Bourgeois et de Vibraye, a déclaré, de la manière la plus formelle, que ces silex ne présentent rien qui soit de nature à exiger l'intervention de la main de l'homme. Nous avons recueilli une déclaration toute semblable de la bouche de M. Gruner, inspecteur des études à l'École des mines de Paris, où quelques-uns de ces silex ont été apportés et examinés. M. Hébert pense également que les incisions des os de lamentin, trouvés par M. l'abbé Delaunay, dans les faluns de la Touraine, ne prouvent aucunement l'existence de l'homme à cette époque.

Cette opinion a été confirmée depuis par les observations de M. Delfortrie sur les stries et entailles qui recouvrent les ossements des faluns de Léognan, aux environs de Bordeaux. « Sur presque tous les ossements du miocène aquitanien, dit-il, s'observent des stries et entailles ; maxillaires d'halitherium et de squaladon, côtes et vertèbres de différents cétacés, plaques costales et fragments de plastron de chélonées faisant partie de notre collection, en sont littéralement couverts. » Or, toutes ces entailles présentent le même caractère. Dans le nombre il en est que l'on serait tenté d'attribuer, à première vue, à la main de l'homme ; éraillées sur les bords, elles ont vraisemblablement été produites quand l'os était encore frais. D'autres, droites et profondes, présentent aussi la plus grande analogie avec celles dues au silex. Mais à côté s'en trouvent d'autres affectant une forme courbe, sinueuse, qui commencent à inspirer des doutes. Enfin les doutes sont levés et la désillusion devient complète en présence d'incisions parallèles, légèrement curvilignes, auxquelles s'adaptent avec une justesse parfaite des dents pectinées trouvées dans le même gisement, et que M. Delfortrie suppose être celles d'un poisson carnivore, le *Sargus serratus*. Ces ossements, ajoute-t-il, se présentent tous dans un état de conservation, presque de fraîcheur qui rappelle la nature vivante ;

les parties les plus fines et les plus délicates se montrent toujours intactes. Ce qui donne à penser que lorsque la vague les rejetait sur la plage miocène, ils étaient encore revêtus de chairs et de téguments, et qu'ils reposaient sur un fond assez tranquille pour permettre aux poissons carnassiers de se repaître de ces restes avant qu'ils fussent recouverts par les sables où ils sont enfouis aujourd'hui; d'où il conclut « que la paléontologie consultée sur l'existence de l'homme miocène ne peut que formuler un *non* bien accentué (1). »

Au reste, M. l'abbé Delaunay lui-même a fini par en convenir. En août 1871, il disait aux rédacteurs des *Matériaux*, que les stries sur les os d'halitherium sont l'œuvre des squales (2).

L'homme a été le contemporain de l'ours des cavernes, tel est le point extrême où les lumières de la science nous permettent de remonter.

Mais cet âge de l'ours des cavernes, quelle place relative occupe-t-il lui-même dans l'ordre des temps?

Pour répondre à cette question, rappelons d'abord que des trois époques, celle du renne, du mammouth et de l'ours des cavernes, la dernière est la plus ancienne.

L'*époque du renne* (nous parlons de l'Europe occidentale) doit être placée peu de temps après la retraite des glaciers, alors que le climat était à peu près semblable à celui de la Laponie. C'est ce qu'on peut induire des fouilles faites dans l'été de 1866 à Schussenried, en Wurtemberg, par M. Valet et M. le professeur Fraas. Avec des instruments en silex, en os, en bois de renne et d'autres preuves incontestables de la présence de l'homme, on a trouvé en abondance, dans cet emplacement, des bois de renne et des ossements d'une autre

(1) *Les Ossements entaillés et striés du miocène aquitanien.* Extrait des Actes de la Société linnéenne de Bordeaux, t. XXVII, 1866.

(2) *Matériaux*, 8e année, p. 111.

douzaine d'autres vertébrés, tous d'espèces vivantes, mais en partie relégués actuellement dans les régions boréales, telles que le loup (*Canis lupus*), le renard des neiges (*Canis lagopus*), le glouton (*Gulo borealis*), le cygne (*Cycnus musicus*), etc. On a recueilli au milieu de ces ossements une mousse d'espèce perdue (*Hypnum diluvii*), très-voisine du *Hypnum sarmentosum* qui végète actuellement en Laponie et appartient à une flore essentiellement glaciale. Ajoutons que tous ces débris gisaient à la base d'une couche d'argile, reposant directement sur le terrain erratique. Nous sommes donc autorisés à conclure que l'époque du renne doit être placée peu après la période glaciaire.

Celle *du mammouth*, qui lui est antérieure, remonterait par conséquent ou à la grande extension des glaciers, ou immédiatement après leur retraite. En tout cas, il n'est pas douteux qu'elle s'est prolongée jusqu'à la période post-glaciaire.

Quant à l'époque de l'*ours des cavernes*, plus ancienne que la précédente, elle nous transporte au moment où les glaciers recouvraient la plus grande partie de l'Europe, ou même à un âge encore plus reculé. Cette induction est confirmée de la manière la plus positive par la présence en Suisse de l'*Ursus spelæus*, de l'*Elephas antiquus* et du *Rhinoceros hemitœchus*, dans les charbons feuilletés de Utznach, près Zurich, qui ont été déposés évidemment avant la grande extension des glaciers, puisqu'ils sont recouverts par le terrain erratique.

Remarquons toutefois que l'existence de l'ours des cavernes, avant l'extension des glaciers, n'établit pas que l'existence de l'homme remonte jusque-là, en sorte qu'on soit fondé à parler d'une époque humaine antéglaciaire. Pour qu'une telle conclusion fût rigoureuse, il faudrait que l'ours des cavernes n'eût pas prolongé son existence au delà de cette limite. Or, c'est tout le contraire qui est vrai. Il se pourrait donc qu'au lieu d'avoir coexisté avec l'ours des cavernes au commencement, l'homme n'ait coexisté avec lui qu'au milieu ou même à la fin de l'époque caractérisée par l'apparition de ce dernier. Et comme tout ce qu'on peut dire pour limiter la durée de l'époque de l'ours des cavernes, c'est qu'il paraît avoir disparu avant le creusement de la vallée de la Somme (1), tout ce qu'on peut déduire aussi avec certitude du fait de sa coexistence avec l'homme, c'est que ce dernier existait avant le creusement de cette vallée.

Au reste, et quelle que soit l'antiquité qu'il faille assigner à l'homme (question que nous aurons à examiner dans une autre partie de ce travail), il résulte de ce qui précède qu'il occupe le sommet de l'échelle de la création. Nous pouvons même dire, en tenant compte de la loi de progression qui caractérise les produits successifs de la force créatrice, qu'il est le dernier des êtres qui ait fait son apparition sur la scène du monde. Et ici nous sommes heureux de nous rencontrer avec un homme dont le nom fait autorité : « L'anatomie pourrait, à mon avis, démontrer, dit Agassiz, que l'homme n'est pas seulement le plus récent et le plus élevé des êtres vivants pour la période actuelle, mais qu'il est le dernier terme d'une série au delà de laquelle il n'y a matériellement plus de progrès possible, dans le plan sur lequel le règne animal tout entier est construit. Le seul perfectionnement désormais réalisable sur la terre doit consister dans le développement des facultés intellectuelles et morales de l'homme (2). »

(1) D'Archiac, *Faune quaternaire.*
(2) L. Agassiz, *De l'espèce et de la classification en zoologie,* traduit de l'anglais par Félix Vogeli, p. 34, Paris, 1869.

LIVRE DEUXIÈME

LA CRÉATION

LIVRE DEUXIÈME

—

LA CRÉATION

—

CHAPITRE PREMIER

Récit de la création. — Sens du mot « bara » (créa). — La matière n'est pas éternelle. — Il n'y a eu qu'une création. — Les cieux et la terre désignent le monde universel.

Nous avons interrogé la science sur l'histoire de la formation et des modifications successives de l'enveloppe de notre globe, depuis l'époque où l'informe zoophyte se traînait sur le fond vaseux et obscur des océans primitifs, jusqu'à celle où l'homme apparut dans sa royauté sur la scène de la vie, couronné de toutes les gloires et de toutes les magnificences de la création.

Il est temps de sortir du domaine de la science et d'interroger le récit biblique.

Nous désirons le faire avec indépendance, sans nous préoccuper de l'accord ou du désaccord qui peut exister entre les données de l'une et celles de l'autre. Cette question reviendra en son temps. Pour le moment, la seule chose que nous devions avoir en vue, c'est de nous rendre bien compte du sens du texte sacré. Faute de l'avoir entendu et de lui avoir

fait dire ce qu'il dit et non ce qu'il ne dit pas, on est allé se
heurter contre des difficultés inextricables, mais qui eussent
été levées bien vite, si au lieu de s'en tenir à des versions
fautives, on se fût donné la peine de recourir à l'original. La
saine méthode scientifique nous oblige à constater les faits
d'abord, sauf plus tard à en déduire les conséquences. Tant
pis pour les théories qui ne cadrent pas avec eux. Une fois
bien établi, un fait est un fait, et rien au monde ne saurait le
détruire. Ouvrons donc le récit de la création, comme nous
ouvririons tout autre document écrit à la même époque, dans
la même langue, et demandons-nous, sans autre guide que la
grammaire et le dictionnaire, ce qu'a voulu dire l'auteur
sacré, ce qu'il a dit en effet :

1   AU COMMENCEMENT DIEU CRÉA LES CIEUX ET LA TERRE.

2   OR, LA TERRE ÉTAIT DÉSERTE ET VIDE; IL Y AVAIT DES
TÉNÈBRES A LA SURFACE DE L'ABIME, ET L'ESPRIT DE DIEU
3 PLANAIT A LA SURFACE DES EAUX. — ET DIEU DIT : QUE
4 LA LUMIÈRE SOIT ET LA LUMIÈRE FUT. — ET DIEU VIT QUE
LA LUMIÈRE ÉTAIT BONNE. ET DIEU SÉPARA LA LUMIÈRE ET
5 LES TÉNÈBRES. — ET DIEU NOMMA LA LUMIÈRE JOUR ET
LES TÉNÈBRES NUIT. ET IL Y EUT SOIR, ET IL Y EUT MATIN ;
(CE FUT) UN PREMIER JOUR.

6   PUIS DIEU DIT : QU'IL Y AIT UNE ÉTENDUE ENTRE LES
EAUX, ET QU'ELLE SÉPARE LES EAUX D'AVEC LES EAUX. —
7 DIEU DONC FIT L'ÉTENDUE ET SÉPARA LES EAUX QUI SONT
AU-DESSOUS DE L'ÉTENDUE DES EAUX QUI SONT AU-DESSUS
8 DE L'ÉTENDUE. ET AINSI FUT. — ET DIEU NOMMA L'ÉTEN-
DUE CIEUX. ET IL Y EUT SOIR ET IL Y EUT MATIN; CE FUT
UN SECOND JOUR.

9   PUIS DIEU DIT : QUE LES EAUX SE RASSEMBLENT SOUS
LES CIEUX EN UN LIEU UNIQUE, ET QUE LE SEC PARAISSE.

10 Et ainsi fut. — Et Dieu nomma le sec terre, et nomma l'amas des eaux mers. Et Dieu vit que cela

11 était bon. — Puis Dieu dit : Que la terre fasse germer de la verdure, de l'herbe portant graine, des arbres fruitiers, selon leur espèce, donnant du fruit qui ait en lui sa graine, sur la terre. Et ainsi fut.

12 — La terre donc produisit verdure, herbe portant graine, selon son espèce, et arbre donnant du fruit qui avait en lui sa graine, selon son espèce. Et Dieu

13 vit que cela était bon. — Et il y eut soir, et il y eut matin; ce fut un troisième jour.

14 Puis Dieu dit : Qu'il y ait des luminaires dans l'étendue des cieux pour séparer le jour et la nuit; qu'ils servent de signes et soient des régulateurs pour les époques et pour les jours, et pour les années;

15 — et qu'ils soient pour luminaires dans l'étendue des

16 cieux, pour luire sur la terre. Et ainsi fut. — Dieu donc fit les deux grands luminaires, le grand luminaire pour présider au jour, et le petit luminaire pour

17 présider à la nuit, et les étoiles. — Et Dieu les mit dans l'étendue des cieux pour luire sur la terre, —

18 et présider au jour et à la nuit, et pour séparer la lumière et les ténèbres. Et Dieu vit que cela était

19 bon. — Et il y eut soir, et il y eut matin; ce fut un quatrième jour.

20 Puis Dieu dit : Que les eaux produisent en abondance des êtres rampants qui aient respiration de vie, et que des êtres volants volent sur la terre, dans l'é-

21 tendue des cieux. — Dieu donc créa les grands monstres marins et tous animaux rampants que les eaux produisent en abondance, selon leur espèce, et tout être volant, ayant des ailes, selon son espèce. Et

22 Dieu vit que cela était bon. — Et Dieu les bénit, en
disant : Croissez et multipliez, et remplissez les eaux
dans les mers, et que les êtres volants multiplient
23 sur la terre. Et il y eut soir, et il y eut matin ; ce
fut un cinquième jour.

24 Puis Dieu dit : Que la terre produise des animaux
qui aient respiration de vie, selon leur espèce, des
bestiaux, des êtres rampants et des bêtes terrestres,
25 selon leur espèce. Et ainsi fut. — Dieu fit donc les
animaux terrestres, selon leur espèce, et les bestiaux, selon leur espèce, et tout être qui rampe
sur la terre, selon son espèce. Et Dieu vit que cela
26 était bon. — Puis Dieu dit : Faisons l'homme a notre
image, a notre ressemblance, et qu'ils dominent sur
les poissons de la mer et sur les êtres volants des
cieux, et sur les bestiaux, et sur toute la terre, et
sur tout être rampant qui rampe sur la terre. —
27 Dieu donc créa l'homme a son image, il le créa a l'i-
28 mage de Dieu. Il les créa male et femelle. — Et
Dieu les bénit et leur dit : Croissez et multipliez, et
remplissez la terre, et vous la soumettez, et dominez
sur les poissons de la mer, et sur les êtres volants
des cieux, et sur tout animal qui rampe sur la terre.
29 — Et Dieu dit : Voici, je vous donne toute herbe portant graine qui est sur la surface de toute la terre
et tout arbre qui a en soi du fruit d'arbre portant
30 graine ; ils vous seront pour nourriture. — Mais a
tous les animaux de la terre et a tout être volant
des cieux et a tout être rampant sur la terre qui a
en lui la respiration de vie, je donne toute verdure
31 des herbes pour aliment. Et ainsi fut. — Et Dieu vit
tout ce qu'il avait fait, et voici, cela était très-bon.

Et il y eut soir et il y eut matin; ce fut un sixième jour.

Tel est le récit biblique de la création. Nous ne nous arrêterons pas à en faire ressortir la sublime grandeur. D'autres, avant nous et mieux que nous, ont relevé l'admirable simplicité avec laquelle l'auteur sacré s'exprime dans un sujet où d'autres se seraient crus obligés de recourir à tous les artifices et à toutes les pompes du langage. Nous ne chercherons pas davantage à montrer l'immense supériorité qui éclate, rien qu'à première vue, dans cette cosmogonie si concise, si rationnelle, si bien liée, sur tous les essais de cosmogonie qu'on trouve chez les autres peuples. Cette étude, très-intéressante en elle-même, nous éloignerait par trop de notre sujet. Bornons-nous donc à serrer de près le texte biblique et à en déterminer le sens.

Au commencement, Dieu créa les cieux et la terre.

Deux questions se posent à l'occasion de ces paroles : S'agit-il ici d'une œuvre de création proprement dite, c'est-à-dire d'une œuvre par laquelle Dieu sortit du néant ce qui n'existait pas; ou s'agit-il simplement de l'arrangement d'une matière préexistante? C'est la première question.

L'œuvre du commencement, racontée au verset 1, est-elle une seule et même œuvre avec celle des six jours, racontée dans les versets suivants, ou bien sont-ce là deux œuvres différentes, séparées l'une de l'autre par un intervalle de temps indéterminé? C'est la seconde.

La première question a été résolue en sens divers. Pour les uns, Moïse enseignerait qu'il fut un temps où rien n'existait que Dieu seul; qu'ainsi le monde, non-seulement dans sa disposition actuelle, mais dans son essence, n'est pas éternel, qu'il a eu un commencement. D'autres ont avancé, au contraire, que les cieux et la terre, créés par Dieu, le furent avec une matière préexistante et éternelle qu'il aurait arrangée, organisée à une époque indéterminée. Cette époque serait ce que Moïse appelle « le commencement. » Cette dernière opinion a eu pour avocats des chrétiens sincères, tant parmi les anciens que parmi les modernes. Ils n'ont pu comprendre un Dieu éternel, ne créant pas éternellement. Ainsi pensait Justin Martyr, qui l'avait appris de Platon, et plusieurs autres théologiens après lui.

Le mot *berëshit*, « au commencement, » qui ouvre le récit sacré, ne nous apporte aucune lumière là-dessus. En lui-même et séparé du contexte, il désigne simplement le point de départ d'une série, d'une époque. Dans cet endroit, supposé qu'il s'agisse de création, la seule chose qu'il exprime serait celle-ci : c'est que Dieu, lorsqu'il voulut exercer son pouvoir créateur, commença par créer les cieux et la terre.

Mais si nous ne pouvons rien conclure du mot *berëshit*, il n'en est pas de même du mot *bara*, que nous avons traduit par « créa. » Ce mot, du moins dans le premier chapitre de la Genèse, semble exprimer d'une manière spéciale l'idée de création ; il est opposé à *'assa*, qui signifie faire, approprier, arranger, (*facere vel ordinare.*) Ainsi, au chapitre II, verset 3, nous lisons : « Dieu s'était reposé de toute l'œuvre qu'il avait *créée* pour être *faite* ; » « bara Elohim la'assoth » (*creaverat ut faceret, ut ordinaret*). Tandis, au contraire, que, lorsque Moïse veut exprimer non l'action créatrice de Dieu, mais la formation, l'arrangement d'une matière préexistante, c'est du mot *'assa* qu'il se sert. S'agit-il de l'organisation de cette matière créée au commencement, et qui, par suite de modifications successives, devint la lumière, le ciel, la terre, les mers, les plantes et les arbres ; ce n'est plus le mot *bara*, mais le mot *'assa* qui paraît, ou toute autre expression correspondante. Ainsi Moïse ne dit pas que Dieu

« créa » (*bara*) la lumière, qu'il « créa » l'étendue, qu'il
« créa » deux grands luminaires. Pourquoi? Parce que
la lumière n'est pas une création, au sens propre du mot,
mais la simple émission d'une des propriétés de la matière.
Il faut en dire autant de l'étendue. Le soleil, la lune et les
étoiles de même ne furent pas créés au quatrième jour; ils
faisaient partie de ces cieux dont il est parlé au verset 1. Dieu,
simplement, les disposa d'une manière nouvelle. Aussi n'est-
ce pas le mot *bara*, mais le mot *'assa* qui est employé. Il
est vrai qu'en racontant la première apparition de l'homme
et des êtres animés, Moïse nous dit que Dieu les créa (*bara*);
mais cela même confirme notre observation, car le souffle
de vie qui les anime n'est pas une simple modification de la
matière, mais une création véritable. Voilà pourquoi Moïse se
sert du mot *bara* au verset 27 du chapitre I, où il est dit que
« Dieu créa l'homme à son image; » tandis qu'il se sert du
mot *'assa* au verset 7 du chapitre II, où, parlant de la nature terrestre de l'homme, il s'exprime ainsi : « Or l'Eternel
Dieu avait formé l'homme de la poudre de la terre. »

Nous sommes donc en droit d'affirmer que dans la Genèse
le mot *'assa* suppose ordinairement une matière préexistante,
tandis que *bara* n'en suppose point. Gardons-nous toutefois
de donner à cette distinction une valeur trop absolue. Il faut
convenir que non-seulement dans les écrits ultérieurs, mais
que même dans le récit de la création, les mots *bara* et *'assa*
sont quelquefois employés indifféremment l'un pour l'autre.
Ainsi (Gen. I, 21), Dieu *créa* les grands monstres marins; au
verset 25 du même chapitre, Dieu *fit* les bêtes de la terre.
Au verset 26, Dieu dit : « *Faisons* l'homme à notre image; »
au verset 27, « Dieu donc *créa* l'homme à son image; il les
créa mâle et femelle. »

Ainsi, tout en maintenant comme fondée la différence
qu'on établit d'ordinaire entre le sens des mots *bara* et *'assa*,

nous ne croyons pas qu'elle tranche à elle seule la première
des deux questions que nous nous sommes posées. Mais si
elle ne la résout pas directement, la solution ne paraît pas
être douteuse quand on considère le contexte. « Les cieux
et la terre » embrassaient pour les Hébreux l'universalité des
êtres ; dire qu'au commencement Dieu les créa, c'était dire
qu'avant cette époque, il n'y avait rien, excepté Dieu. L'idée
d'une matière indépendante de l'univers et préexistant à
sa formation ne serait certainement pas entrée dans l'esprit
d'un peuple enfant, étranger aux abstractions de la science.

En posant dès l'entrée que Dieu a fait toutes choses de rien
par un acte de sa volonté souveraine, la cosmogonie mosaïque se sépare donc profondément des cosmogonies philosophiques de l'antiquité qui toutes, sans exception, font la
matière éternelle (1).

La seconde question, celle de savoir si l'œuvre du commencement et celle des six jours sont une seule et même
œuvre, en sorte qu'il faille faire remonter le récit de la grande

(1) Si la raison spéculative n'a pu s'élever nulle part à la notion spiritualiste
de création, si elle n'a point connu la vraie histoire de la terre, en revanche,
quand nous remontons par delà cette limite où la philosophie n'existe pas
encore, où la religion seule règne sur les esprits, nous trouvons dans les traditions religieuses de tous les peuples un fond de croyances communes,
quoique plus ou moins défigurées, sur l'origine des choses, dont il n'est possible de rendre compte qu'en y voyant les débris ou les épaves de la religion
primitive de l'humanité.

En effet, dans toutes les cosmogonies païennes, le monde a été à son origine un chaos : il était enfermé dans un œuf qui s'est brisé et dont une
moitié a formé la voûte céleste, l'autre la terre. D'où cette idée qu'on retrouve
chez toutes les nations leur est-elle venue ? Ce n'est pas là une idée simple
qui naisse spontanément dans le cerveau humain, puisque, parmi les philosophes, les uns supposent l'univers éternel, tandis que d'autres le font naître
de la rencontre fortuite d'atomes crochus dans l'espace. Le chaos, d'ailleurs,
n'a point d'analogue dans la nature actuelle. Nous ne voyons aucun être
sortir d'une masse confuse et informe. Et puis comment concilier le chaos,
l'idéal du désordre et de la mort, avec l'œuf, qui est le plus beau symbole de
la vie et de l'harmonie ? Il faut donc, puisque cette idée se retrouve chez tous
les peuples, qu'elle leur vienne d'une source commune, qu'elle fasse partie

semaine au verset 1, ou si ce sont là deux œuvres distinctes qui peuvent avoir été séparées par un intervalle de plusieurs milliers et peut-être de plusieurs millions d'années, cette question a reçu aussi des solutions différentes. La plus naturelle, il faut en convenir, celle qui se présente la première à l'esprit, à la lecture du récit biblique, c'est que l'œuvre des six jours et celle du commencement sont une seule et même œuvre. Et pourtant nous n'hésitons pas à nous prononcer pour l'autre; voici pourquoi :

D'abord en soi cette interprétation est parfaitement légitime. La particule conjonctive *et*, qui se trouve au commencement du verset 2, dans la plupart de nos versions, et qui semble établir une sorte de connexité entre ce qui précède et ce qui suit ne prouve absolument rien. Quiconque est tant soit peu versé dans l'hébreu, sait qu'elle n'est pas simplement conjonctive, mais explicative, quelquefois même adversative, en sorte qu'on peut la rendre ou par *et*, comme nos versions, ou par *or*, comme nous l'avons fait, ou par *mais*, comme Josèphe et les Septante.

de ces croyances primordiales qui constituèrent la religion de l'humanité primitive et que les peuples, lors de la dispersion, emportèrent partout avec eux.

Ainsi s'expliquent les nombreuses ressemblances de ces cosmogonies entre elles. Ainsi s'expliquent également celles non moins frappantes qu'elles présentent avec la Genèse. Avec cette différence toutefois que la cosmogonie des Hébreux est de beaucoup la plus correcte et la mieux liée; celle qui nous donne la clef de toutes les autres. Par elle se complètent les deux notions contradictoires de l'œuf et du chaos. « La terre était sans forme et vide, et les ténèbres étaient sur la face de l'abîme. » Voilà le chaos. « Et l'Esprit de Dieu couvait les eaux » comme un oiseau; voilà l'idée de l'œuf du monde, idée qui se retrouve d'un bout de la terre à l'autre, jusque chez les indigènes des îles Sandwich. « Dans le temps où tout était mer, disent-ils, un immense oiseau s'abattit sur les eaux et pondit un œuf d'où sortit bientôt l'île d'Haouaï. » Mais, ces réserves faites, tout nous porte à croire que les Hébreux, comme les autres peuples, avaient puisé le récit de la création qui est en tête de la Genèse dans cette tradition primitive de l'humanité, d'où sont sorties toutes les cosmogonies païennes. (Voir FRÉD. DE ROUGEMONT, *Peuple primitif*. t. II, p. 443-517; t. I, p. 211-244, 315-382. *Le surnaturel démontré par les sciences naturelles*, p. 47-61.)

Légitime en soi, cette interprétation s'accorde seule avec le contexte. Admettons en effet qu'entre l'œuvre racontée par Moïse au verset 1, et celle des six jours il n'y ait point d'intervalle, que signifient ces paroles du verset 2 : « Et la terre était sans forme et vide? » Il va bien de soi qu'elle l'était, puisque Dieu ne l'avait encore ni organisée ni peuplée. Cette réflexion était parfaitement inutile, et Moïse n'apprenait rien à ses lecteurs qu'ils n'eussent aisément compris d'eux-mêmes. Mais si la terre, créée au commencement, n'a reçu que plus tard, plusieurs milliers et peut-être plusieurs millions d'années après, sa forme et sa disposition actuelles; si ce n'est que plusieurs milliers et peut-être plusieurs millions d'années après que la puissance créatrice y a fait apparaître successivement les créations végétales et animales, dont les couches sédimentaires conservent encore les débris — alors on comprend qu'avant d'entreprendre de nous faire le récit de cette œuvre d'organisation et d'arrangement, Moïse nous ait donné, au verset 2, la description de l'état du globe après sa création. Dans le cas contraire, cette description était tout au moins inutile; elle n'avait pas de raison d'être; elle ne se comprend pas.

Plus fautive encore, nous semble-t-il, est l'interprétation de ceux qui veulent voir dans le récit de la Genèse une double création. Au lieu de traduire, comme nous, le verset 2, ils traduisent : « Et la terre fut désolée et déserte, et il y eut des ténèbres sur la surface de l'abîme. Et l'Esprit de Dieu planait sur la face des eaux. » Alors aussi, au lieu de considérer le verset 1 comme énonçant d'une manière générale la création de la matière; le commencement du 2e, comme décrivant l'état de cette matière, au moment de sa création, et la suite, comme le récit de l'organisation définitive du globe en six époques, ils voient dans le verset 1 une déclaration sommaire d'une création primitive; dans le verset 2, l'indication d'une épouvantable catastrophe par laquelle cette création aurait été bouleversée, tandis qu'avec le 3°, commencerait l'histoire de la restauration de ce monde détruit, pour en faire l'habitation de l'homme. Notre monde serait ainsi, selon l'expression de l'un des derniers représentants de cette opinion, une sorte de *palimpseste,* un *codex rescriptus*(1).

Scientifiquement parlant, cette explication est insoutenable. Les faits géologiques la repoussent absolument. Mais laissant de côté cet ordre de considérations, nous remarquons d'abord qu'elle rompt toute espèce de relation entre cette proposition du verset 1 : « Dieu créa le ciel et la terre, » et celle du verset 2 : « Et la terre fut désolée. » C'est aussi peu compréhensible, observe judicieusement un écrivain, que si l'on disait : « Napoléon I*er* organisa la France, *et* la France fut désolée. » En outre, il est tout à fait contraire à la grammaire aussi bien qu'à l'ordre des idées, de traduire par le passé défini et non par l'imparfait le *haietha h* du verset 2 : « La terre fut, » et non « la terre était » *Thohou-va-Bohou.* En hébreu, lorsqu'un prétérit est précédé de son sujet, il indique un état d'être de ce dernier, et se rend en français par l'imparfait. Enfin le mot *thohou* qu'on a traduit par « désolé, » rappelle une idée de solitude absolue, de nudité, d'absence d'organisation et de vie. (Deut. XXXII, 10; Ps. CVII, 40; Job XII, 24; VI, 18; XXVI, 7, etc.) Ce n'est que dans certains cas, dans le langage hyperbolique des prophètes, qu'on peut le rendre par « désolé; » jamais dans le style calme et simple de l'histoire (2).

Ajoutons encore que notre interprétation a pour elle l'autorité des meilleures traductions et des meilleurs interprètes de l'Écriture. Jusqu'au siècle passé, tous les traducteurs et les

(1) Kurtz, *Bibel und Astronomie.*
(2) Voir dans le *Bulletin théologique* de M. Ed. de Pressensé (décemb. 1864) une discussion intéressante de M. Eug. Le Savoureux sur ce sujet.

interprètes ont considéré le 1ᵉʳ verset de la Genèse comme énonçant d'une manière générale la création de la matière ; le 2ᵉ
comme décrivant l'état de cette matière au moment de la création, et les versets suivants comme contenant le récit de l'organisation définitive du globe en six jours ou six périodes de
progrès successifs (1). » Augustin et Théodoret supposaient
que le 1ᵉʳ verset décrit la création de la matière antérieurement à l'œuvre des six jours. Justin Martyr et Grégoire de
Nazianze croyaient de même qu'il y avait eu une période indéfinie entre la création de la matière et l'arrangement ultérieur de l'univers. Basile de Césarée, Origène sont plus
explicites encore. Ainsi, bien longtemps avant que la science
géologique existât, les plus illustres docteurs de l'Eglise entendaient comme nous les premières paroles du récit de la
Genèse.

Cette observation a de l'importance : elle montre que si les
faits géologiques, comme nous le verrons bientôt, confirment pleinement notre interprétation, celle-ci repose sur des
raisons qui lui sont propres, et qui l'avaient fait adopter,
bien longtemps avant qu'il y eût dans le monde une science
qui ressemblât de près ou de loin à ce qu'on appelle la
géologie.

Il résulte de l'étude à laquelle nous venons de nous livrer
qu'il ne faut pas confondre la création du commencement et
l'œuvre des six jours ; que ce sont là deux époques bien distinctes, séparées l'une de l'autre par une période de temps
indéterminée. Si donc les investigations de la science nous
conduisent à donner à la terre et aux autres corps célestes
une antiquité de plusieurs millions d'années, qu'il soit bien
entendu qu'il n'y a rien dans le texte sacré qui s'oppose à ce
que nous y consentions.

(1) *Ibid.*

Les cieux et la terre désignent, dans le langage de l'Ecriture, l'universalité des êtres. L'hébreu ne possède point d'expression plus compréhensive que celle-là.

« La terre » (*haaretz*) signifie tantôt le globe entier sur lequel nous vivons (Es. XL, 22; Job XXVI, 7); tantôt seulement la croûte solide, dont il est recouvert, comme au verset 10 de notre chapitre, où Dieu nomme « terre, » le « sec, » par opposition à la mer.

Le mot « ciel » (*hashamaïm*) a de même plusieurs acceptions dans la Bible. Tantôt c'est l'atmosphère, le ciel des oiseaux et des nuages, celui dont il est parlé au verset 8; tantôt c'est le ciel des astres, du soleil, de la lune, des étoiles; tantôt, enfin, le ciel du ciel, celui où résident les anges et où Dieu a mis son trône.

« Les cieux et la terre » qui furent créés au commencement ne sauraient évidemment pas être ce que nous entendons ordinairement par ces mots, puisque, d'après Moïse, c'est seulement au second jour que Dieu fit le ciel ou l'étendue, et seulement au troisième qu'il sépara le sec d'avec l'humide et le nomma terre. Force donc est de les prendre dans un autre sens. La « terre » qui fut créée au commencement, c'est notre planète tout entière, et les « cieux » qui furent créés à la même époque sont : 1° le ciel des astres, embrassant tous les corps stellaires et planétaires; 2° le ciel du ciel et tous les anges dont il est dit « qu'ils chantaient en chœur, avec les étoiles du matin, quand Dieu fonda la terre. » (Job XXVIII, 7.)

CHAPITRE II

Après nous avoir révélé d'une manière sommaire la création comme un acte de Dieu, la Bible nous dit dans quel état se trouvait la terre quand elle eut été créée :

Or la terre était déserte et vide ; et il y avait des ténèbres a la surface de l'abîme, et l'Esprit de Dieu planait a la surface des eaux.

D'après la construction de la phrase hébraïque, les trois propositions dont se compose le tableau sont inséparables. Le participe présent *merahhéphèth*, « planant, » indique que lorsque la terre était *thohou-va-bohou*, l'Esprit de Dieu planait à la surface des eaux. En hébreu comme en français, ce participe marque une simultanéité, une coïncidence d'époque, en même temps qu'une idée de durée dans l'action ou manière d'être du sujet, ce qui nous conduit à chercher avec quoi coïncide cette durée de l'action de l'Esprit de Dieu, et nous ne trouvons que l'état de choses rappelé par les mots *thohou-va-bohou*. On peut voir des exemples de construction analogue : Gen. XIX, 1 ; Job I, 16 ; Jug. IV, 4 ; et encore Gen. XLI, 17 ; Ex. III, 2 ; V, 16 ; Jug. XIII, 9.

La terre était *thohou-va-bohou* (déserte et vide), c'est-à-dire dans un état de solitude absolue, de nudité, d'absence d'organisation et de vie. Tel est le sens constant du mot *thohou*. « Il le trouva dans une terre déserte, dans une solitude (*be-*

thohou) de hurlements et de désolation. » (Deut. XXXII, 19.)
— « Il les fait errer dans le désert (*be-thohou*), sans chemin. »
(Ps. CVII, 40.) — « Il étend le septentrion sur le vide (*thohou*),
il suspend la terre sur le néant. » (Version de M. Renan. —
Job XXVI, 7. Voyez encore 1 Sam. XII, 21; Es. XLI, 29;
XL, 17.) Quant à *bohou* qu'on ne trouve que trois fois dans
l'Ancien Testament et toujours associé à *thohou*, il forme avec
celui-ci une paronomase dont nous nous sommes efforcé de
rendre le sens aussi fidèlement que possible par « déserte
et vide. » Après la création, la terre offrait donc l'image d'un
vaste désert : point d'hommes ni d'animaux, point d'oiseaux
ni de reptiles, point de plantes ni de feuilles, rien... que le
vide et la solitude.

Un second trait de la peinture donnée par Moïse de l'état
de la terre, avant l'œuvre des six jours, c'est que

LES TÉNÈBRES ÉTAIENT SUR LA FACE DE L'ABÎME.

Ces mots se comprennent suffisamment, sans avoir besoin
d'explication. Autour de la terre déserte et vide était un *abîme
d'eaux*, et par-dessus cet abîme d'immenses *ténèbres*. Tableau grandiose et sombre rendu par Milton dans ces beaux
vers, quand il dit en parlant des anges et des archanges qui
regardent du haut du ciel dans le chaos :

> On heavenly ground they stood, and from the shore,
> They viewed the vast, immeasurable abyss;
> Outrageous as a sea, — dark wasteful wild,
> Up from the bottom turned by furious heat,
> And surging waves, as mountains, to assault
> Heaven's height, and with the centre mix the pole.

Mais après cette période de nudité et de ténèbres, voici
venir l'introduction de la vie et de la lumière.

CHAPITRE III

Et l'Esprit de Dieu planait a la surface des eaux.

Au lieu de l'*Esprit de Dieu*, quelques interprètes ont proposé de traduire les mots *rouahh Elohim*, par « un vent de Dieu, un grand vent, » et de rendre ainsi le passage : « Et les vents agitaient la surface des eaux. » Cette traduction fort ancienne, puisqu'on la trouve déjà dans la version arabe, a été ainsi qualifiée par Calvin : « *Adeo frigidum est, ut nulla refutatione indigeat.* » Il est souvent parlé de l'Esprit de Dieu dans l'Ancien Testament, et toujours c'est le mot « rouahh » qui est employé. (Gen. VI, 3 ; Ps. XXXIII, 6 ; Job XXVI, 13 ; Es. XXXIV, 16 ; Ps. XLIII, 10 ; Ezéch. XXXV, 27, etc., etc.) Nulle part *rouahh Elohim* n'a le sens qu'on voudrait lui donner ici ; et quand l'Ecriture veut parler d'un grand vent, c'est d'une tout autre expression qu'elle se sert : *rouahh guedolah.* (Jon. I, 4.)

Cette interprétation écartée, je ne vois pas quel autre sens on pourrait assigner aux mots dont il s'agit que celui adopté par nous, avec l'immense majorité des traducteurs anciens et modernes.

Mais cet Esprit de Dieu que l'Ecriture nous montre ainsi

assistant au début de la création, que faisait-il? « Il planait ou se mouvait à la surface des eaux. »

Le mot *rahhaph* que nous avons traduit par « planer, » « se mouvoir, » réveille une idée d'agitation, de mouvement. Moïse l'emploie (Deut. XXXII, 11), pour exprimer l'action d'un aigle voltigeant pour émouvoir sa nichée. Il est encore employé dans Jérémie XXIII, 9, avec le sens de trembler, être agité. « Tous mes os tremblent » (*rahhaphou*), dit-il, pour rendre l'émotion que lui font éprouver les faux prophètes. A part ces deux textes, le mot *rahhaph* ne se trouve plus dans la Bible que dans notre chapitre.

L'Esprit de Dieu planait donc à la surface des eaux. Pour comprendre ce que signifie cette expression, il importe de se rappeler que le Saint-Esprit nous est représenté dans l'Ecriture comme le principe vivifiant. En parlant des créatures de la terre et des mers auxquelles il vient de faire allusion, le Psalmiste dit: « Elles s'attendent toutes à toi... Caches-tu ta face? Elles sont troublées. Retires-tu leur souffle? Elles défaillent et retournent en leur poudre. Mais si tu renvoies ton Esprit, elles sont créées et tu renouvelles la face de la terre. » (Ps. CIV, 29, 30.) Dans la vision magnifique d'Ezéchiel, la vivification des os secs est aussi attribuée à l'action du Saint-Esprit : « Puis je regardai, et voici : il vint des nerfs sur eux, et il y crût de la chair, et la peau fut étendue par-dessus, mais l'Esprit n'y était point. Alors il me dit : Prophétise à l'Esprit et dis à l'Esprit : Ainsi a dit le Seigneur, l'Eternel : Esprit, viens des quatre vents et souffle sur ces morts et qu'ils revivent. Je prophétisai donc, comme il m'avait commandé, et l'Esprit entra en eux, et ils revécurent. » Ce que le Seigneur explique lui-même ainsi : « Et vous, mon peuple, vous saurez que je suis l'Eternel, et je mettrai mon Esprit (*rouhhi*) en vous et vous revivrez. » (Ezéch. XXXVII, 8-14.) Nous trouvons de même dans le livre de Job : « C'est par son Esprit qu'il a orné les cieux » (Job XXVI, 13); et encore : « l'Esprit du Dieu fort (*rouahhah El*) m'a fait et le souffle du Tout-Puissant m'a donné la vie. » (XXXIII, 4.)

Ainsi, l'Esprit de Dieu planant à la surface des eaux, c'est le principe vivifiant qui se meut au-dessus de l'abîme liquide et ténébreux, pour y verser la vie dont il est la source. Prétendre avec quelques-uns qu'en s'exprimant de la sorte, Moïse a voulu déclarer simplement que l'Esprit de Dieu était dès le commencement avec le monde, c'est le faire parler pour ne rien dire. Puisque l'Esprit de Dieu est partout, il va de soi qu'il était au-dessus des eaux. Révéler cela n'était pas nécessaire; mais ce qui l'était, c'était de nous dire qu'à ce moment l'Esprit de Dieu faisait pénétrer la vie dans le monde jusque-là désert et vide, et que CETTE VIE APPARUT POUR LA PREMIÈRE FOIS DANS L'ABÎME DES EAUX.

C'est donc dès le verset 2 que nous est décrit le commencement de l'œuvre de la grande semaine, et le début de cette œuvre est non l'émission de la lumière, mais la fécondation de l'abîme des eaux.

Qu'on veuille bien se rappeler que la division en versets ne fait point partie intégrante du texte et que la copule *et* relie indifféremment toutes les parties du discours. Rien, par conséquent, ne nous oblige à faire commencer le récit de l'œuvre des six jours au verset 3 plutôt qu'au verset 2.

Cette dernière manière de voir est même forcée, si l'on considère que le premier jour, à supposer qu'il commence au verset 3, aurait bien eu un *matin*, mais n'aurait pas eu de *soir*, contrairement à l'affirmation de Moïse au verset 5 : « Et il y eut soir et il y eut matin; ce fut un premier jour. » Il faut donc, de toute nécessité, rapporter le verset 2 aussi bien que le verset 3 à l'œuvre du premier jour.

Quoique la plupart des commentateurs aient méconnu la portée de ce passage, Théodoret, au cinquième siècle, semble

l'avoir entendu comme nous, dans les paroles que voici :
Τίσι δοκεῖ τὸ πανάγιον πνεῦμα ζωογονοῦν τῶν ὑδάτων φύσιν.
« Il a paru à quelques-uns que c'est le Saint-Esprit qui vivi-
fiait et fécondait la nature des eaux (1). »

En résumé, le verset 2 de la Genèse nous apprend qu'après
la création de la matière, il n'y avait point de trace de vie
animale ni végétale, peu ou point de terre sèche (2), point de
rayon de lumière; mais que l'Esprit de Dieu se mouvait à la
surface des eaux, pour les féconder, et qu'ainsi, c'est dans
l'abime des eaux ou dans les *créations sous-marines* qu'il
faut chercher les premières traces de la vie organique sur notre
globe

Et Dieu dit : Que la lumière soit, et la lumière fut.
Et Dieu vit que la lumière était bonne. Et Dieu sépara
la lumière et les ténèbres. Et Dieu nomma la lumière jour
et les ténèbres nuit. Et il y eut soir et il y eut matin.
Ce fut un premier jour.

Les mots dont se sert ici Moïse méritent d'être pesés soigneusement. Il ne dit pas avec la Vulgate que *Dieu fit la lumière*, comme si la lumière était une substance matérielle, un
corps *sui generis*, ce qui serait contraire aux dernières découvertes de la science. Il dit simplement : « Dieu dit : Que la
lumière soit, et la lumière fut. » Ce qui n'implique en aucune manière que la lumière fut créée à ce moment-là, mais
bien qu'à ce moment elle fut, pour la première fois, mise en
action. La lumière, en effet, n'est point une substance matérielle, mais un effet des ondulations de l'éther, sorte de fluide
extrêmement subtil, répandu dans tous les corps. Quand,

(1) *Quæst.* VIII, p. 13, édit. de Halle.
(2) « L'abîme des eaux » pourrait signifier ou bien que la terre entière, ou
simplement que la plus grande partie, la presque totalité de sa surface était
sous l'eau.

par une cause quelconque, l'éther est mis en vibration, la sensation de la lumière existe. Quand, au contraire, il demeure en repos, il y a obscurité. Ces ondulations ou vibrations peuvent être produites par diverses causes, telles que le soleil ou les étoiles, l'électricité, la combustion, ou même des actions chimiques quelconques. Il ne serait donc pas exact de dire que la lumière fut créée, puisqu'elle n'est ni un corps ni une substance, mais plutôt un certain état de la matière créée au commencement. Aussi Moïse se garde-t-il de commettre une telle erreur. Dans le langage sublime dont il se sert, il nous représente Dieu, non pas créant la lumière, mais lui donnant essor, par un effet de sa volonté souveraine. « Et Dieu dit : Que la lumière soit, et la lumière fut. »

Il est également digne de remarque que Moïse place la lumière avant l'apparition du soleil, puisque ce n'est qu'au quatrième jour, d'après son récit, que cet astre parut et brilla au front des cieux. Qu'il faille en faire un mérite ou un reproche à son auteur, nous n'avons pas à le rechercher ici. Bornons-nous à constater que selon lui, et contrairement à l'opinion reçue de son temps, et généralement admise encore aujourd'hui par ceux qui sont étrangers aux travaux de la science, la lumière est indépendante du soleil, puisqu'elle existait bien longtemps avant que celui-ci fût rendu visible pour nous.

Mais qu'est-ce que ce *soir*, et qu'est-ce que ce *matin* dont il est parlé et qui reviennent à la fin du récit de l'œuvre de chacun des six jours?

La réponse à cette question dépend elle-même de la réponse à celle-ci : Que sont ces six jours? Sont-ce des jours de 24 heures, ou des périodes de temps d'une durée indéterminée?

CHAPITRE IV

L'une et l'autre des deux opinions rappelées plus haut ont eu leurs partisans et peuvent invoquer en leur faveur des autorités d'un poids égal. MM. Letronne, Th. Chalmers, Buckland, se sont prononcés pour la première; Champollion, Deluc, Cuvier et la plupart des commentateurs modernes se sont déclarés pour la seconde.

Ajoutons, pour être parfaitement sincères, que la première est celle qui se présente le plus naturellement à l'esprit, qu'elle a pour elle le sens le plus ordinaire du mot *jour* (*iôm*); et qu'en règle générale, surtout pour un livre populaire comme la Bible, quand on a à choisir entre deux sens, le plus direct, le plus naturel et le plus simple est toujours celui qu'on doit préférer (1).

(1) Quoique vraie dans sa généralité, l'observation ci-dessus ne préjuge rien dans la question qui nous occupe. La Bible est claire pour tout ce qui touche au salut, tout ce qui est du ressort du monde moral. Dans ce domaine, un homme simple et droit est toujours sûr de la bien comprendre. Mais quand il s'agit d'astronomie, d'histoire, de géologie ou de toute autre branche

Malgré ces raisons, nous n'hésitons pas à nous ranger à l'opinion de ceux qui, dans les jours de la création, voient des périodes indéterminées, non des jours de vingt-quatre heures.

D'abord le mot hébreu *iôm*, traduit par *jour*, ne s'oppose nullement à cette interprétation. Bien loin de là. Les exemples abondent dans l'Écriture. Ainsi, quand elle parle du « jour du Seigneur, » du « jour du salut, » du « jour de la vengeance, » du « jour du jugement, » du « jour de la colère (1), » il est évident que dans toutes ces expressions, il ne s'agit pas d'un jour proprement dit, mais d'un temps, d'une époque d'une durée plus ou moins longue. Du reste, ce n'est pas seulement dans la Bible, mais à peu près dans toutes les langues qu'on l'entend ainsi. Quand on dit d'un homme, d'un peuple, d'un système qu'il a eu « son jour, » — tout le monde comprend qu'on veut parler d'autre chose que d'un jour solaire. L'analogie du langage autorise donc pleinement notre interprétation. L'un des représentants les plus distingués de l'opinion contraire, le Dr Buckland n'a pas fait difficulté de le reconnaître. « Il n'y a dans mon opinion, dit-il, aucune objection solide que la théologie ou la critique puissent faire contre l'emploi du mot *jour*, dans le sens d'une longue période (2). » Le professeur Hitchcock, auteur d'un livre sur la « Religion et la Géologie, » et qui, sur le fond de la question est, comme le Dr Buckland, d'un sentiment différent du nôtre, a même fait la remarque que dans les derniers livres

des connaissances humaines, c'est différent. Il n'y a point de révélation pour ces choses-là dans la Bible. Elles sont laissées à la libre recherche de l'homme. Dès lors aussi, la simplicité ne suffit pas pour comprendre les passages qui y font allusion ou qui s'y rapportent. Il y faut la science. Voilà pourquoi le sens le plus direct, le sens prime-sautier, n'est pas nécessairement le meilleur dans l'interprétation des jours génésiaques.

(1) Es. XXXIV, 8; LXIII, 4. Jér. XLVI, 10. Joël, II, 31. Zach. XIV, 9. Matth. X, 15; XII, 36. Jean VIII, 56. Rom. II, 5. 2 Cor. VI, 2, etc.

(2) *La Géologie et la Minéralogie*, trad. par M. L. Doyère, t. I, p. 14.

de la Bible, alors que la langue hébraïque était dans toute sa perfection, les Juifs n'avaient pas d'autre mot que *iôm*, pour exprimer une époque, une période.

En outre, ce sens nous semble être absolument requis par le contexte.

Pour les trois premiers jours, c'est évident, car il n'y avait pas encore de grands luminaires, pour mesurer le temps. Les jours ici ne peuvent donc pas être des jours solaires, et l'alternance de la lumière et des ténèbres, qui en marque la fin et le commencement, ne peut avoir été produite par la révolution de la terre sur son axe en présence du soleil, puisque ce n'est qu'au quatrième jour que cet astre nous a donné sa lumière. Mais si les trois premiers jours ne sont pas des jours de 24 heures, les autres ne le sont pas non plus, à moins de faire entre ces jours une distinction arbitraire que rien absolument ne justifie.

Secondement, dans l'hypothèse que les jours génésiaques sont des jours et non des époques, il est bien difficile, pour ne pas dire impossible, de se rendre compte de certaines circonstances du récit sacré. Ainsi, au sixième jour, Dieu fit non-seulement les bêtes des champs, mais encore il créa l'homme, il le créa mâle et femelle. Et si nous interrogeons le deuxième chapitre de la Genèse où l'histoire de ce même jour nous est racontée plus en détail, nous voyons qu'entre la naissance d'Adam et celle d'Ève, Dieu planta le jardin d'Eden de toutes sortes d'arbres agréables à voir et bons à manger, et qu'il y plaça l'homme pour le garder et pour le cultiver. Bien plus, ce même jour, Dieu amena à Adam toutes les bêtes des champs et tous les oiseaux des cieux, pour voir comment il les nommerait, et Adam donna des noms à tous les animaux domestiques et aux oiseaux des cieux et à toutes les bêtes des champs.

En résumé, les événements racontés par Moïse comme

ayant eu lieu le sixième jour, sont : 1° la création des bêtes de la terre, des animaux domestiques et des reptiles de la terre ; 2° la création d'Adam ; 3° la plantation et l'adaptation du jardin d'Eden pour être la demeure de l'homme ; 4° la comparution devant Adam de tous les animaux des champs, et de tous les oiseaux des cieux dont Dieu avait peuplé la terre en abondance, plus l'appellation de chacun d'eux, ce qui implique une connaissance de leurs caractères distinctifs, connaissance qui, n'ayant pu s'acquérir que par une observation attentive, exigeait un temps considérable ; 5° enfin, comme parmi tous ces êtres sortis de la main du Créateur, il ne s'en était point trouvé un seul qui fût semblable à Adam, Dieu fit tomber sur lui un profond sommeil, et la formation de la femme fut l'achèvement de l'œuvre du sixième jour.

Comment admettre que tous ces événements aient trouvé place dans un jour de 24 heures ? Passe encore pour la création des animaux, celle d'Adam et d'Eve, la plantation du jardin ; en un mot, tout ce qui fut proprement l'œuvre de Dieu. Dieu est tout-puissant, il peut en un moment faire tout ce qu'il veut ; il peut, en un moment, faire jaillir de l'espace vide un monde plein de lumière et de vie, d'ordre et de beauté. Mais si la puissance de Dieu est sans bornes, il n'en est pas de même de celle de l'homme. Celle-ci a des limites qu'elle ne saurait franchir. Or, il est matériellement impossible qu'un être d'une capacité humaine, comme Adam, ait pu examiner et désigner par leurs noms toutes les espèces animales alors existantes qui remplissaient la terre et les airs, ou même une faible partie d'entre elles, dans le court espace de vingt-quatre heures.

Troisièmement, après avoir dit que Dieu acheva son œuvre en six jours, Moïse ajoute qu'il se reposa le septième. Il n'est pas un lecteur de la Bible qui, en lisant ce passage, ne comprenne que les six jours de la création et le jour où Dieu se reposa doivent être de la même nature. Or, Dieu se reposa-t-il vingt-quatre heures seulement? Non, il y a des siècles qu'il se repose, car la science n'a pu découvrir une seule création nouvelle depuis l'apparition de l'homme sur la terre. Saint Augustin avait déjà fait la remarque qu'il est un jour qui n'a pas eu de soir, le septième, et il en tirait cette conclusion que ce jour était toute l'époque qui a commencé après la création de l'homme et qui doit durer indéfiniment (1). Si donc le septième jour où Dieu se reposa a été une période de longue durée, l'analogie exige qu'il en soit de même pour les six autres.

Quatrièmement, le récit de l'œuvre de chacun des six jours se termine par ces paroles qui reviennent comme un refrain : « Et il y eut soir et il y eut matin. » A quoi bon cette redondance inutile, si ces *iôm* sont des jours ordinaires? Est-ce que ces jours n'ont pas tous un soir et un matin? Cela allait de soi, sans qu'il fût besoin de le dire, et Moïse s'en serait certainement gardé dans une relation si concise. Qu'a-t-il donc voulu exprimer par là? Uniquement que dans les temps antérieurs à l'homme il y a eu plusieurs périodes distinctes, chacune d'elles ayant un soir et un matin, c'est-à-dire un commencement et une fin qui la distinguaient des autres. Cette manière de voir est confirmée par l'omission de ces mots de « soir » et de « matin, » en parlant du septième jour ou de la septième époque. Moïse les omet, parce qu'en effet ce jour n'a pas encore atteint son terme, comme ceux qui l'ont précédé. Nous trouvons une expression analogue dans Daniel, où le prophète décrit comme « une vision du soir et du matin » (chap. VIII, verset 26) une période qui lui avait été précédemment annoncée comme devant embrasser un espace de 2,300 jours. (*Ibid.*, verset 14.)

(1) *Dies autem septimus sine vespera est nec occasu, quia sanctificasti eum ad permansionem sempiternam.* (*Conf.*, lib. XIII, c. XXXVI.)

Quoi de plus naturel d'ailleurs, en suivant la figure de langage d'après laquelle une période est « un jour, » que d'appeler la fin et le commencement de cette période « un soir et un matin, » ou « un matin et un soir, » selon qu'on s'exprime ou non à la manière des Hébreux? La propriété et la convenance parfaite de cette expression paraîtront mieux encore, si on réfléchit que chaque période, quoique ne formant qu'un tout, une unité en elle-même, comme un jour ordinaire, a pourtant, comme lui, son lever et son déclin. Un jour, en effet, ne se sépare pas d'une manière brusque de celui qui précède et de celui qui suit, mais il passe de l'un à l'autre par degrés insensibles. Telles sont les périodes géologiques, distinctes sans doute, parfaitement distinctes les unes des autres, mais sans rien de heurté. Dès lors aussi quelle idée plus juste pouvait-on nous en donner que de nous les représenter comme des jours, ayant chacun leur soir et leur matin?

Cinquièmement enfin, la signification que nous attribuons au mot « jour, » *iôm*, est celle qu'il a, la seule qu'il puisse avoir quelques lignes plus bas, au second chapitre de la Genèse, verset 4. Après avoir détaillé les œuvres de la création, Moïse en fait une sorte de récapitulation sommaire. « Telles sont, dit-il, les origines des cieux et de la terre, lorsqu'ils furent créés, AU JOUR que l'Eternel Dieu fit les cieux et la terre. » Nos versions ont traduit : « *Quand* l'Eternel Dieu fit, etc.; » mais le texte porte : « Au jour que, etc., » *bé-iôm*. Impossible ici de voir un jour de 24 heures, puisqu'il s'agit des six jours ou six époques de la création. Force est d'y voir une période d'une durée indéfinie. Des locutions analogues se rencontrent dans d'autres endroits du Pentateuque. (Ex. X, 6; Lév. VII, 35, 36; Nomb. VII, 10, 84; Deut. XII, 6; XXXI, 17, 18, 27.)

« Mais, objecte-t-on, si c'est là le sens du texte de la Genèse, comment se fait-il qu'on ait attendu, pour l'y trou-

ver, que la science, après de longues et laborieuses recherches, ait reconstruit l'histoire du passé géologique de notre
globe? »

Quand même le fait serait exact, l'objection qu'on en tire
serait sans force. S'il s'agissait d'une vérité centrale de la Révélation, il serait difficile d'admettre en effet qu'il eût fallu
attendre si longtemps pour la découvrir dans nos livres
saints. Une interprétation si tardive sur un tel point serait
frappée d'une légitime suspicion. Mais de quoi s'agit-il? de
cosmogonie, c'est-à-dire de questions qui n'ont pas de rapport immédiat avec le but religieux que se propose la Bible.
Je ne vois plus dès lors pourquoi l'on n'admettrait pas qu'il
y a tel passage y relatif qu'on comprend mieux aujourd'hui
qu'on ne le comprenait jadis. Les vérités mères de la Révélation ont apparu de tout temps à ceux qui l'ont étudiée avec
droiture et simplicité de cœur. Mais il s'en faut que toutes les
vérités subsidiaires en aient été dégagées du premier coup.
Non-seulement il a pu y avoir, mais il y a eu des découvertes à faire dans cette mine inépuisable. La Bible est comme
ce trésor du père de famille d'où l'on tire incessamment des
choses vieilles et des choses nouvelles. Fût-elle fondée en fait,
l'objection ne porterait donc pas en droit.

Mais elle ne l'est point. Il n'est pas exact que le sens de
période donné au mot jour dans le premier chapitre de la
Genèse, soit une interprétation inventée seulement au dix-
neuvième siècle pour le besoin de la cause. On la trouve déjà
dans Josephe et dans Philon, parmi les Juifs. Saint Augustin
affirme positivement que les six jours de la création n'étaient
pas semblables aux jours ordinaires, qu'ils en étaient bien
différents (1). C'est aussi l'opinion d'Athanase et d'Ori-

(1) *De Genesi ad litteram*, lib. IV, n° 44. « Ut non eos illi similes sed
multum impares minime dubitemus. »—*De civitate Dei*, lib. XI, c. vi; lib. II,
c. xi, n° 24.

gène (1). Un des Pères apostoliques, Barnabas, attribuait à chacun de ces jours une durée de mille ans au moins (2). Il est donc constant (et nous pourrions facilement multiplier nos preuves) que, bien longtemps avant les découvertes de la géologie, les jours génésiaques avaient été pris pour des époques.

Les traditions cosmogoniques des autres peuples, écho affaibli et souvent dénaturé de celle des Hébreux, apportent une nouvelle confirmation aux vues exprimées plus haut. Dans celle des Hindous, par exemple, il est aussi question de jours dans le récit de la création. Pendant 360 jours ou une année, dit-elle, Brahma resta enfermé dans l'œuf cosmique, avant de le briser et d'en faire deux moitiés dont il forma le ciel et la terre. Mais ces jours qu'étaient-ils ? Des jours de 24 heures ? Non, chacun d'eux n'était pas de moins que 12,000,000 d'années. Les traditions persanes et étrusques sont plus décisives encore. Ici la création est divisée en six étages, qui viennent prendre place successivement dans six époques égales et dans un ordre tout à fait semblable à celui que nous voyons dans la Genèse. C'était le cas ou jamais de parler de jours au sens littéral, si la cosmogonie primitive eût été ainsi comprise dans ces temps reculés. Au lieu de cela ce n'est pas de jours qu'il s'agit, mais de six séries de mille ans, dont chacune répond à un des jours génésiaques.

On argue encore contre le sens que nous donnons au mot « jour, » des paroles du quatrième commandement : « Souviens-toi du jour du repos pour le sanctifier. Tu travailleras six jours et tu feras toute ton œuvre ; 10, mais le septième jour est le repos de l'Eternel, ton Dieu. Tu ne feras aucune œuvre en ce jour-là, ni toi, ni ton fils, etc. ; 11, car l'Eternel a fait en six jours le ciel, la terre et la mer, et tout ce qui est

(1) Athanase, *Orat. contra Arian.*, n° 60. Origène, *De principiis.* lib. IV, n° 16. *Contra Celsum.* lib. VI, n°° 50, 51.

(2) *Patres apostolici.* par Cotelier, 1er vol., fol. 63. Amsterdam, 1724.

en eux, et s'est reposé le septième jour; c'est pourquoi l'Eternel a béni le jour du repos et l'a sanctifié. » (Ex. XX.) N'est-ce pas faire violence au texte, nous dit-on, de prendre le mot jour dans un sens au verset 9, et dans un autre sens au verset 11 ? Puisque le septième jour de la semaine, dans lequel nous devons nous reposer, est un jour de 24 heures, le septième jour dans lequel Dieu se reposa doit être aussi un jour de 24 heures, et les six autres par conséquent dont il est parlé en même temps et dans les mêmes termes (1).

Cette objection se réfute d'elle-même. A qui persuadera-t-on que Dieu se reposa vingt-quatre heures, ni plus ni moins ? Dieu termina son œuvre au sixième jour; il cessa de créer ensuite. Voilà ce que Moïse a voulu dire. Le parallélisme porte, non sur la durée, mais sur la proportion du temps de travail et de repos. C'est un rapport symbolique, non un rapport d'identité. Nous voyons de même dans le Lévitique, le sabbat du septième jour présenté comme un type du sabbat de la septième année (2).

On insiste, et l'on dit que l'idée d'une création successive en six périodes d'une longue durée est en contradiction avec la notion que les Juifs se faisaient de Dieu. Pour eux, s'il faut en croire nos contradicteurs, les attributs essentiels de Jéhovah sont la force, la puissance, et, pour en faire preuve, il produit immensément dans un court espace de temps. C'est brusquement, c'est d'un mot qu'il a tiré l'univers du néant; c'est d'un mot qu'il peut l'y faire rentrer. L'idée d'une action lente et successive dans l'œuvre de la création, renverse la notion fondamentale de Dieu dans le judaïsme. Aux yeux des Juifs elle l'aurait diminué, avili.

L'affirmation qui sert de base à l'objection est une pure

____

(1) *Essays and Reviews*, 1860, p. 238 et suiv.
(2) Lév. XXV, 3, 4.

hypothèse et rien de plus. Aucun texte ne la justifie. Il est inexact de prétendre que, d'après la Bible, l'attribut essentiel de Jéhovah, c'est la force. S'il est le Dieu fort, il est aussi et surtout le Dieu saint et miséricordieux. Ses attributs moraux sont ceux qui brillent du plus vif éclat, ceux que Moïse et les autres écrivains sacrés ont soin de faire ressortir de préférence. « Il punit l'iniquité des pères sur les enfants jusqu'à la troisième et quatrième génération, et il fait miséricorde jusqu'à mille générations à ceux qui l'aiment et qui gardent ses commandements. » (Ex. XX.) Il est patient, parce qu'il est éternel. Or, qu'importe, au point de vue de l'éternité, qu'il mette un peu plus ou un peu moins de temps à faire son œuvre ? En quoi cela peut-il ôter ou ajouter à sa gloire ? « Mille ans sont devant lui comme un jour, et un jour comme mille ans. » S'agit-il de sauver le monde ? Il promet un libérateur au berceau de l'humanité, le lendemain même de la chute, et ce n'est que quatre mille ans plus tard que Jésus-Christ vient et que la promesse est accomplie. Il en est du Dieu de la Bible comme du Dieu de la nature. Il agit avec ordre et succession, afin de nous enseigner à attendre avec patience le développement de ses volontés et l'effet de ses promesses. De là cette exhortation si fréquente dans l'Écriture : « Attends-toi à l'Éternel ! » — « Si l'Éternel tarde, attends-le ! » Rien n'est donc moins fondé que l'objection qu'on nous oppose.

CHAPITRE V

Puis Dieu dit : Qu'il y ait une étendue entre les eaux, et qu'elle sépare les eaux d'avec les eaux. Dieu donc fit l'étendue et sépara les eaux qui sont au-dessous de l'étendue des eaux qui sont au-dessus de l'étendue. Et ainsi fut. Et Dieu nomma l'étendue cieux. Et il y eut soir, et il y eut matin ; ce fut un second jour.

Moïse nous fait assister dans ces paroles à la séparation des eaux inférieures répandues à la surface du globe, d'avec les eaux supérieures tenues en suspension au-dessus de celles qui recouvraient la terre. Dieu fit cela au moyen de l'*étendue*. Moïse nomme ainsi l'air ou l'*atmosphère*. Le mot dont il se sert vient du verbe hébreu *rakang*, qui signifie *étendre*. L'air, pour Moïse, c'est donc l'étendue ou une chose étendue, « expression que les Grecs dans les Septante, les Latins dans la Vulgate, et tous les Pères de l'Église dans leurs discours, ont prétendu redresser et qu'ils ont tordue, parce qu'elle leur semblait opposée à la science de leur temps. Les cieux, dans la Bible, sont l'étendue, l'*expansum, rakiang ;* c'est le vide ou l'éther, ou l'immensité, et non pas le *firmamentum* de saint Jérôme, ni le στερέωμα des interprètes alexandrins ; ni le *huitième ciel*, ferme, solide, cristallin et incorruptible d'Aristote et de tous les anciens. Et quoique ce terme si remarquable de l'hébreu revienne dix-sept fois dans l'Ancien Testament, et que dix-sept fois les Septante l'aient rendu par στερέωμα, *firmament*, jamais le Nouveau Testament n'a voulu faire usage, dans ce sens, de cette expression des interprètes grecs (1). »

Voltaire s'est donc trompé et bien d'autres avec lui, en citant la calotte de cristal posée au-dessus de la terre, comme une preuve de l'ignorance de l'auteur de la Genèse.

(1) L. GAUSSEN, *Théopneustie*, 2ᵉ édit., p. 385. On a souvent cité le passage de Job XXXVII, 18, en preuve que les Hébreux regardaient le ciel comme une voûte solide. On répond ordinairement que c'est ici un langage poétique, figuré, qu'il ne faut pas prendre au pied de la lettre. Quelque suffisante que soit cette réponse, il est bon de noter en outre que l'ancienne manière de rendre ce verset est plus que douteuse, et que l'original est susceptible d'une autre traduction, beaucoup plus probable en elle-même, et qui coupe court absolument à l'objection. (GEORGE WARINGTON, *The week of creation*, p. 138.)

CHAPITRE VI

Troisième jour. — Émergence des îles et des continents. — Première apparition de la végétation terrestre. — Confirmation de notre explication de l'œuvre du premier jour. — La vie organique est le produit d'un acte créateur. — Dieu fit les plantes selon leur espèce.

Puis Dieu dit : Que les eaux se rassemblent sous les cieux en un lieu unique, et que le sec paraisse. Et ainsi fut. Et Dieu nomma le sec terre, et nomma l'amas des eaux mers. Et Dieu vit que cela était bon. Puis Dieu dit : Que la terre fasse germer de la verdure, de l'herbe portant graine, des arbres fruitiers, selon leur espèce, donnant du fruit qui ait en lui sa graine sur la terre. Et ainsi fut. La terre donc produisit verdure, herbe portant graine, selon son espèce, et arbre donnant du fruit qui avait en lui sa graine, selon son espèce. Et Dieu vit que cela était bon. Et il y eut soir, et il y eut matin; ce fut un troisième jour.

Ainsi l'œuvre du troisième jour est double.

1° C'est la terre qui sort du sein des eaux et paraît enfin à la surface, tandis que ces eaux elles-mêmes se précipitent dans les vastes profondeurs que Dieu leur avait préparées.

2° C'est la vie qui commence sur la terre et qui y fait son apparition par le peuple des herbes, des plantes et des arbres.

Ce que nous avons dit plus haut sur la création de notre globe « au commencement, » trouve ici sa confirmation. Moïse ne dit pas que la terre fût créée au troisième jour. La manière dont il s'exprime suppose au contraire qu'elle existait déjà ; elle existait, mais recouverte par l'abîme des eaux, et ce n'est que le troisième jour qu'elle en sortit, à la voix puissante du Créateur.

Il est également digne de remarque qu'il n'est point parlé des plantes aquatiques ou sous-marines dans les paroles que nous étudions. Et comme nulle autre part il n'en est fait mention, il faut de deux choses l'une, ou que Moïse les ait omises dans son énumération, d'ailleurs si complète malgré sa brièveté, ou bien les rapporter à l'œuvre du premier jour, alors que l'Esprit de Dieu se mouvait sur la surface des eaux.

Remarquons encore que, d'après le récit sacré, les herbes, les plantes et les arbres qui couvrirent les terres émergées, ne furent pas le résultat d'une simple transformation des éléments déjà existants, en vertu de lois qui leur fussent propres, mais le produit d'une intervention directe et positive de Dieu.

« On a vu, dit M. Gaussen, des hommes de science comme sir James Hall et d'autres qui, dans leurs laboratoires, en prenant de la craie, de la silice, des matières végétales, sont parvenus, sous une forte chaleur et une puissante pression, à imiter les roches de la nature, à fabriquer du marbre comme celui de nos montagnes, de la houille comme celle qu'on brûle dans nos foyers, des silicates cristallisés comme les granites de nos Alpes, et même, avec du charbon, de petits fragments d'un diamant tel que celui qu'on cherche dans la terre. Mais est-il un chimiste qui puisse faire une plante, une plante vivante, une herbe seulement, une hysope, une mousse croissant sur la muraille, un fraisier, un bluet, une marguerite des champs? On a rassemblé aux grandes expositions de Londres et de Paris toutes les merveilles de l'art humain ; mais tous les savants de l'univers et tous les industriels travaillant ensemble pendant mille ans, pourraient-ils composer un grain de blé vivant, un grain de pavot vivant, un grain contenant en germe, dans son intérieur, 10,000 plantes de blé, 100,000 millions de plantes de blé, ou 100,000 millions de plantes de pavot se succédant d'ici jusqu'à la fin du monde? (1) »

Nous posons la question sans la résoudre, pour le moment du moins. Nous disons seulement que, d'après Moïse, il y eut plus ici qu'un déploiement, qu'il y eut une création véritable.

La même observation s'applique aux différences spécifiques qui distinguent entre eux les végétaux. Dieu les créa, *selon leur espèce*, dit Moïse. Ce n'est donc point par suite de modifications lentes et progressives que ces différences furent produites, elles le furent par un acte souverain de la volonté de Dieu.

(1) *Le premier chapitre de la Genèse.*

CHAPITRE VII

Quatrième jour. — Le soleil, la lune et les étoiles ne furent pas créés ce jour-là. — Ils servirent simplement de signes et de régulateurs pour les époques, pour les jours et pour les années. — Pourquoi le soleil et la lune sont nommés les deux grands luminaires. — Le langage de la Bible est le plus philosophiquement correct.

Puis Dieu dit : Qu'il y ait des luminaires dans l'étendue des cieux, pour séparer le jour et la nuit ; qu'ils servent de signes et soient des régulateurs pour les époques et pour les jours et pour les années, et qu'ils soient pour luminaires dans l'étendue des cieux pour luire sur la terre. Et ainsi fut. Dieu donc fit les deux grands luminaires, le grand luminaire pour présider au jour, et le petit luminaire pour présider a la nuit, et les étoiles. Et Dieu les mit dans l'étendue des cieux pour luire sur la terre, et présider au jour et a la nuit, et pour séparer la lumière et les ténèbres. Et Dieu vit que cela était bon. Et il y eut soir et il y eut matin ; ce fut un quatrième jour.

Nous avons vu que le soleil, la lune et les étoiles furent créés dans ce *commencement* dont il est dit qu'alors *Dieu créa les cieux et la terre*. Il ne saurait donc être ici question de leur création proprement dite. Aussi Moïse ne dit pas qu'au quatrième jour Dieu *créa* le soleil, la lune et les étoiles ; mais seulement que Dieu dit : *Qu'il y ait des luminaires*, et *Dieu fit des luminaires*. La manière dont il s'exprime suffit pour démontrer, aux yeux d'un observateur attentif, que ces astres existaient déjà, et que l'œuvre de Dieu au quatrième jour, fut tout simplement de les faire apparaître, de manière à ce qu'ils servissent à séparer le jour d'avec la nuit, et à ce qu'ils fussent (ce qu'ils n'avaient pas été jusqu'alors) des signes et des régulateurs pour les époques, pour les jours et pour les années. Qu'on y regarde de près et l'on verra que le récit de Moïse ne va pas au delà.

Quant à ce qu'il appelle le soleil et la lune *les deux grands luminaires*, en parlant ainsi, l'auteur sacré se place au point de vue de l'homme, et se conforme au langage des apparences, le seul qui fût compréhensible pour ses lecteurs, le seul aussi qui pût demeurer constamment vrai. « Voudrait-on, demande avec beaucoup de raison M. Gaussen, que la Bible eût parlé comme Isaac Newton? Mais si Dieu s'exprimait sur les scènes de la nature, je ne dis pas seulement selon qu'il les voit, mais selon que les pourront voir les savants des siècles futurs, alors le grand Newton lui-même n'y eût rien compris. — D'ailleurs le langage le plus avancé de la science, continue le même auteur, n'est et ne sera jamais après tout que le langage des apparences. Le monde visible est, beaucoup plus que vous ne le pensez, une figure qui passe, une scène d'illusions et de fantômes. Ce que vous y nommez réalité n'est encore en soi-même qu'une apparence, relativement à une réalité plus-élevée et à une analyse portée plus loin. Dans notre bouche mortelle, le mot réalité n'a rien d'absolu; c'est un terme tout relatif, employé seulement pour exprimer qu'on pense avoir remonté d'un échelon nouveau la profonde échelle de nos ignorances. — L'œil humain ne voit les objets que sous deux dimensions et les projette tous comme sur une même toile, jusqu'à ce que le toucher et quelques expériences leur aient rendu la réalité d'une profondeur ou d'une troisième dimension. L'impénétrabilité même des corps, leur solidité, leur étendue, ne sont non plus qu'une apparence, et ne se présentent à nous comme une réalité qu'en attendant qu'une science poussée plus loin lui en substitue une autre. Qui pourrait dire où doit s'arrêter cette analyse et quel serait notre langage sur les êtres qui nous sont le plus familiers, si nous étions doués seulement d'un sens de plus, d'antennes, par exemple, comme les fourmis et les abeilles? L'expression des apparences, pourvu qu'elle soit exacte, est donc entre les hommes un langage philosophiquement correct, et c'est celui que devaient prendre les Écritures. »

CHAPITRE VIII

Cinquième jour. — Création des reptiles à respiration aérienne, des grands monstres marins et des volatiles. — Il n'est pas question de poissons dans l'œuvre du cinquième jour.

Puis Dieu dit : Que les eaux produisent en abondance des êtres rampants qui aient respiration de vie, et que des êtres volants volent sur la terre et dans l'étendue des cieux. Dieu donc créa les grands monstres marins et tout être rampant, ayant respiration de vie, que les eaux produisent en abondance, selon leur espèce, et tout être volant, ayant des ailes, selon son espèce. Et Dieu vit que cela était bon. Et Dieu les bénit en disant : Croissez et multipliez et remplissez les eaux dans les mers, et que les êtres volants multiplient sur la terre. Et il y eut soir, et il y eut matin : ce fut un cinquième jour.

De prime abord, on voit qu'il est question dans ces paroles d'animaux rampants qui sortent des eaux et d'animaux ailés qui volent dans les airs.

Toutefois, gardons-nous de confondre les premiers (comme l'ont fait la plupart des versions) avec les poissons proprement dits. Il y a un mot en hébreu pour désigner les poissons, et ce mot est tout autre que celui qui est employé ici. Ainsi, dans le même chapitre, aux versets 26 et 28, Moïse en parlant des poissons les appelle *degat haiâm*, « poissons de la mer, » tandis que les êtres qu'on a pris pour des poissons, il les appelle *shéretz* au verset 20, *tannin* au verset 21. Le mot *shéretz*, que nos versions traduisent par « animaux qui se meuvent, » d'après Gesenius, doit être traduit par « reptile, » et selon la même autorité, l'expression *néphesh hhaïâh*, traduite par « animaux qui vivent, » doit être traduite par « animaux qui ont la respiration de vie, » *néphesh* venant du verbe *naphash*, qui signifie « respirer fortement. »

De même, le mot *tannin*, que quelques versions ont rendu par « poissons, » n'a nulle part cette signification dans l'Ecriture. Celle-ci n'a qu'un mot pour « poisson, » *dagah*, au pluriel *dagim*, et elle ne manque jamais de l'employer, comme nous l'avons vu aux versets 26 et 28. Quant à *tannin*, il désigne « un monstre marin quelconque, » *quævis bellua marina*. Il y a même des interprètes qui le traduisent par « crocodile, » dans les passages où il s'agit de l'Egypte, tels que Ezéch. XXIX, 3, XXXII, 2; Esaïe LI, 9; Ps. LXXIV, 13 (1).

Ainsi, à s'en tenir aux termes de l'original, l'opinion vulgaire d'après laquelle les poissons auraient été créés au cinquième jour, est entièrement dénuée de fondement. Les animaux créés ce jour-là ne furent ni des poissons proprement dits, ni simplement des oiseaux, mais des êtres aquatiques, ayant respiration de vie, et des êtres ailés qui volent dans l'étendue des cieux. La première classe se subdivise en deux : ce sont d'abord les « grands monstres marins, » *tanninim haguedôlîm;* puis les reptiles qui, bien que sortis de l'eau, sont munis d'organes pour glisser ou ramper sur le sol, *shéretz.* Quant aux poissons, ils sortent bien de l'eau, mais n'ont pas de poumons, et par conséquent ne respirent pas, dans le sens ordinaire du mot. Outre qu'ils ne sont pas nommés, ce trait seul suffit pour les exclure de l'œuvre du cinquième jour. Enfin, « les êtres ailés, » *gnoph*, qui volent dans l'étendue des cieux, ne désignent pas seulement les oiseaux, mais tout animal

____

(1) WINER, *Lexicon hebraicum.*

ayant des ailes et capable de voler. Moïse appelle *gnoph* les
chauves-souris, les reptiles qui volent. (Deut. XIV, 18, 19.)
On se trompe donc encore en restreignant aux oiseaux seuls
les êtres volants, dont la création nous est racontée comme
faisant partie de l'œuvre du cinquième jour. Cette expression
a, dans la langue de Moïse, un sens beaucoup plus large qui,
pour avoir été méconnu par les interprètes et les commentateurs de la Genèse, n'en est pas moins incontestable.

Ce texte étant un de ceux qui ont été le plus mal compris,
et qui, pour ce motif, ont donné lieu aux plus sérieuses difficultés, au point de vue de l'accord entre la géologie et le récit
de la création, il valait la peine de nous arrêter à lui restituer
son véritable sens.

Reste donc qu'au cinquième jour, Dieu créa les grands
monstres marins, les reptiles et les êtres qui volent, tous animaux ovipares et à respiration aérienne, tandis que les poissons, ovipares comme eux, au lieu de respirer par des poumons, ne respirent que par des branchies.

CHAPITRE IX

Sixième jour. — Création des mammifères : bestiaux, animaux rampants, bêtes sauvages — L'homme est le dernier des êtres créés. — Il n'a point été appelé à l'existence par le même acte créateur que les animaux. — Entre la création de l'homme et celle des animaux, il n'y a point eu de soir. — Dieu n'a point créé l'homme comme les animaux, selon leur espèce.

Puis Dieu dit : Que la terre produise des animaux qui aient respiration de vie, selon leur espèce, savoir des bestiaux et des animaux rampants, et des bêtes terrestres, selon leur espèce. Et ainsi fut. Dieu fit donc les animaux terrestres, selon leur espèce, et les bestiaux, selon leur espèce, et tout être qui rampe sur la terre, selon son espèce. Et Dieu vit que cela était bon.

Puis Dieu dit : Faisons l'homme a notre image, a notre ressemblance, et qu'il domine sur les poissons de la mer et sur les êtres volants des cieux, et sur les bestiaux et sur tout être rampant qui rampe sur la terre. Dieu donc créa l'homme a son image, il le créa, a l'image de Dieu. Il le créa male et femelle. Et Dieu le bénit et Dieu leur dit : Croissez et multipliez, et remplissez la terre, et vous la soumettez, et dominez sur les poissons de la mer et sur les êtres volants des cieux et sur tout animal qui rampe sur la terre. Et Dieu dit : Voici, je vous donne toute herbe portant graine, etc... Et il y eut soir, et il y eut matin; ce fut un sixième jour.

Nous assistons à la création d'une nouvelle forme de la

vie animale. Les êtres dont il s'agit ne sortent pas de « l'eau, » comme ceux de la période précédente, mais de « la terre; » ils ne sont pas ovipares comme eux, mais vivipares. Ce sont d'abord les bestiaux et les animaux rampants, selon leur espèce, les bêtes de la terre, selon leur espèce, puis l'homme.

Le mot *behémâh*, que nous avons traduit par « bestiaux, » s'emploie pour désigner les animaux terrestres les plus rapprochés de l'homme (*jumenta*).

Rèmesh, que presque toutes les versions ont traduit par « reptiles, » signifie proprement tout animal qui se meut et qui rampe près de la terre, du verbe *ramash* (*movere se*). Nos versions le traduisent ainsi dans le même chapitre au verset 30. Ce n'est que subsidiairement qu'on lui a fait signifier « ver, reptile (1). » Nous ne voyons ici aucune raison de le détourner de sa signification propre, ou plutôt, cette signification nous paraît devoir être rigoureusement maintenue, sous peine de mettre Moïse en contradiction avec Moïse. Il est évident en effet que si les reptiles ont été créés au cinquième jour, ainsi que nous l'avons vu, ils ne l'ont point été au sixième et *vice versâ*. Le mot *rèmesh* doit donc forcément signifier autre chose que des reptiles; il signifie « des êtres qui rampent, » et à ce titre pourrait désigner les petits animaux mammifères qui semblent ramper sur la terre, en opposition avec les oiseaux ou autres animaux ailés qui volent dans les airs (2). Cette interprétation est confirmée par le fait que le mot *rèmesh* est toujours rapproché dans la Genèse du nom des grands

---

(1) WINER, *Lexicon hebraicum.*

(2) Moïse ne pouvait s'exprimer comme un naturaliste du dix-neuvième siècle. Il devait parler le langage des apparences et décrire les animaux suivant leurs caractères extérieurs. De là vient que les Hébreux confondaient dans le même groupe les insectes avec les reptiles, et qu'ils donnaient ce dernier nom à certains quadrupèdes, tels que les rats, les taupes, les belettes, les hérissons et d'autres animaux semblables. (BOCHART, *Hiérozoïcon* I, lib. I, c. IX.

mammifères et de celui des animaux volants. N'oublions pas
enfin qu'au temps où vivait Moïse la classification des différentes créations animales n'était vraisemblablement pas très-
rigoureuse. Tous les anciens naturalistes, même ceux du
seizième siècle, appelaient animaux rampants les petits mammifères, tels que les martes, les fouines, les belettes. Ce n'est
que plus tard que le mot reptile a été employé pour désigner
spécialement les vrais reptiles : sauriens, lézards, serpents, etc.
Tout porte donc à croire que par *rèmesh* il faut entendre, non
des reptiles proprement dits, mais de petits animaux rampants
que Moïse distingue à la fois des « bestiaux, » et de ceux qu'il
appelle immédiatement après *hhaïetoèrets*, des « bêtes de la
terre. »

Le terme hébreu *hhaïah*, *hhaïat-èrets*, peut s'appliquer indifféremment aux animaux domestiques ou aux animaux sauvages. Mais le plus souvent, et surtout quand il est opposé,
comme ici, à *behemah*, « bestiaux, » il sert à désigner les
bêtes sauvages.

Dieu donc créa au commencement du sixième jour les bestiaux, les petits animaux qui se meuvent et qui semblent ramper, et les bêtes sauvages de la terre.

Mais le roi de la création restait encore à paraître. Ce fut
l'œuvre de la fin du sixième jour.

Puis Dieu dit : Faisons l'homme a notre image, a notre
ressemblance, et qu'ils dominent sur les poissons de la
mer et sur les êtres volants des cieux, etc.

Ce qui frappe d'abord, à la lecture de ces paroles, c'est :

1° Que l'homme a été la dernière des œuvres de Dieu ; qu'il
est venu non-seulement après les mollusques, les zoophytes,
les poissons, les plantes, les reptiles, les oiseaux, mais encore

après tous les animaux terrestres, en sorte qu'il occupe le plus haut degré de l'échelle de la création.

En deuxième lieu, si, d'après Moïse, les hommes et les animaux terrestres appartiennent à la même période de création (celle du sixième jour), ce n'est cependant pas le même acte créateur qui les a appelés à l'existence, en sorte qu'il n'y ait de ceux-ci à celui-là qu'une simple évolution, comme l'ont récemment enseigné quelques naturalistes. Non, et pour qu'on ne puisse pas s'y tromper, au lieu de faire parler Dieu comme pour ses autres œuvres, et de lui faire dire : « Que l'homme soit, » comme il avait dit auparavant : « Que la lumière soit, » ou : « Que la terre produise l'homme, » comme il avait dit des plantes et des animaux : « Que la terre pousse son jet; » « que la terre fasse sortir des âmes vivantes, selon leur espèce, » il nous le montre délibérant, entrant dans une sorte de consultation solennelle et mystérieuse avec lui-même, et disant : « Faisons l'homme à notre image ! »

Nous n'avons pas à rechercher ici la portée de ces paroles, au point de vue théologique. Bornons-nous simplement à constater qu'elles établissent, avec la dernière évidence, que, pour Moïse, l'apparition de l'homme n'a point été le résultat d'un perfectionnement, d'une transformation, mais une véritable création.

3ª Entre la création de l'homme et celle des animaux terrestres, il n'y a point eu de *soir*, comme nous avons vu qu'il y en avait eu entre chacune des grandes créations précédentes : entre celle de la lumière et celle de l'air, au deuxième jour; entre celle de l'air et celle du sec et des plantes, au troisième jour, et ainsi de suite, jusqu'au cinquième jour. C'est-à-dire qu'il n'y a point eu de solution de continuité, mais qu'il y a eu au contraire une succession ininterrompue entre les animaux contemporains de l'homme, qui se voient aujourd'hui sur la terre, et ceux qui s'éteignirent longtemps avant son apparition.

4° Enfin la manière dont la création de l'homme nous est racontée diffère sensiblement de celle dont nous est racontée la création des animaux. En parlant de ceux-ci, Moïse dit que Dieu les fit ou les créa, *selon leur espèce*. Ce qui implique qu'il créa non-seulement différents groupes (les reptiles, les oiseaux, le bétail), mais encore qu'il composa chacun de ces groupes d'un certain nombre d'espèces différentes. L'origine des espèces dans les différentes familles animales remonte donc à Dieu. Le caractère spécifique, quel qu'il soit d'ailleurs, n'est pas un fait dérivé, mais primordial. Quand il s'agit de l'homme, c'est tout autre chose. L'Écriture ne tient plus le même langage. Au lieu de dire, comme pour les animaux inférieurs, que Dieu les créa, *selon leur espèce*, elle dit que Dieu créa l'homme à son image et à sa ressemblance, qu'il les créa mâle et femelle. D'où il résulte que si, dans chaque groupe, il y a plusieurs espèces animales, il n'y a qu'une seule espèce d'hommes. Telle est du moins l'affirmation de la Bible. Nous aurons à examiner plus tard jusqu'à quel point elle s'accorde avec les faits.

CHAPITRE X

Si, maintenant, nous jetons un coup d'œil en arrière, et que, réunissant les éléments divers dont se compose le récit de la Genèse, nous cherchions à nous rendre compte de l'enseignement de Moïse sur la création, nous pouvons le résumer comme suit :

« Au commencement, » c'est-à-dire à une époque indéterminée, mais séparée de l'ordre de choses actuel par un intervalle de plusieurs milliers, et peut-être de plusieurs millions d'années, Dieu créa « les cieux et la terre, » par où il faut entendre l'univers tout entier, avec les divers systèmes de mondes qui le composent.

Avant de recevoir de la main du Créateur sa forme et sa disposition actuelles, la terre était loin d'être ce que nous la voyons aujourd'hui. Elle était déserte et vide, couverte d'eau de toutes parts et entourée d'immenses ténèbres. Elle formait une vaste solitude : point d'hommes, point d'animaux, point d'oiseaux, point de reptiles, point de poissons, point d'arbres, point de plantes ni de verdure, point d'îles ni de continents, point de mers proprement dites, point d'air, point de lumière, rien qu'un abîme d'eaux, et par-dessus... des ténèbres épaisses et profondes qui la recouvraient à une grande hauteur.

Tel fut l'état de notre planète entre « le commencement » et le début de l'œuvre des six jours.

Ces jours ne sont pas des jours solaires ou de 24 heures, mais des périodes d'une longueur indéterminée, et qui peuvent avoir embrassé des siècles.

Il y a donc eu un temps, dont il est impossible de calculer la durée, pendant lequel la vie n'avait pas fait encore son apparition sur notre globe.

C'est dans l'océan ténébreux et sans limites où il était comme enseveli que la vie a commencé, alors que « l'Esprit de Dieu se mouvait sur l'abîme des eaux » et l'y faisait pénétrer. De ce moment datent toutes les créations sous-marines du règne végétal comme du règne animal : algues, mollusques, zoophytes, crustacés, poissons à vertèbres, etc.

La lumière n'existait pas encore, ou du moins n'avait pas encore été émise, bien que le soleil existât ; elle jaillit bientôt du sein des ténèbres. Avec la fécondation de l'abîme, ce fut l'œuvre du premier jour.

Le deuxième jour, Dieu sépara les eaux qui sont au-dessus de l'étendue de celles qui sont au-dessous de l'étendue.

Le troisième jour, les premières terres émergées sortirent du sein des eaux et se couvrirent de verdure. La vie organique, qui jusqu'alors avait été exclusivement enfermée dans l'abîme des eaux, apparut pour la première fois, sous forme de végétaux, à la surface du globe.

Le quatrième jour, le soleil, la lune et les étoiles qui, nous l'avons déjà dit, existaient dès le commencement, mais comme des chandeliers obscurs, dans l'immensité des cieux, devinrent des flambeaux pour éclairer nos jours et nos nuits, et pour « servir de signes et de régulateurs pour les époques, pour les jours et pour les années. »

Au cinquième jour, la terre reçut ses premiers habitants : les monstres marins à respiration aérienne, les reptiles, les oiseaux, et d'une manière générale tous les êtres ailés qui volent dans les airs.

Le sixième jour enfin, Dieu créa les formes les plus élevées de la vie animale : les quadrupèdes, le bétail, les bêtes sauvages, tout ce qui glisse et rampe sur le sol; et, pour couronnement de son œuvre, il créa l'homme, le chef-d'œuvre et le roi de la création.

Nous venons d'interroger la Bible comme nous eussions fait d'un livre quelconque. Nous nous sommes placé devant elle en nous dépouillant de toute idée préconçue, et en nous inspirant, autant que nous l'avons pu, des règles d'une saine exégèse. Ce travail préliminaire nous a paru indispensable. Avant de comparer la Genèse et la géologie, pour savoir s'il y a entre elles accord ou désaccord, il était nécessaire de rechercher soigneusement ce que l'une et l'autre nous disent. Tel a été le but de nos efforts. Ce qui nous reste à faire maintenant est comparativement facile; nous n'avons plus qu'à prendre les deux relations, celle de Moïse et celle que nous fournit la science, à les rapprocher l'une de l'autre, à constater leurs rapports ou leurs dissemblances et à tirer nos conclusions.

LIVRE TROISIÈME

LES DEUX RÉCITS COMPARÉS

LIVRE TROISIÈME

LES DEUX RÉCITS COMPARÉS

CHAPITRE PREMIER

Commençons par rappeler sommairement les principaux résultats auxquels nous a conduit l'étude des faits géologiques.

Aussi loin que nous puissions remonter dans le passé, notre planète s'offre à nous sous la forme d'une masse incandescente et fluide qui, en perdant sa chaleur primitive dans sa course à travers les espaces interstellaires, se serait consolidée à la surface et recouverte ainsi d'une légère couche de granit. Par suite de cet abaissement de température, les gaz constitutifs de l'eau et de l'air, tenus jusque-là séparés, se réunirent et l'enveloppèrent d'une double ceinture : l'une liquide, ce fut la vaste mer ; l'autre aérienne, ce fut l'atmosphère. Bientôt, sous la triple action du feu central, des eaux bouillonnantes et des gaz qui s'échappaient de l'intérieur, il se produisit une désagrégation de la base granitique. Ces détritus de granit, en se mêlant à l'écume des métaux en fusion (1), formèrent une couche épaisse et boueuse qui, en se déposant successivement sur la croûte solidifiée, donna naissance aux premiers dépôts de roches sédimentaires. Et comme on n'a découvert aucun débris fossile dans les sections les plus basses de ces roches fondamentales, on a été amené à penser qu'à cette période de son histoire, la vie organique n'avait pas encore commencé sur notre globe. A cette première formation en succéda une autre, celle des roches siluriennes dans lesquelles la vie organique apparut pour la première fois, sous l'humble forme des fucoïdes, des zoophytes, des mollusques et des crustacés. La formation suivante, celle des roches dévoniennes, est marquée par un progrès dans la création ; les poissons à vertèbres et les plantes terrestres sont appelés à l'existence, au même moment où la croûte terrestre, formée depuis longtemps au-dessous des eaux et au-dessus des feux de son intérieur, sort du fond des mers, par la puissance de ce feu, sous l'effort des volcans et de leurs gaz enflammés. Après la période dévonienne vient la période carbonifère, dont les mines de houille que recouvre notre sol attestent la puissance luxuriante de végétation terrestre. La période carbonifère est suivie à son tour par les terrains permiens et la période jurassique, qui nous révèlent à la fois une diminution sensible dans la puissance

(1) « On s'est assuré que toutes les substances dont se composent les terres de nos champs et les rochers de nos montagnes, sont des rouilles diverses de métaux. L'ocre est de la rouille de fer ; la céruse, de la rouille de plomb ; la chaux, de la rouille d'un métal nommé calcium ; la soude, la potasse, la magnésie, l'alumine, le silice, de la rouille de métaux nommés sodium, potassium, magnésium, aluminium, silicium. Ainsi les rochers du Jura, dont nous bâtissons nos plus belles maisons, sont de la chaux combinée avec l'air fixe ou l'acide carbonique ; la molasse et le grès que nous tirons de Lausanne ou de Savoie, sont composés de sable siliceux, mêlé d'un ciment de chaux et de fer ; la pierre à fusil est composée d'une rouille de silicium mêlée à celle du fer et de l'aluminium, etc. » M.-L. GAUSSEN, *Le premier chapitre de la Genèse.*

de végétation et l'avénement d'une abondance prodigieuse de reptiles à respiration aérienne : les sauriens de mer (Ichthyosaure et Plésiosaure), les sauriens de terre (Mégalosaure et Iguanodon), les sauriens volants ou Ptérodactyles, et ces nombreuses variétés d'oiseaux dont on a reconnu les empreintes de pieds, sur la vase durcie et le sable pétrifié des anciens rivages de cette époque. A l'âge des reptiles succède celui des mammifères terrestres, depuis les marsupiaux qui nous offrent la première ébauche du genre, jusqu'aux gigantesques pachydermes et aux grands carnassiers qui couvraient les plaines et remplissaient les forêts des formations tertiaire et quaternaire. Vient enfin l'époque des dépôts superficiels, dans lesquels nous ne rencontrons aucune création nouvelle jusqu'à ce que nous arrivions au sommet le plus élevé de la série, où l'on découvre des traces incontestables de l'existence de l'homme.

Ces faits ainsi rappelés, ouvrons la première page de la Genèse et demandons-nous s'il y a accord ou désaccord entre la cosmogonie de Moïse et ce que nous avons appris de la géologie.

Au début de la science, il y a cent ans à peine, car la science géologique ne remonte guère au delà, l'opposition semblait absolue. Au lieu d'attendre patiemment que de nouvelles découvertes vinssent modifier, en les complétant et en les rectifiant, les résultats acquis, il y eut comme un *tolle* général contre les recherches géologiques, de la part d'hommes trèsrecommandables sans doute, mais fort peu versés pour la plupart dans la connaissance des matières qu'ils entreprenaient de discuter (1).

Entre autres difficultés, il y en avait une qui présentait une

(1) La littérature anglaise surtout vit paraître à cette époque un grand nombre de livres écrits dans cet esprit de méfiance et d'hostilité. Voici le titre de quelques-uns : *A comparative estimate of the Mineral and Mosaic geolo-*

gravité singulière, je veux dire la date récente assignée par Moïse, dans l'opinion commune, à la création de notre globe, comparée à l'antiquité infiniment plus considérable que révélaient les découvertes des géologues. D'après le récit mosaïque, à s'en tenir du moins à la chronologie reçue, l'œuvre de la création aurait commencé, il y a six ou sept mille ans au plus, et aurait été accomplie dans l'espace de six jours, tandis que d'après la géologie, il aurait fallu des millions d'années pour la formation des différentes couches sédimentaires dont se compose la croûte solide de notre globe, sans parler de la formation des roches plutoniques qui les supportent.

Comment est-il possible, se demandaient les géologues, que les 12 kilomètres d'épaisseur (1) des roches fossilifères aient pu se déposer dans l'eau en quelques jours? Comment est-il possible surtout que cette multitude innombrable d'animaux et de végétaux qu'on y trouve ensevelis aient vécu tous à la fois, et que leur vie n'ait duré qu'un instant? Cette objection avait d'autant plus de poids que ces débris qui existent par millions dans les entrailles de la terre, n'y sont pas mêlés confusément, mais y sont arrangés dans un ordre parfait, comme ils pourraient l'être sur les étagères d'un cabinet d'histoire naturelle, et placés les uns au-dessus des autres, de manière à former de hautes montagnes. Notez encore qu'avant la création des espèces aujourd'hui existantes, il y a eu au moins

gies, par Granville Penn; *The Geology of Scripture*, par Fairholme; *Scriptural Geology*, par le Dr Young; *Popular Geology subversive of divine revelation*, par le Rév. Henry Cole; *Strictures on Geology and Astronomy*, par le Rév. R. Wilson; *Scripture evidences of Creation, and Geology and Scripture cosmogony*, par des auteurs anonymes, etc.

(1) D'après Buckland la croûte terrestre se compose de 28 espèces de roches stratifiées en grès et en calcaire, ayant en moyenne chacune 1,000 pieds de hauteur, et 8 espèces non stratifiées (en granit, en gneiss, etc.), ayant encore chacune une plus grande épaisseur; en sorte que la croûte tout entière aurait environ 3 lieues de hauteur, c'est-à-dire près de trois fois la hauteur du mont Blanc.

cinq groupes principaux d'animaux et de plantes, quelques écrivains disent douze, tellement indépendants les uns des autres, qu'aucune espèce n'est passée d'un groupe à un autre groupe. L'anatomie comparée démontre que la structure des êtres appartenant à ces différents groupes présente des différences tellement tranchées, qu'il est absolument impossible qu'ils aient coexisté dans les mêmes circonstances. Il parait en outre qu'à l'époque de la première apparition de la vie animale et végétale, le climat était aussi chaud et même plus chaud sur toute l'étendue de notre globe, qu'il l'est aujourd'hui dans les contrées intertropicales, et que c'est le passage de cette température élevée à une température plus basse qui a été la cause de l'extinction graduelle des espèces anciennes et de leur remplacement par des espèces nouvelles plus en rapport avec la nature du nouveau milieu. Si l'on rapproche ce fait de celui-ci, que chacune de ces espèces a occupé la terre pendant une durée d'une longueur considérable, on comprendra aussi quelle série innombrable de siècles a dû s'écouler depuis que la vie organique a commencé. Dire que ces roches ont été créées telles qu'elles s'offrent à nous, que les restes supposés d'animaux et de plantes qui y sont enfermés n'ont jamais été des plantes et des animaux, mais n'en sont que la ressemblance, c'est une explication tellement désespérée qu'elle ne saurait satisfaire un esprit sérieux et non prévenu. Sans doute Dieu aurait pu mettre dans la roche ces débris tout morts, pétrifiés, les membres souvent rompus et dispersés, l'estomac des uns contenant des pièces broyées des autres. Mais nous sommes autorisés à dire qu'il ne l'a point fait. En le faisant, il aurait dérogé aux lois qu'il a constamment suivies dans la marche de la nature. Dès le commencement jusqu'à l'heure où nous sommes, tous les êtres organisés connus ont été soumis à la loi du temps, qui comprend celles de la nutrition, de la croissance, de la reproduction, de la multiplication des individus, etc. Pourquoi voudrait-on qu'il en eût été autrement de ceux que contiennent les roches fossilifères? Une telle exception ne serait acceptable qu'autant qu'elle serait justifiée; elle ne l'est pas. Bien plus, elle a contre elle les faits les mieux établis, car ce n'est pas seulement à l'état adulte qu'on rencontre les débris fossiles, mais à tous les périodes de leur développement, depuis le premier âge jusqu'à la vieillesse et à la décrépitude. Comment ne pas admettre après cela que ces fossiles sont les restes d'êtres qui ont réellement vécu, qui ont grandi, qui sont morts comme les autres; d'êtres dont les fonctions, les habitudes, les mœurs, ont été conformes à celles qu'indique leur organisation; que par exemple le célèbre Ichthyosaure dans l'estomac duquel on a trouvé des écailles de poisson a réellement fait son repas de ce poisson.

Les roches sédimentaires se sont donc déposées dans les eaux avec lenteur, à la longue, de la même manière que s'y déposent encore les matières terreuses, charriées par les fleuves ou entraînées par les vagues (1), et quant aux animaux et végétaux qui s'y trouvent empâtés à l'état fossile, ils y ont été enfouis de la même manière que s'enfoncent ceux de nos jours, dans la vase des océans, des cours d'eau ou des lacs, au bord

(1) « On voit de nos jours se former sur une petite échelle des roches de la même nature, et présentant les mêmes caractères que celles qui composent la grande masse terrestre. D'où l'on infère qu'elles ont toutes dû avoir le même mode de formation. Des lits de gravier, par exemple, sont quelquefois agglutinés ensemble par la chaleur, le fer ou la chaux, au point de ressembler exactement aux conglomérats que l'on trouve dans les montagnes, parmi les anciennes roches. L'argile est souvent convertie en schiste, et la craie en marbre par l'action de la chaleur. En fait, toutes les variétés de roches connues, à l'exception de quelques-unes des plus anciennes qui paraissent avoir exigé une plus grande intensité dans les causes productrices, ont été produites par des agents qui sont encore aujourd'hui en exercice. Il est donc facile, par le temps que les roches mettent aujourd'hui à se former, de supputer approximativement le temps qu'il a fallu pour la formation de celles qui constituent la croûte actuelle du globe. » EDW. HITCHCOCK, *The Religion of geology*, p. 55

ou dans le voisinage desquels ils ont vécu; ce qui a dû nécessiter un nombre incalculable d'années et même de siècles.

Ce calcul a été fait et l'on a trouvé, en prenant pour base d'opération le temps que mettent aujourd'hui à se former les dépôts au fond des eaux, qu'il n'a pas fallu moins de quatre ou cinq millions d'années pour la formation de la série entière des couches sédimentaires, depuis la voûte granitique qui les porte jusqu'aux terrains d'alluvion.

Reconnaissons toutefois que ces calculs n'ont qu'une valeur approximative, car ils reposent sur une base tout au moins contestable, savoir que les choses se sont passées jadis comme elles se passent aujourd'hui. Or, nous savons que les conditions climatologiques et géologiques de notre globe ont subi des modifications profondes dans le cours des siècles, depuis les premiers âges du monde jusqu'à nos jours.

L'astronomie vient encore à l'appui des faits géologiques pour attester que le monde remonte à une antiquité tout autrement reculée que celle qui lui est généralement assignée par la tradition. Il a été calculé par Herschell que la lumière de la plus éloignée des nébuleuses qu'il ait pu découvrir, à l'aide de son puissant réflecteur de 40 pieds et qui grossit six mille fois, avait dû, à raison d'une vitesse de 200,000 milles par seconde, mettre DEUX MILLIONS d'années pour arriver jusqu'à nous. Donc, la création de cette nébuleuse, une partie des cieux qui furent créés au commencement, doit remonter au moins jusque-là.

Pour réconcilier la Bible avec ces données incontestables de la science, on a eu recours à un système qui a été longtemps en grande vogue, mais qui est aujourd'hui à peu près abandonné.

D'après ce système, les jours génésiaques sont des jours

de 24 heures. Dieu aurait créé le monde, tel que nous le voyons, dans l'espace de six jours naturels, il y a de cela six à sept mille ans. Mais comme il est de toute évidence d'une part, que l'univers remonte à une antiquité beaucoup plus haute, d'autre part, que six jours ordinaires ne suffisent pas pour rendre compte de la formation des roches sédimentaires et de la présence dans leur sein des millions de fossiles qui s'y trouvent ; on a voulu voir dans ces roches et dans ces fossiles les restes d'un monde évanoui, séparé du nôtre par une période d'une incalculable durée. Ce monde primitif, avec toutes les espèces animales et végétales que recèlent les entrailles de la terre, aurait existé dans l'intervalle écoulé entre la création des cieux et de la terre, au commencement, et celle de la lumière, au début de l'œuvre des six jours. Pendant cet intervalle, la lumière du soleil aurait été temporairement obscurcie ; tous les êtres vivants, plantes et animaux, auraient été engloutis dans un chaos ténébreux, la terre entière n'aurait plus été qu'une immense ruine, déserte et désolée, jusqu'à ce qu'à la voix puissante de l'Éternel-Dieu la lumière brillât de nouveau, et que la terre fût repeuplée des différentes espèces de plantes et d'animaux qui la décorent aujourd'hui.

Cette théorie, à laquelle le Dr Chalmers a prêté l'appui de son talent et de son nom, et qui fut reproduite plus tard par le Dr Buckland, a pu paraître satisfaisante dans un temps où les recherches géologiques étaient encore peu avancées. Mais à mesure que la science s'est enrichie de nouveaux faits, et que les couches fossilifères mieux étudiées ont été mieux connues, son insuffisance n'a pas tardé à se montrer.

Philologiquement d'abord, elle est insoutenable. Voici, en effet, comment le deuxième verset de la Genèse devrait être traduit : « Et la terre fut ou devint désolée et déserte, et il y eut des ténèbres sur la surface de l'abîme. Et l'Esprit de Dieu planait sur la face des eaux. » Or, cette traduction est tout à

fait contraire aux règles de la langue hébraïque. Nous l'avons
vu en son lieu (1). Inutile d'y revenir.

Inconciliable avec le texte de la Genèse, la théorie de Chalmers ne l'est pas moins avec le caractère de Dieu et les faits
les mieux établis de la science géologique.

Le caractère de Dieu d'abord, tel qu'il nous est révélé par
ses œuvres, s'oppose à ce que nous admettions l'existence d'un
monde primitif, à la création duquel le Tout-Puissant aurait
employé des siècles, et qu'il aurait restauré ensuite, tout semblable à ce qu'il était la première fois, dans l'espace de six
jours naturels après l'avoir détruit. Ce n'est pas ainsi que
Dieu agit. La géologie démontre que lorsqu'il crée, il procède
avec lenteur, par degrés successifs, en passant des formes les
plus simples de la vie aux formes supérieures, jusqu'aux plus
parfaites. Nous avons dit quelle durée incalculable avait mis
la vie organique à parcourir l'échelle des êtres, depuis les
fucoïdes et les zoophytes jusqu'aux dicotylédones et aux mammifères de l'ordre le plus élevé. Chacune de ces étapes elle-
même a duré des siècles. Nous avons vu en outre que chaque
classe particulière de plantes et d'animaux, après avoir été
appelée à l'existence par l'effet d'un acte créateur, se propagea
de la même manière que se propagent les plantes et les animaux actuels, c'est-à-dire par la germination des graines et la
génération.

Tel a été le plan de Dieu dans l'ordre de création du monde
primitif.

Eh bien! ce plan qu'il aurait suivi dans la création du monde
d'alors, monde peuplé de plantes et d'animaux de même nature que ceux d'aujourd'hui, vivant et croissant sur la même
terre, se mouvant dans les mêmes océans, respirant la même
atmosphère, recevant la lumière des mêmes corps célestes,

(1) Livre II, chap. 1, p. 250.

subissant l'influence des mêmes phénomènes et des mêmes
lois, — pluies, vents, marées, — il s'en serait complétement
départi, dans la création du monde actuel, de tous points semblable au premier!... Tandis qu'il aurait consacré des milliers
et des millions d'années à la création du monde primitif,
six jours de 24 heures lui auraient suffi pour l'œuvre du
nôtre!... Il aurait donc eu deux modes différents d'opération
pour atteindre le même but; c'est-à-dire qu'il aurait dérogé
gratuitement, sans aucune raison à nous connue, aux lois
permanentes et générales qui régissent l'univers. S'il est un
attribut de Dieu, inscrit en grosses lettres sur toutes ses œuvres, c'est qu'il est un Dieu d'ordre et constant dans toutes
ses voies.

Enfin la dernière et la plus forte objection que nous ayons
à faire à la théorie de Chalmers nous est fournie par la géologie. A l'époque où cette explication jouissait de la plus
grande faveur, on ne savait que très-imparfaitement la manière dont se sont déposées les différentes couches dont se
compose la croûte terrestre. On croyait généralement qu'il y
avait eu de grandes révolutions, des catastrophes soudaines
auxquelles il fallait attribuer la destruction des flores et des
faunes successives du monde primitif. Entre chacune des formations de roches sédimentaires on mettait un *hiatus*, comme
une sorte de cataclysme qui avait tout détruit et tout bouleversé. Dans ce courant d'idées, on comprend que Chalmers
eût imaginé de placer une sorte d'abime entre les espèces
évanouies et nos espèces actuelles. Mais cette explication, acceptable de son temps, ne l'est absolument plus aujourd'hui.
Les progrès de la science ont amené les savants à reconnaître qu'entre les créations végétales et animales du monde
préadamique, et celles qui existent de nos jours, il n'y a pas
eu d'interruption, mais un passage lent et graduel.

Déjà Blainville avait démontré le fait en plaçant dans un

seul tableau, les animaux vivants et les animaux fossiles, comblant ainsi les vides les plus frappants que présentent nos cadres zoologiques.

De nos jours, Agassiz a soutenu la même thèse, en montrant que les espèces éteintes rappelaient à certains égards les embryons des espèces actuelles. « Il y a certainement de l'exagération et plus d'apparence que de réalité dans cette manière de voir, dit M. de Quatrefages, mais le fait seul qu'un homme aussi éminent qu'Agassiz ait cru pouvoir la soutenir, donne une idée des rapports existant entre les êtres organisés que nous voyons et ceux qui les précédèrent à la surface du globe. Ajoutons que les espèces éteintes viennent toutes se ranger très-naturellement à côté ou dans le voisinage des espèces vivantes. Pour les distribuer d'une manière méthodique, il n'a pas été nécessaire d'imaginer des nomenclatures, des classifications nouvelles. Pour trouver une place à tous les animaux fossiles découverts jusqu'ici, on n'a pas eu à créer une seule *classe* de plus. En revanche, ils ont comblé une foule de lacunes et rempli bon nombre de *blancs* dans celles qui existaient déjà. Les espèces éteintes et les espèces vivantes apparaissent donc comme les parties intégrantes d'un même système de création, réunissant par des rapports au fond toujours identiques le passé et le présent du monde organisé (1). »

Bien longtemps avant l'apparition de l'homme, plusieurs des espèces actuelles étaient contemporaines de celles que nous savons avoir existé alors. Tandis que d'après Chalmers, l'homme aurait été créé le même jour que le bétail et les animaux des champs, la géologie démontre que plusieurs d'entre eux, même de ceux qui vivent à l'heure qu'il est, ont été

(1) A. DE QUATREFAGES, *Origine des espèces animales et végétales*, dans la *Revue des Deux-Mondes*, 1er janvier 1869, p. 231.

appelés à l'existence de longs siècles avant lui. « C'est aujourd'hui un grand fait, mis en pleine lumière par les découvertes de la géologie, dit Hugh Miller, qu'entre les plantes qui couvrent maintenant la terre et les animaux qui l'habitent, et les plantes et les animaux qui appartiennent à des créations éteintes, il n'y a point de solution de continuité; mais qu'au contraire plusieurs des organismes existants étaient contemporains, durant le matin de leur existence, de plusieurs de ceux qui ont disparu, durant le soir de la leur. On sait en outre qu'un grand nombre de mollusques qui vivent actuellement sur nos côtes, et que même plusieurs des bêtes sauvages qui hantent encore nos montagnes et nos forêts existaient bien des siècles avant que l'ère humaine eût commencé. Au lieu d'être d'un jour naturel ou de deux seulement antérieures à l'homme, elles doivent l'avoir précédé de plusieurs milliers d'années. Enfin, et par suite de l'extension relativement récente des découvertes de la géologie dans les derniers sédiments, découvertes qui nous font connaître qu'il n'y a point de séparation brusque entre la création présente et celle qui l'a précédée, mais qu'au contraire elles s'enchevêtrent l'une dans l'autre en mille points différents, nous sommes en droit d'affirmer que toute tentative de conciliation qui creusera un gouffre chaotique de mort et de ténèbres entre les espèces actuelles et celles qui ne sont plus, est d'avance condamnée par les faits (1). »

L'explication de Chalmers étant ainsi écartée, voyons s'il n'y a pas moyen de mettre la Bible d'accord avec la géologie, en prenant le récit de Moïse dans son sens simple et naturel, comme une description générale de l'œuvre entière de la création.

Cette interprétation porte en elle-même un tel cachet de

___

(1) *The two Records*, p. 9, 10, 15.

convenance et de grandeur, que le Dr Buckland, partisan
décidé des idées de Chalmers, est obligé de convenir qu'elle
devrait être préférée à toutes les autres, s'il était possible de
la concilier avec les faits de la science et le langage de l'E-
criture. Mais, selon lui, cette conciliation n'est pas possible.
« En effet, dit-il, la science nous montre les plus anciens animaux sous-marins confondus dans les mêmes strates avec les
plus anciens débris de végétaux. D'où l'on est en droit de
conclure que l'origine des plantes et celle des animaux remonte à la même date. Tandis que, d'après la Bible, la création des plantes précéda de deux jours au moins ou de deux
époques celle des animaux. »

Nous verrons bientôt ce que vaut cette objection. Bornons-
nous à constater pour le moment que, de l'aveu même de
ceux qui la font, l'interprétation qu'ils combattent, envisagée
en elle-même, est préférable à toutes les autres.

CHAPITRE II

Le premier acte créateur. — L'éternité de la matière ne s'accorde point avec les faits. — La vie a eu un commencement sur notre globe. — La loi du développement progressif n'est pas absolue. — Preuves tirées de la paléontologie des poissons, des reptiles et des mollusques. — L'existence des êtres et leurs transformations ne sont point le produit des forces naturelles. — Appréciation de la question au point de vue philosophique. — Silence de la Bible sur la date qu'il faut assigner à l'origine des choses.

AU COMMENCEMENT, DIEU CRÉA LES CIEUX ET LA TERRE.

Arrêtons-nous quelques instants à cette sublime introduction.

Qu'il y ait eu un temps où rien de ce qui est dans le ciel et sur la terre n'existait pas; qu'ainsi l'univers ait eu un commencement, contrairement à l'opinion unanime des philosophes anciens qui tous faisaient la matière éternelle (1), c'est

(1) Tous les systèmes de l'antiquité sur l'origine des choses sont ou matérialistes, faisant sortir les êtres d'une matière préexistante; ou panthéistes, regardant le monde entier comme une émanation de la substance divine; ou mythologiques, plaçant l'origine des dieux et des hommes dans le chaos. Aucun ne s'élève à l'idée de création, encore moins à celle d'un Dieu suprême, créateur de tout ce qui existe. D'après Bérose et Syncellus, les Chaldéens se représentaient le « Grand Tout » comme un composé de ténèbres et d'eaux, remplies de monstrueuses créatures, et gouvernées par une femme, *Markaya*, ou Ὀμόρωα (l'Océan). Bel divisa les eaux et coupa la femme en deux moitiés avec lesquelles il forma les cieux et la terre. Ensuite, il se coupa lui-même la tête, et des gouttes de son sang sortirent les hommes. Dans le système phénicien de Sanchoniathon, l'origine de toutes choses doit être cherchée dans le mouvement d'une atmosphère ténébreuse et chaotique. Par l'union de l'Esprit avec le Grand Tout, *Môt*, c'est-à-dire le limon fut formé, et de ce limon sortit l'univers. Les cieux furent faits sous la forme d'un œuf

là sans doute une vérité d'une importance capitale, mais une vérité sur laquelle la géologie n'a rien à nous dire directement et dont, par conséquent, nous pourrions ne pas nous occuper ici.

Remarquons seulement que si elle n'a rien à nous dire pour, elle n'a rien non plus à nous dire contre. L'hypothèse que la matière est éternelle, qu'elle est douée d'une activité propre, et qu'en vertu de cette activité, tous les corps et tous les êtres qui composent l'univers sont sortis d'une substance unique, cette hypothèse non-seulement ne trouve aucun appui

d'où jaillirent le soleil, la lune, les étoiles et les constellations. Le réchauffement de la terre et des mers donna naissance aux vents, aux nuages, à la pluie, aux éclairs et au tonnerre, dont les éclats éveillèrent les êtres doués de sensibilité et firent fourmiller la terre et les mers de créatures des deux sexes. Dans un autre passage, Sanchoniathon représente Κολπία (probablement קול פח, le mugissement du vent), et sa femme Βάου (Bohu), produisant Αἰών et πρωτόγονος, deux hommes mortels qui donnent le jour à Γένος et Γενεά, les habitants de la Phénicie. On sait par la théogonie d'Hésiode, que les Grecs font naître en même temps les dieux et le monde. Tous les systèmes indiens s'accordent en ceci qu'ils considèrent le monde comme une émanation de l'absolu, émanation produite par la pensée de Brahma ou par la contemplation d'un premier être appelé *Tad*. Le bouddhisme ne connaît pas non plus de Dieu créateur du monde; il est étranger à l'idée de création. Il décrit simplement l'origine du monde et des êtres qui l'habitent, comme une conséquence nécessaire d'actes qu'ils auraient accomplis antérieurement.

Dans la cosmogonie étrusque, vraisemblablement calquée sur celle de la Genèse, Dieu a créé le monde en six périodes, de mille ans chacune. Dans la première, les cieux et la terre; dans la seconde, le firmament; dans la troisième, la mer et les eaux de la terre; dans la quatrième, le soleil, la lune et les étoiles; dans la cinquième, les bêtes de l'air, des eaux et de la terre; dans la sixième, les hommes. Le monde doit durer 12,000 ans; la race humaine 6,000.

Selon le *Zend-Avesta*, l'Etre suprême, Ormuzd, a créé le monde visible par sa parole, en six périodes de milliers d'années : 1° Les cieux avec les étoiles; 2° les eaux qui sont sur la terre et les nuages; 3° la terre et les montagnes; 4° les arbres; 5° les bêtes; 6° les hommes, dont le premier fut Kejomortz. Chacune de ces différentes créations est célébrée par une fête. Le monde doit durer 12,000 ans.

Voyez RIEL et DELITZSCH sur le *Pentateuque*, dans la collection de CLARK's *Foreign theological library*.

dans la science, mais encore elle a contre elle les faits les mieux établis.

Car d'abord, si la matière est éternelle, elle doit être éternellement ce qu'elle est, éternellement douée de cette puissance productrice, au moyen de laquelle on essaye d'expliquer le phénomène de la vie. Mais cette vie, la géologie nous montre le point précis où elle a commencé sur notre globe, et avant ce point, elle nous dit que des siècles sans nombre ont dû s'écouler, pendant lesquels pas le moindre vestige de vie organique n'existait ni ne pouvait exister, vu les conditions de chaleur intense où il se trouvait alors. Or, si la faculté de produire la vie est une des qualités inhérentes à la matière, comment se fait-il que pendant des milliers de siècles, attestés par l'épaisseur des roches dites plutoniques, cette faculté ait sommeillé ?

En outre, la loi du développement progressif qui aurait fait passer la matière par une suite de transformations successives, de l'état brut ou inorganique au sommet le plus élevé de l'échelle de la vie, ne reçoit nulle part plus de démentis que dans le champ de la géologie.

A première vue, j'en conviens, il ne paraît pas en être ainsi. Dans les roches les plus anciennes, point de vie organique du tout ; dans celles qui viennent après, nous trouvons la vie organique à l'état le plus rudimentaire, sous la forme d'humbles fucoïdes et d'animaux invertébrés ; les premiers vertébrés apparaissent ensuite ; ce sont d'abord les poissons, puis les reptiles, puis les oiseaux, puis les mammifères, jusqu'à ce qu'enfin nous arrivions à l'homme. Quoi de plus concluant, semble-t-il, en faveur de cette loi du progrès qui relie tous les êtres par d'indissolubles liens, depuis la pierre jusqu'à la plante, depuis la plante jusqu'à l'animal ! A s'en tenir aux généralités, oui. Mais quand on descend dans les détails, non.

D'abord les anneaux intermédiaires entre la pierre et l'animal ou la plante n'ont, que je sache, nulle part été aperçus. On a eu beau fouiller la terre dans tous les sens, rien jusqu'à ce jour n'est venu même faire pressentir que ce vide soit jamais comblé. Mais supposons l'abîme franchi, nous voici dans le règne organique. Ici encore la théorie est loin d'être d'accord avec les faits. D'après la théorie, le passage d'une classe d'êtres à une autre classe doit se faire par degrés insensibles et successifs. Or, règle générale, il arrive que dans une classe les premiers spécimens sont les plus parfaits, et que les types subséquents vont en dégénérant et d'autant plus qu'ils se rapprochent davantage de la classe immédiatement supérieure. L'onchus, par exemple, est un genre de poisson qui a été trouvé dans les couches supérieures du terrain silurien (1). On sait que le terrain silurien est caractérisé, au point de vue de la faune, par ses fossiles invertébrés (zoophytes, mollusques, etc.). L'onchus étant le plus ancien vertébré connu, formant par conséquent la tête d'une nouvelle classe, devrait être comme poisson d'une organisation très-imparfaite. Il présente, au contraire, un des types les plus élevés. Au reste, ce fait est général. Tous les plus anciens fossiles, dont les espèces ont pu être bien déterminées, occupent non le plus bas, mais le plus haut rang dans leur classe. Hugh Miller cite l'exemple d'un autre poisson, l'Asterolepis (2), qu'on a trouvé dans le terrain dévonien. On devrait s'attendre, d'après l'hypothèse, qu'il fût d'une organisation inférieure ; au lieu de cela, dit Hugh Miller, il semble plutôt appartenir aux familles de poissons reptiles les plus élevés qui aient jamais existé.

(1) Dans le *lit à ossements* du Ludlow supérieur. Quelques-uns des poissons qu'on y a trouvés, dit Lyell, appartiennent à la famille des requins, et l'on rapporte leurs défenses au genre *onchus*. (*Éléments de Géologie*.)

(2) *The footprints of the Creator, or the Asterolepis of Stromness.*

Le même auteur s'est attaché aussi à mettre en lumière le fait
signalé plus haut, à savoir que dans plusieurs familles animales,
notamment dans les poissons, si les premières espèces parues
furent d'une organisation très-développée, il y eut une dégé-
nérescence graduelle dans celles qui vinrent après. Le progrès
fut donc un progrès de recul, un développement non des
formes les plus basses aux plus élevées, mais des plus parfaites à celles qui le sont le moins.

La paléontologie des reptiles nous donne les mêmes résultats. Laissons parler Pictet : « On peut remarquer en premier lieu, dit-il, que dans la faune la plus ancienne, deux
ordres sont représentés, et que ces deux ordres ne sont point
les plus imparfaits; car les chéloniens et les sauriens sont, au
contraire, regardés comme les reptiles les plus élevés par
leur organisation. Si nous examinons aussi quels sont les
types de chacun de ces ordres, nous trouverons dans leur
comparaison une seconde preuve contre le perfectionnement
graduel. Les batraciens, par exemple, n'existent pas dans les
terrains anciens, et ils y sont remplacés par le labyrinthodon,
qui est d'une organisation supérieure à la leur. Les sauriens
de ces mêmes terrains sont des lacertins thécodontes, c'est-
à-dire que s'ils sont moins parfaits que les crocodiliens, ils le
sont plus que les iguaniens et les lacertins actuels. L'examen
de l'époque secondaire amène aux mêmes résultats. Nous y
trouvons des chéloniens d'une perfection égale aux actuels;
nous y voyons aussi des crocodiliens et des lacertins inférieurs à quelques types vivants et supérieurs à d'autres. Les
ichthyosaures et plésiosaures font, il est vrai, un passage aux
poissons; mais, en admettant leur infériorité d'organisation
relativement aux reptiles actuels, on n'en pourrait rien conclure en faveur du perfectionnement graduel, car ils sont en
même temps inférieurs à tous les reptiles qui les ont précédés
dans les terrains pénéen et triasique. On doit donc recon-

naître que chacune des faunes, qui a ses caractères tranchés et spéciaux, a en même temps une moyenne de perfection qu'on ne peut estimer ni supérieure ni inférieure aux autres, et que l'on ne peut, en conséquence, admettre en aucune manière que les reptiles se soient graduellement perfectionnés (1). »

La même remarque s'applique aux invertébrés. En parlant des céphalopodes trouvés dans les plus anciennes roches, Alcide d'Orbigny s'exprime ainsi : « Les céphalopodes, de tous les mollusques les plus parfaits qui aient vécu dans les premiers âges du monde, nous offrent un progrès de dégradation dans leurs formes génériques. Ce qui nous conduit à cette conclusion, ajoute-t-il, que les mollusques, quant à leurs classes, ont constamment rétrogradé du composé au simple ou du plus parfait au moins parfait (2). » « Les mollusques, dit encore Pictet, fournissent une preuve évidente et sans réplique contre le perfectionnement graduel, car les faunes les plus anciennes sont riches en espèces appartenant aux classes les plus parfaites. Le terrain silurien renferme une quantité considérable de céphalopodes; et en général toutes les faunes de l'époque primaire ont une moyenne d'organisation au moins aussi élevée que celle des mollusques du monde actuel (3). » « La loi du perfectionnement graduel des êtres est, dit encore le même auteur, fondée sur une généralisation hasardée de faits incomplétement observés. »

Ce n'est pas tout. L'étude des roches fossilifères nous fait voir les êtres les plus divers associés ensemble dans des circonstances absolument identiques, et des êtres absolument identiques existant dans les circonstances les plus diverses.

(1) *Traité élémentaire de Paléontologie*, t. II, p. 9.
(2) *Cours élémentaire de Paléontologie et de Géologie.*
(3) *Traité élémentaire de Paléontologie*, t. II, p. 102.

Ce fait, attesté par la géologie, est le renversement de la théorie qui prétend expliquer l'existence des êtres et leurs transformations par l'action des forces naturelles. Si c'est à l'action des forces physiques toutes seules qu'il faut attribuer la production des différents types organiques qui ont existé et qui existent encore sur notre globe, comment se fait-il que des causes identiques aient produit des types différents, et des causes différentes des types identiques ? C'est pourtant là ce qui aurait eu lieu. Quiconque a étudié la paléontologie sait que les formes les plus variées, les plantes et les animaux par exemple, et parmi ces derniers les rayonnés, les mollusques, les crustacés, et même les premiers vertébrés, coexistent dans les mêmes roches, ont vécu par conséquent dans les mêmes circonstances, tandis que des types identiques se rencontrent dans les circonstances les plus variées. « Il n'y a aucune différence de structure entre les harengs de la zone arctique et ceux de la zone tempérée, ceux des tropiques et ceux des régions antarctiques. Il n'y en a pas davantage entre les renards et les loups des parties du globe les moins voisines. Et d'ailleurs, quand il y en aurait une, quand on exagérerait l'importance des différences spécifiques qu'il y a entre ces animaux, pourrait-on montrer entre ces différences et les influences cosmiques un rapport quelconque qui rendit compte en même temps de l'indépendance de leur conformation générale? En d'autres termes, comment admettre que ces causes produisent des différences dans l'espèce, et en même temps déterminent l'identité dans le genre, l'identité dans la famille, l'identité dans l'ordre, dans la classe, dans l'embranchement ? Identité dans tout ce que la nature animale a de réellement important, de dominant, de compliqué, voilà, d'une part, ce qui résulterait de l'action des causes les plus diverses ; diversité dans les choses d'un ordre très-secondaire, voilà, d'autre part, ce qu'auraient déterminé ces mêmes causes physiques,

extrémement diverses, auxquelles les animaux devraient
l'existence. Quelle logique ! (1) »

Le même argument peut être présenté sous une autre
forme. « Les produits de ce qu'on appelle communément les
agents physiques, dit Agassiz, sont *partout les mêmes* durant toutes les périodes géologiques. Au contraire, les êtres
organisés sont *partout différents* et ont *toujours différé* à
tous les âges. Entre deux séries de phénomènes aussi caractérisés, il ne peut y avoir ni lien de causalité ni lien de filiation (2). »

La géologie est donc contraire, au lieu d'être favorable, à
l'idée que le monde s'est fait tout seul, en vertu d'une vitalité
interne et suivant la loi d'un développement graduel et progressif qui aurait fait passer la matière des formes les plus
rudimentaires et les plus infimes de l'être jusqu'aux plus com-
plexes et aux plus perfectionnées.

A un autre point de vue, cette loi du développement graduel, dont on fait tant de bruit aujourd'hui, est trop bien
appréciée dans un morceau sorti de la plume d'un philosophe contemporain pour que nous ne nous donnions pas le
plaisir de le citer :

« Il ne suffit pas de développer avec éclat et imagination
l'idée d'une évolution de la nature, dit M. Paul Janet (3),
tout le monde sait qu'il y a une évolution, ou du moins une
échelle de la nature. Aristote et Leibnitz l'ont dit avant He-
gel. La question est de savoir si, dans ce développement, il
n'y a point des *hiatus,* des solutions de continuité, si la nature, en se développant, suit une ligne continue, ou si, à certains degrés, elle ne franchit pas certains intervalles pour en-

(1) L. Agassiz, *De l'espèce et de la classification en zoologie*, traduit de
l'anglais, p. 22. Paris, 1869.

(2) *Ibid.*, p. 219.

(3) *Revue des Deux-Mondes* (15 juillet 1854, p. 483-485).

trer dans un ordre supérieur. *A priori*, il n'est nullement nécessaire que le progrès se fasse par des transformations insensibles. La puissance créatrice ou productrice (quelle qu'elle soit) peut tout aussi bien se manifester par la diversité des forces et des agents que par l'unité de force ou d'agent. C'est donc à vous de démontrer qu'il n'y a point d'hiatus et que l'évolution est continue. Or, il y a deux passages infranchissables jusqu'ici à toute science, à toute analyse, à toute expérience, c'est le passage de la matière brute à la matière vivante, et de la matière vivante à la pensée. Ces deux abîmes, les hégéliens ne les ont pas plus franchis qu'aucun de ceux qui l'ont tenté avant eux ; tout ce qu'ils peuvent faire, c'est de les éluder et de laisser croire, en les taisant, qu'ils n'existent point.

« Toutes ces conceptions ont leur origine dans l'application désordonnée d'un principe cher à Leibnitz et l'un des plus beaux de la métaphysique : le principe de continuité ; mais ce principe, si on sait bien l'entendre, n'est que le principe de la gradation et du progrès. Il signifie seulement que la nature agit par degrés, qu'elle ne s'élève à une forme qu'après avoir épuisé toute la série possible des formes inférieures ; que chaque degré de l'être contient quelque chose du précédent ou quelque chose du suivant. Que d'ailleurs ces degrés successifs soient distincts les uns des autres, et même qu'il puisse y avoir des intervalles plus grands à certains degrés de l'échelle, c'est ce qui n'a rien de contraire au principe de continuité ; car si l'on voulait pousser ce principe jusqu'au bout, il nous entraînerait non-seulement à l'identité, mais à l'immobilité universelle. Il ne suffirait pas de dire qu'un phénomène est lié à un autre, qu'il lui est semblable, qu'il en résulte et en prépare d'autres semblables à lui, il faudrait aller jusqu'à dire que c'est le même, rigoureusement le même, ce qui rend impossible toute diversité. Si vous dites que c'est le

même phénomène, mais avec quelque chose de plus, je demande d'où vient ce surplus. Entre ce surplus, ce *novum
quid*, et le phénomène antérieur, n'y a-t-il pas un *hiatus*, un
saltus, quoi qu'on fasse? Non, direz-vous, on arrive par des
nuances insensibles. Peu importe : que ce soient des nuances,
des quarts de nuances, des millièmes de nuances, ce sont là
des diminutifs impuissants. Partout où il y a diversité, il y a
solution de continuité. Entre deux nuances, je peux toujours
supposer une nuance intermédiaire, et d'autres à l'infini
après celle-là. La nature ne passerait donc jamais d'une
nuance à l'autre. Si elle veut se diversifier, il faut qu'elle fasse
un saut, si petit qu'il soit. Dès lors pourquoi n'admettrait-on
pas tout aussi bien des intervalles d'essence que des intervalles de degré? Et pour en revenir au point en question,
pourquoi la conscience serait-elle simplement la continuation
d'un état antérieur, et non pas l'apparition d'une force nouvelle qui est précisément ce que les hommes appellent âme?
Pourquoi, dans cette force nouvelle, la plus haute que nous
manifeste la nature, n'y aurait-il pas un mode d'activité entièrement nouveau, à savoir la liberté? Et pourquoi ne suppo-
serions-nous pas d'autres forces et d'autres formes d'activité
supérieures à celle-là, et enfin une force absolue, jouissant du
plus haut degré et de la plus haute forme possible de l'activité et de l'être, et distincte de toutes les forces secondaires
et subordonnées aussi bien qu'elles sont distinctes les unes
des autres? Je sais bien qu'après avoir établi la distinction, il
faudrait, s'il était possible, expliquer l'union; mais on n'explique pas en supprimant, on ne résout pas un problème en
le mutilant. Réduire toutes les forces de la nature à une
seule, et tout expliquer par les transformations insensibles
d'une même substance, c'est revenir à Thalès et à la philosophie juvénile des premiers temps de la Grèce; c'est ne tenir
aucun compte des progrès que la pensée a su accomplir de-

puis cette période brillante et féconde, mais pleine d'inexpérience. »

L'objection capitale, nous l'avons dit, qu'on oppose au récit de la Bible dans ses rapports avec les données géologiques, est tirée de la haute antiquité du globe, comparée à l'origine relativement récente qui lui serait assignée dans la Genèse. Un examen plus attentif du texte suffit pour la faire disparaître. Où placer, en effet, ce commencement dont il est dit : « Au commencement Dieu créa les cieux et la terre? » Nul ne le sait ni ne le peut dire. Ce qui est certain, c'est qu'entre ce commencement et le moment où l'homme fut créé, il a dû s'écouler des milliers de siècles. La Bible se tait là-dessus; elle se prête donc à tous les calculs; elle n'a rien à redouter des découvertes et des investigations de la science. On croit généralement, et l'on répète avec assurance, que, d'après la Bible, la terre n'a pas plus de six ou sept mille ans. Armé des faits de la science, on n'a point de peine à la trouver en faute, et on la déclare à tout jamais convaincue d'erreur. L'erreur est dans ceux qui ne la comprennent pas. Nulle part la Bible n'affirme ce qu'on lui fait dire. Tout au plus l'affirme-t-elle de l'homme, ce qui est bien différent. Encore, sur ce point, sommes-nous loin de tenir la chronologie vulgaire pour irréfragable; nous la croyons, au contraire, fautive à bien des égards et sujette à révision. Nous y reviendrons dans une autre partie de cet ouvrage. Pour le moment, il doit nous suffire de constater que le désaccord prétendu entre la Bible et la géologie, sur l'antiquité du globe, n'existe pas. Que, d'après Herschell, la lumière d'une nébuleuse ait mis deux millions d'années pour arriver jusqu'à nous; que, d'après les géologues, il ait fallu quatre ou cinq millions d'années à l'épaisseur totale des couches sédimentaires pour se former, cela nous importe peu; car cette nébuleuse faisait partie de ces cieux et de cette terre qui furent créés au *commencement*, c'est-à-dire dans les enfoncements incommensurables de la durée; et, quant aux couches sédimentaires, nous savons qu'elles ont eu pour se déposer, non pas six jours de vingt-quatre heures, mais six époques ou périodes d'une longueur indéterminée.

CHAPITRE III

Or la terre était déserte et vide, et il y avait des
ténèbres, a la surface de l'abîme.

Ainsi, un abîme d'eaux autour de la terre, — au-dessus
des ténèbres, — et dans cet abîme, comme sur la terre, la
solitude : tels sont les traits du tableau contenu dans les paroles ci-dessus.

Qu'on se rappelle ce que les faits géologiques nous ont
révélé sur la condition première de notre globe, et qu'on dise
s'il n'y a pas entre elle et le récit de la Bible la plus frappante
ressemblance.

Et d'abord la géologie nous a appris qu'il fut un temps où
les *eaux couvraient toute la surface de la terre*, et cela pendant la longue période de formation du système azoïque, qui
n'a pas moins de 26,000 pieds d'épaisseur, d'après les calculs
de R. Murchison. Cette induction, les géologues l'ont tirée du
double fait : 1° que ces roches azoïques ont été trouvées
dans toutes les parties du globe; d'où il suit que les mers où
elles furent déposées durent avoir la même étendue que ces
roches elles-mêmes; 2° qu'on n'a pu constater jusqu'ici aucun
phénomène géologique qui contredise cette affirmation, mais

qu'au contraire tout porte à croire que, durant la longue période écoulée entre la formation cambrienne et le tout commencement de la formation silurienne où l'on a découvert les premières traces de végétation terrestre, notre globe tout entier était sous l'eau.

La géologie nous a encore appris que la croûte granitique qui constitue la première enveloppe solide de notre globe fut formée par le refroidissement graduel de la masse terrestre, alors dans un état de fusion sous l'action du feu central, mais que longtemps encore, au-dessus des premières couches sédimentaires qui se déposèrent sur le granit, les eaux ambiantes conservèrent un très-haut degré de température. Cette température élevée devait produire à son tour une évaporation considérable à la surface des eaux. Qu'on se figure ces flots bouillonnants, décomposés, réduits en vapeurs et en gaz ardents qui se mêlent avec les éjections de gaz et de boue sortis de l'intérieur en feu, et l'on comprendra comment ces vapeurs immenses durent couvrir toute la terre des plus épaisses et des plus profondes ténèbres. Ce ne fut que plus tard, par le refroidissement graduel de la croûte terrestre, que les vapeurs s'éclaircirent et livrèrent passage aux rayons lumineux. Jusque-là l'état de notre planète dut être celui décrit par Moïse dans ces paroles : *Les ténèbres étaient sur la face de l'abîme.*

Mais il y a plus. Cette terre couverte d'eau, ténébreuse, était *déserte et vide*, c'est-à-dire qu'elle ne renfermait aucune trace de vie organique, soit animale, soit végétale.

C'est encore l'enseignement de la géologie : « Ce qui étonne davantage, dit G. Cuvier dans son *Discours préliminaire*, et ce qui n'est pas moins certain, c'est que *la vie n'a pas toujours existé sur le globe*, et qu'il est facile à l'observateur de reconnaître le point où elle a *commencé* à déposer ses produits. » En effet, lorsqu'on creuse dans la terre, tandis que des débris fossiles de plantes et d'animaux se trouvent dans toutes les strates, depuis les terrains les plus récents jusqu'aux plus bas du système silurien, et même, quoique très-rarement, jusqu'aux couches les plus profondes du système cambrien, il est un point où ils disparaissent complétement et où l'on ne reconnaît plus aucun reste quelconque ni d'animaux marins ni de reptiles, ni de corail, ni même d'arbres ou de plantes. La conclusion que les géologues ont tirée de là, c'est que la vie n'a pas toujours existé sur la terre, et cette conclusion, on le voit, est tout à fait conforme à ce que nous enseigne la Bible de l'état primitif de notre globe : *Or, la terre était déserte et vide.*

On pourrait dire, pour infirmer cette conclusion, que les débris organiques de l'âge azoïque ont été détruits par les réactions chimiques qui ont produit le métamorphisme des roches et la haute température de notre planète à cette époque. Mais, outre que le fait allégué n'est rien moins que certain, puisque les laves de l'Auvergne et celle des autres volcans n'ont pas détruit entièrement les corps qu'elles ont empâtés dans leurs masses, on ne ferait ainsi que reculer la difficulté. En remontant plus haut jusqu'au moment où le globe tout entier était en fusion, on arrive à un point où toute vie quelconque était impossible. *A priori*, et d'une manière absolue, nous n'avons pas le droit de nier la possibilité de la vie dans de telles conditions. Ce que nous affirmons, c'est que les lois qui régissent les mouvements et les propriétés de la matière n'ayant pas changé (comme il est aisé de l'établir), aucune forme de vie organique, telle qu'elle existe aujourd'hui ou telle que la géologie nous montre qu'elle a existé, n'aurait pu supporter l'état de fusion incandescente que nous avons supposé. Donc aussi toutes les espèces fossiles, soit animales, soit végétales, que nous connaissons, doivent avoir eu un commencement postérieur à l'état de fusion universelle à nous révélé par la géologie et les études astronomiques.

Ici nous rencontrons une objection signalée plus haut, et qui, lorsqu'on s'en tient à un premier coup d'œil, ne manque pas d'un certain air de vérité. D'après la Bible, c'est le troisième jour que les végétaux furent créés, et, avant le cinquième, il n'y avait d'animaux d'aucune espèce. Telle est du moins l'impression que produit la lecture du texte sacré dans nos traductions. Or, la géologie nous découvre des débris organiques de plantes et d'animaux dès avant même l'apparition de la lumière au premier jour.

Dans les couches supérieures du système cambrien et dans toute l'étendue de la formation silurienne, on trouve en abondance des fossiles d'animaux sous-marins, zoophytes, mollusques, crustacés, mêlés aux débris de plantes marines de la famille des algues.

N'y a-t-il pas là une palpable et flagrante opposition?

Non, cette opposition n'est qu'apparente, elle n'est point réelle. Il ne s'agit que d'interroger les faits et de bien comprendre le récit génésiaque pour la voir disparaître à l'instant, et d'objection se changer en preuve.

C'est ce que va nous montrer l'examen de la fin du verset deuxième.

CHAPITRE IV

PREMIER JOUR

D'après la Bible comme d'après la géologie, c'est au fond des eaux qu'apparaissent les premiers êtres créés. — La non-existence de la lumière prouvée par les zoophytes et mollusques acéphales de cette époque. — Preuve de sa prochaine apparition. — La création sous-marine se poursuit jusqu'au troisième jour. — Accord sur ce point entre la Bible et la géologie. — Pourquoi la création des êtres aquatiques n'est rapportée à aucun des six jours. — Principale difficulté écartée.

Première apparition de la lumière. — La Bible ne se contredit pas en disant que le soleil ne fut visible qu'au quatrième jour. — Production de la lumière primitive.

ET L'ESPRIT DE DIEU PLANAIT A LA SURFACE DES EAUX.

Jusqu'ici, dans la création, la matière s'est présentée à nous sous la forme brute, inorganique. Mais toutes les combinaisons de la matière inorganique ne sauraient produire la vie. Il faut que Dieu lui-même intervienne par son pouvoir créateur, et c'est là ce qu'a voulu marquer Moïse en nous disant : « L'Esprit de Dieu planait à la surface des eaux. » Le mot *rahhaph*, que nous traduisons par « planait » ou « se mouvait, » exprime le mouvement des ailes d'un oiseau qui recouvre sa couvée. Nous assistons donc ici au premier acte créateur de la vie. « Quelle plus belle image, remarque à ce sujet M. L. Gaussen dans son charmant petit livre (1), quelle plus belle image y a-t-il dans toute la nature pour désigner le

(1) *Premier chapitre de la Genèse*, 1859, p. 68.

mystère et le pouvoir créateur que celle d'un oiseau qui, dans le silence, demeure vingt jours, couvant son œuf, jusqu'à ce qu'enfin de cet œuf, sans vie apparente, vous voyiez sortir au jour plein de vie, de grâce et de beauté, le jeune paon, ou le jeune cygne, ou le jeune colibri, ou le jeune rossignol, qui va commencer son existence et faire le charme de nos yeux! » C'est ainsi qu'avant même l'apparition de la lumière, et bien longtemps avant la séparation du sec d'avec l'humide, bien longtemps avant, par conséquent, la formation des plantes et des animaux terrestres, « l'Esprit de Dieu planait au-dessus des eaux. » Il planait en silence au-dessus de cette masse ténébreuse et solitaire, pour y verser la vie et y faire éclore en leur temps cette multitude innombrable de plantes et d'animaux marins qui allaient bientôt en peupler les profondeurs.

C'est donc sous les eaux que la Bible fait premièrement apparaître la vie, car c'est au-dessus des eaux que l'Esprit de Dieu se mouvait. Par conséquent aussi, c'est au fond des mers primitives que nous devons chercher les premières créatures vivantes sorties de la main de Dieu.

Laissons maintenant parler la géologie.

En montant des roches azoïques qui nous attestent que, pendant la durée de leur formation, la terre était couverte de ténèbres, déserte et vide, nous arrivons aux couches les plus élevées des terrains cambriens où l'on a découvert le zoophyte Oldhamia, et de là aux terrains siluriens qui viennent immédiatement après. C'est dans ces strates qu'apparaissent les premiers restes fossiles de vie organique.

Mais de quelle nature sont ces débris? Sont-ce des débris de plantes et d'animaux terrestres? De ceux-là il n'y a pas trace. Tous ces débris, sans exception, appartiennent à la classe des zoophytes, des mollusques, des crustacés, des fucoïdes, tous êtres vivants, éclos au fond des mers, tous *créatures sous-marines*.

Ce n'est pas tout. A l'époque où commença la vie organique, la lumière n'existait pas (du moins pour notre globe), puisque ce n'est qu'après la fécondation des eaux par l'Esprit de Dieu que la Bible nous raconte son émission. Elle n'existait donc pas à l'époque de la formation des derniers dépôts cambriens. Aussi que voyons-nous? C'est que les zoophytes et les mollusques bivalves trouvés dans ces dépôts sont dépourvus de l'organe de la vue et de l'ouïe, comme les *graptolithes* et les *lingules*, les uns et les autres acéphales (sans tête). Les seuls sens qu'ils possèdent sont ceux du goût, du toucher et de l'odorat. Dans la tribu des trilobites eux-mêmes, nous avons vu qu'il en est dans les genres les plus anciens qui sont dépourvus de l'organe visuel.

Or, qu'implique ce fait? Il implique évidemment qu'à l'époque où ces animaux furent créés, la lumière n'existait pas pour notre globe. Supposez qu'au lieu d'être privés de l'organe de la vue, ils en eussent été doués, il ne viendrait à la pensée de personne de mettre en doute l'existence de la lumière à l'époque où ils vivaient. Il y a une telle corrélation entre l'œil et la lumière qu'instinctivement nous concluons de l'existence de l'un à celle de l'autre. Donc, quand la géologie nous montre les premiers êtres créés dépourvus de l'organe de la vue, elle confirme à sa manière le récit de la Bible, qui nous dit que « l'Esprit de Dieu se mouvait sur la surface des eaux, » alors que la lumière n'avait pas encore pénétré leur profondeur.

Mais la lumière ne dut pas tarder à paraître. Entre la fécondation des eaux, à la fin du verset 2, et l'apparition de la lumière, au verset 3, il n'y a rien, point de création. Si donc la Bible ne s'est point trompée, il faut qu'en passant des dernières strates du système cambrien aux premières du système silurien, à côté des zoophytes et des mollusques acéphales, nous rencontrions des êtres d'une organisation supérieure,

avec des sens d'un ordre plus élevé. Tel est, en effet, le cas.
Dans les dernières couches du système cambrien et dans
toute l'étendue des roches siluriennes, on voit apparaître,
mêlés aux zoophytes et aux mollusques bivalves, des mollusques céphalopodes et des crustacés, tous animaux ayant des
yeux, tandis que plus haut encore, et tout à fait au sommet
des dépôts les plus récents du même système, on rencontre
pour la première fois des poissons vertébrés.

Ainsi, l'action créatrice de l'Esprit de Dieu « se mouvant
sur la surface des eaux » embrasse toutes les créations sous-
marines et s'étend depuis le premier jour jusqu'au commencement du troisième, alors que l'abîme des eaux qu'il fécondait
disparut pour faire place aux continents et aux mers. A ce
moment, l'œuvre de création des êtres aquatiques fut ache-
vée, si bien que l'apparition de leur type le plus parfait, les
poissons à vertèbres, coïncide précisément avec celle des premiers vestiges de végétation qui aient recouvert les terres
émergées.

C'est ce que dit la géologie. N'est-ce pas aussi ce que dit la
Bible? Y a-t-il quelque chose dans son récit qui contredise
l'enseignement des faits? Sans doute elle n'affirme pas en tout
autant de mots que Dieu créa les zoophytes et les mollusques acéphales d'abord, puis les céphalopodes et les crustacés, puis enfin les poissons; mais elle l'affirme à sa manière
en disant qu'Il féconda l'abîme des eaux avant l'apparition
de la lumière, qu'il la féconda encore pendant et après, et
finalement qu'il ne s'arrêta dans cette œuvre créatrice que
lorsque, à la séparation du sec d'avec l'humide, l'abîme des
eaux lui-même eut cessé d'exister.

On peut s'étonner à première vue que la Bible ne rapporte
à aucun des six jours en particulier la création des êtres
aquatiques, comme elle le fait, par exemple, pour la création
des reptiles et des oiseaux, ou pour celle des animaux terres-

tres. Mais quand on y réfléchit, on ne tarde pas à reconnaître qu'elle ne pouvait faire autrement, et que son langage est en définitive celui qui s'accorde le mieux avec les faits. Supposez qu'elle eût dit que Dieu créa les animaux sous-marins le premier jour, cela eût été vrai des zoophytes et des mollusques bivalves, cela ne l'eût pas été des poissons, qui ne le furent que le troisième. Ou bien supposez qu'elle eût dit qu'ils furent créés le troisième jour; vrai pour les poissons, c'eût été inexact pour les zoophytes, pour les mollusques, pour les crustacés, qui le furent le premier et le second. La paléontologie démontre que l'existence des animaux sous-marins a commencé, selon toute vraisemblance, avant que la lumière eût éclairé notre globe, et qu'elle s'est continuée après. Elle démontre, en outre, que certains d'entre eux, comme les poissons, n'ont point existé avant le commencement de l'œuvre du troisième jour. Des trois classes dont se composent les êtres aquatiques, la première, celle des zoophytes, des mollusques bivalves et des crustacés les plus anciens, dénués de l'organe de la vue, doit avoir été créée au premier jour, avant l'apparition de la lumière; la deuxième, celle des mollusques supérieurs et des crustacés en général, doit l'avoir été le second jour après cette apparition; la troisième enfin, la plus parfaite de toutes, celle des poissons vertébrés, ne fut appelée à l'existence qu'au troisième jour, en même temps que la végétation terrestre. La création des êtres sous-marins ayant été ainsi continuée pendant trois des jours génésiaques, ne pouvait être racontée comme l'œuvre d'un seul. La Bible ne l'eût fait qu'en se mettant en contradiction avec la science, tandis que son récit étant ce qu'il est, il est impossible d'établir la moindre contradiction entre ce qu'elle dit et ce qu'enseigne la géologie.

On a encore expliqué la chose d'une autre manière. Il est probable, a-t-on dit, que Dieu, voulant révéler à l'historien

sacré les scènes de la création, l'aura fait dans une vision.
Dès lors aussi l'historien lui-même n'a pu raconter que ce
qu'il a vu ou entendu : le *fiat lux* du premier jour, la formation de l'atmosphère, l'émergence des terres au sein des mers,
en un mot tout ce qui a frappé ses yeux ou ses oreilles. Le
reste, ce qui par nature échappait à son regard, comme l'éclosion des êtres sous-marins au fond des eaux, il s'est borné à
l'annoncer, en relatant ce que Dieu lui a sans doute montré
dans une vision, à savoir, « l'Esprit de Dieu se mouvant sur
la face de l'abîme, » et le vivifiant.

Si les choses se sont passées ainsi, il ne faut pas s'étonner
que Moïse ne parle pas en détail des créations sous-marines.
Il raconte ce qu'il a vu. Or, tout ce qu'il a vu, c'est « l'Esprit
de Dieu se mouvant à la surface des eaux. » Quant aux
algues marines, aux zoophytes, aux mollusques, aux crustacés, aux poissons à vertèbres, que pourrait-il nous en dire,
puisqu'ils étaient ensevelis dans les profondeurs de l'abîme ?
Tout ce qu'il pouvait faire, c'était de nous fournir des indi-
cations générales qui nous missent à même de vérifier la concordance des données géologiques avec les traits du divin
récit. Or, c'est justement là ce qu'il a fait.

Contrairement à l'opinion commune, nous verrons de rapporter la création des poissons et celle des autres formes de
la vie sous-marine au premier acte créateur de l'Esprit de
Dieu. Nous écartons par là du même coup une des plus sérieuses difficultés qu'ait rencontrées jusqu'ici la conciliation de
la Bible et de la géologie.

En effet, que dit la Bible, que semble-t-elle dire tout au
moins, d'après nos versions? Que les plantes et les arbres
furent créés le troisième jour, les poissons seulement le cinquième? Or, la géologie nous montre l'âge des poissons, ou
période dévonienne, précédant l'âge des plantes houillères, ou
période carbonifère. Ainsi ce que la Bible met avant, la géolo-

gie le met après, et *vice versâ*; le désaccord est donc complet.

Oui, si ce sont les poissons que la Bible fait créer au cinquième jour. Mais il n'en est rien. Les créatures dont elle parle au verset 20 sont des animaux d'un ordre tout différent. Et cela même nous fournit une autre preuve en faveur de l'explication que nous donnons de la fin du verset 2. Car si la création des êtres sous-marins n'est point racontée dans l'acte créateur de l'Esprit de Dieu se mouvant sur les eaux, où le sera-t-elle? Il n'est pas question des poissons au verset 20; il ne peut être question non plus des plantes marines dans ces paroles du verset 11 : « Que la *terre* pousse son jet, etc. » Où donc en serait-il parlé? Nulle part. Une telle lacune serait inexplicable.

Nous venons d'assister au premier épanouissement de la vie. Notre planète n'est plus cette masse déserte et vide du commencement. Au fond des eaux croissent déjà des algues marines et pullulent les zoophytes et les mollusques bivalves, premiers types de l'organisation animale. Mais aucun rayon de lumière n'avait encore brillé sur la terre. Couverte de ténèbres épaisses et profondes, elle courait sans gloire à travers l'immensité, quand Dieu dit :

QUE LA LUMIÈRE SOIT ET LA LUMIÈRE FUT.

ET DIEU VIT QUE LA LUMIÈRE ÉTAIT BONNE, ET DIEU SÉPARA LA LUMIÈRE DES TÉNÈBRES.

ET DIEU NOMMA LA LUMIÈRE JOUR, ET LES TÉNÈBRES NUIT. ET IL Y EUT SOIR ET IL Y EUT MATIN; CE FUT UN PREMIER JOUR.

On a demandé à propos de cette première apparition de la lumière : Que faut-il penser du soleil pendant les trois premiers jours de la création? Existait-il avant l'émission de la lumière ou n'existait-il pas? — Il existait, sans aucun doute; il faisait partie de ces cieux que Dieu créa au commencement.

Mais il n'avait pu traverser encore l'épaisse et noire enveloppe
de nuages qui couvraient la terre. Ce ne fut que lorsque les
vapeurs opaques qui s'élevaient au-dessus des eaux, pendant
le dépôt des premières roches, furent précipitées par l'effet de
l'abaissement de la température, que la lumière pénétra dans
le sein des mers, comme le prouvent les organes visuels dont
une grande partie des animaux de cette période sont pourvus.
La lumière elle-même ne fut point créée alors; ce fut alors
seulement qu'elle commença d'être visible pour notre planète.

De plus, cette lumière fut progressive. De longs siècles s'é-
coulèrent avant qu'un rayon direct révélât à notre terre la
forme du soleil et des autres corps célestes. Elle eut d'abord
à lutter contre les vapeurs aqueuses qui reposaient sur les
eaux. Longtemps encore elle resta cachée derrière les nuages
pendant la durée du deuxième et du troisième jour, jusqu'à
ce qu'enfin, pour la première fois, au quatrième jour, le
soleil devint visible pour un œil situé à la surface de la terre.
C'est ce que raconte la Bible et ce que confirment, comme
nous le verrons bientôt, les données de la géologie.

— Mais si le soleil ne fut visible qu'au quatrième jour,
comment Moïse place-t-il l'apparition de la lumière au premier? N'est-ce pas placer l'effet avant la cause?

L'objection serait sans réplique, si, comme le pensaient les
encyclopédistes, le soleil était avec la lumière dans un rapport de cause à effet. Mais il n'en est rien. La science a marché depuis, et il est aujourd'hui démontré, conformément aux
travaux les plus avancés de la physique, que la lumière, l'é-
lectricité, la chaleur et le magnétisme sont quatre noms d'un
même fait général qui se produit tour à tour par des effets
divers; en sorte que le soleil, bien loin d'être le principe même
de la lumière, n'en est qu'une puissante concentration.
« Quand la nuit vous vous promenez dans les rues et que
vous entrez dans de riches magasins, à la lueur du gaz, dit

M. Gaussen, qu'est-ce qui vous éclaire? Est-ce le soleil? Il est couché derrière nos montagnes; il a entièrement disparu, depuis longtemps, au-dessous de l'horizon. » La lumière peut donc exister sans le soleil. Ainsi se trouve justifié le récit biblique des attaques dont il avait d'abord été l'objet.

Quant à cette lumière primitive qui éclaira la terre avant l'apparition de l'astre du jour, elle dut être produite par la condensation de la matière. La matière, tout porte à le croire, fut d'abord créée à l'état gazeux. Cette théorie, aujourd'hui généralement admise, est fondée sur les données les plus positives que nous fournissent l'astronomie, la physique, la géologie. Or, il y a dans les gaz une somme plus ou moins considérable de chaleur qu'on appelle latente et obscure. Latente, parce qu'elle ne fait pas monter le thermomètre; obscure, parce qu'elle ne s'accompagne d'aucun phénomène lumineux. Mais si les gaz viennent à se condenser et à se combiner chimiquement par une cause quelconque, aussitôt ils émettent de la chaleur et de la lumière. C'est ce qui se produisit sans doute à l'origine des choses, lorsque la matière, par la combinaison des gaz que la haute température du globe avait tenus jusque-là séparés, passa de l'état gazeux à l'état liquide, et de l'état liquide à l'état solide. Alors d'obscure qu'elle était —« Les ténèbres étaient sur la face de l'abîme » — elle devint lumineuse; et c'est aussi à ce moment que l'Éternel parla pour la première fois et dit : « Que la lumière soit, et la lumière fut. »

CHAPITRE V

SECOND JOUR

La formation de l'étendue au second jour correspond à la période silurienne.
— Entre l'introduction de la vie au premier jour et la première apparition
des plantes terrestres au troisième, il a dû s'écouler un long temps. —
Confirmation du récit biblique par la géologie.

Le second jour qui correspond à la période pendant laquelle se déposa la plus grande partie des roches siluriennes
fut marqué par la formation de l'atmosphère, en tant qu'elle
sépare les eaux inférieures d'avec les eaux supérieures (1).

Puis Dieu dit : Qu'il y ait une étendue entre les eaux,
et qu'elle sépare les eaux d'avec les eaux.

Dieu donc fit l'étendue, et sépara les eaux qui sont
au-dessous de l'étendue des eaux qui sont au-dessus de
l'étendue. Et ainsi fut fait.

Et Dieu nomma l'étendue cieux. Et il y eut soir, et il y
eut matin : ce fut un second jour.

Nous avons dit que le second jour fut marqué par la for-

(1) Dans un sens on peut dire que l'atmosphère existait dès avant la période silurienne. Mais il ne faut pas confondre l'atmosphère de ces temps
reculés avec l'atmosphère actuelle. Celle-ci, telle qu'elle est maintenant constituée, n'existait pas. Outre que l'autre était incomparablement plus étendue
(on pense qu'elle atteignait jusqu'à la lune), puisqu'elle contenait à l'état de
vapeurs la masse énorme des eaux qui forment nos mers actuelles, elle comprenait encore avec les gaz qui composent l'air atmosphérique actuel d'immenses quantités de matières minérales métalliques ou terreuses, à l'état de
gaz, et maintenues dans cet état par l'effroyable température où se trouvait
alors la terre incandescente.

mation de ce que nous appelons l'atmosphère. C'est l'atmosphère en effet qui divise les eaux de dessus de celles de dessous. N'oublions pas qu'« au commencement, » le globe était tout entier couvert d'eau, tenue à l'état de vapeur, sous l'action de la forte température produite par le feu central. Arrivée à une certaine hauteur, cette vapeur entrait dans une région plus froide, en raison même de son éloignement de la terre; là elle se condensait et retombait par suite de l'attraction terrestre sur la masse aqueuse qui s'était déjà condensée. Une atmosphère élastique, comme celle qui nous environne, avait pour effet de soutenir les vapeurs, sous forme de nuages. Ces nuages, en se rompant de temps à autre sous leur propre poids, versaient leur contenu dans les eaux inférieures. Indépendamment des vapeurs tenues en suspension, il dût donc se produire, aussi longtemps que dura la haute température du globe, une évaporation continuelle des eaux, et par suite de cette évaporation, des masses énormes de nuages qui se résolvaient à leur tour et retombaient en chaudes ondées. Dans cet état de choses, la terre était soustraite aux rayons directs du soleil et devait ressembler à une immense serre chaude saturée d'humidité, circonstance éminemment propre à la production d'une végétation luxuriante. Nous verrons bientôt que sous ce rapport, comme sous tous les autres, le livre de la nature et le récit de la Bible sont en parfaite conformité.

Pout ce qui est de l'œuvre du second jour proprement dite, la géologie n'a que peu de chose à nous en dire. Remarquons cependant qu'entre l'introduction de la vie au premier jour et la première apparition des plantes terrestres au troisième, elle nous montre qu'il a dû s'écouler une période d'une durée énorme, d'accord sur ce point avec le récit biblique. Il n'en eût pas été de même si, au lieu de placer la formation des continents au troisième jour, Moïse l'eût placée au deuxième.

Mais il s'est donné garde de faire suivre immédiatement la
création sous-marine de la création des plantes terrestres ;
il met entre elles une autre création, celle de l'étendue. Et la
géologie, confirmant son dire, place également entre les strates qui renferment les débris fossiles de la première de ces
créations, et celles qui renferment les débris fossiles de la
seconde, une autre série de couches dont la formation a dû
nécessiter des siècles.

Remarquons encore que, sans la formation de l'atmosphère
au second jour, les plantes et les végétaux n'auraient pu vivre
au troisième, non plus que les reptiles et les oiseaux, les animaux terrestres et l'homme, les jours suivants. « C'est l'atmosphère, dit le capitaine Maury, qui, recevant les vapeurs de la
terre et des mers, les enlève dans ses hauts lieux, bien au-dessus
des espaces où l'aigle emporte ses petits, les retient, ou dissoutes dans ses profondeurs, ou suspendues en citernes de
nuages, et les promène d'un hémisphère à l'autre pour venir
les verser en neiges sur nos montagnes, en pluies sur nos
vallées, en rosées sur toutes nos campagnes. C'est l'atmosphère qui courbe les rayons du soleil pour leur faire produire
les teintes embrasées et charmantes des aurores du matin et
des crépuscules du soir ; car, sans l'atmosphère, les rayons
du soleil éclateraient sur nous le matin tout d'un coup à son
lever, et nous feraient aussi, à son coucher, passer tout d'un
coup des éblouissantes clartés du plein jour dans les ténèbres
de la nuit. C'est encore l'atmosphère qui apporte à nos poumons le gaz nécessaire à la vivification de notre sang, et qui
entretient ainsi la flamme de notre vie de la même manière
qu'il entretient le feu de nos foyers. C'est l'atmosphère qui
emporte au loin l'air que nous avons gâté par la respiration,
l'acide carbonique qui sort de nos poumons, à chaque souffle,
pour s'en aller demain, sur les ailes du vent, nourrir les
plantes de la campagne. En effet, si les animaux ont des jam-

bes et des bouches pour aller au loin saisir leur nourriture et pour la dévorer, les plantes de la terre sont forcées d'attendre qu'un aliment invisible, répandu dans l'air, aille les chercher sur place, et que l'atmosphère vienne elle-même verser tour à tour dans leurs pores, sous la forme la plus subtile, l'hydrogène, le carbone, l'oxygène et la vapeur d'eau dont elles doivent chaque jour être nourries (1). »

Nous voici parvenus, en suivant la Genèse, à la fin du second jour de la création, et, en suivant la géologie, à la fin de la période silurienne. Si nous avons bien interprété la première, notre globe qui auparavant était couvert de ténèbres, désert et vide, est maintenant paré de lumière, revêtu de son atmosphère et peuplé de plantes et d'animaux aquatiques. Et si nous avons bien lu le livre de la nature, notre planète, à la fin de la période silurienne, fourmillait d'une population entièrement sous-marine, qui avait besoin de lumière et d'air respirable comme conditions d'existence.

Jusqu'ici donc le plus parfait accord entre le récit biblique et les enseignements de la géologie. L'étendue géographique des roches cambriennes et siluriennes et l'absence totale de plantes et d'animaux terrestres dans leurs strates, sont encore de puissants témoignages en faveur de la vérité de ce que nous dit la Bible, savoir que, durant la période de leur formation, l'abîme des eaux recouvrait la face de la terre, et que la séparation du sec d'avec l'humide, ou la formation des continents, n'avait pas encore eu lieu. Ce fut l'œuvre de la période suivante ou du troisième jour.

(1) Maury, *Géographie physique de la mer*, n° 88.

CHAPITRE VI

TROISIÈME JOUR

Le troisième jour correspond aux systèmes dévonien et carbonifère. — Caractères de cette période identiques dans les deux récits.—Effets de l'actinisme. — Nature pulpeuse de la végétation primitive. — Pourquoi?

Puis Dieu dit : Que les eaux se rassemblent sous les cieux en un lieu unique, et que le sec paraisse. Et ainsi fut.

Et Dieu nomma le sec terre, et l'amas des eaux, mers; et Dieu vit que cela était bon.

Puis Dieu dit : Que la terre fasse germer de la verdure, de l'herbe portant graine, des arbres fruitiers, selon leur espèce, donnant du fruit qui ait en lui sa graine, sur la terre. Et ainsi fut.

La terre donc produisit verdure, herbe portant graine, selon son espèce, et arbre donnant du fruit qui avait en lui sa graine, selon son espèce. Et Dieu vit que cela était bon.

Et il y eut soir, et il y eut matin; ce fut un troisième jour.

Ce langage est simple, clair et ne peut prêter à aucune équivoque. C'est notre globe qui sort du fond des eaux et qui se couvre de verdure. Ainsi, première apparition des continents au-dessus de la vaste étendue des mers, et création des premières plantes terrestres, telle est, d'après la Bible, l'œuvre du troisième jour.

La géologie, nous l'avons vu, confirme pleinement ce récit.

La création du second jour nous avait conduits au sommet des roches siluriennes et au tout commencement du système dévonien. Or, le système dévonien et le système carbonifère qui le suit, furent signalés entre tous par de nombreuses et puissantes perturbations volcaniques. Sous l'action de ces volcans, la masse granitique et les dépôts siluriens qui la recouvrent furent poussés au dehors et donnèrent naissance aux premières terres émergées. Ainsi, sur le premier point, accord parfait entre le récit biblique et l'enseignement de la géologie.

L'apparition des plantes terrestres, à la même époque, trouve une confirmation non moins positive dans les résultats fournis par la paléontologie. C'est, en effet, au sommet des roches siluriennes, à l'endroit même où le terrain dévonien repose sur elles, qu'ont été découvertes les premières traces de végétation terrestre. Même à la base des roches dévoniennes, de telles plantes sont rares; elles ne deviennent abondantes que dans les couches plus élevées, et lorsqu'on s'avance vers les terrains houillers qui sont la grande époque de la création végétale. Encore, sur ce point la Bible et la science sont dans le plus parfait accord.

Nous ne reviendrons pas sur ce que nous avons dit de la gigantesque flore de cette époque. Bornons-nous à rappeler qu'une végétation incomparable dont la luxuriance n'a jamais été égalée depuis, même dans les climats tropicaux les plus favorables au développement des plantes, couvrait alors toutes les parties du globe émergées au-dessus des eaux. A en juger par l'étendue et l'épaisseur des gisements carbonifères, des forêts et des tourbières sans nombre durent, les unes après les autres, se succéder à la surface des îles et des continents de cette période, puis être englouties sous les eaux, pour former ces puissantes masses de houille que nous exploitons aujourd'hui (1).

Rappelons encore ce que nous avons dit de la nature et de la composition des plantes qui formaient ces forêts et ces tourbières du monde primitif. La moitié au moins d'entre elles était de la famille des fougères. La plus grande partie des autres était des équisétacées, des calamites, des lepidodendrons, etc., qui toutes demandent pour croître et se multiplier un état ininterrompu d'*ombre*, de *chaleur* et d'*humidité*.

Il y a trois choses, en effet, à considérer dans l'action des rayons solaires : la *lumière*, la *chaleur* et l'*actinisme*, c'est-à-dire ce principe chimique qui accélère la vie de la plante et produit des changements moléculaires dans les diverses substances qui la composent. Eh bien, l'expérience démontre que la germination des semences et la croissance des plantes est plus rapide et plus considérable, sous l'influence de l'acti-

(1) Ce que nous avons dit du caractère propre de la période carbonifère, à savoir qu'elle se distingue de toutes les autres par la luxuriance et l'abondance de sa végétation, a été appliqué par quelques auteurs, mais à tort, à l'ère paléozoïque tout entière. On a ainsi prêté le flanc à des objections qui ne sauraient nous atteindre. « Sur 900 espèces de plantes à peu près qu'on sait avoir appartenu à la période carbonifère, lisons-nous dans un livre récent (*Science and Christian thought*, by John Duns), près de 800 sont des cryptogames tels que mousses, fougères et autres semblables ; tandis que nous avons au moins 400 zoophytes, 236 échinodermes, 220 crustacées, 1,007 mollusques, 307 poissons et 7 reptiles, ou 3,080 débris de formes spécifiques animales contre 900 plantes. Comment, en présence de pareils faits, peut-on soutenir qu'une végétation luxuriante est le caractère propre de l'ère paléozoïque ? Ne serait-il pas plus exact de dire que c'est au contraire la prédominance de la vie animale sur la vie végétative ? » Vrai de l'époque paléozoïque en général, cela ne l'est plus de la période carbonifère en particulier. Il est incontestable que dans celle-ci, tandis que les végétaux se développent, la faune s'appauvrit de plus en plus. Nous avons cité ailleurs le témoignage de M. de Barande, le célèbre paléontologiste de cette faune ancienne. Observons d'ailleurs qu'il ne s'agit point ici du nombre des espèces, mais du nombre et de la puissance des individus. Le nombre des espèces végétales est incomparablement plus considérable de nos jours qu'à la période carbonifère, et pourtant qui oserait comparer pour la luxuriance et la grandeur, la végétation actuelle à celle de ces temps reculés ?

nisme, séparé du principe de la lumière, qu'elle ne l'est, sous l'influence des deux principes réunis. Mais on a remarqué que, dans de telles circonstances, si la végétation est plus rapide et plus luxuriante, la plante, au lieu de se solidifier, reste molle et pulpeuse. C'est la lumière qui consolide les fibres de la plante et lui donne une consistance ligneuse. Aussi voit-on les plantes qui croissent à l'ombre des arbres, abritées des rayons directs du soleil, être d'un tissu mou et lâche, tandis que celles de la même espèce, qui poussent à ciel ouvert, sont fermes et serrées, quoique d'une taille moins haute et d'une croissance plus lente.

Le fait s'explique de la manière suivante : Quand une plante est à l'ombre, elle n'a que peu de puissance pour décomposer l'acide carbonique de l'atmosphère, décomposition sans laquelle il ne se forme point de tissu ligneux. Le carbone est la nourriture de la plante; il lui est aussi nécessaire que l'oxygène l'est à la vie animale. Pendant le jour, la plante absorbe ou respire continuellement le gaz acide carbonique qui est dans l'air, et rejette ou expire l'oxygène qui se dégage de sa décomposition. Mais, en l'absence de la lumière, durant la nuit par exemple, cette décomposition s'arrête ; elle est presque entièrement suspendue. A l'aube et dès que le soleil se lève, la plante s'imbibe de nouveau d'acide carbonique, le décompose, absorbe le carbone pour la formation de la substance ligneuse, et rejette l'oxygène dans l'air atmosphérique où il entretient la santé et la vie chez les animaux.

Un autre phénomène qui se rattache à la théorie des rayons solaires est celui de la coloration en vert des feuilles des arbres. Tout le monde sait que cette coloration est due à une substance nommée chlorophyle, dans la composition de laquelle il entre une grande quantité de carbone. La formation de cette substance dépend entièrement de l'influence des rayons lumineux et ne peut se produire que sous elle. Les plantes qui poussent dans l'obscurité ne sont point colorées en vert. C'est ce qui arrive souvent dans les vastes forêts tropicales de l'Amérique. Les nuages interceptent, pendant plusieurs jours, les rayons directs du soleil. Durant ce temps les feuilles des arbres, sous l'action combinée de la chaleur et de l'humidité, se développent rapidement et atteignent bientôt toute leur dimension. En l'absence d'une lumière suffisante, il n'y a point de production de chlorophyle; les feuilles revêtent une teinte pâle et blanchâtre, jusqu'à ce que le soleil, apparaissant de nouveau, leur donne leur couleur et leur éclat accoutumés.

Or, supposons que le soleil restât ainsi caché, non plus des mois ni des années, mais des siècles; supposons de plus de grandes étendues de pays couvertes d'une végétation pareille à celle des tropiques, dans un climat humide et chaud, sous un ciel obscurci par d'épais et sombres nuages, qu'en résulterait-il? C'est qu'il n'y aurait pas de formation de chlorophyle, et par suite pas de décomposition de l'acide carbonique contenu dans l'atmosphère. Dans de telles conditions, la végétation prendrait des proportions colossales, et l'atmosphère resterait chargée d'une quantité de carbone telle que les animaux à respiration aérienne ne pourraient y vivre.

Conséquemment nous sommes en droit de conclure de ce qui précède que si, dans une région et durant une certaine période, la végétation est luxuriante et abondante; que si de plus elle est d'une nature molle et pulpeuse, les rayons du soleil ont été étrangers à son développement. Si nous trouvons, en outre, que, dans la même région et dans une période suivante, la végétation est d'une contexture ligneuse et serrée, si elle présente des cercles annulaires concentriques qui marquent la trace des saisons, nous pouvons être certains que les rayons directs du soleil ont visité ces contrées durant cette période, et qu'il y avait dès lors une succession de froid et de chaud, un hiver et un été. Ces différences de conditions climatériques seront confirmées si nous trouvons que les animaux à respiration aérienne qui n'existaient pas dans la première apparaissent dans la seconde.

Que nous apprend la géologie? Elle nous apprend que les débris végétaux de la période carbonifère s'offrent précisément à nous avec ces caractères de luxuriance, de texture molle et cellulaire qui prouvent qu'à l'époque de leur croissance la terre devait être dans un état constant d'ombre, d'humidité et de chaleur, tandis que ceux de la période suivante ou permienne, moins abondants, d'une texture ligneuse et disposée en couches concentriques, montrent qu'à cette époque le soleil, dégagé de l'enveloppe de nuages et de vapeurs derrière laquelle il était demeuré caché, éclairait la terre de ses rayons et y déterminait la succession des saisons qui n'a cessé d'exister depuis.

Admirons encore ici le merveilleux accord entre les données de la science et le récit de la Genèse.

Au troisième jour, qui correspond à la période carbonifère, la terre vient de sortir de l'eau ; elle doit donc être imprégnée d'humidité à une certaine profondeur. Bien plus, quoique la lumière fût déjà créée, quoique l'atmosphère eût déjà séparé les eaux qui sont au-dessous de l'étendue de celles qui sont au-dessus de l'étendue, l'évaporation abondante causée par la haute température du globe devait produire une masse de vapeurs et de nuages qui empêchaient les rayons du soleil, de la lune et des étoiles, d'arriver directement à la surface des eaux et des terres nouvellement émergées. La lumière de cette époque devait donc ressembler à celle d'un jour brumeux et sans soleil. C'est dans ces circonstances qu'à la voix puissante du Créateur les plantes et les arbres apparurent et se développèrent sur notre globe. Ces circonstances étaient justement celles qui convenaient à une végétation comme celle que nous révèlent les strates carbonifères : un état constant, ininterrompu, d'ombre, de chaleur et d'humidité (1).

(1) « The ferns are plants which thrive best in warm, shaded and moist situation. » *Vestiges of the natural history of creation*, p. 46.

Nous lisons dans l'ouvrage de JOHN DUNS, déjà cité, qu'on a découvert, il y a quelque temps, dans les terrains carbonifères, une antholithe dont le Dr HOOKER dit « qu'elle est la pointe d'une plante à fleurs, d'une organisation très-parfaite, et en pleine floraison. » (*The speke of a very highly organised flowering plant in full flower.*) Or, ajoute-t-on, qui est-ce qui, connaissant dans quelle dépendance de telles plantes sont des rayons solaires, pourrait admettre que le soleil fût caché pour la terre, lorsque la flore carbonifère s'épanouissait dans toute sa luxuriance et toute sa beauté ? » La réponse est facile. D'abord, un fait isolé, à supposer qu'il fût bien constaté, ne suffit pas pour effacer le caractère général d'une période, appuyé sur des milliers d'autres faits. Ensuite l'antholithe dont il s'agit a été trouvée dans le carbonifère supérieur (*the upper coal measures*), c'est-à-dire aux confins de la période permienne. Or, nul ne conteste qu'alors la terre ne commençât à recevoir directement les rayons du soleil.

CHAPITRE VII

QUATRIÈME JOUR

Action directe des rayons du soleil au quatrième jour, prouvée par la texture
ligneuse et les anneaux concentriques des plantes dans le système permien.
— Confirmation du fait par la disparition des poissons hétérocerques, l'i-
dentité de la faune et de la flore dans les formations antérieures, et leur
diversité dans les terrains postérieurs. — Induction tirée de l'apparition
d'animaux à respiration aérienne.

Mais voici venir le quatrième jour. A mesure que le globe
se refroidit, l'évaporation diminue; les vapeurs et les nuages
qui en sont formés disparaissent; les astres, le soleil, la lune
et les étoiles, invisibles jusque-là pour notre planète, brillent
au front des cieux, et les saisons ou changements de climat,
que la température élevée, produite par la chaleur centrale,
rendait impossibles, commencent leur cours régulier.

Laissons parler la Bible :

Puis Dieu dit : Qu'il y ait des luminaires dans l'étendue
des cieux, pour séparer le jour et la nuit; qu'ils servent
de signes et (soient des régulateurs pour) les époques et
pour les jours et pour les années;

Et qu'ils soient pour luminaires dans l'étendue des cieux,
pour luire sur la terre. Et ainsi fut.

Dieu donc fit les deux grands luminaires, le grand luminaire pour présider au jour, et le petit luminaire, pour
présider a la nuit, et les étoiles.

ET DIEU LES MIT DANS L'ÉTENDUE DES CIEUX POUR LUIRE SUR LA TERRE,

ET PRÉSIDER AU JOUR ET A LA NUIT, ET POUR SÉPARER LA LUMIÈRE ET LES TÉNÈBRES. ET DIEU VIT QUE CELA ÉTAIT BON.

ET IL Y EUT SOIR, ET IL Y EUT MATIN; CE FUT UN QUATRIÈME JOUR.

Le quatrième jour de la Genèse correspond à la période permienne en géologie. Or, qu'avons-nous vu dans les strates de cette formation?

Nous avons vu la végétation devenir moins abondante.

Nous l'avons vue changer de nature : de molle et pulpeuse qu'elle était d'abord, devenir ligneuse et d'une texture serrée.

Nous avons vu dans les anneaux cellulaires les premiers indices des saisons.

Tout autant de faits qui supposent et réclament l'action directe des rayons du soleil et des autres corps célestes sur la surface de notre globe, ou l'œuvre de création racontée par Moïse comme étant celle du quatrième jour.

Une évidence plus complète encore, s'il est possible, nous est fournie par la zoologie du système permien comparée à celle des systèmes précédents.

Nous avons dit ailleurs ce qu'il faut entendre par poissons hétérocerques et poissons homocerques. Les poissons hétérocerques, caractéristiques des premiers temps géologiques, étaient revêtus d'une sorte d'armure destinée à les protéger contre la haute température des océans primitifs, alors que l'influence du feu central, paralysant celle des rayons solaires, répandait une chaleur uniforme dans les eaux et sur la terre, et empêchait par ce moyen le phénomène des saisons de se produire. Or, voici ce qu'on trouve : c'est que, dans le calcaire magnésien, l'un des étages de la formation permienne, les poissons hétérocerques avec leur cuirasse os-

seuse, disparaissent pour faire place insensiblement aux homocerques à écailles cornues dont les nombreuses tribus ont
toujours peuplé depuis les eaux refroidies de notre globe.
N'est-ce pas là un fait bien remarquable qui vient à l'appui
du récit génésiaque, d'après lequel c'est au quatrième jour,
correspondant, comme nous l'avons vu, à la période permienne, que le soleil fut disposé de Dieu de manière à servir
de signe non-seulement pour les jours et pour les années,
mais encore de régulateur pour les époques ou pour les saisons?

Si remarquable soit-il, ce fait n'est pas le seul.

On sait que, sous l'influence du climat, le caractère des espèces animales et végétales se modifie. Autres sont-elles, par
exemple, dans les pays chauds, autres dans les pays froids,
si bien que l'identité ou la similarité des espèces a toujours
été considérée comme un indice de l'identité ou de la similarité des climats. Si donc le récit de Moïse est exact, si c'est à
partir du quatrième jour seulement que le soleil, la lune et
les étoiles ont été mis comme régulateurs des saisons, en
d'autres termes si, avant cette époque, il n'y avait pas de saisons
proprement dites, mais une température uniforme par tout
le globe, il en résulte que la faune et la flore correspondantes
doivent avoir été partout les mêmes. Or, c'est justement ce
qu'atteste la géologie. Les débris fossiles de toutes les formations antérieures à la période permienne sont identiquement
les mêmes dans tous les lieux où on les a trouvés, au Nord et
au Sud, dans les régions polaires et dans les contrées équato-
riales. Tous les fossiles cambriens et siluriens, par exemple,
se correspondent, non-seulement dans les différents pays de
l'Europe où on les a recueillis, mais correspondent encore à
ceux qui ont été découverts dans l'Inde, en Amérique, en
Afrique, quoique les caractères minéralogiques de leur gisement fussent, dans bien des cas, très-loin de se ressembler.

Il en est tout autrement de ceux fournis par les terrains postérieurs au système permien. Ceux du lias, de l'oolithe et de la chaux, diffèrent sensiblement de forme et d'apparence, selon qu'on les rencontre dans des localités différentes; et dans les roches tertiaires, les débris organiques trouvés dans des contrées distantes l'une de l'autre diffèrent autant que les animaux et les plantes des mêmes contrées à l'époque actuelle. « De ces faits on peut inférer que l'uniformité de température, résultat du feu central, prit fin immédiatement après la période permienne, et que la diversité de climat, dont le soleil est la principale source, commença dès lors, pour se continuer depuis sans interruption sur la terre. Par conséquent, le soleil devint aussi dès lors non-seulement le signe visible pour distinguer les jours et les années, mais aussi la cause efficiente des saisons (1). »

A ces considérations vient s'en joindre une autre non moins concluante.

Il n'est guère douteux que, dans ces âges reculés, l'air ne fût imprégné de carbone dans une proportion telle qu'il devait être mortel pour les êtres à respiration aérienne. C'est du moins ce que donnent à penser la luxuriance et la nature de la végétation carbonifère, ce qu'implique aussi la grande masse de roches calcaires actuellement existantes et dont la plupart ont été formées pendant et depuis l'époque carbonifère. On sait que le calcaire se compose de chaux et de gaz acide carbonique. Il est manifeste que l'énorme quantité de carbone, maintenant représentée par les roches dont nous parlons, a dû flotter dans l'air durant la croissance de la végétation houillère et aider à son développement. Seulement, comme durant cette période les rayons directs du soleil ne frappaient pas encore la terre, la décomposition de l'acide carbo-

(1) Mc Causland, *Sermons in Stones*.

nique par la végétation ne pouvait se produire que faiblement et l'oxygène si nécessaire à la vie physique s'en dégager. Il suit de là que l'air dépourvu d'oxygène en quantité suffisante, et au contraire très-riche en carbone, n'était pas respirable. La géologie nous fait connaître, en effet, qu'à l'exception d'un petit nombre de batraciens et d'insectes d'un rang inférieur, aucun animal terrestre n'avait fait son apparition sur la terre avant les systèmes permien et suivants. Or, les batraciens sont, comme nous l'avons vu, une sorte d'anneau intermédiaire entre le genre poisson et le genre reptile. On en a trouvé d'ensevelis dans le roc et dans l'argile, où ils avaient été complétement privés d'air. La présence de tels animaux n'infirme donc pas nos inductions précédentes; elles sont confirmées, au contraire, par cette circonstance qu'ils se trouvent seuls, à l'exception de tout autre animal terrestre.

L'air n'étant pas respirable, il ne pouvait le devenir que par l'accroissement du principe lumineux, qui, en accélérant la décomposition de l'acide carbonique, devait faciliter le dégagement de l'oxygène pour l'entretien de la vie animale. Par conséquent, l'apparition d'animaux à respiration aérienne dans la période suivante est la preuve que l'ombre a disparu, car si l'existence et la nature de la flore magnifique de la période carbonifère ne peuvent se concevoir que dans l'absence continuelle des rayons directs du soleil et la présence dans l'atmosphère de gaz préjudiciables à la vie des animaux à respiration aérienne, l'apparition subséquente de tels animaux prouve que les nuages ont été dissipés et que l'atmosphère a été purifiée par l'influence directe des rayons solaires (1).

(1) L'*Archegosaurus*, dont la tête et le cou furent trouvés, en 1847, dans le bassin houiller de Saarbruck, entre Strasbourg et Trèves, rentre dans le cas mentionné plus haut. Vogt lui-même avoue qu'il est plus voisin des salamandres et des grenouilles que des reptiles.

La période permienne, placée, comme nous l'avons vu, entre l'épanouissement de la vie végétative dans les terrains houillers et celui de la vie animale dans les terrains secondaires, est caractérisée par une sorte de point d'arrêt dans le développement de la force productrice. Ainsi l'enseigne la géologie. N'est-ce pas là ce qu'enseigne aussi la Bible? Entre le troisième jour, qui est celui de la création des plantes, et le cinquième, qui est celui de la création des animaux, elle intercale, quoi? L'organisation définitive du système solaire. Mais de création soit animale, soit végétale, pas un mot, rien. N'y a-t-il pas là un accord bien remarquable?

Tout donc, dans le règne végétal comme dans le règne animal, concourt à démontrer, conformément au récit de Moïse, qu'immédiatement après la période carbonifère, le soleil, la lune et les étoiles, qui jusque-là avaient été voilés derrière les nuages, envoyèrent pour la première fois directement leurs rayons à la terre et préparèrent ainsi, par la purification de l'atmosphère, l'avénement des classes plus élevées des animaux terrestres.

Ceci nous conduit naturellement à l'œuvre du cinquième jour.

CHAPITRE VIII

CINQUIÈME JOUR

Puis Dieu dit : Que les eaux produisent en abondance des êtres rampants qui aient respiration de vie et que des êtres volants volent sur la terre, dans l'étendue des cieux.

Dieu donc créa les grands monstres marins et tous les animaux rampants que les eaux produisent avec abondance selon leur espèce, et tout être volant ayant des ailes selon son espèce. Et Dieu vit que cela était bon.

Et Dieu les bénit en disant : Croissez et multipliez et remplissez les eaux dans les mers et que les êtres volants multiplient sur la terre.

Et il y eut soir, et il y eut matin ; ce fut un cinquième jour.

Nous avons laissé la terre au quatrième jour. «Oh! qu'elle était déjà belle! s'écrie M. Gaussen dans une page pleine de fraîcheur et de poésie; le grand luminaire des cieux s'était levé pour la première fois sur nos campagnes, éclatantes de toutes les magnificences primitives de la nature, sur les forêts, sur les prairies, sur les ruisseaux, sur les jardins de fleurs. C'était un paradis de verdure, le jardin des jardins dans sa première beauté. Mais ce jardin si beau était encore après tout un désert inhabité. En vain le soleil se levait-il sur les montagnes; en vain les nuages s'embrasaient-ils des plus riantes couleurs; en vain la lune, pendant les nuits étoilées, se promenait-elle sur la voûte des cieux, personne n'était là pour l'admirer, personne pour glorifier Dieu. Les rivières et leur doux murmure coulaient sans témoins dans les prairies; les jasmins, les églantiers et les chèvrefeuilles, chargés de fleurs, se penchaient en silence sur leurs rives; les narcisses, la pervenche, le lis, la jacinthe et l'hortensia élevaient à l'envi au-dessus des prés leurs gracieuses corolles et répandaient dans l'air leurs plus doux parfums. Mais tout ce beau monde était morne et désert. Le palais était prêt, meublé, paré, décoré de guirlandes et tapissé de fleurs, mais le roi n'y était pas; tout était fait pour lui, mais il n'était point encore sorti de la poudre de la terre. Et non-seulement l'homme n'était pas là pour contempler ses splendeurs et y adorer son Dieu, mais il n'y avait pas même un seul être vivant pour en jouir : pas un animal dans les forêts, pas un insecte dans les prés, pas un oiseau dans les airs, pas une petite alouette pour saluer le lever du jour, pas un rossignol dans la ramée pour chanter son coucher, pas une abeille, pas une pauvre petite mouche pour bourdonner dans les fleurs, pas une fourmi dans la poussière (1). »

La portion du récit de Moïse que nous abordons est une de celles qui ont paru le plus difficiles à concilier avec les données de la science. Cette difficulté provient surtout du fait que les poissons, dans l'opinion commune, ont été créés le cinquième jour, c'est-à-dire deux jours après la création des

____

(1) *Le premier chapitre de la Genèse*, p. 172.

plantes, tandis que la géologie nous montre les animaux sous-
marins associés aux plantes dès les strates les plus anciennes
des terrains fossilifères. Après avoir rappelé qu'au dire de
certains géologues l'ordre de succession des restes organiques
contenus dans les entrailles de la terre coïncide avec l'ordre
de création raconté dans la Genèse, le docteur Buckland
ajoute : « Cette assertion, qui a une certaine apparence de
vérité, n'est pourtant pas entièrement d'accord avec les faits.
Il semble, en effet, que, dans la même division des strates
les plus basses des terrains de transition, les formes les plus
anciennes des animaux sous-marins se rencontrent avec les
premiers vestiges de végétation, si bien que, pour autant
qu'il est permis de s'en rapporter à l'évidence résultant des
débris organiques, l'origine des plantes et celle des animaux
remonterait à la même époque. Quant à la question de savoir si la création des végétaux a précédé celle des animaux,
les découvertes de la géologie ne nous ont apporté encore
aucune lumière pour la résoudre (1). » « La Bible, dit encore un autre auteur, affirme que les plantes ont été créées le
troisième jour et les animaux pas avant le cinquième. Il suit
de là que la moitié au moins des roches fossilifères les plus
basses ne devrait contenir que des végétaux ; au lieu de cela,
la moitié de ces roches, toutes inférieures au terrain houiller,
abondent en animaux et contiennent à peine quelques plantes
appartenant à la famille des fucoïdes ou plantes marines. En
outre, les reptiles sont décrits dans la Genèse comme ayant
été créés le cinquième jour ; mais les reptiles et les batraciens
existaient quand les strates les plus basses du système carbonifère, et même quand les vieux grès rouges étaient en voie de
formation, comme le prouvent leurs pistes laissées sur les
roches dans la Nouvelle-Ecosse et la Pensylvanie(2). » Enfin,

(1) *Bridgewater Treatise*, vol. I, p. 17.
(2) Edward Hitchcock, *The Religion of geology*, p. 66.

dans un article sur la *Cosmogonie de Moïse*, publié en 1860 dans les *Essays and Reviews*, nous lisons ce qui suit : « Selon la géologie, les reptiles paraissent avoir existé longtemps avant les oiseaux et les mammifères, tandis que dans le récit mosaïque la création des oiseaux est mise au cinquième jour et celle des reptiles au sixième. Reste enfin l'insurmontable difficulté des plantes et des arbres représentés comme ayant été faits le troisième jour, c'est-à-dire plus d'une époque avant les poissons et les oiseaux, ce qui est manifestement inexact. »

L'œuvre du cinquième jour est donc la pierre d'achoppement contre laquelle sont allés se heurter la plupart des écrivains qui ont tenté de mettre d'accord Moïse et la géologie. La raison en est qu'ils ont fait dire à Moïse ce qu'il ne dit pas. Un examen plus attentif du texte leur eût épargné cette méprise. Là où ils n'ont vu que contradiction choquante aurait éclaté à leurs yeux la plus complète harmonie.

Oui, cela est vrai : la géologie nous montre les animaux et les plantes constamment associés depuis les strates les plus anciennes de l'époque paléozoïque jusqu'aux dépôts les plus récents de l'époque quaternaire. Oui encore, zoophytes, mollusques, crustacés, poissons à vertèbres, remplissent les mers dès avant la période carbonifère, correspondant au troisième jour, longtemps, bien longtemps avant l'apparition des reptiles et des oiseaux au cinquième. Nous ne nions aucun de ces faits, nous les reconnaissons pleinement.

Ce que nous contestons, c'est qu'entre ces faits et le récit mosaïque il y ait la moindre contradiction. Ceux qui l'ont cru n'ont pas compris Moïse, voilà tout. Ils se sont fiés à des versions fautives qui les ont induits en erreur, au lieu de remonter au texte original, qui les eût conduits sûrement.

Or, nous l'avons dit, si nos versions éveillent à l'esprit l'idée que les poissons, et généralement les animaux aquatiques, furent créés le cinquième jour, en réalité, dans le texte, il n'est pas question de poissons. La création des êtres sous-marins commença le premier jour, se continua le second et se compléta le troisième, ainsi que nous l'avons vu plus haut.

Les créatures dont il s'agit ici sont : 1° « les grands monstres marins; » 2° « les reptiles à respiration aérienne, *nephesh hhaïah*, qui, bien qu'avec des habitudes aquatiques, sont cependant organisés pour ramper sur le sol, *shèretz* ; » 3° enfin « les êtres ailés qui volent au-dessus de la terre vers l'étendue des cieux. »

Qu'on veuille bien se donner la peine d'examiner sérieusement le texte, et l'on reconnaîtra qu'il dit bien cela et ne dit pas autre chose. Quant au mot *dagim* traduit partout ailleurs « par poissons, » le seul, du reste, que possède la langue hébraïque pour cette idée, on ne le trouve pas dans la description mosaïque de l'œuvre du cinquième jour. Et pourtant Moïse le connaissait, puisqu'il s'en sert quelques lignes plus bas, aux versets 26 et 28 du même chapitre.

Ainsi, d'après la Genèse, voici quel fut l'ordre de création : les créatures sous-marines d'abord, puis les plantes terrestres, puis les reptiles.

N'est-ce pas le même ordre que nous révèle la géologie?

En sortant des systèmes carbonifère et permien, nous entrons dans les terrains du Jura, où les vrais reptiles, dont nous avons déjà signalé l'existence dans l'une des strates du système permien, deviennent si nombreux que la période représentée par le dépôt de ces formations a été nommée par les géologues *l'âge des reptiles*.

Les grands monstres marins! Ne les reconnaissez-vous pas dans l'ichthyosaure, le plésiosaure et ces autres sauriens de mer dont les formes étaient particulièrement adaptées à une vie aquatique, quoiqu'il soit évident par leurs débris fossiles qu'ils étaient ovipares, à respiration aérienne ?

Ne reconnaissez-vous pas également les « créatures rampantes » dont parle Moïse dans ces gigantesques sauriens de terre représentés par le mégalosaure et l'iguanodon, énormes lézards hauts comme des éléphants et dont les dimensions colossales épouvantent l'imagination?

Enfin « les êtres volants, » ne les reconnaissez-vous pas dans ces différentes espèces de ptérodactyles à tête d'oiseau, à queue de lézard, à griffes de lion, avec des ailes de chauve-souris « pour voler au-dessus de la terre, vers l'étendue des cieux, » et dont les restes organiques se rencontrent pour la première fois dans les formations de cette époque? Ne les reconnaissez-vous pas aussi dans ces oiseaux primitifs qui ont laissé les empreintes de leurs pieds sur la vase molle et sur le sable des rivages du nouveau grès rouge, comme pour attester, après tant de siècles, la vérité de ce que nous dit Moïse, qu'à cette époque Dieu créa « les êtres volants selon leur espèce? »

Tous ces reptiles sauriens ont ceci de commun avec les oiseaux introduits en même temps qu'eux sur la scène de la vie, qu'ils se propagent par des œufs : ils sont *ovipares*. En les groupant ensemble, Moïse a sur ce point, comme sur bien d'autres, devancé de plusieurs siècles les classifications de la science.

Mais il est un autre trait qu'il vaut la peine de faire ressortir.

Aucune des scènes merveilleuses du monde primitif n'a autant attiré l'attention des géologues que celle offerte à nos regards par les entrailles de la terre, durant la période du lias et de l'oolithe. Ce qui les a surtout frappés, c'est, d'une part, *l'abondance;* de l'autre, les *dimensions colossales* des reptiles et des êtres ailés de cette étonnante époque. Eh bien, ces deux particularités, thème favori de l'admiration des savants, Moïse ne les a point omises dans son histoire : circonstance d'autant plus remarquable que c'est la seule fois, dans tout le récit de la création, qu'il nous fournit quelques renseignements sur le nombre et la structure des êtres créés. Mais ici il a soin de nous dire des « reptiles » qu'ils furent produits « avec abondance, » et que c'étaient de « grands monstres marins. » Quelle peinture plus exacte et plus frappante pouvait-il nous donner pour nous aider à reconnaître cette période?

Nous voici parvenus enfin au dernier terme de l'œuvre créatrice. Quel sera son caractère distinctif? Apprenons-le de Moïse d'abord; nous interrogerons la géologie ensuite.

CHAPITRE IX

SIXIÈME JOUR

Puis Dieu dit : Que la terre produise des animaux qui aient respiration de vie, selon leur espèce, savoir des bestiaux et des animaux rampants et des bêtes terrestres selon leur espèce. Et ainsi fut.

Dieu fit donc les animaux terrestres selon leur espèce et les bestiaux selon leur espèce, et tout être qui rampe sur la terre selon son espèce. Et Dieu vit que cela était bon.

Les bestiaux, les animaux rampants et les bêtes de la terre dont ces paroles nous racontent la création sont tous des animaux terrestres, mammifères et vivipares.

Si quelque chose ressort avec évidence de ce récit, c'est donc que Moïse place la création des quadrupèdes vivipares après celle des reptiles et des ovipares.

La géologie infirme-t-elle ou confirme-t-elle le dire du législateur des Hébreux?

Nous avons parcouru les strates du lias, de l'oolithe, des terrains crétacés, en un mot, de ce qu'on est convenu d'appeler les formations jurassiques ou secondaires. C'était l'âge des reptiles monstres, des oiseaux gigantesques, des animaux ovipares innombrables et immenses, avec des ailes ou sans ailes, dans l'air ou dans l'eau. En sortant des terrains du Jura pour passer dans les terrains parisiens, nous quittons le royaume des reptiles, et nous entrons dans une autre dynastie : ce sont les mammifères et les animaux terrestres (bœuf, cheval, ours, tigre, éléphant, etc.), inconnus dans les terrains jurassiques, à l'exception de quelques marsupiaux, sorte de trait d'union entre les reptiles et les mammifères, qu'on rencontre pour la première fois au sommet de l'oolithe, dans les terrains crétacés ; ce sont encore des animaux énormes que Cuvier a le premier décrits, parmi lesquels le mammouth, le mastodonte, le megatherium et le dinotherium occupent le premier rang.

Les reptiles d'abord, les mammifères ensuite : ainsi parle Moïse. N'est-ce pas le même langage que nous tient la géologie ? L'harmonie est donc complète ; impossible de signaler aucun désaccord.

Cet accord éclate encore sur un autre point.

Dans le récit biblique, la création de la vie animale occupe deux jours, le cinquième et le sixième, celle de la vie végétative n'en occupe qu'un, le troisième. Et la géologie, combien compte-t-elle de périodes pour les animaux ? Deux : celle des ovipares (reptiles, oiseaux) dans les terrains jurassiques, et celle des quadrupèdes vivipares dans les terrains tertiaires. Combien pour les végétaux ? Une seule, la période houillère. Qui pourrait ne voir là qu'une correspondance fortuite ?

Poursuivons :

En créant les animaux terrestres, Dieu, dit Moïse, les

créa « selon leur espèce. » Il s'exprime de la même manière quand il parle de la création des plantes au second jour, de celle des reptiles et des oiseaux au cinquième.

Il suit de là que les espèces animales et végétales sont un fait originel, voulu de Dieu et créé par lui. Tel est, du moins, l'enseignement de Moïse.

Cet enseignement a longtemps été admis sans conteste par la science, ou plutôt le problème de l'origine des espèces n'avait jamais été sérieusement posé avant l'apparition du livre, devenu fameux, de Benoît de Maillet (1). Il n'en est plus de même aujourd'hui. Dès le commencement du siècle, Lamarck, dans sa *Philosophie zoologique*, avait essayé d'expliquer le développement graduel des êtres par des causes naturelles indépendantes de l'intervention du Créateur. La théorie de Lamarck, longtemps discréditée, a été reprise de nos jours avec quelques changements, par le célèbre naturaliste anglais M. Darwin. Adoptées par Lyell, qui, dans un ouvrage récent sur lequel nous aurons à revenir, leur a donné son plein assentiment, les idées darwiniennes ont recruté de nombreux adhérents en France, en Angleterre et en Allemagne. Ainsi s'est constituée une école considérable qui, répudiant l'action créatrice de Dieu dans la formation des espèces, relie tous les êtres les uns aux autres par une chaîne ininterrompue, et prétend expliquer les différences spécifiques par une série de transformations accomplies sous l'empire des circonstances externes, en vertu de certaines lois inhérentes à leur nature.

Nous n'avons pas à entrer ici dans l'examen et la discussion détaillée de ce système. Il doit nous suffire de constater qu'il est la contradiction formelle du récit de la Genèse, et,

____

(1) *Telliamed, ou Entretiens d'un philosophe indien avec un missionnaire français sur la diminution de la mer*, 1748 et 1756. Telliamed est le nom de l'auteur au rebours.

comme l'objet que nous avons en vue est d'établir la conformité de ce récit avec les données géologiques, la seule
question que nous ayons à résoudre est celle-ci : Y a-t-il
accord ou désaccord entre les faits géologiques et cette déclaration plusieurs fois répétée par Moïse, que Dieu créa les
plantes et les animaux « selon leur espèce? »

Si l'origine des espèces n'est pas un fait primordial, mais
accidentel, la géologie, déroulant devant nous l'histoire des
êtres qui ont successivement peuplé notre globe pendant un
nombre incalculable de siècles, doit pouvoir nous montrer la
trace des modifications graduelles qu'ils ont subies. Si, au
contraire, les espèces, loin de se modifier, restent les mêmes;
si jamais nous ne les voyons changer, quoique les circonstances subissent des changements considérables, en un mot,
si les limites qui les séparent persistent; si elles demeurent
infranchissables, tellement qu'on ne puisse citer un seul cas
bien constaté du passage de l'une à l'autre, n'est-ce pas la
preuve manifeste, fournie par la géologie, que Moïse a dit
vrai quand il a dit que Dieu créa les plantes et les animaux
« selon leur espèce? (1) »

Or, nous avons beau fouiller les entrailles de la terre,
parcourir toute la série des couches fossilifères, pour y trouver la trace de ces transformations graduelles qui seraient
l'origine des espèces, nous ne l'y découvrons nulle part. Ce
que ces espèces étaient au début de leur existence, elles l'ont
toujours été, aussi longtemps qu'a duré leur vie. Cette vie
n'a pas été la même pour toutes. Les unes n'ont vécu qu'un
temps limité, tandis que les autres se sont conservées depuis
les âges les plus reculés jusqu'à nos jours, comme les lin-

(1) Quand nous parlons de la permanence des espèces, nous n'entendons
pas dire qu'elles ne sont pas variables; mais seulement qu'elles ne sont pas
transmutables, c'est-à-dire qu'elles ne peuvent point passer d'un type à un
autre type.

gules, par exemple, qui peuplaient déjà les océans cambriens et siluriens, et qu'on retrouve encore dans nos mers actuelles. Mais que leur apparition sur la terre ait été longue ou courte, toujours est-il qu'elles se présentent à nous constamment sous les mêmes formes et revêtues des mêmes caractères.

Les preuves surabondent.

Déjà, l'archéologie nous en fournirait de suffisantes. Sans parler des collections zoologiques et botaniques, dont quelques-unes remontent jusqu'au seizième siècle, et qui attestent la permanence des formes animales et végétales depuis cette époque, on a trouvé sous les laves qui ont recouvert Herculanum et Pompéi, vers l'an 79 de notre ère, une collection de coquilles dans la maison d'un peintre, et dans la boutique d'un fruitier des vases remplis de châtaignes, d'olives et de noix en parfait état de conservation. Or, malgré dix-huit siècles écoulés, on n'a point constaté de changements appréciables entre ces formes et celles d'aujourd'hui. — Aristote vivait il y a plus de deux mille ans. Depuis, les animaux et les plantes ont-ils changé? Nullement. Les descriptions extérieures et anatomiques qu'il en donne sont si exactes, qu'on les croirait tracées par la main d'un naturaliste de nos jours. — En comptant le nombre des couches concentriques d'un tronc d'arbre, on arrive à déterminer l'âge de la souche originaire. On a ainsi calculé que le baobab du Cap-Vert, mesuré par Adanson, aurait cinq mille ans de durée; le célèbre sequoia de Californie, dont la cime s'élève à plus de cent mètres, dont la circonférence en mesure trente à la base, végéterait depuis six mille ans. Eh bien, entre ces végétaux d'une longévité si remarquable et ceux d'un âge tout récent, et de la même espèce, qui croissent à côté, impossible de découvrir de différences importantes. — Des découvertes multipliées, faites en divers temps, établissent aussi de la manière la plus positive que, depuis cinq ou

six mille ans — en supposant que les échantillons les plus
anciens ne remontent qu'à la quatrième dynastie (1), — les animaux et les plantes, dont on a trouvé les débris dans le sol et
les monuments de l'ancienne Égypte, sont restés les mêmes.
Ne sont-ce pas là des preuves, dignes tout au moins de considération, en faveur de la fixité des espèces?

Celles que nous fournit la géologie sont plus décisives encore. Au dire d'Agassiz, l'extrémité méridionale de la Floride
aurait été formée par l'accumulation des polypiers des mers
tropicales, et il a calculé que ce travail n'a point exigé moins
de *deux cent mille ans* pour s'accomplir (2). Certes, si les
espèces sont susceptibles de se transformer avec le temps,
une durée de deux cent mille ans aurait bien dû suffire pour
une telle transformation. Eh bien, non. Entre les êtres qui
forment les bancs les plus récents de ces récifs et les zoophytes
dont l'agrégat en soutient les premières assises, il n'y a pas la
moindre différence. — L'homme primitif, nous l'avons vu, a
été le contemporain du mammouth; il remonte même au delà,
jusqu'à l'âge de l'ours des cavernes. Cependant les débris qui
attestent son existence ne révèlent aucune modification subie
dans le cours des siècles; l'identité est telle que ces débris
ont pu être facilement reconnus, et cela, remarquons-le, quoique les circonstances de milieu aient été modifiées de la manière la plus profonde, dans les contrées où ces restes sont
enfouis. — La même conclusion ressort de la comparaison
de la flore glaciaire avec celle des temps actuels. On a découvert près de Robenhausen, dans le canton de Zurich, au sein
de marais tourbeux, toute une population végétale des anciens
âges. Ces débris sont encaissés dans des lignites dont la formation a dû avoir lieu, au dire de certains géologues, entre
deux périodes glaciaires. Telle est en particulier l'opinion du

(1) A. Mariette-Bey, *Aperçu de l'Histoire ancienne d'Égypte.*
(2) *De l'espèce et de la classification en zoologie,* p. 80.

professeur Heer, à qui ses travaux en ces matières ont acquis une autorité réelle. L'if, le pin silvestre, le mélèze, le bouleau, le chêne, l'érable, le noisetier même, avec ses deux variétés, ont été reconnus dans ces formes végétales d'un âge géologique certainement antérieur au nôtre; on les a comparées avec les formes végétales de la même espèce, qui croissent encore aujourd'hui, et l'on n'a point trouvé de différence.

Ces faits qu'il serait facile de multiplier sont très-accablants pour la théorie de Darwin; ils montrent, jusqu'à l'évidence, qu'au point de vue géologique, elle est non-seulement sans fondement, mais encore qu'elle est insoutenable.

Nous n'ignorons pas comment Darwin cherche à y échapper.

Tout en les avouant il arguë de l'insuffisance de notre savoir actuel, et consacre dans ce but un chapitre entier à démontrer l'insuffisance des documents géologiques. Il compare les archives naturelles de la géologie à « des mémoires tenus avec négligence pour servir à l'histoire du monde et rédigés dans un idiome altéré et presque perdu. De cette histoire, ajoute-t-il, nous ne possédons que le dernier volume qui contient le récit des événements passés dans deux ou trois contrées. De ce volume lui-même, seulement ici et là un court chapitre a été conservé, et de chaque page quelques lignes restent seules lisibles. Les mots de la langue lentement changeante, dans laquelle cette obscure histoire est écrite, devenant plus ou moins différents dans les chapitres successifs, représentent les changements en apparence soudains et brusques des formes de la vie ensevelies dans nos strates superposées et pourtant intermittentes. Lorsqu'on regarde de ce point de vue les objections que nous venons d'examiner, dit-il, ne semblent-elles pas moins fortes, si même elles ne disparaissent pas complétement? »

Au fond, qu'est cette réponse de Darwin? Un appel à l'inconnu. Or, n'est-il pas étrange tout au moins qu'un auteur qui se prévaut de l'insuffisance de nos connaissances géologiques, pour nous dénier le droit de tirer des conclusions d'une expérience de plusieurs centaines de milliers d'années, s'appuie sur cette insuffisance même pour défendre sa théorie? D'ailleurs si la science géologique présente encore des lacunes, il y a cependant bon nombre de terrains tellement bien étudiés que nous en connaissons à peu près tous les fossiles. En outre, chaque jour des explorateurs ardents mettent en lumière, dans de nouveaux et riches gisements, des objets encore inobservés. Comment donc se fait-il que ces objets, au lieu de nous offrir les anneaux intermédiaires que nous cherchons, rentrent toujours dans les espèces déjà connues? En vain Darwin ajoute que les terrains superposés, et en apparence de formation continue, n'ont été déposés qu'à des époques séparées par d'innombrables siècles, que tout ce qui s'est passé dans l'intervalle nous échappe, et que c'est là encore une explication de la difficulté. « N'est-il pas malheureux pour ces idées, dirons-nous avec M. de Quatrefages, que tant de faits témoignant contre elles aient été conservés dans ce qui nous reste du grand livre, et que toujours ceux qui auraient plaidé en leur faveur aient été inscrits dans les volumes égarés, sur les feuillets perdus? (1) »

D'autres fois encore Darwin cherche à se débarrasser de l'objection tirée de l'absence de formes intermédiaires, en modifiant sensiblement sa théorie : « La théorie de l'élection naturelle, dit-il, ne suppose pas un développement nécessaire, elle implique seulement que des variations accidentelles, produites dans une espèce quelconque, se conservent sous de favorables conditions. »

Mais d'abord n'est-il pas bien étonnant qu'aucun de ces accidents modificateurs ne se soit produit une seule fois,

<hr>

(1) A. DE QUATREFAGES, *Charles Darwin et ses précurseurs français*, p. 185. Paris, 1870.

chez une seule des centaines d'espèces animales ou végétales recueillies sur les points les plus divers, pendant des milliers et peut-être des centaines de milliers de siècles? Ensuite et surtout, dans la théorie darwinienne, la variation dépend de la sélection, qui dépend elle-même de la lutte pour l'existence. Or, cette lutte est incessante, elle n'a subi, elle n'a pu subir en aucun temps la moindre suspension, à moins que les lois qui président aujourd'hui à la vie des êtres aient été tout autres, ce qui n'est rien moins que prouvé, ce qui est contraire à tout ce que nous savons des siècles passés.

Malgré ces difficultés, Darwin n'en persiste pas moins à affirmer la transmutation des espèces : « Que penserait-on, dit-il, d'un homme qui, parce qu'il pourrait démontrer que le mont Blanc et les autres pics alpestres ont conservé leur même hauteur, depuis trois mille ans, en conclurait que ces montagnes ne se sont jamais lentement soulevées, et que la hauteur d'autres montagnes et d'autres parties du monde ne s'est pas accrue lentement et récemment? »

La réponse est ingénieuse; elle n'est pas solide. D'abord ce n'est pas de trois mille ans seulement qu'il s'agit, mais de dizaines et de centaines de milliers d'années, comme dans le cas des récifs polypiers de la Floride. Ensuite chacun sait que l'élévation des montagnes est tantôt lente, tantôt brusque; tandis que, dans la théorie darwinienne, la loi de transformation est uniforme. Si donc, depuis cent mille ans et plus, aucun exemple de transformation ne peut être signalé, nous sommes en droit d'affirmer la stabilité et la permanence des espèces (1).

On a encore essayé d'infirmer cette conclusion d'une autre manière. S'appuyant sur le fait indéniable que les animaux des diverses périodes géologiques diffèrent spécifiquement de ceux

____

(1) ERNEST FAVRE, *La variabilité des espèces*, p. 161 et suiv.

des formations qui précèdent et qui suivent, on raisonne ainsi :
« D'une période géologique à l'autre, on observe des changements. Des espèces n'existant pas à une période antérieure se
rencontrent à une période postérieure, tandis que celles de la
première époque ont disparu. Or, bien que chaque espèce ait
pu posséder, durant un certain laps de temps, des particularités invariables, le fait que, lorsqu'on embrasse des périodes
assez étendues, toutes les espèces d'une première époque
sont, à une autre époque, remplacées par des espèces nouvelles, prouve qu'en définitive l'espèce change, pour peu qu'on
envisage une période suffisamment longue. »

L'erreur de ce raisonnement gît en ce que l'on considère les
périodes diverses qui se succèdent comme s'ajoutant bout à
bout, pour ne former qu'une seule même longue période, tandis
qu'entre elles il y a *hiatus*, solution de continuité. « Il est vrai,
dit Agassiz, que l'espèce est limitée à une période géologique
donnée ; il est également vrai que, dans toutes les formations géologiques, les espèces des périodes successives diffèrent les unes des autres. Mais parce qu'elles diffèrent, s'en-
suit-il qu'elles se sont modifiées ? N'ont-elles pas été sub-
stituées, remplacées par d'autres ? L'espace de temps nécessaire à l'opération ne fait rien à la chose. Qu'on accorde,
pour chaque période, des myriades d'années ; que ce soit
plus, que ce soit moins ; la question est toujours simplement
celle-ci : Quand un changement a eu lieu, a-t-il eu lieu spontanément, sous l'action des forces physiques et suivant la loi
de ces forces, ou bien a-t-il été produit par l'intervention d'un
agent dont l'activité, avant comme après, ne s'exerçait point
sur cet objet ? Une comparaison rendra ma pensée plus claire.
Je suppose qu'un amateur de peinture visite un musée où les
toiles sont classées systématiquement, et où les tableaux
d'écoles différentes sont placés dans l'ordre chronologique.
En passant d'un salon à un autre, il observe des changements

aussi grands que ceux notés par les paléontologistes, quand ils passent d'un système de roches à un autre. Mais, parce que ces œuvres ont une grande ressemblance, puisqu'elles appartiennent à telle ou telle époque ou sont d'époques très-rapprochées, le critique aurait-il raison de supposer que des tableaux anciens se sont métamorphosés pour devenir tableaux modernes, et de nier que les uns et les autres soient l'œuvre d'artistes qui vivaient et agissaient, au moment où ces toiles ont été peintes? La question de l'immutabilité des espèces est absolument la même que celle de ce cas supposé. Ce n'est pas parce que les espèces ont eu une durée plus ou moins longue aux âges passés que le naturaliste les considère comme immuables; c'est parce que, dans la série tout entière des temps géologiques, et pendant la durée des siècles qui se sont écoulés depuis l'introduction première en ce monde des animaux et des plantes, il ne paraît pas le plus petit indice qu'une espèce se soit transformée en une autre. Nous savons seulement qu'une différence existe à des époques différentes, ainsi qu'il arrive aux tableaux de différents siècles et d'écoles diverses. Mais tant que nous n'aurons sur ce point que les données fournies de nos jours par la géologie, il sera contre la philosophie et contre la logique de supposer, à cause de ces différences, que les espèces changent ou ont changé, se transforment ou se sont transformées. C'est tout comme si l'on supposait que les tableaux se sont transformés dans le cours du temps. Nous ignorons quelle a été l'origine des êtres organisés, cela est vrai. Pas un naturaliste ne saurait rendre compte de leur apparition au commencement, pas plus que de leur différence, aux périodes différentes. Nous en savons toutefois assez pour repousser l'hypothèse de la transmutation (1). »

(1) L. Agassiz, Op. cit., p. 78.

Il y a plus. S'il faut en croire les partisans de la transmutation des espèces, cette transmutation aurait eu lieu par voie de progrès et de perfectionnement continu. La nature procède graduellement dans toutes ses opérations, disent-ils, elle ne peut produire du premier coup les types les plus élevés de la vie animale et végétale. Elle marche toujours du simple au composé; elle part des formes les plus élémentaires, pour arriver de là à des formes plus compliquées, ajoutant successivement différents systèmes d'organes, et multipliant de plus en plus leur nombre et leur énergie. Par ce moyen, non-seulement une espèce est changée graduellement en une autre espèce, mais même les genres et les familles sont transformés; en sorte qu'il y a eu un développement successif et ininterrompu des êtres dans le règne végétal et animal, depuis les premiers âges du monde jusqu'à nos jours, et que les animaux dont les restes sont découverts dans les roches les plus anciennes, peuvent, en dépit de l'étrangeté de leurs formes, être considérés comme les ancêtres de ceux qui existent aujourd'hui. Ainsi, non-seulement les espèces se transforment, mais encore, en se transformant, elles se perfectionnent de plus en plus. C'est en vertu de cette théorie qu'on nous dit que l'homme a eu pour ancêtre un singe perfectionné (1).

Nous avons répondu ailleurs. Qu'il y ait dans le plan gé-

(1) Cette loi du perfectionnement graduel, affirmée par les disciples de Darwin, a pourtant reçu de ce dernier une limitation importante. Darwin admet bien que dans la lutte pour l'existence, la victoire reste aux plus forts et aux mieux doués; mais il a soin d'ajouter que cette supériorité est toute relative, qu'elle est subordonnée aux conditions de milieu. « Il est très-possible, dit-il avec raison, que l'élection naturelle adapte graduellement un être à une situation telle que plusieurs de ses organes lui soient inutiles. En ce cas il y aura pour lui rétrogradation dans l'échelle des organismes. » Tel est le cas de ces reptiles, de ces poissons, de ces insectes qui, vivant au fond des cavernes de la Carniole ou de l'Amérique à l'abri de toute lumière, y ont perdu la vue. (Voir DE QUATREFAGES, *Charles Darwin et ses précurseurs français*, p. 98.)

néral de la création un progrès de groupe à groupe, progrès
réel, continu, à partir des formes les plus rudimentaires de l'être,
dans les algues, les zoophytes, les mollusques jusqu'au type
le plus élevé de la vie organique chez l'homme, nous sommes loin de le nier, nous l'avons déjà reconnu. Mais que les
espèces, que les genres, que les familles même se développent et se perfectionnent dans le cours de leur existence, par
transitions graduelles et insensibles, c'est là ce qui est absolument contraire au témoignage des faits. L'inverse serait
plutôt vrai. On constate que chaque espèce, chaque genre a
une existence limitée. Cette existence commence d'ordinaire
par une exubérance de vie ; après quoi vient une période
d'alanguissement et de mort. La force vitale épuisée sous
cette forme reparaît bientôt sous une autre, mais entièrement différente de la première. Aux espèces éteintes succèdent d'autres espèces, aux genres disparus de nouveaux genres, et souvent dans ces genres et ces espèces, ce sont les
types les plus anciens qui sont aussi les plus parfaits.

Ce qui achève enfin de ruiner la théorie du développement
graduel, c'est l'existence simultanée dans les mêmes roches
de formes organiques entre lesquelles il est impossible de
saisir un lien quelconque, ou qui appartiennent à des genres,
même à des ordres différents. Ainsi, dans la période silurienne, rien ne relie la famille des trilobites, dont l'organisation est aussi compliquée que celle des crustacés de nos jours,
aux deux autres embranchements alors existants, les mollusques et les rayonnés. Encore moins peut-on les relier, et les
autres invertébrés avec eux, au genre poisson dont nous
avons parlé dans un autre endroit.

Donc les faits géologiques, et cette affirmation de Moïse
que Dieu créa les plantes et les animaux « selon leur espèce, »
sont dans l'accord le plus parfait.

CHAPITRE X

L'homme est la plus récente des créatures de Dieu. — On peut l'induire *a priori*. — Pas le plus léger vestige de sa présence avant les dernières couches du pliocène. — La coexistence des restes humains avec les débris d'animaux éteints n'implique pas que l'homme ait commencé avec eux. — Aucune création nouvelle n'est apparue depuis. — Phénomène géologique correspondant aux soirs des six jours. — Réponse à une objection. — Pourquoi Moïse ne parle plus de soirs.

Nous traversons l'éocène, le miocène, le pliocène, en un mot tous les étages de l'ère tertiaire, sans qu'aucune créature d'un ordre nouveau vienne disputer la royauté de la terre aux animaux caractéristiques de ces diverses époques et dont nous avons déjà parlé. Le véritable roi de la création, l'homme, n'a pas encore paru. Ce sera l'œuvre de la fin du sixième jour.

Puis Dieu dit : Faisons l'homme a notre image, a notre ressemblance, et qu'ils dominent sur les poissons de la mer, et sur les êtres volants des cieux, et sur les bestiaux et sur toute la terre, et sur tout animal qui rampe sur la terre.

Dieu donc créa l'homme a son image, il le créa a l'image de Dieu. Il les créa mâle et femelle.

ET DIEU LES BÉNIT, ET DIEU LEUR DIT : CROISSEZ ET MUL-
TIPLIEZ ET REMPLISSEZ LA TERRE, ET VOUS LA SOUMETTEZ, ET
DOMINEZ SUR LES POISSONS DE LA MER ET SUR LES ÊTRES VOLANTS
DES CIEUX, ET SUR TOUT ANIMAL QUI RAMPE SUR LA TERRE.

D'après Moïse, l'homme est donc la plus récente des créatures de Dieu. En est-il de même d'après la géologie?

Nous pourrions l'induire *à priori* de la loi de progrès que
nous avons signalée plus haut comme un des caractères de
l'œuvre de Dieu. Si cette loi n'est pas absolue, si elle est
fausse en particulier, quand on veut s'en servir pour expliquer le passage d'une espèce à une autre espèce, d'un genre
à un autre genre, par voie de transition insensible, elle n'en
demeure pas moins la grande loi de l'œuvre créatrice, à considérer cette œuvre dans son ensemble. Des êtres sous-marins invertébrés aux poissons, des poissons aux reptiles, des
reptiles aux oiseaux, des oiseaux aux mammifères et des
mammifères à l'homme il y a une progression continue
tellement évidente qu'elle n'a jamais été contestée par personne. Or, si cette marche ascensionnelle et progressive se
produit depuis l'humble zoophyte des roches laurentiennes
jusqu'au type le plus élevé de la classe des mammifères,
nous sommes autorisé à dire, par analogie, qu'elle ne s'est
point arrêtée à l'homme, et que puisque l'homme est le plus
parfait des êtres créés, il en est aussi le plus récent.

Mais nous avons plus ici que des inductions, nous avons
le témoignage irrécusable des faits. Aucune parcelle de
forme humaine, aucun débris d'œuvre d'art ne se trouve
dans les roches stratifiées où reposent les restes organiques
des animaux disparus (1). On le reconnaît pour quelques-uns,
et si on le conteste pour d'autres, ce qu'on ne conteste pas

(1) Nous avons dit ailleurs, p. 26, que la série des roches stratifiées s'arrête
aux derniers dépôts de l'ère tertiaire.

c'est que l'homme est tout au plus le contemporain du mammouth, du mastodonte, de l'ours des cavernes, etc., qu'en
tout cas, il ne leur est pas antérieur. Donc tous ces animaux
(je parle de ceux dont on trouve les restes au-dessous des couches les plus superficielles du pliocène) vivaient déjà, lorsque
l'homme a fait son apparition sur la terre. S'il l'eût habitée,
pendant la formation des différents dépôts stratifiés, les traces
de son passage auraient été imprimées en caractères aussi
lisibles que celles des plantes et des autres animaux exhumés
en si grand nombre par les géologues. Au lieu de cela, depuis les profondeurs du système silurien jusqu'aux strates
les plus élevées du pliocène, pas le plus léger vestige, ni
empreinte de pied, ni ossement fossile, ni produit quelconque de l'art ou de l'industrie qui indique son existence (1).

Quoique purement négative, cette preuve a une valeur
réelle. Tout au moins établit-elle une chose : c'est que rien,
absolument rien, n'infirme cette assertion du récit biblique
que l'homme est la plus récente des créatures de Dieu.

Le fait qu'on a trouvé des ossements humains et des objets
d'art, mêlés aux restes de quelques animaux éteints, ne vient
pas à l'encontre de nos conclusions. D'abord ce n'est qu'une
exception, ce qui prouve que la période humaine commençait à peine quand le mélange a eu lieu. Ensuite, il ne faut
pas perdre de vue que les différents âges géologiques ont été
d'une longue durée, qu'ils embrassent non-seulement des
années, mais des siècles. Rien n'empêche donc de concevoir
que l'homme ait été créé plusieurs centaines et plusieurs
milliers d'années après le mammouth, le rhinocéros, l'ours
des cavernes, etc., etc., quoiqu'on trouve leurs restes
mêlés et confondus dans les mêmes terrains. La rareté relative des débris humains est une confirmation de cette hypo-

(1) Voir Liv. I, chap. ix, p. 229-232.

thèse. Ce qui la confirme encore, c'est que d'ordinaire le passage d'une période à une autre ne se produit pas brusquement, mais d'une manière lente et successive, en sorte que les fossiles caractéristiques de l'une se prolongent pendant la durée de l'autre. Ainsi les mollusques caractéristiques de la période silurienne s'étendent et se perpétuent jusque dans l'âge des poissons ou période dévonienne. Les poissons dévoniens, à leur tour, quoique bien antérieurs à la végétation terrestre, se retrouvent dans la période carbonifère. Nous pourrions poursuivre cet examen, et nous constaterions de la même manière que la loi du développement progressif et de l'extinction graduelle est une loi générale dans les genres comme dans les espèces, à tous les degrés de l'échelle géologique. On ne peut donc rien conclure de l'existence simultanée de quelques ossements humains et de quelques ouvrages d'hommes avec les débris organiques d'animaux éteints, tels que le mammouth et l'ours des cavernes, contre le récit biblique qui nous dit que de tous les êtres l'homme a été créé le dernier.

En effet, après avoir créé l'homme, nous dit la Bible, « Dieu se reposa de toute son œuvre qu'il avait créée pour être faite. » (Gen. II, 3.) Il se reposa, c'est-à-dire qu'il cessa de créer : tel est le sens de cette expression hébraïque. Or — et c'est un nouveau trait de ressemblance que nous avons à signaler entre la science et la révélation, — depuis que la période humaine a commencé, il a été impossible de découvrir nulle part la moindre trace d'un nouvel ordre de créatures. L'homme a donc clos la série des créations successives de Dieu, comme la période humaine clôt la série des diverses formations géologiques.

Ce n'est pas tout. Il est digne de remarque qu'entre chacune des grandes créations précédentes, il intervient une suite de *soirs*. Mais ici point de soir entre la création des animaux terrestres et celle de l'homme, non plus que dans les versets suivants, où l'Ecriture n'indique aucun soir, au commencement du septième jour. D'où vient cette différence?

Avant de répondre, disons qu'on a pensé que ces soirs ou retours de ténèbres, marquent les grandes révolutions qui s'accomplirent à la surface de la terre, à l'enfantement de chaque création nouvelle. L'on comprend aisément en effet que cette lutte immense et terrible des éléments en fureur fît revenir la nuit sur notre globe et l'en enveloppât de toutes parts, jusqu'à ce qu'après un long combat et de nouvelles combinaisons des métaux et des gaz la lumière reparût.

A l'appui de cette opinion, M. L. Gaussen cite les lignes suivantes qu'adressait, le 12 avril 1815, le capitaine du *Bénarès* au gouverneur anglais de Java. Ce fait et d'autres semblables qu'il serait facile de recueillir, prouvent que l'obscurcissement momentané qui aurait eu lieu entre chacune des grandes révolutions du globe, se produit toujours du plus au moins dans toutes les éruptions volcaniques.

« Déjà le 5 avril, on entendit à Macassar comme des coups de canon, venant du sud. Le soir, le bruit parut s'approcher et indiquer de puissantes décharges d'artillerie. On crut qu'il y avait des pirates dans le voisinage, on embarqua des troupes à bord du *Bénarès*, et l'on alla à la recherche des ennemis; mais ne trouvant rien dans les îles voisines, on revint le 8 à Macassar. Dans la nuit du 11, les coups de canon recommencèrent dans la plus vive succession; et c'était quelque chose de si violent que notre navire, comme aussi les édifices du port Rotterdam, en étaient secoués. Quelques explosions même semblèrent si proches de nous, que j'envoyai des gens sur les mâts pour chercher à reconnaître les lueurs de l'artillerie. Le matin du 12 fut extrêmement obscur. A huit heures, il fut sensible qu'il s'était passé quelque chose d'extraordinaire. La face des cieux au sud et à l'est, avait pris un aspect beaucoup plus sombre qu'avant le lever du soleil. A dix heures, l'obscurité s'était tellement accrue qu'on n'aurait pu voir un navire à un mille. A onze heures, toute l'étendue des cieux était voilée, excepté dans un petit espace à l'est près de l'horizon. Ce fut alors que les cendres commencèrent à tomber comme une averse, et que l'aspect de toutes choses devint inquiétant et terrible. A midi, ce qui était resté lumineux disparut; une complète obscurité couvrit la face du jour, et cet état du ciel se prolongea tout le reste de la journée du 12 avec une telle intensité, que je ne me rappelle pas avoir rien vu de semblable dans la nuit la plus profonde. Il était impossible de voir sa propre main quand on la plaçait contre ses yeux. Les cendres tombèrent sans interruption toute la nuit. Elles étaient si légères et si subtiles que, malgré mes précautions d'étendre des toiles dans tous les sens, elles pénétrèrent toutes les parties du navire. — Le lendemain matin à six heures, il faisait encore aussi sombre que la veille; mais à sept heures et demie l'espace commença à s'éclaircir. A huit heures, on pouvait distinguer des objets sur le pont. L'aspect du vaisseau, quand la lumière nous revint, était des plus singuliers. Toutes les parties en étaient couvertes de cette matière qui pleuvait; elle avait l'apparence de pierre ponce calcinée; son épaisseur sur le navire était d'un pied, bien que nous eussions dû, pour l'alléger, en jeter déjà plusieurs tonnes par dessus le bord; car, quoique ce fût une poussière impalpable, elle avait un poids considérable, lorsqu'elle était comprimée. Une pinte pesait 12 onces et 3/4. De Sumbawa au port de Sumatra où le bruit fut entendu, il y a 970 milles en ligne droite, etc..... A Ternate, on fut effrayé du bruit comme à Java. La distance est de 720 milles en ligne directe. »

Si tel est l'effet d'un seul volcan de nos jours, ajoute M. Gaussen, qu'on juge par là de ce que durent produire d'obscurité les violentes révolutions qui eurent lieu à chaque grande formation géologique.

Quelque plausible que soit cette explication, elle a pourtant donné lieu à une objection que nous ne pouvons passer sous silence.

Si chaque grande période géologique est séparée de celle qui la suit par une révolution ayant eu pour résultat de ramener le règne des ténèbres sur la terre, que sont devenus, pendant la durée de ces ténèbres, les êtres qui avaient déjà été appelés à l'existence? Et, par exemple, que sont devenus les arbres et les plantes créés au troisième jour, pendant le soir du quatrième; car, selon la manière de compter des Hébreux, les soirs précèdent toujours les matins? Il est évident que n'étant pas même éclairée par cette faible lumière que le soleil, non encore dégagé de son voile de nuages, répandait sur la terre au matin du troisième jour, toute la création végétale a dû périr. Et cependant elle aurait survécu, d'après Moïse, puisque nous la voyons destinée de Dieu, au sixième jour, pour la nourriture de l'homme et des animaux.

Ceux qui mettent en avant cette objection supposent (ce qui n'est qu'une supposition gratuite) que le soir et le matin de chacun des jours génésiaques constitue ce jour en entier; et comme pour nous ces jours sont des périodes d'une longueur indéterminée, il en résulterait que le soir de chacun d'eux aurait embrassé des siècles, pendant lesquels toute vie animale et végétale aurait été impossible et aurait disparu par conséquent.

Mais rien absolument ne nous oblige à l'entendre ainsi. En ramenant cette expression : « Ainsi fut le soir, ainsi fut le matin, » à l'occasion du récit de l'œuvre de chacun des six jours, Moïse a voulu rappeler simplement que chaque grande époque géologique a eu un commencement et une fin; qu'elle se distingue d'une manière positive de celle

qui la précède et de celle qui la suit. Nous avons cité à ce
sujet un passage de Daniel où l'équivoque n'est pas possible.
Or, l'expression de Daniel est identiquement la même que
celle employée dans le récit de la Genèse. On n'est donc pas
fondé à presser le sens des mots, pour en tirer la conclusion
ci-dessus.

On n'est pas mieux fondé à conclure de la similitude des
expressions employées par Moïse, pour désigner la création végétale du troisième jour, avec celles dont il se sert pour marquer
la nourriture assignée de Dieu à l'homme et aux animaux le
sixième jour, que la végétation dont il est parlé aux versets 11
et 12, fût la même que celle mentionnée aux versets 29 et 30.
En racontant l'œuvre du troisième jour, Moïse n'a voulu
dire autre chose sinon que c'est alors que les plantes terrestres
furent créées. Quant à la détermination des genres et des espèces, il ne s'en occupe pas, il n'y pense même pas. Il n'y pense
pas davantage quand il nous dit que Dieu donna à l'homme
pour nourriture « toute herbe portant semence qui est sur la
terre et tout arbre qui a en soi-même du fruit d'arbre portant semence, » et qu'il donna « à toutes les bêtes de la terre
et à tous les oiseaux des cieux et à toute chose qui se meut
sur la terre, ayant vie soi-même, toute herbe verte pour manger. » Que si l'on nous demande : Mais enfin, ces plantes,
quelles qu'elles fussent, d'où venaient-elles, puisque celles
créées au troisième jour, furent détruites dans la nuit inter-
venue entre le troisième et le quatrième ? nous n'hésitons
pas à répondre : Dieu en créa de nouvelles, car il n'a cessé
de créer dès le commencement, et si la Bible n'en parle pas,
comme elle ne parle pas non plus de la réapparition des créations primitives qui, elles aussi, durent être détruites par
les révolutions antérieures, c'est qu'elle borne son récit à
l'indication de chaque création nouvelle. Une fois un règne
ou un type introduit dans le système des êtres, elle ne s'oc-

cupe plus des genres ni des espèces de ce type qui peuvent être entrés en scène plus tard. Ce principe est capital; seul il nous donne la clef de difficultés qui seraient peut-être insolubles sans lui (1).

Et maintenant, revenant à la question posée plus haut : Pourquoi Moïse ne nous parle-t-il point de *soir* entre les premières créations du sixième jour et celle de l'homme qui le termina, non plus qu'entre la fin du sixième jour et le commencement du septième ? — nous répondons : C'est parce qu'entre les espèces de plantes ou d'animaux qui s'éteignirent longtemps avant l'apparition de l'homme et la création de ce dernier, non plus qu'entre cette création et les temps actuels, il n'y a point eu d'interruption, point de ténèbres, ni de destruction violente, point de ces grandes révolutions qui avaient eu lieu auparavant, à la formation des terrains secondaires et des terrains primaires, des roches jurassiques, des roches carbonifères et des roches siluriennes.

Donc, sur ce point comme sur tous les autres, les résultats de la science confirment d'une manière éclatante le récit mosaïque de la création.

(1) F. DE ROUGEMONT. *Fragment d'une histoire de la terre.*

CHAPITRE XI

DE L'ORIGINE SIMIENNE DE L'HOMME

En expliquant le texte de la Genèse, nous avons remarqué que bien qu'ayant été créés dans la même période géologique, l'homme et les mammifères terrestres ont été l'objet de deux créations différentes. D'où nous avons conclu que l'homme est un être à part, *sui generis*, qu'il n'est pas un singe perfectionné. Voyons si la géologie contredit sur ce point l'enseignement de l'Ecriture.

L'opinion qui voit dans l'homme le petit-fils du singe est généralement attribuée à Darwin (1). Cette croyance, pour être presque populaire, n'en est pas moins erronée. Sans doute la doctrine de Darwin conduit à rattacher nos propres origines au grand arbre de la vie générale, mais la loi de caractérisation permanente, conséquence nécessaire de la sélection, ne permet pas aux descendants d'un être à type caractérisé de

---

(1) La doctrine de Darwin se résume en une notion simple et claire, qu'on peut formuler ainsi : « Toutes les espèces animales ou végétales passées et actuelles descendent par voie de transformations successives de trois ou quatre types originels et probablement d'un archétype primitif unique. » (A. DE QUA-TREFAGES, *Charles Darwin et ses précurseurs français*, p. 5.)

se mêler aux représentants d'un autre type ; l'empreinte originelle reste, en dépit de toutes les modifications secondaires « Il en est à cet égard, dit M. de Quatrefages, entre les êtres vivants, au point de vue de la caractérisation progressive, comme entre élèves d'un même lycée qui, au sortir des bancs, embrassent des carrières différentes. Le polytechnicien ne retrouve plus ses condisciples devenus étudiants en droit ou en médecine. Lui-même ne tarde pas à se séparer de ses contemporains passés à l'école de Metz, à celle des ponts ou des mines, tandis qu'il a lui-même opté pour la marine. Une fois engagés chacun dans leur voie, ils ont beau avancer, ils restent séparés. Le magistrat ne saurait devenir médecin d'un hôpital ; le marin peut passer amiral, il ne sera jamais ingénieur en chef, pas plus que celui-ci ne saurait aspirer aux épaulettes de général, au bâton de maréchal. L'élève de Saint-Cyr et l'officier de génie ou d'artillerie, arrivés au même grade, ont entre eux leur passé, leurs tendances et leurs connaissances spéciales. Toute grossière qu'elle est, cette comparaison donne une idée approximative de la manière dont la doctrine de Darwin explique l'origine, la formation, la séparation des groupes. La nature des carrières correspond à la différence des types organiques (1). »

Lamarck est peut-être le seul qui soit allé jusqu'à nous donner un singe pour ancêtre. Encore n'émet-il cette opinion que comme une hypothèse. Charles Vogt lui-même, tout en déclarant « qu'il vaut mieux être un singe perfectionné qu'un Adam dégénéré, » reconnaît que le jalon qui doit nous conduire de l'homme au singe est encore à découvrir. On peut en dire autant des partisans les plus décidés des doctrines darwiniennes, tels que Lubbock, Wallace, Huxley. Tous se renferment sur ce point dans une réserve prudente ou avouent

____

(1) *Charles Darwin et ses précurseurs français*, p. 366.

avec franchise qu'entre l'homme et le singe il y a un abîme,
et que cet abîme n'est point franchi. C'est donc à tort qu'on
a conclu de quelques paroles échappées à l'ardeur de la lutte
que la théorie de Darwin se confond avec celle de l'origine
simienne de l'homme. Mais s'il ne va pas jusque-là, il n'hésite pas à nous donner pour ancêtre quelque animal inférieur, simio-humain (1). Et l'on s'explique dès lors sans peine
comment on a attaché son nom à l'opinion qui nous fait
descendre du singe.

Cela dit, abordons notre sujet.

Pour établir la filiation de l'homme et du singe, au point
de vue paléontologique, le seul dont nous ayons à nous occuper ici, on s'appuie sur certains crânes humains, trouvés
dans des conditions d'antiquité très-reculée, et qui auraient
appartenu à des populations d'un type inférieur, tenant le
milieu entre la forme humaine et les singes anthropoïdes.

Nous ne pouvons les passer tous en revue. La liste en est
déjà longue (2) et plusieurs ne nous apporteraient aucune lumière sur la question spéciale qui est l'objet de cette étude.
Notons cependant que la plupart de ces crânes, aussi bien
que les autres débris humains qui leur sont associés, rentrent
dans le type commun et n'offrent, dans leur ensemble, aucun caractère d'infériorité. Ce fait, qui ne nous parait pas
contestable, est d'un grand poids. Il l'est d'autant plus que
ce sont les crânes les plus anciens, de l'authenticité la plus
certaine et de la conservation la plus parfaite, qui se rapprochent le plus de la forme normale, tandis que les autres, ceux
où l'on a cru voir des indices de notre origine simienne, sont

(1) Voir *la Descendance de l'homme*, etc.—Paris, C. Reinwald et Cie, 1872.
(2) MM. A. de Quatrefages et Ernest Hamy ont entrepris d'en donner une
nomenclature et une description complètes dans un ouvrage récent. (*Crania-
Ethnica.* — Paris, J.-B. Baillère et fils, 1873.) Les savants auteurs de cette
importante publication croient avoir réussi à reconstituer trois races différentes dans la faune humaine quaternaire.

ou plus récents, comme le crâne de Borréby, ou d'une date incertaine, comme celui de Néanderthal, ou à l'état fragmentaire, comme les débris osseux d'Eguisheim, de la Naulette et d'Arcy-sur-Cure.

Dans la plupart des cas, il est très-difficile de déterminer d'une manière certaine l'âge des gisements où des restes humains sont ensevelis. Plusieurs crânes qui jusqu'ici ont été regardés comme quaternaires pourraient bien n'être que de l'âge de la pierre polie, ainsi que l'a montré naguère M. E. Cartailhac, dans un intéressant rapport sur le squelette humain de Laugerie-Basse (1). Il en est très-peu dont on puisse affirmer avec certitude qu'ils sont contemporains des autres débris avec lesquels ils sont associés. Tel est, en particulier, le cas de ceux d'Aurignac, de Saint-Jean d'Alcas, du Trou du Frontal, de Bruniquel et même de Cro-Magnon et de Solutré. On peut dire que sur tous planent des doutes plus ou moins fondés.

Parlons d'abord du crâne d'Engis.

Crâne d'Engis. — Ce crâne, le premier dont on ait parlé, fut trouvé, il y a déjà longtemps, dans la caverne d'Engis, près de Liége, et décrit par Schmerling, dès 1833, (Fig. 142.) Dans la même matrice étaient des restes d'éléphants, de rhinocéros, d'ours, d'hyènes et d'autres animaux éteints. De prime abord Schmerling fut frappé de la forme déprimée du front, et il pensa que ce crâne avait dû appartenir à quelque individu d'un faible développement intellectuel. Spéculant là-dessus on alla plus loin encore, et l'on se mit à croire qu'il avait existé autrefois en Europe une grande famille d'hommes, très-bas placés sur l'échelle de l'intelligence, et dont cet individu offrait le type. Mais cette opinion dut être abandonnée lorsqu'on

(1) *Un Squelette humain de l'âge du renne.* Rapport par M. Emile Cartailhac. Extrait du *Bulletin de la Société d'histoire naturelle de Toulouse.*

moula le crâne et qu'on l'examina de plus près. On reconnut alors que, malgré l'étroitesse du front, il s'éloignait de tous points de la forme bestiale et se rapprochait au contraire de la forme caucasique la plus pure. « J'avoue, dit le professeur Huxley, que si ce crâne était récent, au lieu d'être fossile, il me serait bien difficile de dire à quelle race il appartient. Ses formes et ses dimensions répondent assez bien à celles de quelques crânes australiens que j'ai examinés. Il présente en particulier cet aplatissement de l'occiput qui les distingue. Mais tous les crânes australiens n'offrent pas cette particularité, et l'arcade sourcilière du crâne d'Engis diffère

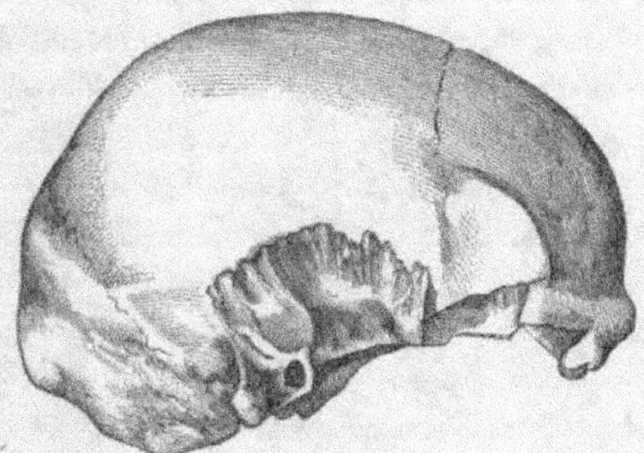

Fig. 142. — Crâne d'Engis.

entièrement de celle du type précédent. D'un autre côté, ses dimensions correspondent également bien à celles de quelques crânes européens; et il n'y a certainement aucun signe de dégradation dans aucune des parties de sa structure. C'est, en somme, un beau type moyen de crâne humain qui peut tout aussi bien avoir été celui d'un philosophe qu'avoir servi de réceptacle à la pensée inculte de quelque sauvage. » Or, de tous les crânes fossiles, à l'aide desquels on essaye d'appuyer la parenté de l'homme et du singe, celui d'Engis est peut-être le plus ancien : il remonte à l'âge de l'ours des cavernes. Et nous venons de voir qu'au dire des hommes les plus compétents et les moins suspects, on peut le rapprocher du plus beau type européen.

Hommes de Cro-Magnon. — Cro-Magnon est le nom d'une petite localité du département de la Dordogne, à peu de distance de la grotte des Eyzies, près de Tayac. C'est là qu'en 1868, en exécutant le déblaiement pour le chemin de fer d'Agen à Limoges, fut faite la découverte d'un véritable cimetière de l'époque du grand ours et du mammouth. Sept véritables squelettes furent mis à jour, dont trois ont pu être conservés avec leurs crânes presque entiers. C'est à M. Louis Lartet, fils du célèbre paléontologiste si justement regretté du monde savant, que nous devons les détails de cette précieuse découverte. Dans une note accompagnant le mémoire de son fils, M. Ed. Lartet a pris soin de fixer l'âge des squelettes par celui des débris osseux d'animaux et des restes de l'industrie humaine auxquels ils sont associés. Cet âge, nous l'avons dit, est celui du grand ours et du mammouth.

Après avoir dit que Cro-Magnon est situé au pied d'un rocher dont la portion culminante se détache sous la forme grossière d'un champignon, M. Lartet s'exprime ainsi :

« Cet abri fût peut-être resté toujours inconnu si des travaux d'art n'avaient été entrepris dans son voisinage et n'avaient occasionné des emprunts de terre dans un talus (le talus formé au pied des roches par l'éboulement des couches friables). Ce fut l'établissement de la chaussée du chemin de fer qui amena l'enlèvement d'une portion notable du talus et celui d'un bloc gigantesque détaché des roches voisines et cubant 311 mètres. On abattit ensuite un banc pierreux en surplomb sur le talus. Enfin, vers la fin du mois de mars, deux entrepreneurs des Eyzies, MM. Berton-Meyron et Delmarès, firent en ce point un nouvel emprunt de terre, des-

tiné à la chaussée d'une route voisine. Après avoir enlevé
les quatre mètres de détritus qui couvraient l'abri, les ouvriers,
en pénétrant sous le banc rocheux qu'ils avaient ainsi dégagé,
ne tardèrent pas à en retirer des ossements brisés, des silex
taillés, et enfin des crânes humains (fig. 143) dont les entrepreneurs devinèrent l'ancienneté et l'importance scientifique. Par
une réserve et un tact malheureusement trop rares, et dont les
amis des études paléo-ethnologiques doivent leur savoir le
plus grand gré, ils interrompirent immédiatement ces travaux et s'empressèrent de prévenir M. Alain Lagaune que
ses affaires avaient appelé à Bordeaux. De retour aux Eyzies,

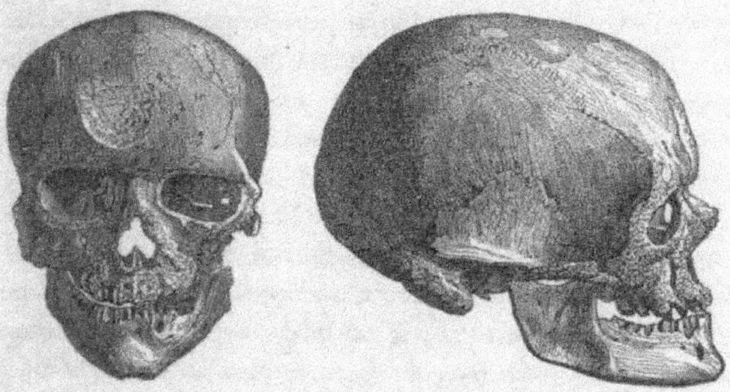

Fig. 143. — Crâne de l'homme de Cro-Magnon, vu de face et de profil.

celui-ci exhumait encore, quelques jours après, en présence
de MM. Joly et Simon (de Périgueux), deux crânes et quelques fragments de squelette humain, ainsi que des os de renne
travaillés et de nombreux silex taillés.

« C'est sur ces entrefaites que M. le ministre de l'instruction publique m'envoya aux Eyzies où, après avoir surmonté
quelques difficultés inattendues, grâce à la bienveillance de
M. le préfet de la Dordogne, et à l'obligeance de M. le maire
et de M. le curé de Tayac, il me fut bientôt possible de

procéder à des fouilles régulières et méthodiques de la sépulture et de ses abords. »

Le 14 avril 1868, M. Lartet rendit compte de sa mission dans une réunion des sociétés savantes, présidée par M. le ministre. Cet abri aurait d'abord servi, selon lui, de rendez-vous de chasse, puis d'habitation, puis enfin de lieu de sépulture. Sept morts y avaient été enterrés. Les restes osseux dénotent une race forte et de haute stature. Quant aux crânes, l'un d'eux, celui d'un vieillard, est parfaitement normal : le développement cérébral est considérable. Un autre, celui d'une femme, est de taille plus petite et porte au front une entaille profonde à laquelle s'adapte une arme en silex de la même provenance, ce qui a conduit à penser que les mœurs des sauvages indigènes de la Dordogne étaient brutales et violentes. Quant au type céphalique des hommes de Cro-Magnon, M. Pruner-Bey le caractérise ainsi : *mongoloïde, dolichocéphale* et à *grand cerveau.*

M. Broca a aussi caractérisé les crânes et les squelettes des hommes de Cro-Magnon dans une étude publiée dans les *Mémoires de la Société d'anthropologie.* Il se résume en disant que cette race par quelques-uns de ses traits atteignait les degrés les plus élevés et les plus nobles de la morphologie humaine, et que par d'autres, elle descendait même au-dessous des types anthropologiques les plus inférieurs à l'époque actuelle.

Crânes de Solutré. — Les crânes trouvés à Solutré, dans le Mâconnais, par MM. Arcelin et Ferry, ont été étudiés et décrits par M. Pruner-Bey. Les uns se rapportent à l'âge du grand ours et du mammouth, les autres à celui du renne. Les uns et les autres sont parfaitement constitués au point de vue anatomique, et ne diffèrent pas essentiellement des types actuels. Ils sont caractérisés par une tête généralement arrondie, le visage taillé en losange, les mâchoires et les dents un peu dirigées en avant. M. Pruner-Bey les rattache à ce qu'il appelle *race mongoloïde primitive*. Cette race, analogue à celle des Esquimaux et des Lapons, existe encore chez les Liguriens ou Ibères du nord de l'Italie (golfe de Gênes), dans les Pyrénées (pays basque), dans le nord de l'Amérique et dans quelques autres pays.

Crânes de Bruniquel. — Deux crânes préhistoriques ont été trouvés par M. V. Brun dans l'*abri sous roche de Lafaye*, à Bruniquel (Tarn-et-Garonne). L'un est un crâne de vieillard, l'autre d'adulte. Chez tous les deux l'angle facial ne diffère en rien de celui de l'homme qui habite aujourd'hui les mêmes climats.

Squelette de Laugerie-Basse (Dordogne). — La station de Laugerie-Basse, célèbre dans les annales de la paléontologie, avait déjà été l'objet de plusieurs explorations, lorsqu'en 1872 MM. Massenat, Cartailhac et Lalande eurent la bonne fortune de découvrir, sous des blocs énormes éboulés de la montagne en surplomb qui borde la Vézère, un squelette humain. Les os étaient presque en place ; il était allongé sur le côté, la main gauche sur le pariétal gauche, la droite sur le cou ; la colonne vertébrale était écrasée par l'angle d'un gros bloc et le bassin était brisé. On a supposé qu'il avait été victime d'un éboulement. Une vingtaine de coquilles appartenant à deux espèces différentes de cyprées (*cypræa pyrum* et *cypræa lurida*) étaient disséminées par couple sur le corps : deux couples sur le front, un près de chaque humérus, quatre dans la région des genoux, deux sur chaque pied. Ces porcelaines étaient percées par une entaille et devaient orner un vêtement.

Pour parvenir au-dessous des blocs dont nous venons de

parler et y pratiquer des fouilles, il a fallu creuser une galerie étroite qui a permis de constater qu'ils recouvraient une couche de 1 m. 5o d'épaisseur très-riche en ossements brisés de renne et en silex taillés. Ici point de remaniement possible et il n'est pas douteux que nous n'ayons devant nous un spécimen authentique de l'homme quaternaire.

Ce squelette, que nous sachions, n'a pas encore été décrit. Mais il est probable que s'il eût offert des caractères anormaux, ces caractères auraient frappé les auteurs de la découverte, qui se seraient empressés de nous les faire connaître.

Squelette de Menton. — Plus récente encore est une découverte du même genre faite à Menton par M. Rivière, le 26 mars 1872. Il s'agit d'un autre squelette trouvé dans la caverne de Cavillon qui fait partie d'un ensemble de grottes connues dans le pays sous le nom de *Baoussé roussé* (roches rouges). Ce squelette était situé à 6 m. 55 au-dessous du premier niveau de la grotte. Tout autour on a recueilli plus de 15o instruments en silex dont aucun n'appartient à l'époque de la pierre polie. Une mâchoire de *rhinoceros tichorhinus*, des ossements pour la plupart brisés ou incinérés d'*ursus spelæus*, de *felis spelæa* rencontrés aussi dans le voisinage immédiat des restes humains, semblent assigner au squelette de Menton une antiquité qui le ferait remonter à la première période de l'âge de la pierre. Sa taille atteint 1 m. 8o. Le crâne est dolichocéphale, l'arcade sourcilière proéminente, le maxillaire inférieur très-développé. La face n'offre aucune trace de prognathisme; la cavité olécranienne de l'humérus n'est pas perforée. Les tibias légèrement arqués présentent la forme vulgairement appelée lame de sabre et qui est considérée comme caractéristique des races inférieures; à part cela l'homme de Cavillon se rapporte aux types les plus élevés de notre race. M. Louis Figuier qui a été l'un des premiers à le visiter le décrit ainsi : « Quand on examine le crâne de ce troglodyte, de cet homme dont l'existence ne peut pas remonter au-dessous de vingt à vingt-cinq mille ans (1), on est vraiment confondu de sa ressemsemblance avec les plus beaux crânes des races humaines contemporaines. Dans la salle du Muséum d'histoire naturelle où se trouve ce troglodyte se voit un squelette humain ordinaire; on est frappé, en comparant les deux crânes et les deux faces, de leur analogie. L'angle facial du troglodyte de Menton ne nous a pas paru s'éloigner de 80 degrés, c'est-à-dire du type des races humaines les plus élevées en intelligence. La beauté de son ovale et la proéminence du vertex,

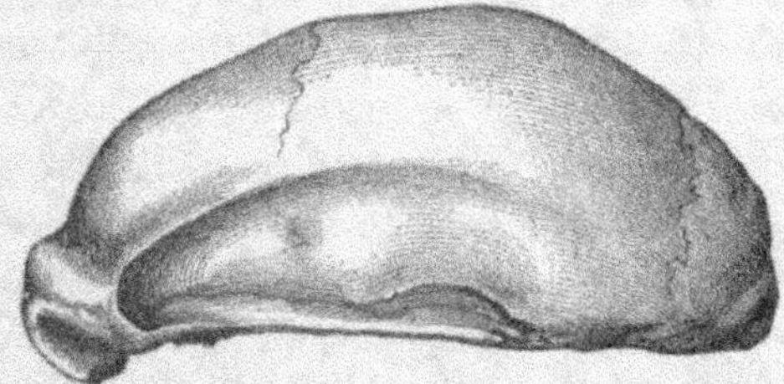

Fig. 144. — Crâne de Néanderthal.

enfin le grand volume de la partie postérieure du crâne rapprochent cet homme de vingt mille ans de l'homme de nos jours. »

Aucun des restes paléontologiques que nous venons d'interroger n'est venu combler l'abîme qui sépare l'homme du singe. Voyons si ceux qu'on invoque nous donneront la démonstration que nous avons jusqu'ici vainement cherchée.

Crâne de Néanderthal. — Celui de tous les crânes fossiles dont on a fait le plus de bruit pour appuyer l'origine simienne de l'homme est le crâne de Néanderthal. (Fig. 144.) Il fut

(1) Nous verrons bientôt ce qu'il faut penser de ces vingt à vingt-cinq mille ans.

découvert en 1856 par le Dr Fuhlrott, près d'Elberfeld, dans une vallée latérale de la Dussel, nommée Néanderthal. Il était dans une grotte, à 60 pieds au-dessus du niveau de la rivière. Quand ce crâne dont on ne possède que la calotte crânienne et les autres parties du squelette furent présentés dans un congrès scientifique allemand, tenu à Bonn, quelques naturalistes doutèrent que ce fussent des restes humains. Sans partager ces doutes non plus que plusieurs autres zoologistes expérimentés, le professeur Schaffhausen fit remarquer que le crâne était d'une dimension et d'une épaisseur inusitées; que le front était étroit et bas, et la projection des arcades susorbitaires énormément grande. Il fit remarquer en outre que, bien que l'épaisseur des os fût extraordinaire, et l'élévation et la dépression pour l'attache des muscles très-développée, toutes les autres parties du squelette se rapportaient parfaitement aux formes humaines actuelles, sans présenter aucune analogie de formes ou de dimensions avec celles correspondantes chez le chimpanzé. En sorte que « pour ces proportions (c'est Lyell lui-même qui le dit) le professeur Shaffhausen a montré que le squelette de Néanderthal ne s'écarte pas du type moyen, et n'indique pas du tout une transition entre l'homme et le singe. »

Quant au crâne, bien qu'il soit par sa forme le plus bestial de tous les crânes humains connus, celui qui se rapproche le plus du crâne du singe, sa capacité le place entre les crânes extrêmes des habitants de l'Europe qui varient entre 859 et 1,781 centimètres cubes. Mais il est, en tous cas, bien au-dessus du maximum de capacité du crâne de gorille. Tandis en effet que le plus grand crâne de gorille qu'on ait mesuré ne contient pas plus de 539 centimètres cubes, le Néanderthal a une capacité de plus du double, puisqu'il contient environ 1,220 centimètres cubes.

Pour expliquer ce double fait, on a eu recours à deux hypothèses. Les uns ont pensé que c'était le crâne de quelque idiot, mort dans la caverne où ses os ont été trouvés. Sur quoi le professeur Huxley fait remarquer que l'*onus probandi* retombe sur ceux qui mettent en avant cette hypothèse, puis il ajoute : « L'idiotisme est compatible avec une grande variété de formes et de capacités de crânes, mais je n'en connais pas d'exemple qui présente la moindre ressemblance avec le crâne de Néanderthal. » D'autres ont vu dans cette forme anormale le résultat d'une compression artificielle. Mais d'abord aucun de ceux qui en ont fait la description ne paraît avoir eu cette idée; et ensuite « sa parfaite symétrie, » dit Schaffhausen, « est tout à fait opposée à une supposition. »

Cette double explication écartée et en admettant que le crâne et le squelette de Néanderthal aient appartenu à un individu d'un type anormal, intermédiaire, si l'on veut, entre l'homme et le singe, nous ne voyons pas comment on pourrait tirer de ce fait l'origine simienne de notre espèce. Pour cela il faudrait qu'il fût prouvé que ce n'est pas un fait isolé, purement individuel, mais un caractère de race, ce qui ne l'est pas, car on n'a nulle part trouvé, que nous sachions, les restes de cette population qui aurait servi de transition du singe à l'homme (1). Il faudrait en outre que les restes osseux du Néanderthal remontassent à une antiquité des plus reculées, car on ne peut admettre que le développement du cerveau et de l'intelligence se soit produit brusquement, et qu'un chimpanzé, comme on l'a dit, se soit endormi singe pour se réveiller homme. M. Huxley prétend que, pour trouver l'anneau intermédiaire entre l'homme et le singe, il faut

---

(1) MM. A. DE QUATREFAGES et E. HAMY, dans l'ouvrage signalé plus haut, voient dans le crâne de Néanderthal le type le mieux accusé de ce qu'ils appellent la *Race de Canstadt*, l'une des trois races primitives dont se composaient, d'après eux, la faune humaine quaternaire.

porter ses regards vers un temps plus éloigné de l'époque caractérisée par les restes fossiles de l'*elephas primigenius* que
celle-ci ne l'est de nous. Est-ce le cas pour le Néanderthal?
Pas le moins du monde. Il est même douteux qu'il soit contemporain de l'époque du mammouth. Est-il croyable en
effet que quand la Dussel creusait sa vallée, coulait à pleins
bords et remplissait de ses argiles et de ses graviers les cavités
situées à 60 pieds au-dessus de son niveau actuel, est-il
croyable qu'un cadavre humain ait été placé par l'eau au
milieu de la grotte, entier, allongé, la tête tournée vers l'ouverture? Ces conditions, qui sont celles du Néanderthal, indiqueraient plutôt une sépulture qui serait postérieure par
conséquent au lehm quaternaire.

Dans un mémoire publié dans le quatrième volume des
travaux de la Société pour la propagation des études d'histoire naturelle siégeant à Vienne, M. le D' Gustave Jager,
directeur scientifique du parc zoologique de Vienne et zélé
partisan de M. Darwin, affirme que le singe le plus ancien
dont nous connaissions les restes fossiles est beaucoup plus
semblable à l'homme que le plus voisin des singes actuellement vivants; que par exemple le *dryopithecus fontanæ*,
trouvé dans les Pyrénées, se rapproche beaucoup plus de
l'homme que le gorille (1). Mais s'il en est ainsi, que devient
la théorie du perfectionnement? Ce sont les singes les plus
anciens qui devraient être les plus distants de l'homme, les
plus récents qui devraient en être les plus voisins. Au lieu
de cela, c'est l'inverse qui a lieu. Comment les partisans de
l'origine simienne de l'homme ne voient-ils pas que les
faits renversent leur théorie?

Disons enfin, pour en finir avec le crâne de Néanderthal,
que la particularité la plus saillante de ce crâne, c'est-à-dire

(1) Mortillet. *Matériaux*, t. I, p. 134.

le développement des sinus frontaux, se rencontre, selon
M. Pruner-Bey, d'une façon sinon absolument identique du
moins analogue, sur des crânes isolés de toutes les époques
et même parmi nos contemporains (1). Tel est le cas du fils du
maréchal Grouchy, mort récemment, et d'une des célébrités
médicales de l'Italie, le Dr Buffalini. « Je pourrais vous
citer un de mes amis, » disait M. Ch. Vogt au congrès
international de Paris en 1867, « le Dr Emmayer, médecin
aliéniste allemand, dont le crâne est véritablement du type
de Néanderthal; j'ajouterai que la vue de ces proéminences
sourcilières énormes, au-dessous desquelles brillent deux
yeux flamboyants, contribue à lui donner une grande influence sur ses malades. »

Crâne d'Eguisheim. — En 1866, le docteur Faudel
trouva dans le lehm de la vallée du Rhin, à Eguisheim,
près de Colmar, un frontal et un pariétal humains qui
doivent être rapportés à l'âge du mammouth. Ils présentent,
quoique à un moindre degré, le caractère spécial du Néanderthal, c'est-à-dire la forme simienne due à la dépression
de la base du front et à l'énorme saillie des arcades sourcilières. Mais ce caractère (nous l'avons vu) qui se reproduit
à toutes les époques et même de nos jours dans des cas
isolés, n'indique nullement une infériorité de race. Pour
qu'on en pût déduire quelque chose, il faudrait que tous les
crânes humains de la même époque présentassent le même
caractère et qu'ils s'en éloignassent de plus en plus à mesure
qu'ils se rapprochent de l'époque actuelle. Or, il s'en faut
et de beaucoup qu'il en soit ainsi.

(1) MM. DE QUATREFAGES et HAMY n'hésitent pas à voir dans ce fait l'indice
d'un atavisme qui fait reparaître le type *néanderthaloïde* sur une grande
partie du monde habité, depuis les Iles-Britanniques et la péninsule ibérique
jusqu'à l'Hindoustan et au continent australien. *Crania ethnica.* 1re livraison.

Mâchoire de la Naulette. — La mâchoire extraite par M. Dupont de la caverne dite Trou de la Naulette, près de Dinant en Belgique, est aussi contemporaine du mammouth. On ne peut nier que sa conformation ne se rapproche en plusieurs points de celle que l'on considère comme caractéristique des mâchoires de singe. Mais sur la forme d'une mâchoire et encore très-incomplète (il n'en reste qu'un fragment composé de la moitié gauche du corps et d'une partie de la droite) est-il permis d'établir les caractères généraux d'une race? Nous ne le pensons pas. Ou plutôt le contraire nous parait être clairement démontré, car ni les crânes de Cro-Magnon, ni ceux de Solutré, ni ceux de Bruniquel, ni celui d'Engis, ni celui de Menton, ni la mâchoire d'Aurignac, ni celle de Moulin-Quignon, ni en un mot aucun des débris humains quaternaires à nous connus (la mandibule d'Arcy excepté) ne reproduit le caractère simien de la mandibule de la Naulette. Ce caractère d'ailleurs n'a pas toute la portée qu'on lui attribue. Du moins les avis sont loin d'être d'accord là-dessus. « Cette pièce intéressante à tant d'égards, » dit M. Pruner-Bey, en parlant de la mâchoire en question, « n'offre rien qui nous autorise à rabaisser l'être humain dont elle faisait partie au-dessous de l'Australien, du Boshisman, etc. C'est tout à fait le contraire, comme l'a démontré si catégoriquement M. Duhousset par les calques pris sur le maxillaire de différentes races (1). »

Crâne de Borréby. — Un mot enfin du crâne de Borréby. (Fig. 145.) Notons d'abord que nous avons affaire ici à un crâne relativement moderne ou post-quaternaire. Comme tous les crânes des tombeaux du Danemark, il appartient à l'époque de la pierre polie. Ces crânes, qui sont fort nombreux et

____

(1) *Congrès international d'anthropologie.* Paris, 1868, p. 352.

qu'on trouve dans les pays les plus divers de l'Europe centrale, reproduisent tous, par leur belle conformation, le type désigné par M. Pruner-Bey sous le nom de type aryen.

En outre la transformation, si transformation il y a, aurait dû s'opérer du type inférieur au type supérieur. Or c'est le contraire qui aurait eu lieu, puisque nous serions descendus du plus beau type crânien de l'homme d'Engis et de Menton au type simien de l'homme de Borréby.

Enfin, même en admettant le développement graduel des caractères organiques du singe à l'homme, « la continuité de la série, » dit M. P. Broca, non suspect de partialité

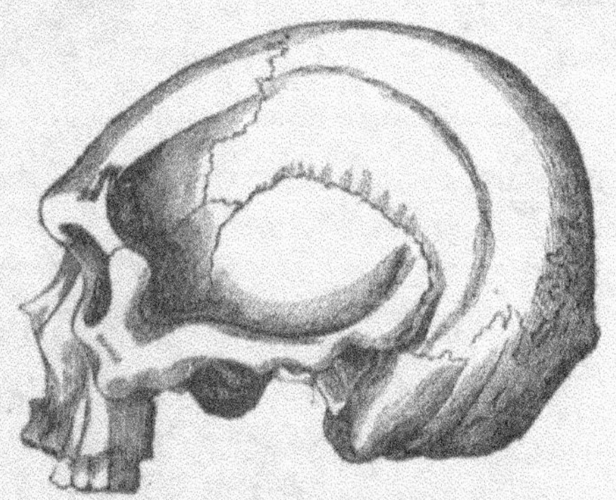

Fig. 145. — Crâne de Borréby.

pour notre thèse, « n'explique nullement à mes yeux l'idée de la transformation des espèces. Le transformisme est une hypothèse hardie à l'aide de laquelle on tente d'expliquer le phénomène de la disposition sériaire des caractères morphologiques ; cette hypothèse exerce sur les esprits une attraction d'autant plus forte qu'on ne lui en a opposé aucune autre ; mais ceux qui l'envisagent froidement, avec la rigueur de la méthode scientifique, doivent reconnaître qu'elle ne repose jusqu'ici sur aucune preuve directe (1). »

Au reste les figures ci-après suffisent à elles seules pour faire voir la dissemblance frappante qui existe entre les plus

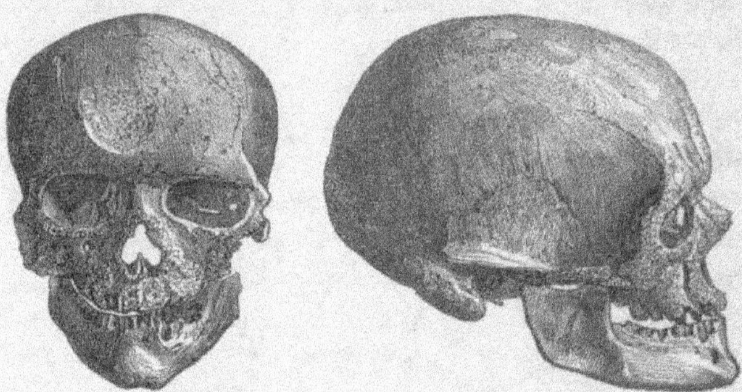

Fig. 146. — Crâne de l'homme de Cro-Magnon.

anciens crânes humains et ceux des principaux singes dont on voudrait nous faire descendre:

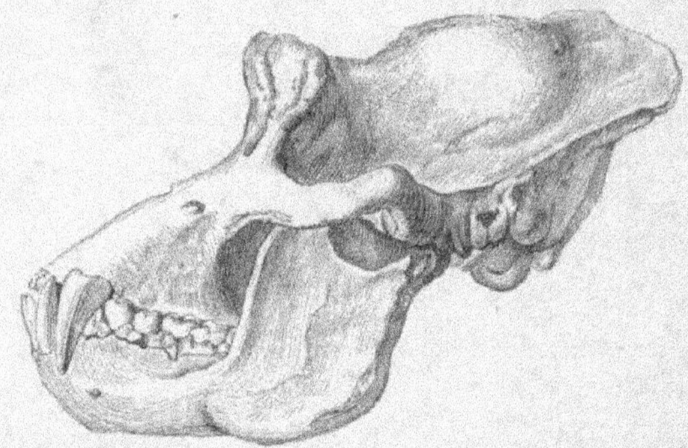

Fig. 147. — Crâne de gorille.

Quant aux ressemblances ostéologiques entre les singes anthropomorphes et l'homme, nous ne les nions pas. Mais

(1) *Congrès international d'anthropologie*. Paris, 1868, p. 401.

sans faire remarquer que le squelette n'est pas seul ici à
considérer, que si l'homme a la structure osseuse du singe,
il a aussi la structure anatomique de bien d'autres animaux,
celle des viscères de la digestion par exemple en tout sem-

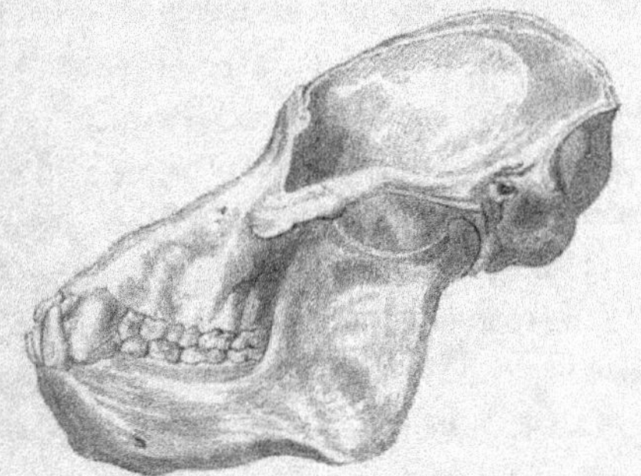

Fig. 148. — Crâne d'orang-outang.

blable à celle des carnassiers, et que pourtant il n'est venu
à la pensée de personne de faire de l'homme un tigre ou
un lion perfectionnés, bornons-nous à constater qu'au point
de vue des facultés intellectuelles et morales, entre l'homme

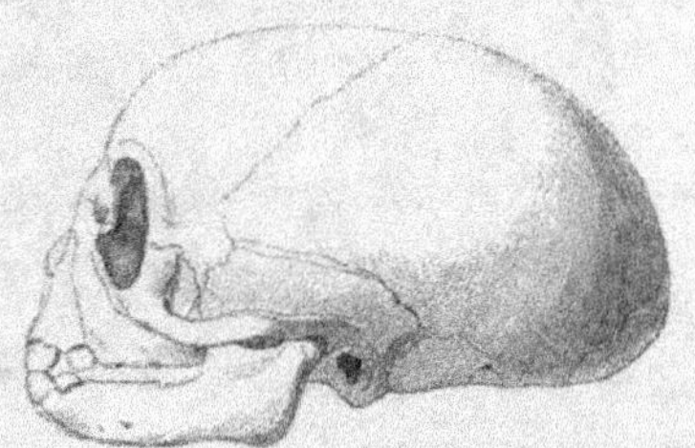

Fig. 149. — Crâne de singe macaque.

et le singe, la différence est énorme. Cette différence n'est
point de degré seulement, mais de nature, en sorte que,
pour passer du singe le plus intelligent à l'homme qui l'est
le moins, il faut franchir, dans *l'ordre intellectuel*, une
distance plus considérable que pour passer, dans *l'ordre*

physique, du vertébré le plus inférieur au plus élevé. Il est vrai qu'il y a des tribus sauvages chez lesquelles cette différence intellectuelle est en fait insignifiante. En fait, oui. Mais en fait, la différence entre un enfant au maillot et une poupée est très-petite aussi. Qu'est-ce donc qui les distingue? L'enfant au maillot peut devenir un être capable de parler, de raisonner, de s'élever au bien moral, d'aspirer vers Dieu. La poupée ne le peut pas. Chez l'enfant, les facultés sont là; leur développement dépend des circonstances. Pour la poupée au contraire, imaginez tel concours de circonstances que vous voudrez, les facultés sont absentes, et vous n'avez nul espoir de les voir s'éveiller jamais. Ainsi en est-il du singe et du sauvage. L'expérience a surabondamment prouvé que le sauvage est un homme, si abruti soit-il, un être susceptible de progrès, de civilisation; qu'il n'est pas de domaine accessible à l'homme dans lequel, les circonstances aidant, il ne puisse être introduit et ne soit capable de se développer. En peut-on dire autant du singe? Jusqu'à ce qu'on le puisse, l'hiatus qui sépare l'homme du singe demeure infranchissable, prît-on pour terme de comparaison le type le plus parfait du singe, rapproché du type humain le plus dégradé.

Il est un dernier point sur lequel nous aurions à examiner s'il y a accord ou désaccord entre la Bible et la géologie.

Moïse, nous l'avons vu, assigne une origine différente aux différentes espèces animales, tandis qu'il fait descendre tous les hommes d'un même couple.

Au point de vue géologique nous ne craignons pas d'affirmer que le récit mosaïque est inattaquable. On a bien exhumé des entrailles du sol des fossiles humains qui attestent l'existence de différents types dès les temps les plus reculés. Mais on n'a point prouvé que ces différences typiques fussent originelles et non dérivées. La géologie est muette sur ce point. Nous pourrions donc négliger la question comme ne rentrant pas dans notre cadre. Mais elle est trop actuelle ; elle a d'ailleurs trop d'importance en elle-même pour que nous consentions à la passer sous silence. Nous lui consacrerons une place à part à titre d'Appendice.

CHAPITRE XII

ANTIQUITÉ DE L'HOMME

La Bible ne fixe pas de date précise. — Opinion des géologues modernes. — L'homme préadamique. — Examen des preuves qu'on invoque à l'appui de la haute antiquité de l'homme.

Dans l'opinion commune, la Bible place l'origine de l'homme à une époque qui ne peut guère être reculée au delà de sept à huit mille ans. Nous disons sept à huit mille ans, parce que les différents systèmes de chronologie qu'on a proposés ne sont pas d'accord sur le temps écoulé entre Adam et la naissance d'Abraham. D'après le texte hébreu, ce temps serait de 2,008 ans; le texte samaritain le porte à 2,249; enfin, en suivant l'édition alexandrine de la version des Septante, on arriverait au chiffre de 3,474 ans. Cette diversité de résultats prouve peut-être que, primitivement, on n'accordait pas à ces chiffres la même importance qu'on l'a fait depuis (1). D'autre part, dans les listes généalogiques des

(1) Le texte hébreu et le texte samaritain, la version des Septante, les relations de Josèphe, de Théophile et de plusieurs autres, qui tous prétendent reproduire exactement les enseignements de l'Écriture telle qu'elle existait de leur temps, sont généralement d'accord sur l'âge des différents patriarches; mais ils les font naître à des époques différentes dans la vie de leurs pères. Ainsi, dans Genèse V. 3, il est dit que Seth naquit lorsque Adam était âgé de 130 ans; d'après les Septante, il en aurait eu 230. Ces diversités qui s'appliquent à six des patriarches avant le déluge, font ensemble une différence de 600 ans, dans cette seule portion de la chronologie biblique. Même remarque pour les temps écoulés après le déluge.

Entre autres raisons qui militent en faveur de la chronologie qui donne à premières familles humaines, il est plus que probable qu'il existe des lacunes. Par exemple, le patriarche Caïnan, fils d'Arphaxad et père de Sala mentionné dans les Septante et dans la généalogie de Marie (Luc III, 36), n'est pas indiqué dans le texte hébreu (Gen. XI, 12). On le comprend, de telles omissions, — et elles peuvent être nombreuses, — sont de nature à modifier singulièrement le résultat total. Ce qui confirme encore ces inductions, c'est que l'expression de « fils, » n'a pas en hébreu la signification précise qu'on lui donne dans nos langues occidentales, mais est quelquefois employée avec la signification de descendant, comme c'est le cas pour le Christ qui est appelé « Fils de David. » Il est donc bien difficile, pour ne pas dire impossible, avec les données bibliques, de reconstruire, d'une manière rigoureusement exacte, la chronologie des premiers âges de l'humanité.

Mais s'il n'est pas possible d'arriver à cet égard à des calculs d'une précision absolue, l'impression qui ressort de la lecture de la Bible est que l'homme ne saurait remonter à une antiquité beaucoup plus haute que ne l'indique la tradition.

Cette opinion traditionnelle, longtemps admise sans conteste, a contre elle la plupart des géologues contemporains. Au dire de quelques-uns les origines de l'homme ne remonteraient pas à moins de cent mille ans, et ils ajoutent que

l'homme la plus haute antiquité, on a fait valoir celle-ci : Après l'ère chrétienne, et même assez longtemps après, il n'y avait que les juifs lettrés qui lussent le texte hébreu ; ils pouvaient donc l'altérer tout à leur aise. Or, ils avaient intérêt à raccourcir la période écoulée entre la création et la naissance de Jésus, pour montrer que le temps qui avait toujours été assigné à la venue du Messie par leurs rabbins n'était pas encore arrivé, tandis qu'on ne peut comprendre les motifs qui auraient porté les auteurs de la version des Septante à l'allonger. Plus tard, et cette version une fois mise en circulation, l'altération du texte grec n'était plus possible ; il était trop largement répandu et d'un usage trop général, soit parmi les chrétiens, soit parmi les juifs. Il est donc probable que c'est dans ce texte grec des Septante que la chronologie biblique nous a été le plus fidèlement conservée.

c'est là un fait acquis, indiscutable, et qui repose sur une base que désormais le doute ne saurait atteindre.

Il s'agit de voir ce que valent ces assertions. Pour nous en rendre compte, dépouillons-nous, si possible, de toute idée préconçue, de tout parti pris et laissons-nous guider par la seule lumière des faits.

Ce que nous avons dit précédemment sur la place qui doit être assignée à l'homme dans l'échelle des temps géologiques n'établit rien d'autre que son ancienneté relative. L'homme a a été le contemporain du renne, du mammouth, du rhinocéros tichorhinus, de l'hyène, du lion et du grand ours des cavernes; il a, par conséquent, existé avant le déluge, dont les graviers roulés renferment de nombreuses traces de sa présence, soit en débris fossiles, soit en restes de son industrie. C'est quelque chose assurément; c'est, en tout cas, la confirmation du récit biblique qui nous parle d'un grand cataclysme dans lequel l'humanité presque tout entière aurait péri. Mais cette faune quaternaire elle-même, contemporaine de l'homme, quel est son âge? A quel point de la durée faut-il la faire remonter dans le passé? Voilà la question, question toute différente de la première et qu'il s'agit de résoudre, si tant est qu'elle soit susceptible d'être résolue.

Avant de l'aborder, disons un mot, un mot seulement d'une doctrine mise au jour pour la première fois en France, au dix-septième siècle, par un théologien du nom de La Péreyre, gentilhomme protestant attaché au prince de Condé, et reproduite en ces derniers temps par quelques écrivains anglais et américains. Nous voulons parler de l'homme préadamique.

Selon cette doctrine, il aurait existé avant Adam une population humaine, qui aurait été créée, comme les animaux, le sixième jour, lors de la création générale racontée dans le premier chapitre de la Genèse. Cette population aurait paru

en même temps sur la terre tout entière, et aurait échappé
au déluge, tandis qu'Adam et Eve, d'où les Juifs seuls sont
descendus, n'auraient été créés qu'après le repos du septième
jour, seuls auraient habité le jardin d'Eden, seuls auraient
violé la défense qui leur avait été faite, et péché contre la *loi*,
seuls, par conséquent, auraient encouru la malédiction de
Dieu, qui fit périr plus tard leurs descendants dans l'inondation diluvienne. Les autres hommes, les *Gentils*, auraient
péché aussi, mais en violant la loi de nature.

Cette hypothèse, La Péreyre la développa et la soutint dans
un livre intitulé : *Systema theologicum preadamitarum
hypothesi. Pars prima*. La seconde partie de l'ouvrage ne
parut pas ; on pense que ce fut à cause des persécutions que
la première suscita à son auteur. Les arguments à l'aide desquels La Péreyre cherche à établir sa doctrine sont exclusivement théologiques. Il s'appuie d'abord sur la différence
que présentent les deux récits de la création dans le premier
et le second chapitre de la Genèse. Mais c'est surtout l'histoire d'Adam et de sa famille qui lui fournit ses preuves les
plus précises. Ainsi, dit-il, lorsqu'à la mort d'Abel, Caïn,
chassé de Dieu et condamné à errer sur la terre, craint d'être
tué par quiconque le rencontrera, il fallait qu'il y eût d'autres
hommes sur la terre, car qui pouvait le rencontrer, puisque
Seth n'était pas encore venu au monde, et qu'Adam et Eve
n'avaient eu d'autre enfant que lui et son frère qui avait été
sa victime ? Plus tard, lorsque Caïn, en s'éloignant, emmène
sa femme, on se demande d'où il l'avait prise, si la famille
d'Adam était la seule qui existât alors sur la terre, et lorsque sitôt après la naissance de son fils il se met à bâtir une
ville, on se demande encore comment il fit pour la bâtir, et
surtout pour la peupler, si Adam seul et les siens composaient l'humanité tout entière.

A ces arguments, les modernes partisans de l'homme préadamique en ont ajouté d'autres (1). Ils admettent tous, hâtons-nous de le dire, l'autorité de la Bible, et c'est justement l'impossibilité, d'après eux, de mettre d'accord la chronologie biblique avec les récentes découvertes de l'histoire, de l'archéologie, de l'ethnographie et de la géologie qui les a conduits à imaginer une humanité antérieure à celle dont Adam a été le chef. Qu'importe alors qu'on nous démontre que l'homme remonte à une antiquité prodigieuse, la chronologie de la Bible reste intacte, puisqu'elle ne s'applique plus à l'homme en général, mais uniquement à Adam et à sa race.

L'hypothèse de l'homme préadamique est donc une opinion inventée pour les besoins de la cause. Elle ne repose sur rien. La création de l'homme, racontée dans le deuxième chapitre de la Genèse, est la même que celle racontée dans le premier, sommairement dans celui-ci, d'une manière plus circonstanciée dans celui-là. Si Dieu eût créé plusieurs espèces d'hommes, Moïse l'aurait dit, comme il le dit des plantes et des animaux. Cette hypothèse, d'ailleurs, est inconciliable avec le texte si formel de saint Paul : « Dieu a fait le genre humain d'un seul sang, » comme aussi avec le plan général du salut, résumé dans ce passage du même apôtre : « Comme tous meurent en Adam, de même tous revivront en Christ. » (1 Cor. XV.)

Ajoutons enfin que le seul argument qu'on invoque — argument négatif — ne porte pas. On rappelle la haute antiquité des nations égyptiennes, chaldéennes, chinoises, et l'on dit : Si l'humanité tout entière descend d'Adam par Noé, comment expliquer l'existence et la civilisation de ces puissants États à une époque contemporaine, antérieure même de plu-

(1) Voyez *Adam and the adamite*, par le Dr Dominick Mc Causland. Londres, 1868.

Voyez encore un article du *Scribner's Monthly*. New-York, octobre 1871. « Was Adam the first man ? »

sieurs centaines d'années à la date généralement assignée au
déluge? D'après la Bible, au temps du déluge, la famille de
Noé était peu nombreuse : huit personnes. Si c'est de là que
sont sortis tous les hommes, que de siècles n'a-t-il pas fallu
pour qu'ils aient pu former des races distinctes, et que ces
races aient pu former des empires? La chronologie biblique
est resserrée dans des limites trop étroites pour qu'il soit possible d'en rendre compte. Il faut donc, sous peine de frapper
de suspicion le récit sacré, admettre qu'avant Adam il y a
eu d'autres hommes auxquels doit être attribuée la fondation
de ces puissantes monarchies.

Ainsi parlent les défenseurs de l'homme préadamique.

Remarquons d'abord qu'au point où en est la science, rien
n'est moins certain que l'origine de ces différents peuples.

D'après Bérose, l'empire chaldéen a commencé l'an 2234
avant J.-C., comme on peut le déduire des observations
astronomiques recueillies par cet auteur. Or le déluge, dans
la chronologie hébraïque, aurait eu lieu l'an 2348; dans la
chronologie des Septante, l'an 3153, encore tout porte à
croire qu'il y a des lacunes dans le tableau des générations
humaines entre Adam et Noé. Il y aurait donc eu un intervalle de 114 ans, si nous suivons la chronologie hébraïque, de 697 ans, si nous suivons celle des Septante, entre le
déluge et la première monarchie des Chaldéens. N'est-ce pas
suffisant pour en expliquer la fondation, et qu'est-il besoin
dès lors de recourir à l'existence d'une population préadamique?

La même réponse s'applique à l'origine de l'empire égyptien.

En effet, d'après Bérose, nous l'avons vu, la fondation de
l'empire chaldéen remonte à 2234 ans avant J.-C. Cet empire, selon toute vraisemblance, fut précédé d'une monarchie
mède qui aurait compté huit rois. Ce ne fut qu'après ces huit
rois que la monarchie chaldéenne proprement dite commença,

et avec elle, l'idolâtrie. Les Mèdes n'étaient pas idolâtres : ils adoraient Dieu sous l'image du soleil et des astres; le culte des faux dieux leur était inconnu. Quand Abraham quitta la Chaldée, nous savons que l'idolâtrie régnait dans le pays. Ce ne put donc être qu'après le commencement de la deuxième monarchie, 54 ans après, suivant la chronologie hébraïque qui place l'arrivée du patriarche en Canaan vers l'an 1922 avant J.-C. On voit combien est frappante la concordance des dates entre ce que dit la Bible du départ du patriarche et ce que nous dit Bérose du commencement de la monarchie des Chaldéens.

Mais, ajoute-t-on, la monarchie égyptienne existait depuis 700 ans au moins, lorsque Abraham descendit en Égypte.

La « Vieille Chronique » qui nous a été transmise par George le Syncelle, historien grec du huitième siècle, place un intervalle de 660 ans entre Menès, le premier monarque égyptien d'après Manéthon, et l'avénement de la 16ᵉ dynastie qui occupait le trône au temps du patriarche. Ces 700 ans, ajoutés à 1922, si nous suivons le texte hébreu, ou 2078, si nous suivons celui des Septante, pour l'époque de l'arrivée d'Abraham en Canaan, nous portent soit à 2622, soit à 2700 et quelques avant J.-C., pour la fondation de l'empire égyptien. Or, d'après les Septante, le déluge aurait eu lieu l'an 3155 avant J.-C , c'est-à-dire près de cinq siècles avant les tout commencements de cet empire.

Que dire des Chinois? M. Rémusat prétend qu'ils remontent avec certitude à 2200 avant notre ère (1). Soit. Mais de 2200 à 3155, date du déluge, il y a 955 ans, près de dix siècles. N'est-ce pas assez pour qu'un peuple se constitue?

Laissons donc là l'homme préadamique, et sans plus nous préoccuper de cette question, renfermons-nous dans le champ

____

(1) *Mélanges historiques*, t. I, p. 66.

de la géologie, et demandons-nous quels sont les faits sur lesquels on essaye de faire reposer la haute antiquité que certains géologues de nos jours attribuent à l'espèce humaine.

Un savant illustre de l'Angleterre, Lyell, après avoir longtemps soutenu l'opinion contraire, s'est fait l'avocat de cette thèse, dans un ouvrage considérable qui a été traduit dans notre langue (1).

Nous ne pouvons mieux faire que de le suivre pas à pas. Tout ce qui se peut dire de plus fort en faveur de la doctrine qu'il soutient, il l'a dit, et si, après les avoir pesées, ses preuves nous paraissent légères, nous pourrons conclure hardiment qu'il n'y en a pas de meilleures, et que les cent mille ans assignés par quelques-uns à l'origine de notre espèce, doivent être mis au rang de ces affirmations hâtives qu'explique et que favorise le vent du jour, mais que n'ont pas confirmées les arrêts définitifs de la science.

I.

Du temps qui a dû s'écouler pour que l'homme ait pu passer de l'état
sauvage à l'état civilisé.

On s'est appuyé d'abord pour établir la haute antiquité de l'espèce humaine, sur le temps considérable qui a dû s'écouler pour que l'homme ait pu passer de l'état sauvage à l'état de civilisation où nous le voyons aujourd'hui.

Que l'homme soit né dans un état de barbarie, c'est là une opinion de laquelle les anthropologistes modernes partent comme d'un axiome; ce n'est pourtant qu'une hypothèse qui est non-seulement contraire à la tradition de tous les peuples, qui a de plus contre elle le témoignage des faits.

(1) *Antiquity of man.*

A propos de cette question : « L'état sauvage a-t-il été l'état primitif de notre espèce ? » voici le témoignage d'un homme qui vaut la peine d'être entendu :

« Les philosophes du dix-huitième siècle, dit Benjamin Constant, se sont décidés pour l'affirmative avec une grande légèreté.

« Tous leurs systèmes religieux et politiques partent de l'hypothèse d'une race réduite primitivement à la condition des brutes, errant dans les forêts, et s'y disputant le fruit des chênes et la chair des animaux ; mais si tel était l'état naturel de l'homme, par quels moyens l'homme en serait-il sorti ?

« Les raisonnements qu'on lui prête pour lui faire adopter l'état social ne contiennent-ils pas une manifeste pétition de principe ? Ne s'agitent-ils pas dans un cercle vicieux ? Ces raisonnements supposent l'état social déjà existant. On ne peut connaître ses bienfaits qu'après en avoir joui. La société, dans ce système, serait le résultat du développement de l'intelligence, tandis que le développement de l'intelligence n'est lui-même que le résultat de la société.

« Invoquer le hasard, c'est prendre pour une cause un mot vide de sens. Le hasard ne triomphe point de la nature. Le hasard n'a point civilisé des espèces inférieures qui, dans l'hypothèse de nos philosophes, auraient dû rencontrer des chances heureuses.

« La civilisation par les étrangers laisse subsister le problème intact. Vous me montrez des maîtres instruisant des élèves, mais vous ne me dites pas qui a instruit les maîtres ; c'est une chaîne suspendue en l'air. Il y a plus, les sauvages repoussent la civilisation quand on la leur présente.

« Plus l'homme est voisin de l'état sauvage, plus il est stationnaire. Les hordes errantes que nous avons découvertes, clair-semées aux extrémités du monde connu, n'ont pas fait un seul pas vers la civilisation. Les habitants des côtes que

Néarque a visitées, sont encore aujourd'hui ce qu'ils étaient
il y a deux mille ans. A présent comme alors ces hordes
arrachent à la mer une subsistance incertaine. A présent
comme alors leurs richesses se composent d'ossements aquatiques, jetés par les flots sur le rivage. Le besoin ne les a
pas instruites ; la misère ne les a pas éclairées, et les voyageurs modernes les ont retrouvées telles que les observait, il
y a vingt siècles, l'amiral d'Alexandre.

« Il en est de même des sauvages décrits dans l'antiquité
par Agatharchide, et, de nos jours, par le chevalier Bruce.
Entourées de nations civilisées, voisines de ce royaume de
Méroé si connu par son sacerdoce, égal en pouvoir comme
en science au sacerdoce égyptien, ces hordes sont restées dans
leur abrutissement : les unes se logent sous les arbres, en se
contentant de plier leurs rameaux et de les fixer en terre ; les
autres tendent des embûches aux rhinocéros et aux éléphants,
dont elles font sécher la chair au soleil ; d'autres poursuivent
le vol pesant des autruches ; d'autres enfin recueillent des
essaims de sauterelles poussées par les vents dans leurs déserts, ou les restes des crocodiles et des chevaux marins que
la mort leur livre ; et les maladies que Diodore décrit comme
produites par ces aliments impurs, accablent encore aujour-
d'hui les descendants de ces races malheureuses, sur la tête
desquelles les siècles ont passé, sans amener pour elles ni
amélioration, ni progrès, ni découvertes (1). »

Vainement on allègue que si l'humanité avait été douée
dès l'origine de facultés intellectuelles et de talents égaux
aux nôtres, elle aurait atteint un degré de civilisation et de
culture bien supérieur à celui où elle est arrivée ; l'histoire ne donne point raison à la théorie. Outre les faits
ci-dessus rappelés, nous n'avons qu'à regarder la Chine et

(1) Benjamin Constant. *De la Religion*, liv. I, chap. viii.

l'Inde d'une part pour voir combien la civilisation peut demeurer longtemps stationnaire, et de l'autre l'Assyrie, Babylone et l'Asie Mineure pour voir combien elle est susceptible de reculer. Vainement encore on invoque la nuit qui recouvre l'enfance de tous les peuples ; vainement on prétend que la plus ancienne date certaine ne remonte pas au delà de la première olympiade (772 ans avant J.-C.). Nous répondons que l'origine des nations qui composent l'Europe moderne n'est pas tellement perdue dans la brume des âges que nous ne sachions sûrement qu'elles tirent leur civilisation de la Grèce et de Rome qui, à leur tour, tirèrent la leur de la Syrie et de l'Egypte. Nous savons aussi très-positivement par l'histoire que plusieurs tribus sauvages en sont venues à pratiquer les arts des peuples policés, parce que ceux-ci les leur avaient appris. Mais l'histoire ne fait mention d'aucune tribu qui se soit élevée d'elle-même de la barbarie à la civilisation, tandis qu'elle nous offre plusieurs exemples de dégradation nationale.

Dans un travail sérieux sur les *Origines de la civilisation* (1), M. Ch. Ploix a démontré que chez aucune des nations de l'Europe la civilisation ne s'est développée spontanément, par les seuls efforts des peuplades indigènes. La Grèce et Rome elles-mêmes ont emprunté au dehors tous les éléments de leurs progrès. C'est en Egypte et en Chaldée qu'il faut chercher les origines de la civilisation occidentale. Partout ailleurs et tant qu'une impulsion étrangère n'est pas venue sortir les peuples de l'état sauvage, ils se sont montrés incapables de franchir par eux-mêmes la distance qui sépare la civilisation de la barbarie.

Reste à expliquer pourquoi la civilisation est née en Egypte et en Chaldée et pas ailleurs. La raison de ce fait,

___

(1) *Bulletin de la Société d'anthropologie de Paris*. Juillet et août 1871.

dit M. Ploin, ne peut être cherchée que dans des considérations ethnologiques ou climatériques. Les considérations
ethnologiques doivent être écartées, parce que d'abord rien
n'indique qu'il y ait eu en Egypte et en Chaldée une race
particulière, douée d'aptitudes spéciales ; parce qu'ensuite il
faudrait démontrer que les populations égyptiennes et chaldéennes qui se sont les premières civilisées appartiennent à la
même race, et puis que cette race n'avait pas de représentants
dans les pays voisins. Il faudrait démontrer que la race
aryane, qui n'arriva qu'après sur le théâtre de la civilisation,
leur était inférieure, elle qui les a si fort dépassées depuis.
Seules les conditions climatériques paraissent à M. Ploin
fournir l'explication que nous cherchons. Il voit dans le
caractère particulier des lieux où vivaient les Chaldéens et
les Egyptiens la vraie cause pour laquelle ils ont été les premiers civilisés, et voici comment il essaye d'en rendre
compte :

Partout ailleurs que dans ces deux pays il fallait, pour
passer de la vie nomade à la vie sédentaire et agricole, première étape dans la voie du progrès social, un effort éner-
gique et persévérant. L'homme, dans son état de nature,
répugne à tout effort de ce genre, et si ce n'est qu'à ce prix
que la terre peut le nourrir, il aime mieux demander à la
chasse, à la pêche, à la vie pastorale de quoi soutenir son
existence. Tel n'était pas le sol de l'Egypte et de la Chaldée.
L'Egypte, fécondée périodiquement par les atterrissements
du Nil, la Chaldée par ceux du Tigre et de l'Euphrate,
fournissaient en abondance à leurs habitants de quoi suffire
à leurs besoins, sans qu'ils fussent obligés de défricher le sol
et de le cultiver péniblement. Il ne faut pas s'étonner que,
dans des conditions si exceptionnellement favorables, l'homme
se soit attaché naturellement à la terre. Or, la vie agricole,
nous l'avons dit, est le premier pas dans la voie de la civili-

sation; celui-là franchi, tous les autres viennent après et se suivent logiquement.

Cette même explication, M. Ploin l'applique aux origines de la civilisation des deux grands peuples de l'extrême Orient, l'Inde et la Chine. La Chine, dit-il, jouit d'une Mésopotamie égale à celle que forment le Tigre et l'Euphrate : c'est le pays plat entre les deux grands fleuves chinois, le Kiang et le Hoang-Ho. Là fut le centre du premier empire. De même pour l'Inde. Où s'élevèrent les monarchies puissantes, les cités populeuses? où les races aryanes, débouchant pour la première fois dans le pays, trouvèrent-elles florissants le commerce, l'industrie, l'agriculture? Dans la région fertile des cinq rivières, aujourd'hui le Pendja.

Nous ne contestons pas ce qu'a d'ingénieux cette explication. Mais son insuffisance nous frappe à première vue. Si les conditions climatériques sont la vraie cause pour laquelle la civilisation a pris naissance dans les pays qui en ont été les premiers foyers, pourquoi ces pays sont-ils tombés dans la barbarie ou sont-ils restés dans un état stationnaire, tandis que les pays où ces conditions manquent le plus sont précisément ceux qui sont à la tête des peuples civilisés. Ce fait patent comme la lumière du soleil suffit à lui seul pour renverser la théorie de M. Ploin.

Pour nous, la civilisation est tout à fait inexplicable en dehors d'une intervention divine, et si les Egyptiens et les Chaldéens dont les origines se perdent dans la nuit des temps ont été les premières nations civilisées, ils l'ont dû tout simplement à leur voisinage du berceau du genre humain, et à ce que les connaissances communiquées de Dieu à l'homme dès les jours de la création, mais dont la tradition s'était perdue chez les autres peuples, se sont conservées chez eux.

Est-ce à dire que nous révoquions en doute la marche

progressive de l'humanité s'élevant successivement de l'âge
de la pierre à celui du bronze, et de celui du bronze à celui
du fer? Pas le moins du monde. Ce progrès est manifeste.
Sans revenir en détail sur ce que nous avons dit plus haut,
on peut induire des faits révélés par la paléontologie que les
premiers habitants de l'Europe étaient chasseurs, qu'ils se
servaient d'armes en silex pour frapper leur proie, et qu'ils
vivaient, en grande partie du moins, de la chair d'animaux
aujourd'hui éteints ou émigrés. Après eux vinrent les peuplades lacustres de la Suisse, armées d'abord comme les
précédents, d'instruments en silex et se nourrissant d'une
manière à peu près exclusive d'animaux tués à la chasse.
Plus tard leurs successeurs employèrent le bronze, domesti-
quèrent les animaux et en firent leur nourriture. Plus tard
enfin, ils apprirent à ensemencer la terre, et échangèrent la
vie nomade des peuples barbares contre la vie sédentaire
des peuples civilisés.

Il n'est donc pas douteux que l'usage du bronze au lieu
de la pierre, celui du fer au lieu du bronze, constituent un
progrès réel. L'introduction des animaux domestiques et la
pratique de l'agriculture marquent aussi incontestablement un
état social plus avancé. Mais nous avons beau chercher,
nous ne voyons pas quelle base solide ces faits peuvent
fournir à l'assertion tant de fois répétée que l'homme remonte à une antiquité plus haute que celle qui lui est assignée par nos livres saints.

Rappelons d'abord ce que nous avons déjà dit : Il n'est
pas un seul exemple bien constaté de tribus qui d'elles-
mêmes soient passées de l'état sauvage à l'état civilisé. Nous
les voyons se dégrader au contraire de plus en plus, et peu à
peu finir par s'éteindre. L'hypothèse d'après laquelle l'homme
aurait commencé par l'animalité, et serait arrivé spontanément et par degrés successifs au point où nous le voyons

aujourd'hui, chez les peuples occidentaux, est un pur roman contre lequel l'histoire et les traditions primitives protestent. En nous disant que Dieu créa l'homme adulte et dans un état de civilisation relative (1), la Bible nous donne un enseignement que confirme tous les jours, bien loin de l'ébranler, le témoignage des faits.

Mais comment après être tombé si bas, l'homme a-t-il pu s'élever si haut, et de sauvage devenir civilisé?

Interrogeons le présent; c'est pour nous le seul moyen de comprendre le passé. Comment donc s'opère aujourd'hui le progrès social?

De deux manières : par voie d'importation ou par voie de conquête.

Les habitants des îles de la mer du Sud, qui de tout temps avaient été accoutumés à se servir d'armes ou d'instruments en pierre et en os, les ont quittés aussitôt que les Européens leur en ont apporté d'autres en métal. Instruits par les missionnaires, stimulés par l'exemple des colons établis à leurs côtés, ils se sont mis à élever des troupeaux et à cultiver les champs. Pourquoi les premiers habitants de l'Europe n'auraient-ils pas été civilisés de la même manière? Pourquoi ne pas admettre qu'ils ont abandonné leurs armes et leurs ustensiles de pierre, lorsque des trafiquants venus du Sud leur en ont vendu de bronze ou leur ont fourni le métal pour en fabriquer? Pourquoi ne pas admettre qu'ils ont adopté les arts et les coutumes des colons grecs et carthaginois, qui, nous le savons, se répandirent de bonne heure en tous lieux? Ce sont là des suppositions sans doute, mais suppositions pour suppositions, nous préférons celles

---

(1) D'après la Genèse, Caïn, le fils aîné d'Adam, était laboureur; Abel était berger, deux occupations également incompatibles avec l'état de barbarie. Quelques pages après, au chap. IV, 20-22 du même livre, il est question du travail des métaux et même des arts d'agrément.

qui ont pour elles l'analogie de l'histoire à celles qui n'ont absolument aucun appui.

Il arrive souvent que des tribus sauvages ou dans un état de civilisation rudimentaire sont envahies par un peuple plus avancé. Les premières ne tardent pas à succomber dans une lutte inégale où la supériorité des armes et de la discipline assure au second une victoire rapide. Dans ce cas, les vaincus abandonnent leurs propres coutumes pour adopter celles du vainqueur. C'est ainsi que chez les tribus indiennes de l'Amérique ou les peuples aborigènes de l'Australie, les armes à feu ont remplacé les armes grossières dont ils se servaient autrefois. Or, supposez que les géologues futurs, en fouillant les lacs et les rivières de l'Amérique et de l'Australie, trouvent les armes des indigènes mêlées aux armes et aux fragments de l'industrie humaine d'une civilisation plus avancée, seraient-ils fondés à conclure qu'il a dû s'écouler un nombre incalculable de siècles entre les deux époques représentées par ces débris? Ils le seraient tout autant que les géologues contemporains qui, pour avoir trouvé étagés les uns au-dessus des autres les produits de civilisations différentes, en concluent que des siècles sans nombre les séparent, que l'homme n'a pu s'élever de l'une à l'autre que par degrés successifs, ce qui nous oblige à faire remonter son origine aux âges les plus reculés.

II.

De la disparition de la faune quaternaire, contemporaine de l'homme.

Un second argument en faveur de la même thèse se tire de la disparition de la plus grande partie de la faune quaternaire avec laquelle on sait, de science certaine, que

l'homme a coexisté. Et comme on suppose que cette disparition s'est opérée d'une manière lente et graduelle sous l'influence de causes modificatrices qui ont profondément altéré
la constitution géologique et climatérique de notre globe, on
se croit par là autorisé à conclure que de longs siècles ont dû
s'écouler pour que de tels changements se soient accomplis.

Il n'est pas douteux que la faune quaternaire a occupé la
terre pendant un laps de temps considérable. L'abondance
des restes qu'elle a laissés en est une preuve suffisante. Mais
l'homme n'est apparu que vers la fin de cette période dite
post-pliocène. Il n'est donc pas juste de lui en attribuer la
durée entière, puisqu'il n'en a occupé qu'une partie. Dira-
t-on par exemple que l'ours des cavernes et lui ont vécu
ensemble, et que l'ours des cavernes existait déjà vers la fin
de l'époque tertiaire? — Oui, sans doute, mais cela ne prouve
pas que l'homme existât aussi. Il pouvait exister à la fin,
sans exister au commencement de l'âge de l'ours des cavernes, et c'est là ce qui a eu lieu. L'ancienneté de l'un
n'emporte donc pas celle de l'autre. Il faudrait pour cela que
leur durée eût été égale. Or je ne sache pas qu'il y ait rien
qui nous autorise à le penser.

Quant aux changements physiques et climatériques à l'aide
desquels on a essayé d'expliquer l'extinction des espèces animales, autrefois contemporaines de l'homme, nous en avons
déjà parlé. Rappelons-les succinctement.

A la fin de l'ère tertiaire et par suite d'un affaissement de
un à deux mille pieds (anglais), survenu dans la partie occidentale de l'Europe, des îles furent formées par le sommet
des montagnes, au milieu de la mer. Un froid intense étant
survenu, ces îles subirent non-seulement l'influence de bancs
de glace flottants qui passaient près d'elles, mais devinrent
elles-mêmes de véritables glaciers beaucoup plus considérables que ceux qui le sont le plus aujourd'hui en Europe.

Quand cette période glaciaire eut pris fin, l'Europe semble s'être élevée à une hauteur d'environ cinquante à cent pieds au-dessus de son niveau actuel. La flore et la faune d'alors étaient à peu près les mêmes que celles d'aujourd'hui. Cependant plusieurs animaux de cette période sont éteints, ou tout au moins n'existent plus dans les lieux qu'ils habitaient autrefois. Ainsi l'éléphant, le rhinocéros, le lion, l'ours, le renne, l'élan. Ils abondaient surtout dans la première partie de cette période que Lyell a nommée post-pliocène. Et comme le renne et l'éléphant fossiles paraissent avoir été formés pour vivre dans des régions arctiques, on a supposé que le climat du centre et peut-être du sud de l'Europe, durant cette période, ressemblait à celui qui règne aujourd'hui dans le nord de la Suède et de la Russie. C'est à la fin du post-pliocène que l'homme aurait fait son apparition en Europe, comme l'attestent les débris de squelettes humains et les instruments en silex trouvés soit dans les cavernes, soit dans les graviers, confondus avec les restes d'animaux éteints. Après cela, le sol paraît avoir été soulevé à son niveau actuel. Le climat devient plus doux et les mammifères gigantesques disparaissent. Nous entrons ainsi dans la période récente.

Ces faits rappelés, hâtons-nous d'ajouter qu'on n'en peut rien conclure pour l'antiquité probable de l'homme. La raison en est que nous ne connaissons pas la cause de ces changements, et que tant que cette cause nous est inconnue, il nous est impossible d'apprécier le temps qu'il a fallu pour les produire. La grandeur et l'importance des effets ne sauraient préjuger la question. Tout dépend, en définitive, de la force et du mode d'opération des agents modificateurs. On dit qu'ils ont agi doucement, insensiblement, par degrés lents et successifs. On le dit, mais on ne le prouve pas. Or, tout est là. Nous avons donc ici une affirmation sans preuve, une hypothèse et rien de plus.

Remarquons, en outre, que le temps ne fait rien à la chose. Le temps tue les individus, mais les espèces subsistent et se perpétuent en dépit du temps. Si des circonstances nouvelles n'étaient venues modifier leurs conditions d'existence, elles seraient aujourd'hui ce qu'elles ont toujours été. Il faut donc d'autres causes pour en expliquer la destruction, telles que le changement de climat, l'exhaussement ou l'affaissement du sol, l'apparition d'une épidémie destructive ou bien encore l'arrivée sur la scène de la vie d'un nouvel et redoutable assaillant, l'homme, « dont la main destructive, » dit Joseph de Maistre, « n'épargne rien de ce qui vit. Il tue pour se nourrir, il tue pour se vêtir, il tue pour se parer, il tue pour attaquer, il tue pour se défendre, il tue pour s'instruire, il tue pour s'amuser, il tue pour tuer. Roi superbe et terrible, il a besoin de tout, et rien ne lui résiste. »

Comme nous sommes ici dans le champ des hypothèses, en voici une qui, si elle était admise, suffirait à expliquer tout ensemble, le changement de climat, les altérations physiques du globe et par suite l'anéantissement d'une faune aujourd'hui disparue :

« L'Europe occidentale, et spécialement les Iles-Britanniques, » dit un auteur qui nous a beaucoup servi dans ce travail, « jouissent d'une température moyenne plus élevée que celle qui règne dans d'autres pays, situés sur la même latitude. On attribue cette particularité aux effets de ce qu'on appelle le *Gulf-stream*. Les eaux de l'Atlantique, après avoir été chauffées dans le golfe du Mexique et d'autres parties intertropicales de l'Océan, coulent vers le Nord, le long des côtes de l'Amérique, et forment un courant sous-marin très-connu et très-remarquable (1). Ce courant vient frapper Terre-Neuve et le grand banc du même nom, pour se jeter ensuite dans

(1) « Il est un fleuve au sein de l'Océan, » dit le lieutenant Maury. « Dans les plus grandes sécheresses, jamais il ne tarit ; dans les plus grandes crues, ja-

la direction de l'est vers nos rivages, et nous communiquer une chaleur que, sans lui, nous ne connaîtrions pas. Si cette île et son banc s'affaissaient à une profondeur de cent brasses au-dessous du niveau actuel, le *Gulf-stream* passerait par-dessus, se jetterait dans la mer polaire, à travers le détroit de Davis, et ferait sentir son influence sur l'archipel septentrional. Mais, en même temps, le courant d'eau froide, qui vient du pôle et qui maintenant descend à travers le détroit, glisserait le long des côtes de l'Europe, entraînant avec lui des îles de glace flottantes, et ramènerait la température de notre climat autant au-dessous de la chaleur moyenne des latitudes correspondantes qu'il est maintenant au-dessus.

« Telle est, semble-t-il, la cause du froid qui prévalut en Europe durant l'époque glaciaire. Dans ce temps-là l'Ecosse fut submergée deux mille pieds au-dessous de la mer; d'autres parties de l'Europe subirent un affaissement pareil. Nous n'avons qu'à supposer un changement correspondant sur les côtes nord-est de l'Amérique, pour trouver la cause qui explique les phénomènes de cette époque remarquable.

« Lorsque le soulèvement du sol qui marqua le commencement du post-pliocène ou âge du mammouth eut lieu, nous pouvons supposer qu'un soulèvement analogue se produisit en Amérique. Dans ce cas, le *Gulf-stream* se partagea ; une partie de son influence se fit sentir en Amérique, l'autre en Europe, et le climat de l'Europe occidentale dut être, comme il le fut en effet, un milieu entre la température de la période glaciaire et celle de l'ère actuelle.

« L'exhaussement ultérieur des côtes de l'Amérique, sem-

mais il ne déborde. Ses rives et son lit sont des couches d'eaux froides entre lesquelles coulent à flots pressés des eaux tièdes et bleues. C'est le *Gulf-stream*. Nulle part dans le monde il n'existe un courant aussi majestueux. Il est plus rapide que l'Amazone, plus impétueux que le Mississipi, et la masse de ces deux fleuves ne représente pas la millième partie du volume d'eau qu'il déplace. »

blable à celui qu'on croit généralement avoir eu lieu sur nos rivages, expliquerait l'accroissement de chaleur de la période récente.

« Cette conjecture étant admise — et elle n'a rien d'improbable en elle-même, — nous pouvons donner une raison suffisante et parfaitement intelligible de la destruction de plusieurs espèces d'animaux carnivores et herbivores qui florissaient dans la période des cavernes. Ces animaux en effet semblent avoir été disposés pour vivre dans un climat arctique. Si les conditions physiques du pays fussent restées les mêmes, leur nombre n'eût point diminué, quelle que fût la succession des siècles. Mais l'introduction d'un climat énervant qui pouvait engendrer des maladies ou les rendre faibles et paresseux, combinée avec l'action des armes destructives d'un adversaire hardi et intelligent, dut promptement les faire disparaître.

« Le changement dont nous parlons peut avoir eu lieu dans une seule saison, et il n'y a peut-être pas plus de trois mille ans que les aborigènes de la Bretagne chassaient le mammouth et le rhinocéros, et que, les trouvant affaiblis par la chaleur inusitée de l'atmosphère, ils en faisaient une proie facile.

« Ainsi, quoique l'homme ait été le contemporain d'animaux aujourd'hui éteints, et quoique des changements dans le climat aussi bien que dans la géographie physique de l'Europe aient pu avoir lieu, depuis que, pour la première fois il visita nos rivages, tout cela ne prouve pas qu'il ait habité la terre il y a des centaines de milliers d'années (1). »

Au reste, et ce qui achève d'établir que l'extinction des espèces ne dit absolument rien quant à leur âge, c'est qu'il y a au moins quarante espèces d'oiseaux et de mammifères

(1) J. Brodie, *Remarks on the antiquity and nature of man.* 1864, p. 21 et sq.

qui se sont éteintes depuis les temps historiques, et quelques-unes dans les trente dernières années. Le *Dinornis* et l'*Œpiornis*, oiseaux gigantesques qui vivaient naguère à la Nouvelle-Zélande et à Madagascar, sont aujourd'hui éteints. On peut en dire autant de l'Urus (*Bos primigenius*) si exactement décrit par César, et du cerf à bois gigantesque (*Megaceros*), que les nobles romains faisaient venir d'Angleterre, à cause de la bonté de sa chair, et qui est représenté sur certains monuments de l'antiquité. Ce travail de disparition et d'extinction se poursuit même de nos jours, et pour ainsi dire sous nos yeux. En voici un exemple entre plusieurs autres. Il y a deux siècles à peine, le sanglier, le cerf, le chevreuil et l'ours existaient dans les Cévennes. Cela résulte d'un acte public, par lequel, le 10 mars 1654, les habitants d'Aulas firent ratifier par Cristolfe de Montfaucon, baron d'Hierles, leur seigneur, les libertés et priviléges dont ils jouissaient depuis un temps immémorial, parmi lesquels ils énuméraient « la liberté de chasser aux lièvres, lapins, perdrix et autres volatiles non domestiques, comme aussi au cerf, sanglier, chevreuil, ours, loup et autres bêtes sauvages, dans toute la dite terre et baronnie d'Hierle. » Or, aujourd'hui, ni le cerf, ni le sanglier, ni le chevreuil, ni l'ours n'existent dans les Cévennes, et le loup lui-même n'y existera bientôt plus. Encore quelques années, et, pour cette région de la France du moins, ces espèces qui ont si longtemps coexisté avec l'homme seront éteintes, et auront complétement disparu. Il en est de même de l'ours, pour la région des Alpes et des Pyrénées.

Les causes du phénomène peuvent être très-diverses ; mais ce qui est hors de doute, c'est qu'il n'implique en aucune façon une haute antiquité. Si donc, en dehors du fait lui-même, on ne peut produire aucune preuve qui établisse la date certaine de la faune quaternaire, nous sommes fondés à dire qu'on ne peut rien conclure à cet égard de cette circonstance que plusieurs des espèces herbivores et carnivores qui la constituaient autrefois, n'existent plus aujourd'hui.

On s'explique d'ailleurs pourquoi, parmi les espèces fossiles, les grandes ont disparu les premières. D'abord, elles supportent moins bien le changement de milieu : elles souffrent davantage de la sécheresse ou de la diminution des aliments. Ensuite, en raison même de leur grosseur, elles sont plus pesantes et échappent moins facilement à leurs ennemis. Enfin, il paraît qu'en général elles sont moins prolifiques.

Il est donc impossible de déterminer l'antiquité de l'homme, en invoquant soit les progrès de la civilisation et de l'industrie humaines, soit l'extinction des espèces animales avec lesquelles il a vécu. Aussi a-t-on recours à d'autres calculs, suppléant ainsi par le nombre des arguments à ce qui peut manquer à la valeur de chacun d'eux. Mais dix arguments mauvais n'en valent pas un bon. Ce qui importe en pareil cas, ce n'est pas la quantité, c'est la qualité. Or, nous allons voir que les considérations nouvelles qu'on fait valoir à l'appui de la haute antiquité de l'espèce humaine, n'ont pas plus de force que celles qui viennent de nous occuper.

III

Du temps qu'il a fallu pour le soulèvement des côtes et l'accumulation des graviers. — Creusement de la vallée de la Somme.

On sait que des restes de l'industrie humaine ont été trouvés mêlés avec des coquilles et autres débris marins, dans les dépôts soulevés des anciens rivages. Partant de là, on a dit : « Que de siècles n'a-t-il pas fallu pour de tels soulèvements, et quelle ne doit pas être dès lors la haute antiquité de l'homme ! »

Laissons parler Lyell :

« C'est un fait familier depuis longtemps aux géologues que, sur les côtes orientale et occidentale du centre de l'E-cosse, il y a des lignes de rivages soulevés contenant des coquilles marines de la même espèce que celles qui habitent aujourd'hui les mers voisines. Les deux plus marqués de ces dépôts se trouvent à 40 et 25 pieds au-dessus du niveau des hautes eaux. C'est dans un de ces derniers dépôts, sur les bords de la Clyde, à Glasgow, qu'on exhuma dix-sept canots, avant l'année 1858. Presque tous ces anciens bateaux, formés d'un seul tronc de chêne, étaient creusés avec des instruments émoussés, probablement des haches en silex, aidés par l'action du feu. Quelques-uns seulement, d'une coupe plus belle et plus nette, paraissaient avoir été taillés avec des instruments en métal. A Bankton, on en recueillit un de 18 pieds de longueur et d'une construction très-soignée. Il n'est pas douteux que parmi ces bateaux en-fouis, les uns étaient plus anciens que les autres. Celui de Bankton était vraisemblablement de l'âge du fer. »

Lyell cite encore d'autres exemples de soulèvement :

« De récentes explorations faites par M. Geckei et le Dr Young sur l'emplacement des anciens ports romains le long des côtes méridionales du Frith de Forth, conduisent aux mêmes inductions. Inswerk est l'emplacement d'un ancien port romain. En supposant que la mer ait baigné le pied des hauteurs sur lesquelles la ville est assise, la marée aurait remonté au loin dans la vallée de l'Esk, et aurait fait de l'embouchure de cette rivière un port sûr et commode; tandis que si elle eût été un estuaire vaseux comme aujourd'hui, il est difficile de comprendre que les Romains l'eussent choisie pour y établir un port.

« A Cramond était situé Alaterva, le principal port romain, au sud-ouest du Forth. On y a trouvé grand nombre de coins, urnes, pierres sculptées et les restes d'un port. Les anciens quais romains, bâtis le long de ce qui a dû être le bord de la mer, sont aujourd'hui sur la terre ferme; au devant s'étend un sol vaseux à près de deux milles de distance. Supposez que ces bas-fonds eussent existé, il y dix-huit cents ans, les Romains n'y auraient certainement pas construit un port; tandis que, si le pays venait à s'affaisser d'une vingtaine de pieds, Cramond serait incontestablement le meilleur port naturel sur toute la côte méridionale du Forth.

« Il y a, ajoute Lyell, de fortes présomptions que la date de l'exhaussement de cette côte est postérieure à l'occupation romaine. »

Depuis l'époque de l'occupation romaine, le sol se serait donc élevé de 25 pieds. Mais on a trouvé des coquilles marines récentes à 40 pieds et plus au-dessus du niveau de la mer, dans l'Argyleshire. On y a même recueilli, sous un gravier contenant des coquilles marines, un ornement grossier en charbon de terre, à 50 pieds au-dessus de ce niveau. « En admettant que le mouvement d'élévation ait été uniforme dans le centre de l'Ecosse, avant et après l'ère romaine, comme 25 pieds marquent 17 siècles (1), 50 pieds impliquent un nombre de siècles double de celui-là, ou 3,400 ans. En sorte qu'il faudrait rapporter la date de l'ornement en question à 15 siècles avant notre ère, ou à l'époque qui est généralement assignée à la sortie des Israélites d'Egypte (2). »

L'argument de Lyell repose sur la supposition que l'exhaus-

---

(1) Ce n'est pas dix-sept siècles qu'il faudrait dire. Les Romains commencèrent à envahir l'Ecosse, l'an 80 après J.-C. Ils atteignirent l'apogée de leur puissance vers l'an 209, et c'est en l'an 420 qu'ils quittèrent le pays. Si le soulèvement eut lieu après la domination romaine, sa date remonterait donc peu au de là dequinze siècles.

(2) *Antiquity of man*, p. 47, 48.

sement des rivages s'est fait d'une manière lente et continue Mais ce n'est là qu'une supposition et qui, de plus, n'est point d'accord avec les faits. Il n'y a, pour s'en convaincre, qu'à considérer la nature de ces dépôts. Si les choses se fussent passées comme il le suppose, c'est-à-dire si les dépôts dont il s'agit eussent été soumis à l'action des vagues pendant l'élévation lente et graduelle des côtes, on peut affirmer qu'il n'en serait rien resté. Les matériaux qui les composent sont tellement incohérents qu'ils eussent été incapables de résister à l'action corrosive de la mer, dans laquelle ils eussent bientôt disparu. Il n'y a qu'un brusque soulèvement qui puisse rendre compte de leur conservation et de la forme horizontale qu'ils présentent encore aujourd'hui.

Les calculs de Lyell sont encore frappés de nullité par le fait aujourd'hui reconnu que le mouvement d'élévation sur les falaises de l'Écosse est loin d'être uniforme. Il était de cinq millimètres par an ; il est maintenant de quatorze millimètres (1).

Une réponse du même genre doit être faite à l'argument tiré du soulèvement des rives scandinaves rapproché de l'élévation des côtes de Sardaigne, à Cagliari.

« Le mouvement d'élévation qui se produit de nos jours, sur les côtes de Norwége et de Suède, dit Lyell, s'étend sur un espace d'un millier de milles du nord au sud, et d'une distance inconnue de l'est à l'ouest, le taux de l'élévation croissant toujours à mesure qu'on s'avance vers le cap Nord où il est, dit-on, de 5 pieds par siècle. En supposant que l'élévation moyenne ait été de 2 pieds 1/2 par siècle pendant les 50 derniers siècles, nous aurions une élévation de 125 pieds pour cette période (2). »

Ce principe posé, voici l'application qu'on en fait :

(1) Sarru, *Geological Magazine*, sept. 1866.
(2) *Antiquity of man*, p. 58.

« Le comte Albert de la Marmora, dans sa description de
la géologie de la Sardaigne, a montré que sur les côtes sud
de cette île, à Cagliari et dans le voisinage, un ancien dépôt
formé par la mer, contenant des coquilles marines d'espèces
vivantes et de nombreux fragments de poterie antique, s'est
élevé de 70 à 98 mètres au-dessus du présent niveau de la
Méditerranée. Des huîtres et d'autres coquilles, dont plusieurs
ont leurs valves réunies, se rencontrent empâtées dans une
brèche où les fragments de calcaire abondent. On a trouvé
en outre, au milieu des coquilles marines, des pièces de poterie grossière, une boule aplatie de terre cuite, avec un trou
dans son anse. On suppose qu'elle servait à lester un filet de
pêche. En comptant que l'élévation moyenne était, comme il
a été dit plus haut, de 2 pieds 1/2 par siècle, 300 pieds don-
neraient une antiquité de 12,000 ans pour la poterie de Cagliari, même en ne calculant que l'élévation à partir du niveau de la mer, et sans tenir compte de la profondeur de
l'eau dans laquelle les coquilles vivaient (1). »

Lyell suppose, on le voit, que l'exhaussement du sol en
Suède doit nous servir de norme pour mesurer l'action
des agents qui produisent le même phénomène ailleurs. On
concevrait cette façon de raisonner si, partout et toujours,
ces mouvements d'élévation se faisaient de la même manière. Il n'en est rien. Tantôt, en effet, ces changements de
niveau s'opèrent brusquement, tantôt par degrés insensibles
et continus (2). Rien donc ne nous autorise à soutenir que les
choses se soient passées en Sicile, comme elles se passent en
Suède ou en Norwége, et que le mouvement d'élévation

(1) *Antiquity of man*, p. 178.

(2) Comme exemple de ces ondulations locales, qui sont de simples accidents dans l'histoire de la planète, on peut citer celle que le tremblement de la
Concepcion fit éprouver temporairement, en février 1855, à l'île Santa-Maria
et aux côtes voisines du continent chilien. Une énorme masse de terre, dont
le poids est évalué par Lyell à celui de 360 millions de pyramides comme

continu qui se produit dans un endroit ait dû se produire dans l'autre. On le peut d'autant moins que sur la côte scandinave elle-même l'élévation ne se produit pas d'une manière parfaitement uniforme. Le mouvement s'est tantôt accéléré, tantôt ralenti, comme le prouve l'inégalité des banquettes ou terrasses que les vagues ont creusées dans le roc du littoral norwégien (1). Et enfin, en fût-il ainsi, sur quelle base s'appuie-t-on pour prétendre que le mouvement d'élévation est de 2 pieds 1/2 par siècle? S'il est de 5 pieds au cap Nord, pourquoi serait-il moindre au sud de la Sardaigne? Si ce mouvement devait être plus rapide quelque part, ne serait-ce pas plutôt dans une région où trois volcans, le Vésuve, l'Etna, le Stromboli, sont en pleine activité, et qui de plus est sujette à de nombreuses et violentes convulsions de la nature, qu'en Suède ou en Norwége où il n'y a point de volcans et où les tremblements de terre sont fort rares? N'est-il pas plus rationnel, si l'on veut calculer le temps qu'il a fallu pour l'exhaussement de la côte de Cagliari, de chercher une base d'appréciation dans le mode d'exhaussement des rivages voisins? Or, en 1538, toute la côte de Pouzzoles, près Naples, s'éleva de 20 pieds dans une seule nuit. En raisonnant comme Lyell, et avec plus de raison que lui, nous pourrions dire que si la côte de Pouzzoles s'est élevée de 20 pieds, dans une seule nuit, en cinq jours celle de Cagliari a pu s'élever de 100.

La vérité est que tous ces calculs sont arbitraires et purement hypothétiques, attendu que l'élévation et l'affaissement du sol n'ont rien de fixe dans leur manière de se pro-

celles de l'Egypte, s'exhaussa soudain. Le village le plus rapproché de la ville fut soulevé verticalement d'un mètre et demi, tandis que l'île, déracinée pour ainsi dire par la violence du choc souterrain, s'était exhaussée obliquement de 2 mètres et demi à sa pointe méridionale, et de 3 mètres à l'extrémité du nord. ELISÉE RECLUS, *La Terre*, t. 1, p. 754.

(1) *Ibid.*, t. 1, p. 762.

duire, qu'ils peuvent durer des siècles, comme aussi s'effectuer en quelques heures, par l'action du feu et des agents souterrains.

Ce qui vient d'être dit s'applique en grande partie à la formation des bancs de gravier en général et de ceux de la vallée de la Somme en particulier. Ici encore, des restes humains et des silex taillés ont été trouvés pêle-mêle avec des ossements d'animaux disparus. Et comme l'on suppose qu'il a fallu de longs siècles pour l'accumulation de ces graviers dont l'épaisseur est quelquefois très-considérable, aussi bien que pour les changements successifs opérés dans la configuration physique du sol, on arrive toujours à la même conclusion que l'homme, témoin de ces événements, doit remonter lui-même à une très-haute antiquité.

Pour les changements survenus dans la configuration physique du sol, nous renvoyons à ce que nous avons déjà dit. Tout dépend de la force et de la nature des agents qui les ont produits. Sur ce point, le champ est ouvert à toutes les conjectures; elles sont à peu de chose près aussi plausibles les unes que les autres, et la seule conclusion légitime qu'on en doive tirer est qu'il n'est possible de rien affirmer.

L'accumulation des graviers donne lieu à la même observation. Si cette accumulation s'est faite lentement, progressivement, par l'action des agents qui sont encore aujourd'hui en exercice, nul doute dans ce cas qu'il n'ait fallu des siècles et des siècles. Mais outre que rien ne nous assure qu'il en a été ainsi, la grandeur même des effets nous oblige à recourir à des causes plus puissantes, et par suite plus adéquates. Ce qu'il y a de certain, c'est que ces lits de gravier ne sont point dus à l'action des eaux fluviales toutes seules, car il n'est aucun cours d'eau à nous connu qui eût été capable de les accumuler. Nous n'avons donc aucune base de comparaison et, n'en ayant pas, comment pourrions-nous avancer quelque chose de positif sur le temps qu'il a fallu pour les produire?

Arrêtons-nous à considérer de plus près les inductions qu'on a cru pouvoir tirer de la configuration de la vallée de la Somme.

La vallée de la Somme, dont le sol ondulé est formé par la craie blanche de l'ère secondaire, est d'une largeur moyenne de un mille entre Abbeville et Amiens. Elle est bordée par des collines crayeuses de 200 à 300 pieds de haut. Au-dessus de cette craie qui se montre sur les flancs des collines s'étend un vaste plateau, gracieusement ondulé, dont la surface est recouverte d'une couche de limon ou terre à briques, d'une épaisseur d'environ 5 pieds, et complétement dépourvue de fossiles. Ce sol est d'une très-grande fertilité. Çà et là on voit poindre comme des îlots des fragments de l'éocène, seuls survivants d'une dénudation qui a fourni une bonne partie des matériaux (graviers, cailloux et blocs) composant le dépôt du fond de la vallée. Ce dépôt n'est autre qu'un lit de gravier de 3 à 14 pieds d'épaisseur. Il repose immédiatement sur la craie dans laquelle la vallée a été creusée. Au-dessus de ce gravier et sur les deux rives du lit actuel de la Somme s'étend une couche de tourbe épaisse de 10 à 30 pieds. Plus haut, enfin, et s'appuyant sur les pentes crayeuses produites par l'excavation du sol s'étagent des bancs de gravier, à des niveaux différents. Les premiers graviers, ceux sur lesquels repose la couche tourbeuse, sont généralement désignés sous le nom de *graviers inférieurs*; ils ont une épaisseur de 20 à 30 pieds. Les seconds, sous celui de *graviers supérieurs*, et ont une épaisseur de 30 pieds. Supposant que le creusement de la vallée est dû à l'action des eaux de la Somme, Lyell pense

que les derniers sont les plus anciens. Cette rivière aurait
donc coulé autrefois à un niveau beaucoup plus élevé. Son
lit étant alors moins encaissé et ses eaux plus abondantes,
elle se promenait sur une largeur considérable et déposait à
droite et à gauche une partie du gravier et du limon qu'elle
entraînait. Mais à mesure qu'elle approfondissait son lit,
elle en diminuait la largeur, tout en continuant à déposer sur
chaque bord ses alluvions. Les dépôts les plus bas seraient
ainsi les plus récents. Enfin, la tourbe n'ayant pu se produire qu'après le creusement de la vallée devrait être rapportée à une date postérieure. Elle ne contient, en effet,
que des coquilles et des mammifères d'espèces vivantes
et qui habitent encore l'Europe. Les graviers contiennent
au contraire plusieurs ossements d'animaux d'espèces perdues, mêlés avec des instruments en silex taillés, recouverts
de couches stratifiées, et dans une position telle qu'on ne
peut douter que leur dépôt ne soit antérieur à la formation
des couches sous lesquelles ils sont ensevelis. Mais graviers
inférieurs ou supérieurs renferment tous les mêmes fossiles.

Lyell remarque qu'à Abbeville, à 3o milles de l'embouchure de la rivière, si on enlevait une couche de tourbe de
3o pieds d'épaisseur, la mer remonterait et remplirait la
vallée 4 milles en amont de cette ville. Et cependant la
tourbe est toute d'origine fluviatile ou lacustre, ne renfermant aucune coquille marine. On a conclu de là qu'elle a dû
se former à une époque où l'élévation du sol au-dessus du
niveau de la mer était plus grande qu'elle n'est aujourd'hui.
Mais il y a plus. On peut suivre le dépôt de tourbe jusque
sur les côtes; arrivé là, on le voit passer sous les dunes, et
s'étendre plus loin, sous le niveau de l'Océan. Dans les
grandes tempêtes, des masses énormes de tourbe compacte,
enfermant des troncs d'arbres comprimés, sont rejetées à l'embouchure du fleuve. Il paraît donc que non-seulement le sol

était plus élevé, quand la tourbe se forma, mais encore qu'il s'étendait bien au delà de la ligne actuelle des côtes de la Manche. D'autre part, les coquilles marines et fluviatiles sont tellement associées les unes aux autres à Menchicourt, près Abbeville, qu'il est bien difficile de ne pas croire qu'à cet endroit la mer a quelquefois empiété sur la rivière, et d'autres fois la rivière sur la mer, par suite d'un mouvement alternatif d'élévation et d'affaissement. Mais, au-dessus d'Abbeville, le gravier, à n'importe quel niveau qu'on le prenne, ne contient plus que des coquilles fluviatiles ; ce qui établirait que la mer n'est jamais montée jusque-là. A Menchicourt, les dépôts les plus bas, ceux qui sont immédiatement en contact avec la craie, sont fluviatiles.

Il semble donc qu'on peut décrire comme suit les différents changements qui se sont succédé dans la vallée de la Somme. D'abord, ce sont les eaux de la rivière qui l'ont remplie, à l'exclusion de celles de la mer. Après quoi est survenu un affaissement qui a permis à l'Océan de monter jusqu'à Abbeville. En troisième lieu, s'est produit un exhaussement du sol à une hauteur beaucoup plus grande que celle d'aujourd'hui, et qui s'est maintenu pendant une durée suffisante pour permettre à la couche entière de tourbe de se former. Finalement a eu lieu la dépression du sol, à son niveau actuel.

Voici maintenant, pour autant du moins que nous avons pu le comprendre, comment on croit pouvoir déduire de ces faits la haute antiquité de l'homme :

— « Les changements ci-dessus décrits ont dû, pour s'accomplir, nécessiter une durée énorme. Quelle ne doit donc pas être l'antiquité de l'homme qui, depuis le commencement jusqu'à la fin, en a été le témoin ! »

Nous avons déjà répondu que tout dépend de la cause qui les explique. Nous n'y reviendrons pas.

— « Et puis, ajoute-t-on, la masse seule de ces dépôts diluviens formés à diverses hauteurs avec les fragments détachés des roches éocènes et crétacées n'établit-elle pas qu'un long espace de temps a dû s'écouler pour l'accumulation de ces débris? Et pourtant l'homme existait alors, comme l'attestent les restes de squelettes humains et les silex taillés recueillis dans ces dépôts. Comment douter, après cela, de sa haute antiquité ? »

Que l'homme remonte à une haute antiquité, soit; mais laquelle? Avez-vous quelque moyen de l'apprécier? Evidemment non; tous vos calculs sont hypothétiques, parce qu'ils manquent de base. Il en serait autrement si nous connaissions les causes des phénomènes qu'on invoque. C'est cette connaissance qui nous fait défaut. Ces graviers qui remplissaient primitivement la vallée de la Somme et à travers lesquels elle a dû se creuser un lit, comment, par quel agent y avaient-ils été déposés? On suppose que ce sont de grands cours d'eau produits par la fonte des glaciers qui les y ont entrainés. C'est possible, probable même. Mais qui nous dira la force de ces eaux? C'est pourtant là ce qu'il faudrait savoir, ce dont tout dépend en définitive : car la mécanique nous apprend que le temps nécessaire à la production d'un effet quelconque est proportionné à l'énergie de la force qu'on y emploie.

— « Mais, continue-t-on, quel temps n'a-t-il pas dû s'écouler pour que la Somme se creusât un lit dans le sol crayeux, à la profondeur du niveau des hauts graviers d'abord, et ensuite à celle des graviers inférieurs placés sous la tourbe ! »

Le volume des eaux de la Somme étant ce qu'il est, nous croyons que, quelle que soit la durée qu'on attribue à l'action de ces eaux, on ne parviendra jamais, par ce moyen, à rendre raison du creusement de la vallée. Si, au contraire, on admet que ce volume était de beaucoup plus considérable qu'il n'est aujourd'hui, par suite des circonstances rappelées plus haut, il n'est nul besoin de recourir à une antiquité si reculée. Lyell lui-même va nous en fournir la preuve. En parlant de l'action érosive des eaux courantes, voici comment il s'exprime dans la dernière édition de ses *Principes de Géologie :* « L'érosion graduelle de cavités profondes dans quelques-unes des roches les plus dures, par le passage constant des eaux courantes, chargées de matériaux étrangers, est un autre phénomène dont nous pourrions citer de frappants exemples. Je me bornerai pour le moment à des exemples tirés d'événements survenus depuis les temps historiques. A la base occidentale de l'Etna, un courant de lave descendant presque du sommet du grand volcan, coula à une distance de 5 à 6 milles; après quoi, il atteignit la plaine d'alluvions du Simèthe, la plus grande des rivières de Sicile, qui longe la base de l'Etna et se jette dans la mer, quelques milles au sud de Catane. La lave entra dans la rivière, environ trois milles au-dessus de la ville d'Aderno, et non-seulement occupa son lit jusqu'à une certaine distance, mais encore passant du côté opposé de la vallée, s'y accumula et forma une masse rocheuse. Gemmellaro donne l'année 1603 comme date de l'éruption..... Eh bien ! dans le cours d'environ deux siècles, le Simèthe s'est creusé un passage large de 50 à plusieurs centaines de pieds, et profond de 40 à 50 pieds dans quelques endroits. La portion de lave qui a été ainsi perforée n'est nullement scorifiée ni poreuse, mais consiste plutôt en une masse homogène de roche bleuâtre, à peine inférieure en pesanteur au basalte ordinaire, et contenant des cristaux d'olivine et de feldspath vitreux. La pente générale de cette partie du lit du Simèthe n'est pas considérable. Les formes extérieures de la lave bleuâtre durcie sont aussi massives qu'aucune des plus anciennes roches de trapp, en Ecosse. »

Deux cents ans ont donc suffi au Siméthe pour se frayer un passage de 100 pieds de large sur 50 pieds de profondeur, à travers les roches volcaniques les plus dures. La vallée de la Somme, elle, repose sur un sol crayeux, d'une substance relativement molle et friable. Or, si dans deux cents ans, le Siméthe a pu se creuser un lit, dans de telles circonstances, le même laps de temps, pour dire le moins, peut avoir suffi et au delà à la Somme, pour creuser le sien, sans qu'il soit besoin de recourir aux milliers d'années réclamés par les géologues.

Toutefois, et quelle que soit la faveur dont jouisse l'explication de Lyell, il est probable que d'autres causes ont concouru au creusement de la vallée de la Somme. Nous n'avons, pour nous en rendre compte, qu'à supposer qu'elle a subi un mouvement de dépression analogue à celui dont on trouve des traces en d'autres endroits. Entre Abbeville et l'Océan, il y aurait eu un estuaire, mais trop étroit et trop peu profond, pour que les courants de l'Océan aient pu s'y faire sentir, excepté près de l'embouchure. Il aurait conséquemment été rempli d'eau douce, et n'aurait contenu que des dépôts fluviatiles et lacustres. Il n'aurait pas échappé néanmoins à l'influence des marées, car l'absence de dépôts marins ne prouve pas l'absence de l'action mécanique du flux et du reflux. Entre Abbeville et Amiens, cet étroit bassin se serait continué, diminuant de profondeur à mesure qu'il s'éloignait de la mer. Dans de telles conditions, la force de la marée montante et descendante devait être très-grande. Si, de plus, nous nous rappelons qu'à l'époque du post-pliocène, les hivers étaient plus rigoureux qu'aujourd'hui et qu'il devait y avoir d'énormes quantités de glace formées dans l'estuaire, indépendamment de celles qui étaient charriées par la Somme, nous pouvons facilement concevoir que ces blocs poussés en amont et en aval par la marée, agissaient avec une force extraordinaire contre les bords du bassin, et qu'ainsi les hauts et bas graviers de la Somme ont pu être formés à la même époque, comme les terraces qu'on voit dans les criques et les estuaires actuels, sans qu'il soit nécessaire de les rapporter à des âges séparés l'un de l'autre par de longs siècles (1).

Nous sommes ici, on le voit, en pleine hypothèse. Rien absolument ne nous garantit que les choses se soient passées, comme nous venons de le dire ou comme Lyell l'imagine ; ce sont de simples conjectures. Entre elles qui prononcera ? Où est la règle ? où sont les faits qui nous autorisent à dire : « Là est la vérité, pas ailleurs ? » Et c'est sur des données aussi flottantes, aussi incertaines, qu'on vient affirmer que la Bible s'est trompée, en assignant à l'homme une date trop récente ! Je demande si ceux qui tiennent un pareil langage ne cèdent pas plutôt, sans qu'ils s'en doutent, au vent du jour, qu'ils n'obéissent aux lois d'une saine méthode scientifique.

IV.

Du temps requis pour la formation des tourbes et la croissance successive des différentes essences forestières qu'elles contiennent.

On a essayé encore de prouver la haute antiquité de l'homme soit par l'épaisseur des tourbières dans lesquelles des débris humains ont été trouvés, soit par la succession des espèces végétales qui ont vécu sur leurs bords.

Après avoir parlé de la tourbe qui repose sur les bas graviers de la vallée de la Somme, Lyell s'exprime ainsi :

« Les ouvriers qui coupent la tourbe ou qui l'extraient du

(1) J. Brodie, *The antiquity and nature of man*, p. 28 et suiv.

fond des marais et des étangs déclarent que, de leur vie, ils
n'ont vu aucun des trous déjà existants ou faits par eux,
se remplir de nouveau, même au moindre degré. Ils
nient en conséquence la croissance de la tourbe. Ils se
trompent sans doute, comme l'observe M. Boucher de Perthes; toujours est-il que cette croissance est à peu près inap-
préciable dans le cours d'une génération, pour des gens
étrangers aux observations scientifiques. »

Essayons de nous rendre compte de la manière dont se
produit la substance tourbeuse : nous serons mieux placés
ensuite pour juger ce qu'il y a de fondé dans ces assertions.

La tourbe ne pousse pas toute seule, au fond des étangs,
par une sorte d'action lente et mystérieuse, comme on
semble le croire. Elle est, ainsi que nous l'avons dit, le
résultat de la décomposition de matières végétales. Sa croissance dépend donc de celle des plantes qui contribuent à la
produire. Si, pour une raison ou pour une autre, ces plantes
sont détruites, il n'y a plus de formation de tourbe possible, dussent des siècles s'écouler. Tel paraît être aujourd'hui
le cas de la vallée de la Somme. Les ouvriers employés à
l'exploitation des tourbières ont donc pu dire avec raison
que la tourbe ne pousse pas. Elle ne pousse que là où il y
a des herbes ou des plantes pour la former. Primitivement,
quand les couches qu'on extrait aujourd'hui se sont déposées,
la vallée de la Somme était une sorte de marais entouré de
forêts de tous côtés. On comprend dès lors que les feuilles
tombées en automne, et les détritus de toutes sortes, provenant de ces forêts, entraînés par les pluies hivernales, au
fond de la vallée, favorisaient singulièrement la croissance
des plantes marécageuses, et par suite l'accumulation de la
tourbe. En outre, les parcelles de matière qui entrent dans
sa composition étant très-petites, sont aisément dispersées

par les eaux. Toutes les fois qu'une ondée tombe dans un
pays tourbeux, elle emporte une partie de ces molécules
et souvent en si grande abondance que les eaux en sont
noircies. Puis, quand ces eaux s'écoulent et se répandent sur
une surface plane où elles sont filtrées à travers les couches
végétales qui recouvrent le sol, une portion considérable de la
matière tourbeuse tenue en suspension est arrêtée et vient ainsi
augmenter dans une notable proportion l'épaisseur du dépôt.

S'il faut s'en rapporter à M. Boucher de Perthes dont les
calculs semblent avoir été adoptés par Lyell, la tourbe croî-
trait de 3 centimètres par siècle, ce qui, pour une épaisseur
de 3o pieds (anglais), nous reporterait à un si grand nombre
de siècles en arrière que Lyell lui-même hésite à se prononcer.

« L'archéologue, dit-il, trouve tout près de la surface du
sol des restes gallo-romains, et plus profondément des objets
celtiques de la période de la pierre. Mais la profondeur à laquelle reposent les produits de l'art romain varie selon les
lieux, et ne peut nous fixer sûrement sur l'âge de ces dépôts,
parce que dans quelques endroits, surtout dans le voisinage
des rivières, la tourbe est tellement fluide que les substances
pesantes peuvent s'y enfoncer, sous leur propre poids. Dans
un cas cependant, M. Boucher de Perthes découvrit plusieurs
grands plats de poterie romaine, déposés horizontalement, et
ayant une forme telle qu'elle dût les empêcher de s'enfoncer
et de descendre dans des couches inférieures. En admettant
qu'il ait fallu 14 siècles environ pour la formation de la
matière végétale qui les recouvre, il a calculé que l'épaisseur
acquise dans 1oo ans ne devait pas dépasser 3 centimètres
de France. A ce taux, il faudrait tant de dixaines de milliers
d'années pour la formation de l'épaisseur totale de 3o pieds
que j'hésite à le prendre pour échelle chronométrique (1). »

(1) *Antiquity of man*, p. 111.

Sur quoi M. Boucher de Perthes s'appuie-t-il pour affirmer que la croissance de la tourbe n'est que de 3 centimètres par siècle? C'est ce que Lyell a négligé de nous dire. Quoi qu'il en soit, et ce qui est hors de doute, c'est que, en fût-il ainsi dans la vallée de la Somme, il n'en est pas ainsi partout. Lyell nous l'apprend lui-même dans ses *Principes de Géologie*. « Dans les tourbières de Hatfield, aussi bien que dans celles de Kincardine, en Écosse, et dans plusieurs autres, dit-il, on a trouvé les routes romaines recouvertes d'une épaisseur de 8 pieds de tourbe. Toutes les armes et tous les ustensiles (coins, haches, etc.) trouvés dans les tourbières de France et de Grande-Bretagne sont aussi romains. Si bien qu'une grande partie des formations tourbeuses de l'Europe ne datent pas de plus loin que Jules César. On ne trouve aucune autre trace des anciennes forêts décrites par ce général, comme longeant la grande voie romaine en Bretagne, que les troncs d'arbres en ruines qui sont ensevelis dans la tourbe. »

La voie romaine dont il est dit ici qu'elle était recouverte d'une épaisseur de 8 pieds de tourbe, fut mise à nu il y a 50 ou 60 ans. En supposant qu'elle ait été construite vers l'an 200, époque à laquelle les Romains poussèrent le plus loin leurs conquêtes en Bretagne, la croissance de la tourbe aurait été de 6 pouces (anglais) dans un siècle, et non 1 pouce et 1/5, ou de 3 centimètres, selon le calcul de M. Boucher de Perthes.

Lyell dit encore dans le même chapitre :

« Nous avons appris que la destruction d'une forêt par une tempête, vers le milieu du dix-septième siècle, donna naissance à une tourbière à Lochbroom, dans le Ross-shire, et que les habitants en extrayaient de la tourbe, moins d'un demi-siècle après la chute des arbres. »

Comme l'observe l'auteur auquel nous avons emprunté la

plus grande partie de ce qui précède (1), la tourbe n'est pas
si rare dans le Ross-shire, pour croire que les habitants du
pays eussent songé à l'extraire, si elle n'avait eu au moins
18 pouces d'épaisseur. Ce qui nous donne une croissance
de 3 pieds par siècle.

Il y a dans les Hébrides et notamment à Callanish des
cercles druidiques qui, lorsqu'ils furent visités pour la première fois par le capitaine F.-N.-L. Thomas, étaient recouverts de tourbe et comme ensevelis sous elle. Ils ont été
dégagés depuis, et l'on a trouvé que la tourbe qui s'y était accumulée avait une épaisseur de 5 à 6 pieds. Après un minutieux examen, le capitaine Thomas est arrivé à la conviction que
les pierres avaient été érigées avant la formation de la tourbe.
Ces pierres reposent sur le *boulder clay*, et la tourbe s'est
déposée uniformément tout autour, de manière à montrer
qu'elles n'y ont pas été placées après coup. En 1863, le capitaine Thomas continua ses observations, et en février 1865,
il écrivait que la formation des lits de tourbe était très-
irrégulière, mais qu'on pouvait néanmoins compter en
moyenne sur 15 lits par pouce. Si donc un pouce représente une accumulation de tourbe pendant 15 ans, 6 pieds
auront mis 1080, ou, en chiffres ronds, 1000 ans à se former, et 8 pieds 1440. Il est probable, ajoute-t-il, que ces
chiffres sont très-près de la vérité » (2).

Une tradition très-répandue dans l'île Lewis, la plus grande
des Hébrides, porte que le pays était autrefois entièrement
couvert de forêts qui furent brûlées par les Normands, pour
ôter un lieu de refuge aux aborigènes. D'après une autre
tradition, il fut un temps où il n'y avait point de tourbe
dans l'île, ce que confirme le fait qu'en creusant dans les
demeures des anciens Pictes, on trouve du charbon de bois,

(1) J. BRODIE, *The antiquity and nature of man.*
(2) J. DUNS, *Science and christian thougt*, p. 249.

à l'endroit du foyer (1). Il paraît donc qu'antérieurement à la formation tourbeuse les arbres étaient communs dans l'île, et qu'ainsi la tourbe y est d'une date comparativement récente.

Ces faits établissent suffisamment, nous semble-t-il, qu'il n'y a rien de fixe dans le temps nécessaire à la formation d'une couche de tourbe d'une épaisseur déterminée; que ce temps varie, suivant les conditions dans lesquelles elle s'opère. Il est évident par exemple qu'elle croîtra plus vite dans un pays humide, entouré de forêts, que dans un sol aride et nu. Il n'est pas douteux non plus que l'accumulation devait se faire d'une manière plus rapide dans les forêts primitives que plus tard, car tout le monde sait que dans les contrées boisées les pluies sont plus fréquentes et plus abondantes qu'ailleurs. L'obstruction des eaux pluviales favorisait aussi la formation de la tourbe, tandis que celle-ci s'accroît beaucoup plus lentement là où le pays est dégarni d'arbres et où le drainage est pratiqué. D'où nous concluons que la quantité de tourbe déposée dans l'âge du bronze et de la pierre a dû être beaucoup plus considérable que celle qui s'amasse aujourd'hui dans le même temps. Ajoutons que les tourbières se forment d'ordinaire au fond des vallées qu'elles nivellent. Une fois ce nivellement opéré et le bassin rempli, on ne doit pas s'attendre à ce que les couches supérieures continuent à s'élever indéfiniment, ou, si elles s'élèvent, ce ne peut être que d'une manière à peu près insensible. En outre, la tourbe est plus ou moins molle, élastique de sa nature. Plus elle s'accumule, plus les couches inférieures doivent perdre de leur volume, sous le poids de celles qui les recouvrent. Leur épaisseur ne grandit donc pas, ne peut pas grandir d'une manière uniforme. Enfin, dans la plupart

(1) John Duns. *Ibid.*

des cas, nous n'avons aucune certitude qu'il n'y ait pas eu des temps d'arrêt momentané dans la production de la tourbe.

C'est assez dire que les tourbières, pas plus que les rivages soulevés, que les graviers diluviens, que le creusement des vallées ne se prêtent à une détermination précise, pour établir l'antiquité de l'homme.

Voyons si les forêts, dont les débris reposent dans leurs couches, nous fourniront une base plus solide pour nos calculs.

Nous avons déjà décrit, dans un autre endroit de cet ouvrage, les tourbières du Danemark et les différentes essences forestières qui, à différentes époques, paraissent avoir crû sur leurs bords. Nous n'y reviendrons pas. Bornons-nous à mentionner les conséquences qu'on a cru pouvoir en tirer pour la solution de la question qui nous occupe.

« En collectionnant et en étudiant une grande variété d'objets d'industrie humaine, découverts dans les tourbières, » dit Lyell, « les archéologues danois ont été conduits à établir une succession chronologique de périodes qu'ils ont appelées âges de la pierre, du bronze et du fer, selon la nature des matériaux qui ont servi à la fabrication des instruments. L'âge de la pierre coïnciderait avec la période de la première végétation, celle du pin d'Ecosse, et en partie du moins avec celle de la seconde végétation ou du chêne. Une portion considérable de la période du chêne devait coïncider avec l'âge du bronze, car des épées et des boucliers de ce métal ont été retirés de la tourbe où le chêne abonde. L'âge du fer correspondait plus exactement à la période du frêne (1). »

Ces faits ainsi rappelés, voici comment on raisonne : le frêne florissait certainement au temps de la suprématie romaine en Europe, et très-probablement quatre ou cinq cents

(1) John Duns, p. 241. Lyell, *Antiquity of man*, p. 10.

ans auparavant. Il existe encore aujourd'hui. Donc la période du frêne représente une durée d'à peu près deux mille ans. Attribuant la même durée aux deux autres périodes, celles du chêne et du pin d'Ecosse, nous arrivons ainsi à une antiquité de six mille ans. Et comme le professeur Steenstrup a trouvé un couteau en silex enfoui sous un des arbres de la zone la plus ancienne, il en résulte qu'il y avait déjà des fabricants de couteaux en Danemark, au temps qu'on assigne d'ordinaire à la création du premier homme (1).

Lyell, il faut le reconnaître, n'est pas aussi affirmatif dans ses conclusions. « Au temps des Romains, » dit-il, « les îles danoises étaient couvertes comme aujourd'hui de magnifiques forêts de frênes. Nulle part au monde, cet arbre ne pousse avec plus de luxuriance qu'en Danemark, et dix-huit siècles semblent n'avoir apporté que peu ou point de modification au caractère de la végétation forestière. Cependant, il n'y avait point de frênes, dans la précédente période, celle du bronze ; c'est le chêne qui couvrait alors le pays. Dans l'âge de la pierre prédomine le pin d'Ecosse, et les forêts de pins étaient habitées. Combien de générations de chacune de ces essences ont dû fleurir avant que le chêne supplantât le pin et que le frêne à son tour supplantât le chêne? C'est sur quoi l'on ne peut émettre que de vagues conjectures. »

Lyell n'affirme donc pas positivement ; il ne dit pas : « Puisque dix-huit siècles n'ont produit que peu ou point de changement dans le caractère de la végétation forestière, des siècles sans nombre doivent s'être écoulés pour rendre compte de la variété des essences enfouies dans les tourbières du Danemark ; » — mais toute son argumentation tend à cela.

Inutile de faire remarquer sur quelle base fragile elle re-

____

(1) JOHN DUNS, p. 244.

pose. A la bien prendre, elle n'est qu'une hypothèse entre
plusieurs autres, et une hypothèse contredite par l'analogie.
Comme l'observe le professeur américain Hitchcock, les premières forêts de pins d'Ecosse en Danemark peuvent avoir
été détruites par le feu, en une seule saison, comme cela
arrive souvent dans l'Amérique du Nord. De grands troncs
noircis seront restés comme des monuments de la catastrophe
pendant un demi-siècle; après quoi ils auront été remplacés
par une seconde végétation. En Amérique, cette seconde
végétation comprend le frêne, le peuplier et autres essences
pareilles. Elle semble avoir été de chêne en Danemark et
avoir duré longtemps. A moins qu'il n'ait été détruit par la
main des hommes, le chêne n'a pu être remplacé que par
une autre variété forestière, mieux adaptée à la nature du
sol et du climat. Mais il n'est pas probable que la forêt tout
entière fût composée exclusivement soit de pins, soit de
chênes, soit de frênes. Les forêts primitives qui sont encore
debout en Amérique, contiennent communément un mélange
de plusieurs essences. Il devait en être ainsi dans l'âge de la
pierre et du bronze, aussi bien que dans celui du fer. Il faut
donc être très-circonspect dans l'appréciation du temps nécessaire à la succession des forêts. L'auteur que nous venons de
nommer pense que le minimum requis pour produire les
changements observés dans les forêts du Danemark doit être
de deux mille ans (1).

Nous pouvons répéter ici ce que nous avons dit ailleurs,
au sujet de l'extinction de certaines formes animales : elles
ont disparu, non à cause de la durée, mais à cause des modifications survenues dans les circonstances. Si les circonstances
fussent restées les mêmes, elles existeraient encore aujour-
d'hui. Ainsi en est-il pour les créations végétales. Cela

(1) Jous Duss, p. 146.

ressort des faits mêmes qu'on nous oppose. Car si dix-huit siècles n'ont rien changé à la végétation des forêts du Danemark, n'est-il pas évident que les changements antérieurs ont dû être produits, non par le laps du temps, mais par quelque modification du sol ou du climat? Sans recourir à je ne sais quelle vertu occulte, inhérente à la succession des siècles, il suffit qu'il y ait eu un affaissement dans le niveau général du pays ou un changement dans la direction du *Gulf-stream*, ou un phénomène quelconque résultant de l'action des forces souterraines du globe, pour tout expliquer. Ce n'est aussi là qu'une hypothèse sans doute, mais une hypothèse qui a pour elle l'analogie. Nous voyons en effet, présentement, le frêne croître de préférence dans les plaines abritées, le chêne revêtir le flanc des montagnes, tandis que le pin d'Ecosse en couronne les sommets. Pourquoi ne pas admettre que les divers produits extraits des tourbières du Danemark correspondent à des moments divers dans l'amélioration successive du climat?

Il y a plus. D'après Lyell, les arbres enfouis dans les tourbières y seraient tombés et y auraient été ensevelis par suite de l'éboulement des bords. Admettons qu'il en ait été ainsi. Chaque essence forestière croît spontanément dans les endroits qui lui conviennent le mieux. En conséquence, les pins d'Ecosse qui se plaisent surtout au bord des marais y seront tombés les premiers. Mais à mesure que les éboulements se seront multipliés, le marais aura gagné plus loin et aura fini par atteindre la région où croissent le chêne commun et le frêne blanc. Ceux-ci, entraînés à leur tour par la chute des bords, seront tombés dans la tourbière et auront recouvert les essences déjà enfouies. Le tout aura pu se passer dans un temps relativement assez court, car, au lieu de croître successivement, de manière à former des forêts composées d'une seule espèce d'arbres, il est plus conforme

à l'enseignement des faits d'admettre que les différentes
essences ont coexisté simultanément, et ont pu par conséquent se superposer dans les tourbières à peu près à la
même époque ou à des époques peu éloignées. C'est ainsi
qu'en 1861, à la suite d'un éboulement considérable, on vit,
dans un marais de l'Ecosse, d'énormes masses de tourbe,
emportant avec elles des racines et des troncs de frêne, couvrir une plantation de pins d'Ecosse qui croissaient sur les
bords. Quelque temps après, ces frênes, quoique d'une date
récente, étaient recouverts eux-mêmes d'une couche de tourbe
de 5 à 7 pieds d'épaisseur (1). Il résulte de là, nous semble-
t-il, qu'on ne peut rien conclure avec certitude de la superposition des différentes essences forestières dans les tourbes
des marais, et que toutes les supputations auxquelles on s'est
livré à cet égard sont dénuées de fondement.

Mentionnons un autre fait à l'appui des réflexions ci-dessus, pour achever de montrer combien peu sont difficiles en
fait de preuves, les avocats de la haute antiquité de l'homme,
si convaincus d'ailleurs qu'ils puissent être.

C'est toujours Lyell qui parle :

« Dans une partie du delta moderne du Mississipi, près
de la Nouvelle-Orléans, on a pratiqué une grande excavation pour des ouvrages à gaz. Le terrain qu'on a trouvé se
compose d'une succession de lits, presque entièrement formés de matières végétales, comme ceux qui se produisent de
nos jours, dans les marais à cyprès du voisinage où le cyprès
annuel (*Taxodium distichum*), avec ses racines fortes et
étendues, occupe une place considérable. A une profondeur
de 16 pieds de la surface, sous quatre forêts ensevelies, superposées l'une au-dessus de l'autre, le Dr Dowler prétend
que les ouvriers ont trouvé du charbon et un squelette humain.

____

(1) JOHN DUNS. *Ibid.*

dont le crâne appartient au type aborigène des Indiens Peaux-
Rouges. La découverte n'étant pas encore faite lorsque je
visitai l'excavation en 1846, je ne puis me former une opinion sur la valeur des calculs chronologiques qui ont conduit le D' Dowler à assigner à ce squelette une antiquité
de 50,000 ans. »

Si de tels calculs ont paru suspects à Lyell, nous croyons
être suffisamment justifié en ne leur attribuant pas nous-
même une grande valeur. Sur quoi reposent-ils, en effet? Le
D' Dowler ne le dit pas; Lyell n'en sait rien non plus. En
sorte qu'au demeurant nous nous trouvons ici en face d'une
assertion énorme, mais purement gratuite, alors que, par
son énormité même, elle aurait plus besoin qu'une autre
d'être appuyée de preuves solides.

V.

Débris humains (ossements ou objets d'art) enfouis dans les dépôts alluviens des vallées, dans les deltas et cônes de déjection formés à l'embouchure des fleuves et des torrents. — Conclusion.

Un dernier argument qu'invoquent les partisans de la
thèse que nous combattons, se tire des débris humains (ossements ou objets d'art) enfouis dans les dépôts alluviens des
vallées, dans les deltas et cônes de déjection formés à l'embouchure des fleuves et des torrents.

Relater et discuter tous les faits qui rentrent dans cette
catégorie serait encore trop long. Bornons-nous à quelques-uns.

De 1851 à 1854, plusieurs fouilles furent faites dans les
terrains d'alluvion du Nil, aux frais de la Société royale de
Londres d'abord, du vice-roi d'Egypte ensuite. Ces fouilles,
pratiquées dans le bas de la vallée, sur deux lignes paral-

lèles et à deux hauteurs différentes, dans la direction de
l'est à l'ouest, ont donné lieu à des résultats importants.
Tous les débris organiques qu'on a retirés, tels que coquilles
terrestres, os de quadrupèdes, appartiennent à des espèces
vivantes. Nulle part on n'a découvert de traces d'animaux
éteints. Sur tous les points et à toutes les profondeurs, on a
extrait des débris de poteries et des briques cuites ; on a
même extrait une brique à une profondeur de 18 mètres,
dans le centre de la vallée. Si, comme l'affirme M. Girard,
membre de l'expédition française en Egypte, l'augmentation
du dépôt de vase du Nil est de 15 centimètres par siècle, on
arrive ainsi à une ancienneté de 12,000 ans, tandis que les
briques cuites égyptiennes les plus anciennes, conservées au
British Museum, ne datent que de 1,300 ans, ou 1,450 avant
J.-C. Mais, comme l'observe M. L. Horner, à qui nous
devons ces découvertes, de tels calculs sont trop vagues et
reposent sur des données trop incertaines, pour qu'on puisse
les prendre au sérieux, attendu que la quantité de matière
répandue par les eaux, dans les différentes parties de la
plaine, est si variable qu'il doit être extrêmement difficile
d'en fixer la moyenne avec approximation.

Un autre fragment de brique a été trouvé par Linant-Bey,
dans le même limon, à 22 mètres de profondeur, à 60 ou
90 centimètres au-dessous du niveau de la Méditerranée.
Selon M. Rosière, dans son grand ouvrage sur l'Egypte,
l'accroissement moyen du dépôt des sédiments dans le delta
du Nil est de 63 millimètres par siècle. D'où il suit que ce
fragment ne remonterait pas à moins de 30,000 ans. — Mais
d'abord, sur quoi se fonde l'appréciation de M. Rosière, et
quelle garantie avons-nous qu'elle soit exacte ? Ensuite, selon
la remarque de Lyell : « Si le forage de Linant-Bey a été
fait sur un point où un bras du fleuve aurait été comblé au
temps où le delta se trouvait plus reculé vers le sud, c'est-

à-dire plus loin de la mer que maintenant, la brique en question peut être relativement très-moderne (1). »

On oublie toujours dans ces sortes de calculs que, fussent-ils exacts par rapport à l'accroissement actuel des dépôts, encore ne pourrait-on pas dire que cet accroissement n'a jamais été plus considérable. Il y a même de bonnes raisons de penser que la quantité de limon déposée autrefois était plus grande qu'elle ne l'est aujourd'hui. Au temps de la prospérité de l'Egypte, il est à croire que ses nombreux habitants, aidés par la science d'habiles ingénieurs, s'efforçaient de retenir les eaux limoneuses du fleuve, pour la fertilisation du sol. Dans ces circonstances, les dépôts de sédiments devaient être plus abondants que de nos jours où la population est relativement clair-semée, et la culture des terres beaucoup moins développée.

On oublie encore l'influence qu'a pu exercer sur le niveau général du pays l'action des forces souterraines. A supposer que la partie supérieure de la vallée ait subi une dépression, tandis que la partie inférieure serait restée stationnaire, il est évident que le Nil aurait rempli en peu de temps le creux ainsi formé, avec la vase maintenant entraînée dans la mer. Si, au contraire, la partie supérieure de la vallée a été relevée ou est restée à son premier niveau, tandis que le niveau de la partie inférieure a été abaissé, l'eau, en coulant sur la vallée, aura probablement emporté plus de vase qu'elle n'en aura apporté, et aura ainsi réduit, au lieu de l'augmenter, l'épaisseur du sol. Admettant donc que le pays a été sujet à des mouvements d'élévation et de dépression, sous l'influence des agents intérieurs, il est évident que tous les calculs fondés sur l'hypothèse d'un taux uniforme dans le dépôt des sédiments, sont inexacts.

(1) *Antiquity of man*, p. 39 et 44.

Or, qu'il y ait eu des mouvements alternatifs d'élévation et de dépression dans la vallée du Nil, il ne paraît guère possible d'en douter. Sir Gardner Wilkinson nous dit avoir été amené à cette conviction par la position, dans le delta, des tombes appelées bains de Cléopâtre. Ces tombes sont, paraît-il, exposées à la mer qui les remplit. Il n'est pas probable qu'elles aient été ainsi construites; elles ont dû l'être sur un terrain sec, au-dessus du niveau de la Méditerranée. D'autres signes indiquent encore un affaissement du sol : ainsi les ruines de quelques villes, aujourd'hui à moitié sous l'eau, dans le lac de Menzaleh, et des canaux d'anciens bras du Nil submergés avec leurs digues sous les eaux de cette lagune.

Donc, quand même on parviendrait à déterminer, d'une manière rigoureuse et parfaitement exacte, l'accroissement annuel des dépôts vaseux du Nil, encore ne pourrait-on s'en servir comme d'une échelle chronométrique pour établir l'ancienneté du terrain alluvien de la vallée et des objets qu'il renferme, puisque les circonstances où les dépôts anciens se sont formés et celles où se forment les dépôts actuels ne sont pas les mêmes.

On a aussi essayé de calculer le minimum de temps nécessité par le dépôt des sédiments qui forment le delta du Mississipi, en mesurant expérimentalement la décharge annuelle de ses eaux et la moyenne annuelle de matière solide qu'elles tiennent en suspension. Lyell est arrivé, par ce moyen, à assigner à ce delta « plusieurs dizaines de milliers d'années, plus de cent mille ans probablement (1). » Or, comme on a trouvé dans un des dépôts dont il est formé un os d'homme, *os innominatum*, mêlé avec des ossements de mastodonte, de megalonyx, de cheval, de bœuf et d'autres animaux dont les uns

____

(1) Lyell, *Ibid*, p. 44.

sont éteints, dont les autres sont présumés appartenir à des espèces vivantes, Lyell donne à entendre que l'espèce humaine pourrait bien avoir peuplé l'Amérique il y a plus de cent mille ans (1).

Il est vrai qu'il a pris soin lui-même d'infirmer l'énormité de son assertion. « Si je ne me suis point trompé, » dit-il, « en calculant le temps requis pour le dépôt des sédiments qui composent le delta du Mississipi. » Or, le fait est qu'il s'est trompé, et cela de plusieurs manières. Il s'est trompé d'abord en ce qu'il a négligé d'ajouter à la vase que l'eau tient en suspension le sable qu'elle pousse devant elle. Il s'est trompé ensuite en ce que le débit du Mississipi est double de ce qu'il indique, ce qui réduit déjà de moitié l'âge du delta. Il s'est trompé enfin en ce qu'indépendamment de la vase dont l'eau est surchargée et du sable poussé par le fleuve, il n'a pas tenu compte, comme il aurait dû le faire, de la puissance des formations sous-marines dont il n'a pas même soupçonné l'existence, et des cours d'eau souterrains qui s'infiltrent dans les sables et les font avancer (2). Et quant à l'os humain dont il s'agit, « aussi longtemps, » dirons-nous avec Lyell lui-même, « qu'il n'y aura qu'un cas isolé, et que nous n'aurons pas le témoignage d'un géologue qui ait vu l'os, alors qu'il était encore engagé dans la gangue, et qui l'en ait retiré de ses propres mains, il est permis de suspendre notre jugement sur la haute antiquité de ce fossile (3). »

Laissant de côté les calculs auxquels on s'est livré sur la date de quelques-unes des constructions lacustres de la Suisse, qui ne modifient pas d'ailleurs d'une manière très-sensible les données de la chronologie traditionnelle, nous ne pouvons

(1) Lyell, *Ibid*, p. 204.

(2) MM. Humphreys et Abbot, *Delta Survey*. R. Thomassy, *Géologie pratique de la Louisiane*. Paris, Lacroix et Baudry, 1860.

(3) Lyell, loc. cit., p. 204.

nous dispenser de dire un mot de ceux de M. A. Morlot, professeur à l'Académie de Lausanne, sur les diverses couches des déjections torrentielles de la Tinière.

La Tinière est un torrent qui se jette dans le lac de Genève, près de Villeneuve, et forme à son embouchure « un cône de déjection bien régulier, soit un delta en forme d'éventail, d'environ 100 degrés d'ouverture, 900 pieds de rayon au minimum et 4 degrés d'inclinaison. Les travaux du chemin de fer ont coupé ce cône de part en part, perpendiculairement à son axe, « et ont ainsi mis en évidence sa constitution intérieure qui présente « trois couches d'ancien terreau, situées à des profondeurs différentes et qui avaient, chacune en son temps, formé la surface du cône. Elles étaient régulièrement intercalées dans le gravier d'alluvions du torrent et exactement parallèles entre elles et à la surface actuelle du cône. »

Ces différentes couches de terreau renfermant des débris de nature diverse les ont fait rapporter à différents âges correspondant à des degrés divers de civilisation. On a rapporté la première ou la plus récente à l'époque romaine; la seconde à celle du bronze, et la troisième à celle de la pierre. Mesurant alors les atterrissements qui se sont faits depuis les couches de l'âge de la pierre ou du bronze jusqu'à nos jours, et les comparant à celui qui s'est formé pendant dix-huit siècles depuis la couche romaine, M. Morlot est arrivé à déterminer pour l'âge du bronze une antiquité de quatre à cinq mille ans, pour celui de la pierre de cinq à sept mille ans; ensemble, et pour la formation totale du delta, de vingt mille ans au moins.

Pas plus que les calculs cités plus haut, les supputations de M. Morlot ne se prêtent à une appréciation exacte. Qui nous garantit en effet que l'accroissement du cône de déjection de la Tinière s'est fait, comme il le suppose, d'une manière uniforme et régulière? Il est probable, au contraire, qu'il a été plus rapide au commencement qu'il ne l'est de nos jours.

En outre, comme le fait observer M. Troyon, quand il s'agit
de cônes de déjection, il arrive parfois que le torrent qui
accumule les alluvions à son embouchure, a été digué à une
époque indéterminée, quoique dans les temps modernes ; de
sorte que les sables et les graviers, au lieu de se répandre à
la surface du cône, sont jetés dans la profondeur du bassin, et
échappent à toute appréciation. Dès lors, la donnée fournie
par la couche supérieure perd toute valeur positive. On sait
aussi combien les cônes de déjection sont souvent remaniés
par le torrent, dont les eaux, si elles ne sont pas diguées,
s'ouvrent continuellement de nouveaux lits dans ce terrain
de transport, rejetant au fond ce qui était à la surface, et
pouvant disperser sur des étages divers des débris de la
même époque. C'est ainsi qu'on retrouve, dans le cône de la
Tinière, des antiquités romaines à 4, à 10 et à 30 pieds de
profondeur.

« Ce qui ôte encore à ces calculs le caractère de certitude
que quelques-uns prétendent leur donner, ce sont les variations climatériques, de culture du sol, ou d'époques différentes. Là où l'agriculteur a déboisé, en tout ou en partie, les
collines qui s'élèvent le long des vallées, les pluies sont devenues moins fréquentes et les cours d'eau, débordant moins
souvent, ont aussi entraîné moins d'alluvions. Si l'on doit
tenir compte de cette différence entre les derniers siècles et
ceux qui les ont précédés, que sera-ce quand il s'agira de
calculer d'après nos formations modernes les dépôts de l'é-
poque diluvienne, alors que des eaux bien autrement puissantes excavaient de profondes vallées ? On peut essayer
d'apprécier la différence des agents, mais comment le faire
d'une manière satisfaisante ? comment arriver à des résultats
certains ? (1) »

(1) L'*Homme fossile*, p. 174.

Nous venons de passer en revue successivement tous les arguments qui, à notre connaissance, ont été produits en faveur de la haute antiquité de l'homme. Nous croyons pouvoir dire qu'il n'y en a aucun qui prouve ce qu'on a voulu lui faire prouver. La plupart sont des hypothèses pures ou des inductions hâtives qui reposent sur des faits imparfaitement observés. Il se peut que plus tard de nouvelles découvertes nous obligent à modifier la date généralement assignée à l'apparition de l'homme sur la terre ; la chronologie biblique sur ce point n'est pas tellement précise que notre foi dût en être ébranlée ou troublée (1). Mais jusqu'ici, et au point où en est la science, rien absolument ne confirme l'assertion pourtant si confiante des géologues qui reculent indéfiniment l'origine de notre espèce dans le lointain des siècles passés.

Au reste, et sans accorder plus de valeur qu'il ne faut aux considérations de cette nature, n'est-il pas vraisemblable que si l'humanité était aussi ancienne qu'on le suppose, elle aurait produit, pendant les siècles sans nombre de son existence, une de ces grandes civilisations qui, depuis quatre mille ans, ont laissé sur le sol tant de monuments de leur passage ? D'où vient qu'on n'en trouve de traces nulle part ; qu'aucune tradition n'en a conservé le souvenir ? Prétendra-t-on que ces milliers de siècles ont été employés par l'homme à se dégager des liens de l'animalité, pour s'élever peu à peu au rang où nous le voyons aujourd'hui ? Mais rien n'est moins prouvé, nous l'avons vu, que l'état sauvage ait été l'état primitif de

(1) « Le calcul du nombre des années qui se sont écoulées depuis la création jusqu'à Jésus-Christ a beaucoup embarrassé les chronologistes modernes. Le père Petau, l'un des hommes les plus versés dans la science des temps, convient que ce n'est que par de simples conjectures et non par des arguments solides qu'on peut établir ce point de chronologie. Aussi compte-t-on jusqu'à 140 opinions différentes sur l'époque de la nativité de Jésus-Christ. Il y en a qui fixent cette époque à l'an du monde 3616, tandis que d'autres la rapportent à l'an 6484. » (Koch, *Introduction au Manuel d'histoire moderne.*).

l'humanité. La théorie d'ailleurs ne s'accorde point avec les faits ; car sans parler des coutumes funéraires dont on retrouve les traces incontestables dans l'âge quaternaire et qui, en attestant chez nos ancêtres la croyance en l'immortalité, mettent entre eux et l'animal une barrière infranchissable ; les faits les plus certains et les plus nombreux établissent que l'homme quaternaire, l'homme contemporain du grand ours et du mammouth, n'est en rien inférieur pour la conformation et le développement du crâne, siége de l'intelligence, au plus beau type de l'homme actuel.

CONCLUSION GÉNÉRALE

Tout livre doit avoir une conclusion. Celle du nôtre ressort assez clairement de son contenu pour que nous n'ayons pas besoin d'y insister.

« Ou Moïse avait dans les sciences une instruction aussi profonde que celle de notre siècle, » a dit un savant illustre, « ou bien il était inspiré (1). »

D'où lui serait venue, en effet, cette connaissance exacte des lois et des phénomènes de la nature et plus particulièrement des révolutions de notre globe, à une époque où la géologie n'existait pas? Ici les explications de race et de climat ne sont pas de mise. Et pourtant il en faut une, car les textes que nous avons cités sont des faits, des faits non moins réels, non moins certains que ceux sur lesquels s'exercent les recherches et les méditations de l'astronome ou du physicien. Ils doivent avoir une cause; quelle est-elle? Le hasard?... Impossible. La divination, le pressentiment du génie?... Pas davantage : ces choses ne se devinent ni ne s'inventent. « Le poëte invente : puisant dans le trésor de son cœur des choses anciennes et nouvelles, il crée par la puissance de son imagination des êtres qui n'ont jamais existé et des événements qui n'ont jamais eu lieu. Le philosophe invente : il se crève les deux yeux et se bouche les deux oreilles pour ne

____

(1) Ampère.

pas être distrait par le monde extérieur, et là, dans le silencieux désert de son âme, à la seule lumière de sa raison, il se fait un Dieu qui lui agrée, ainsi qu'un monde qu'il comprenne, et un homme qui soit sa propre image. Le philosophe et le poëte inventent; l'historien comme le naturaliste étudie. Il ne se permet aucune fiction, il ouvre les yeux pour observer les événements contemporains et les oreilles pour recueillir les paroles de ses concitoyens. Il transmet à la postérité ce qu'il a vu et entendu. S'il veut savoir ce qui s'est passé dans les temps anciens, il a recours aux chartes, aux inscriptions, aux médailles, et quand il arrive aux siècles antérieurs à l'écriture, il interroge les ruines muettes et les débris de la civilisation naissante. On lui permettra bien de compléter ses études par quelques conjectures, mais il est évident que sans la connaissance directe et positive des faits, le passé est pour lui aussi ténébreux que l'avenir. Si donc il nous tombait entre les mains une feuille où nous lirions l'histoire rigoureusement exacte d'une longue série de siècles, nous serions parfaitement certains que ce récit ne peut être ni le rêve d'un poëte, ni la spéculation d'un philosophe (1). » Cela étant, comme il est de toute évidence que Moïse n'avait pas creusé les entrailles de la terre pour y déchiffrer les pages de son histoire, je renouvelle ma question et je demande : Ce qu'il nous en a dit, et que les découvertes de la science confirment tous les jours, qui donc le lui avait enseigné ? où l'avait-il appris ?... En attendant que ceux qui nient la Révélation, pour qui la Bible est un livre comme un autre, aient trouvé leur réponse, voici la nôtre : « La Bible n'est pas un livre d'homme ; elle est le livre de Dieu. »

Toutefois, qu'on le sache bien, l'autorité divine des Écritures ne dépend pas pour nous de l'accord plus ou moins parfait qui

---

(1) Frédéric de Rougemont.

peut exister entre elles et la science géologique. La science
est mobile de sa nature; la vérité, elle, ne change pas : elle
est immuable comme le Dieu dont elle émane. Voilà pourquoi l'autorité de nos Livres saints ne saurait être subordonnée au verdict de la science. Elle repose sur une autre base à
la fois plus solide et plus ferme que nous n'avons pas à rechercher ici.

Mais lorsqu'on vient nous dire avec une assurance que la certitude seule pourrait justifier : « Les progrès de la science ont
fait justice de l'autorité de la Bible; » — à ceux qui tiennent un
pareil langage, nous avons le droit de répondre : « Vous vous
trompez; au point où en est la science, c'est le contraire qui
est vrai. »

Prenons-y garde. Il y a des préjugés scientifiques non
moins aveugles que les préjugés populaires. Ceux qui, au
nom de la science, de la science géologique en particulier,
affirment qu'il y a opposition entre elle et le Livre des révé-
lations divines, ou n'ont pas examiné, ou obéissent sans le
savoir à des préventions irréfléchies. Or, l'effort constant de
tout homme droit et impartial doit être de s'élever au-dessus
d'elles jusque dans ces régions sereines où l'on ne prend
conseil que de la vérité : « *Vincere opinionem, cedendo
veritati.* »

APPENDICE

APPENDICE

DIVERSITÉ DES RACES HUMAINES

UNITÉ DE L'ESPÈCE (1)

INTRODUCTION

Quand on jette un coup d'œil sur l'ensemble des êtres humains qui peuplent la terre, il est impossible, même à première vue, de ne pas être frappé des différences notables qui les distinguent. Si l'homme est un être cosmopolite, si contrairement aux animaux dont chaque espèce (dans l'état de nature du moins) ne peut exister que sur une portion très-circonscrite de la surface de notre globe, il peut vivre sous tous les cieux, s'accommoder à tous les climats, depuis les rives de la mer Glaciale jusqu'aux sables brûlants de l'équateur, il est loin d'être partout le même. Entre l'Esquimau qui se gorge de graisse de baleine dans sa hutte de neige, au milieu des glaces boréales, et le famélique Africain qui poursuit le lion sous un soleil vertical, la différence est grande. Elle ne l'est pas moins entre l'Européen au noble profil, à l'œil vif et intelligent, aux formes régulières et bien proportionnées,

---

(1) Ce travail a paru, il y a douze ans, dans la *Revue chrétienne* (1862), sous forme d'articles. En le reproduisant aujourd'hui, nous y avons introduit quelques additions et modifications que réclamait l'état de la science.

et le Boschiman aux membres grèles, au front protubérant, aux yeux petits et enfoncés, au nez aplati, aux lèvres épaisses et saillantes.

En présence de ces diversités se pose une question qui a long-temps partagé et qui partage encore aujourd'hui l'opinion du monde savant. Cette question la voici : Que faut-il penser de ces différences ? Sont-elles originelles ou acquises ? Doit-on les attribuer à l'existence primitive de plusieurs types humains dont les caractères constitutifs se seraient conservés intacts, à travers les siècles, ou bien tous ces groupes divers ne seraient-ils, malgré leurs diversités, que des variétés d'un type primitif qui se serait modifié sous l'influence du climat, de l'éducation, du genre de vie, de l'ensemble des circonstances au sein desquelles chacun d'eux aurait été appelé à se développer ? En d'autres termes, y a-t-il une ou plusieurs espèces d'hommes ?

Cette question qui est essentiellement une question d'histoire naturelle et d'ethnographie touche aux plus grands intérêts de la religion, de la morale et de l'humanité. L'unité du genre humain est à la base de la chute et de la rédemption, ces deux grandes assises de la foi chrétienne. C'est en Adam leur père commun que tous les hommes ont péché; c'est en Jésus-Christ le second Adam, que tous sont réhabilités. Si donc nous supposons différentes créations d'hommes sans rapport entre elles, l'idée d'humanité disparaît du même coup, et avec elle l'idée de solidarité, sans laquelle le mystère de la chute et celui de la rédemption n'ont plus de sens. Est-il besoin d'ajouter que ce qui ébranle si profondément l'édifice de la religion ne saurait être étranger à la morale ?

Mais j'ai hâte de le reconnaître, si des considérations de cette nature peuvent être invoquées pour relever l'importance de la question, elles ne sauraient entrer en ligne de compte, quand il s'agit de la résoudre. Ici, comme dans toute recherche scientifique, nous devons être mus par un seul mobile : l'amour sincère et désintéressé du vrai.

DIVERSITÉ DES RACES HUMAINES

I

TROIS GROUPES PRINCIPAUX. — DIFFÉRENCES GÉNÉRALES
QUI LES DISTINGUENT.

Les naturalistes sont loin de s'entendre sur le nombre et la
détermination des groupes dont se compose le genre humain.
Nous n'entrerons ni dans le détail ni dans la discussion des différentes classifications anthropologiques qu'on a proposées. Disons
tout de suite que la plus généralement admise de ces divisions
est celle de Georges Cuvier. Quoiqu'elle n'appartienne pas tout
entière à ce grand écrivain, on a coutume de l'associer à son nom,
parce que c'est lui qui l'a exposée le premier avec étendue et précision. D'après ce système, il y aurait trois groupes principaux de
la famille humaine dont Cuvier a fait ses trois races principales :
la race *blanche* ou *caucasienne*, la race *jaune* ou *mongole*, et la
race *nègre* ou *éthiopienne*. Dans le même système et suivant
une hypothèse plus ingénieuse que solide, on rattache ces trois
grandes divisions à autant de chaînes de montagnes qu'on suppose en avoir été le berceau. Le mont *Caucase* serait la première
patrie ou la station primitive des races qui ont peuplé l'Europe et
l'Asie occidentale, d'où le nom de *Caucasiens* donné aux Européens en général, à un grand nombre de nations asiatiques, et
même à quelques Africains. Les nations de l'Asie orientale auraient eu leur origine dans le voisinage de la chaîne *Altaïque*, et
auraient reçu le nom de race *mongole*, en généralisant l'appellation qui appartient en propre aux peuples des plus hautes régions de cette vaste chaîne de montagnes. Enfin le versant méridional de l'*Atlas* aurait été le berceau des nègres africains désignés

simplement sous le nom de race *éthiopienne*, parce que les Éthiopiens étaient le seul peuple noir connu de la haute antiquité.

Nous n'essayerons pas de donner une description complète des caractères qui différencient chacun de ces groupes et chacune des familles qu'ils renferment. Cela nous conduirait beaucoup trop loin. Nous devons nous borner à signaler d'une manière générale les principales différences qui les distinguent.

Ces différences, qui sont communes aux types les plus divergents, comme les moins éloignés, se rattachent plus particulièrement tantôt à l'anatomie, tantôt à la physiologie, tantôt enfin à ce qu'on a nommé les caractères psychologiques, désignant ainsi tous les faits relatifs au génie des peuples, à leur état social et à leurs mœurs.

<hr>

II

CARACTÈRES ANATOMIQUES

A. Formes de la tête : prognathe, pyramidale, elliptique. — Angle facial de Camper. — Capacité relative du crâne éthiopien et du crâne caucasique. — Norme verticale de Blumenbach. — Méthode du D' Owen.

B. Traits du visage.

C. Proportion relative des diverses parties du corps. — Les Niam-Niams. — Membres grêles des peuples incultes. — L'avant-bras et le talon du nègre.

D. La couleur de la peau et de l'iris et la structure des cheveux. — Hypothèse de M. Flourens. — Albinisme. — Famille Porc-épic. — Les Aïnos. — Cheveux du nègre.

Les variations qui rentrent dans cette catégorie sont les plus nombreuses. Comme elles atteignent d'ordinaire les formes extérieures, les organes les plus superficiels, elles sont aussi les plus faciles à saisir, et l'on s'explique comment ceux qui n'ont pas sérieusement étudié la question peuvent avoir été entraînés, de la meilleure foi du monde, à s'en exagérer la valeur. Les variations dont il s'agit portent sur les *formes de la tête*, les *traits du visage*, les *proportions des membres* et la *stature*, sur le *système pileux* et la *coloration de la peau et de l'iris*.

A. *Formes de la tête.*

Il est incontestable que les formes de la tête varient d'une manière assez sensible dans les différents types humains. Un auteur anglais, M. Prichard, dans son bel ouvrage sur l'*Histoire naturelle de l'homme*, partant de cette idée vraie que les caractères physiques chez les différentes races paraissent se modifier plutôt sous l'influence du genre de vie et des habitudes que sous celle du climat, a signalé dans l'espèce humaine relativement au sujet qui nous occupe trois variétés principales qui prédominent, l'une chez les peuples sauvages et chasseurs, l'autre chez les races pastorales et nomades, l'autre enfin chez les nations civilisées.

« Dans les tribus les plus grossières, dit-il, composées de chasseurs ou d'habitants des forêts qui ne comptent pour leur nourriture que sur les productions spontanées du sol ou les produits incertains de la chasse, dans ces tribus parmi lesquelles il faut ranger les nations les plus dégradées de l'Afrique et les sauvages de l'Australie, on voit prédominer une forme de tête que je nommerai *forme prognathe*; ce mot qui fait allusion à l'allongement ou proéminence des mâchoires, rappelle en effet le trait principal de leur physionomie. La forme prognathe du crâne est très-fortement prononcée chez quelques tribus de l'Afrique occidentale, et se montre à un moindre degré chez plusieurs peuples de l'Afrique orientale qu'on désigne ordinairement sous le nom de nègres; cependant on ne peut dire qu'elle soit universelle chez les nègres si l'on étend cette dénomination à tous les peuples qui ont à la fois la peau noire et les cheveux laineux ou crépus (1).

(1) Pour ce qui tient à la forme de la tête osseuse, les peuplades à chevelure laineuse nous offrent les trois types principaux : les Soudaniens présentent un front élevé, un crâne très-ample et rien de prognathe ; les Ibos ont un crâne étroit et allongé ; les Hottentots un crâne pyramidal et une face élargie. On a conclu quelquefois de cette forme pyramidale du crâne chez les Hottentots qu'ils descendaient des Chinois, mais cette conséquence n'est pas rigoureuse et aurait besoin d'être appuyée sur d'autres preuves.

On voit aussi des crânes prognathes dans l'Océan oriental ; les nègres pélagiens des grandes îles de la mer du Sud, aussi bien que les Alfouros et les Australiens, par la forme générale du crâne rentrent dans cette catégorie, et cependant leurs têtes diffèrent sous d'autres rapports des têtes prognathes des nations africaines. Chez les nations de l'Afrique occidentale (Guinée) qui habitent le pays compris entre la longue chaîne des montagnes de Kong et le bord de la mer, pays qui s'étend de l'est à l'ouest jusqu'au fond de la baie de Benin, la forme prognathe est très-fortement marquée.

« Une seconde forme de tête très-distincte de la première, continue M. Prichard, appartient surtout aux races nomades qui promènent, dans de vastes plaines, leurs troupeaux de gros et de menu bétail, et aux tribus qui errent misérablement sur les bords de la mer Glaciale, vivant en partie des produits de leur pêche et en partie de la chair de leurs rennes. Les Esquimaux, les Lapons, les Samoyèdes, les Kamtchadales appartiennent à cette division, aussi bien que les nations tartares, c'est-à-dire les Mongols, les Tongouses et les races turques nomades. Dans l'Afrique méridionale, un peuple autrefois nomade, qui errait avec ses troupeaux de bœufs dans les vastes plaines de la Cafrerie, les Hottentots, qui se rapprochent des Tongouses par leur manière de vivre, ont aussi la face large, le crâne pyramidal, et ressemblent encore par plusieurs traits de leur organisation aux nations du nord de l'Asie. D'autres tribus du sud de l'Afrique, ainsi que plusieurs races indigènes du Nouveau-Monde, nous présentent également quelque chose d'approchant de ce caractère de tête.

« Les races les plus cultivées, celles qui vivent par l'agriculture et les arts de la civilisation, toutes les nations de l'Europe et de l'Asie qui sont le plus avancées sous le rapport intellectuel, ont une forme de tête différente des deux formes que nous venons de mentionner : c'est la forme elliptique ou ovale qui chez eux est caractéristique. — Nous aurons plus tard occasion de citer, ajoute notre auteur, de nombreux exemples de nations qui ont passé d'une de ces formes de tête à une autre, et nous trouverons ces altérations chez les peuples qui ont modifié leur manière de vivre. »

Pour se faire une idée exacte de l'ensemble des caractères de la tête osseuse et des différences que présentent à cet égard les différentes races humaines, on peut l'examiner successivement sous trois aspects : de *profil*, par-*dessus* et par-*dessous*. Chacun de ces procédés a été recommandé par un anatomiste bien connu qui lui a prêté son nom.

Le plus célèbre de tous est l'angle facial de Camper. Cet écrivain, frappé de l'imperfection avec laquelle les meilleurs artistes qu'il copiait avaient saisi les traits et la forme du nègre, fut conduit à examiner quelles étaient les particularités essentielles de cette configuration. Étendant ses recherches aux têtes des autres races, il imagina une méthode graphique, au moyen de laquelle il croyait pouvoir faire ressortir, par une seule mesure, les différences essentielles dans la capacité des crânes, et il regardait ce procédé comme applicable non-seulement aux diverses races humaines, mais aussi aux espèces inférieures. Selon lui, le caractère fondamental, sur lequel repose la distinction des nations, peut être rendu sensible aux yeux, au moyen de deux lignes droites, l'une menée du trou de l'oreille à la base du nez, l'autre tangente en haut à la saillie du front, et en bas à la partie la plus proéminente de la mâchoire supérieure. L'angle qui résulte de la rencontre de ces deux lignes, la tête étant vue de profil, est ce qu'il appelle l'angle facial. A l'aide de cet angle, on peut établir une sorte d'échelle ascendante dans le règne animal, depuis les espèces inférieures jusqu'aux plus beaux types de la nôtre. C'est ainsi que les têtes d'oiseaux offrent l'angle le plus petit ; cet angle devient de plus en plus grand, à mesure qu'on se rapproche davantage de la forme humaine. Il y a, par exemple, parmi les singes une espèce chez laquelle l'angle facial a 42 degrés ; chez une autre espèce de la même famille qui est un des singes les plus semblables à l'homme, cet angle est exactement de 50 degrés. Immédiatement après vient la tête du nègre africain qui présente un angle de 70 degrés ; enfin, dans la tête des hommes de l'Europe, l'angle est de 80 degrés. Dans quelques œuvres de la statuaire antique, comme dans la tête de l'*Apollon*, et dans la *Méduse* de Sisoclès, l'ouverture est encore plus grande : elle atteint jusqu'à 100 degrés.

Il résulte de là qu'une différence de 20 degrés séparerait le premier des singes du nègre ; 10 degrés nous conduiraient du type nègre à la forme européenne, et pour arriver à l'idéal des artistes grecs nous aurions besoin de franchir nous-mêmes une différence

de 20 autres degrés, c'est-à-dire un intervalle égal à celui qui sépare le nègre et le singe le plus voisin. En sorte que d'après Camper il y aurait une sorte de gradation plus ou moins nuancée,
dans laquelle certaines variétés humaines devraient être considé-
rées comme des échelons entre les animaux et nous. Mais cette
théorie fondée sur des observations erronées, ainsi que nous
allons le voir, a été complétement renversée par les curieuses et
intéressantes découvertes du professeur Owen, qui a victorieuse-
ment démontré qu'il s'en faut, et de beaucoup que la transition
de l'homme aux premiers singes soit aussi graduelle qu'on l'a-
vait cru.

L'erreur de Camper et des anatomistes qui ont partagé son opinion provient de ce qu'ils n'ont étudié les singes supérieurs que
sur de jeunes individus, où l'on trouve, en effet, l'angle facial
très-ouvert. Cette ouverture relativement plus grande de l'angle
facial chez les jeunes singes tient à deux causes : d'une part, au
développement précoce du cerveau et à la rondeur de sa boîte
osseuse; d'autre part, à l'état proportionnellement rudimentaire
de la face, à cette même époque de la vie. Le cerveau du singe
atteint tout son volume de très-bonne heure, n'étant point,
comme celui de l'homme, destiné à un développement ultérieur;
au contraire, tout ce qui appartient aux sens et surtout aux fonctions de la bouche et à l'appareil dentaire prend un accroissement
considérable. Les mâchoires s'élargissent et s'allongent, projettent
ainsi la face au devant du crâne et laissent celui-ci dans une position reculée. Il n'est donc pas étonnant qu'ayant examiné le crâne
d'un jeune chimpanzé dans le moment où il n'y avait de développées que les dents de lait, on lui ait trouvé une très-grande
ressemblance avec le crâne humain. Mais il en est tout autrement
quand on compare les crânes d'adultes. On reconnaît alors que
des caractères très-fortement marqués distinguent la tête des qua-
drumanes de celle des hommes. Tandis que chez les seconds, le
crâne domine la face et la couronne dans une position verticale,
chez les premiers le crâne proprement dit est une boîte arrondie
proportionnellement fort petite, qui est placée en arrière de la face

et non au-dessus (1). Et si nous voulons apprécier cette différence en chiffres, tandis que l'angle facial le moins ouvert qu'on ait mentionné chez les nègres est encore de 70 degrés, l'angle facial de l'orang noir ou chimpanzé n'est que de 35 degrés et celui de l'orang roux de 30 degrés seulement. C'est-à-dire qu'il est à 35 degrés pour l'un, à 40 degrés pour l'autre au-dessous de la mesure donnée par Camper lui-même pour l'angle facial du nègre.

Remarquons enfin, même pour les modifications qui existent à cet égard entre les différents types humains, que ces modifications sont déterminées essentiellement par la disposition de la mâchoire supérieure et non par une direction plus ou moins verticale ou fuyante de la ligne frontale, car sous ce dernier rapport les différences nationales ou typiques sont bien moindres que les différences individuelles. Si au lieu de faire arriver la ligne abaissée de la racine du front à la partie la plus proéminente de la mâchoire supérieure, comme le voulait Camper, on la fait arriver au point de rencontre de la base du nez et de la lèvre supérieure, on verra que cette ligne est aussi redressée sur les têtes nègres que sur la plupart des têtes européennes.

On a prétendu aussi que la capacité de la boîte osseuse du crâne était moindre dans les races africaines que chez nous, et l'on s'est appuyé sur ce fait pour conclure à une différence spécifique. Un illustre anatomiste, Sœmmering, croyait avoir reconnu une différence de volume entre le crâne éthiopien et le crâne caucasique ; des mesures de longueur prises comparativement sur un grand nombre de têtes, semblaient s'accorder à donner ce résultat. Mais un autre anatomiste célèbre, Tiedemann, a constaté, par un procédé bien plus concluant que celui de Sœmmering, que la place faite au cerveau dans un crâne nègre ne diffère pas de celle qui est réservée à cet organe dans une tête caucasique. Tiedemann procédait de la manière suivante : après avoir pesé la tête dont il voulait mesurer la capacité, il la remplissait de grains de millet, puis

____

(1) Voir figures, pages 390 et 391.

il la pesait de nouveau ; il n'avait ensuite qu'à soustraire le premier poids obtenu du second pour avoir une évaluation exacte du contenu de la boîte cérébrale. L'épreuve a été faite sur 47 têtes éthiopiennes comparées à 71 caucasiennes. On a toujours obtenu le même résultat (1).

Le deuxième procédé qu'on a imaginé pour comparer entre elles et mesurer les différences qui distinguent les têtes osseuses est dû à la sagacité et à la persévérance d'un physiologiste distingué, Blumenbach. Après avoir posé un crâne sur une table, il le considère de haut en bas, d'aplomb, et les formes comparées ainsi que les proportions des parties visibles lui donnent ce qu'il appelle la *norme* ou *règle verticale (norma verticalis)*. Ces parties visibles auxquelles il faut prêter attention, sont : 1° la forme plus ou moins ovale de la tête ; 2° la projection plus ou moins grande du crâne et de la face, ensuite les os du nez, et au-dessous de ceux-ci les mâchoires avec leurs dents respectives ; 3° enfin il faut prendre garde à la manière dont l'os molaire ou de la pommette s'ajuste avec le temporal ou os des oreilles, par le moyen d'une arcade appelée zygomatique. En suivant cette idée, il y a, selon Blumenbach, dans les contours que nous présentent les crânes humains trois variétés bien tranchées, et qui se distinguent bien nettement l'une de l'autre : la forme *géorgienne* ou *caucasienne*, la forme *éthiopienne* ou *africaine* et la forme *mongole* ou *chinoise*.

Dans la *caucasienne* la forme du crâne est plus symétrique, les

(1) M. Broca affirme le contraire. « Virey et Palissot de Beauvais, dit-il, ont déduit de leurs observations et de leurs expériences que la différence est d'un neuvième, c'est-à-dire de onze centièmes environ. D'après leur évaluation, le crâne du blanc pourrait contenir neuf onces de liquide de plus que celui du nègre. Les recherches plus rigoureuses et plus complètes, faites par M. Meigs, suivant le procédé Morton, sur les crânes de la riche collection mortonienne, ajoute-t-il, ont établi que la capacité moyenne du crâne, exprimée en pouces cubes, est de 93,5 chez les Européens et les Anglo-Américains, et de 82,25 seulement chez les nègres. La différence de ces moyennes est de 11,25 pouces cubes, c'est-à-dire que le cerveau du blanc l'emporte d'un peu plus de 12 centièmes sur celui du nègre. » (*Recherches sur l'hybridité*, p. 518.)

arcades zygomatiques rentrent dans le trait extérieur général, les os des joues et des mâchoires sont entièrement cachés par la proéminence du front.

Les deux autres familles s'éloignent de ce type dans des directions opposées ; le crâne nègre est plus long et plus étroit, et celui du Mongol d'une grande largeur.

Dans le *crâne du nègre*, la partie antérieure et latérale étant fortement comprimée, les arcades zygomatiques bien que très-aplaties elles-mêmes forment une large saillie. En outre, la partie inférieure du visage se prolonge tellement au delà de la partie supérieure que non-seulement les os des joues, mais la totalité des mâchoires et même les dents sont visibles en regardant d'en haut. La surface générale du crâne est allongée et comprimée d'une manière remarquable.

Le *crâne mongol* se distingue par la largeur extraordinaire de la face dans laquelle l'arcade zygomatique est complétement détachée de la circonférence générale, non pas tant, comme chez le nègre, à cause de quelque dépression dans cette partie de la tête que par l'énorme proéminence latérale de l'os des joues. Le front est aussi très-déprimé et la mâchoire supérieure protubérante de manière à être visible quand on la regarde dans une direction verticale.

Un caractère de la plupart des têtes mongoles et de la forme du visage qui résulte de cette conformation du crâne, c'est l'obliquité des yeux ou plutôt de leur ouverture. Les yeux étant supposés fermés, les deux fentes des paupières, au lieu de se trouver en droite ligne, sont comme placées sur deux lignes convergentes. L'obliquité ne tient pas à un défaut de parallélisme dans les orbites, mais elle résulte de la structure même des paupières : la peau étant extrêmement tendue sur la grande saillie que forme l'os de la pommette au-dessous de l'angle externe de l'œil, et au contraire n'ayant rien qui la soulève du côté interne, puisque les os du nez sont peu relevés et que l'espace entre les yeux est presque de niveau avec le bord de l'orbite, il en résulte que l'axe transverse de l'œil semble être dirigé obliquement en dedans et en bas.

Enfin la troisième méthode, celle à laquelle le docteur Owen a attaché son nom, consiste à comparer les crânes vus par-dessous, et après que la mâchoire inférieure a été enlevée. Cette méthode a l'avantage de nous permettre de déterminer la position du trou occipital (celui par lequel la tête communique à la colonne vertébrale ou épine du dos), position qui a toujours été regardée par les anatomistes comme très-importante à considérer pour la comparaison des différentes races humaines. Ce trou est placé plus en arrière dans la tête des animaux que dans celle de l'homme. Chez l'homme il se trouve près du milieu de la base du crâne, ou selon l'indication plus exacte de M. Owen, il est placé immédiatement derrière la ligne qui divise en deux parties égales le diamètre antéro-postérieur de la base du crâne. Chez les chimpanzés (espèce de singes la plus rapprochée de la conformation humaine) cette ouverture est reculée jusqu'au dernier tiers de ce diamètre.

Quant aux différences que présentent, à cet égard, les différentes races humaines, elles sont insignifiantes. Prichard, après avoir examiné avec beaucoup de soin la situation du trou occipital dans beaucoup de crânes de nègres, déclare que dans tous il a vu qu'il se trouvait derrière la ligne transversale qui coupe par le milieu le diamètre antéro-postérieur de la base du crâne. Et ce qu'il importe surtout de remarquer c'est que les conditions de l'articulation de la tête avec le cou ne se modifient en aucune manière chez le nègre. Bien plus, on a observé que chez le Hottentot, où le principal caractère du crâne africain, l'allongement, est porté à son maximum, la tête se trouve plus près de sa position d'équilibre que chez les races supérieures ; ce qui prouve, contrairement à l'opinion de ceux qui voudraient assimiler le nègre au singe, qu'il n'a point été fait comme celui-ci pour marcher sur ses membres antérieurs, mais pour avoir cette position équilibrée de la tête sur le cou qui est une des conditions essentielles de la station propre de l'homme.

B. *Traits du visage.*

Nous serons beaucoup plus bref sur la deuxième des différences anatomiques que nous avons signalées, celle qui se rapporte aux *traits du visage*. Ces différences tiennent en effet en grande partie à celles que nous avons mentionnées dans la forme de la tête. Les formes de la tête et les traits du visage sont dans une dépendance très-étroite. Une mâchoire supérieure saillante jette la bouche en avant; des pommettes qui élargissent le haut de la face comme chez les Mongols et les Chinois remontent les joues et ne peuvent manquer d'agir sur les paupières, et ainsi de quelques autres détails. Quant aux autres variétés, comme par exemple le développement remarquable des lèvres qui établit un si grand contraste entre les nègres et les Européens, ce sont là, observe avec raison M. Hollard (1), de simples modifications qu'on a comparées quelquefois à celles que les médecins rattachent aux tempéraments individuels. Les divers types humains sous ce rapport, comme pour l'ensemble de leurs caractères physiques, représenteraient des tempéraments généraux. Ici des formes de visage légères, effilées, une grande mobilité comme en offrent les tempéraments nerveux; là au contraire des formes lourdes, épatées, qui sortent rarement de leur fixité habituelle, et qui rappellent certains exemples du tempérament lymphatique.

C. *Proportion relative des diverses parties du corps.*

Aux différences générales que nous présentent les formes de la tête et les traits du visage, il faut joindre quelques variétés relatives à la stature moyenne du corps, à la grandeur et aux proportions des membres et du tronc, et aux rapports des différentes parties.

Il est incontestable que la stature moyenne varie beaucoup de peuple à peuple; il suffit de rappeler les nations hyperboréennes (les Lapons et les Esquimaux) comparées à certaines tribus nomades de la Patagonie. Mais ce qui est non moins incontestable, c'est que les différences individuelles que présentent à cet égard les mêmes types, non-seulement égalent, mais dépassent de beaucoup les limites des différences de peuple à peuple. La preuve,

(1) *De l'Homme et des races humaines*, p. 253.

c'est qu'il y a dans toutes les races des nains et des géants, tandis qu'il n'y a ni peuple nain, ni peuple géant.

Parmi les variations qui portent sur le système osseux, on a surtout insisté sur la conformation du bassin, et l'on a réduit à quatre toutes les variétés de forme que peut présenter cette partie du corps : la forme ovale qui serait la plus commune chez les Européens, la forme ronde chez les nations américaines, la forme carrée chez les Mongols, et ceux qui leur ressemblent, enfin la forme oblongue chez les races africaines. Mais encore ici les recherches faites par les savants établissent qu'on trouve des exemples de chaque forme dans les différentes races d'hommes ; d'où nous pouvons conclure qu'il n'y a point pour cette partie du corps de conformation qui soit particulière à une race, et qui constitue chez elle un caractère permanent.

On a beaucoup parlé dans ces derniers temps d'un autre phénomène de variation dont on a voulu faire un caractère spécifique ; il s'agit des *hommes à queue*, des fameux Niam-Niams, cette prétendue peuplade de nègres anthropophages qui serait caractérisée par le prolongement du coccyx. S'il faut en croire des juges compétents, cette singulière conformation n'aurait rien que de très-simple. « L'homme à l'état d'embryon, dit M. de Quatrefages, a une queue proportionnellement aussi longue que le chien. Par les progrès même du développement et de la *métamorphose*, cette queue se trouve changée en coccyx. Un arrêt dans la métamorphose de cette partie suffirait donc pour que l'homme présentât un prolongement caudal sensiblement plus long que celui qu'il possède à l'état normal. Or, nous savons que de semblables arrêts ont été fréquemment observés dans presque tous les organes (1). »

Quant aux proportions des parties, les races d'hommes peu avancés dans la civilisation ont, comme les races d'animaux qui n'ont point été modifiées par la culture, les membres grêles, maigres et allongés. Telle est la forme générale du corps des naturels de l'Australie. On a remarqué aussi que les proportions des mem-

(1) *Unité de l'espèce humaine*, p. 156.

bres sont autres chez les peuples qui ne vivent que d'aliments
empruntés au règne végétal et en quantité à peine suffisante que
chez ceux qui sont mieux nourris. Les Hindous, par exemple, ont
les bras et les jambes proportionnellement plus longs et moins
musculeux que les Européens ; on a remarqué en outre, lorsque
des sabres de soldats indiens ont été apportés en Angleterre, que
la poignée en était trop petite pour les mains anglaises. On sait
que toutes les races sauvages ont moins de force musculaire que
les peuples civilisés. Dans les diverses expériences qui ont été
faites, les naturels de l'Australie, aussi bien que les indigènes de
l'Amérique, ont été trouvés faibles en comparaison des Européens,
et Volney prétend que dans les combats de troupe à troupe, ou
d'homme à homme, les Virginiens et les Kentuckiens ont toujours
l'avantage sur les Américains sauvages.

On a souvent prétendu que l'avant-bras chez le nègre est beaucoup plus long que chez l'Européen, et que la différence est portée
au point de constituer un véritable rapprochement vers les caractères des singes. Sur le premier point, la vérité est que la différence est très-légère (1) et ne dépasse en aucune façon les variétés
qu'on peut observer chaque jour, en comparant plusieurs individus appartenant à une même nation. Sur le second, il y a une
disproportion telle qu'on ne comprend pas comment on a pu songer à établir le moindre rapprochement. Les bras de l'orang atteignent les talons ou au moins la cheville, et ceux du chimpanzé
descendent encore au-dessous du genou. Or, il n'y a rien, absolument rien, qui approche même de cela dans les races d'hommes
les plus incultes.

Notons enfin une dernière particularité. Les nègres ont le talon
plus saillant qu'il ne l'est d'ordinaire chez le blanc. Cela tient à
la longueur plus grande du calcanéum. On dit qu'en Abyssinie
la confusion des caractères est telle entre l'Arabe et le nègre qu'on

(1 D'après les dernières mensurations faites par M. Dally sur 8 Européens et 8 nègres, l'humérus égalant 100, le radius des Européens serait
de 75.50, celui des nègres de 79.40. (*Bulletin de la Société d'anthropologie.*
Séance du 21 novembre 1872.)

ne reconnaît plus celui-ci ni aux cheveux, ni à la couleur, mais à la saillie du talon. Le même caractère se retrouve dans les races boschimane et hottentote.

D. *La couleur de la peau et de l'iris et la structure des cheveux.*

Une quatrième différence à laquelle on a attaché une grande importance, est celle qui se rapporte à la couleur de la peau et de l'iris et à la structure des cheveux. Nous réunissons ces diverses variétés sous un même chef, parce qu'il existe en effet une correspondance très-grande entre la couleur des cheveux, la nuance de la peau et celle de l'iris. Cette observation n'est pourtant vraie que d'une manière générale. On trouve des yeux bleus, gris et châtains chez les nègres les mieux caractérisés, comme on trouve également des cheveux du noir le plus foncé chez des populations à peau parfaitement blanche.

Tout le monde sait combien varie dans l'espèce humaine la couleur de la peau. « Il n'y a qu'un aveugle, disait Voltaire, qui puisse douter que les blancs, les nègres, les albinos, les Hottentots, les Lapons, les Chinois et les Américains ne soient des races entièrement distinctes. » Ce trait, il faut en convenir, est l'un des plus frappants de la diversité des peuples qui couvrent la surface du globe, et celui peut-être auquel on s'est le plus arrêté pour la distinction et la classification des principales races. Nous avons vu que c'est le fondement de la division de Cuvier.

Néanmoins, on avait pensé que les différences de couleur ou le teint étaient moins importantes pour la séparation à établir entre les races que quelques autres caractères, et particulièrement que les différences dans la forme du corps et dans la conformation du crâne. Ce que Linné avait dit à propos des fleurs : *Nimium ne crede colori* « ne croyez pas trop à la couleur, » on s'était généralement accordé à le reconnaître à propos de l'homme. Mais un savant français, M. Flourens, dans un écrit publié il y a quelques années, considère les différences de couleur comme constituant pour les différentes races un caractère plus essentiel qu'aucune autre particularité. Selon lui, l'altération de couleur qui se produit sous l'influence du soleil ou de diverses causes dans la peau des blancs, doit être considérée comme étant par sa nature totalement différente de celle qui est naturelle à la peau du nègre, et comme ayant son siége dans un tout autre tissu. La première altération, selon lui, dépend simplement d'une teinte accidentelle de l'épiderme, tandis que la couleur du nègre est donnée par une membrane particulière qui ne se trouve point chez les races blanches. M. Flourens établit ainsi une ligne de séparation très-distincte entre ces deux divisions du genre humain. Il considère la diversité en question comme constituant une véritable distinction spécifique, ou en d'autres mots, comme prouvant que le nègre et l'Européen appartiennent à des espèces différentes.

Sans entrer dans la discussion scientifique de l'hypothèse de M. Flourens, il nous suffira pour la juger de la mettre en regard des faits. Or, il y a des faits et en grand nombre consignés depuis longtemps dans les ouvrages de médecine, et d'autres journellement observés qui sont tout à fait inconciliables avec l'hypothèse dont il s'agit. On sait par exemple qu'il y a diverses affections générales connues sous le nom de *mélanose* qui, chez les Européens, donnent à la peau une couleur noire semblable à celle qui est naturelle à la race africaine. Bonmare, cité par Blumenbach, fait mention d'une paysanne française, dont une certaine partie du corps devenait complétement noire pendant un temps; et Camper parle d'une femme de haut rang qui avait naturellement la peau blanche et un très-beau teint, mais qui chaque fois qu'elle devenait mère commençait immédiatement à brunir, « au point de devenir une véritable négresse. » Bientôt après la couleur noire s'effaçait graduellement et faisait place à son teint naturel. Le docteur C. Strock (*Observationes medicinales de febribus intermittentibus*, Ticini, 1791, in-8°) fait mention d'un homme qui devint aussi noir qu'un nègre à la suite d'une fièvre. D'autres savants ont également cité des faits du même genre.

Par contre, la substance colorante du derme est susceptible de disparaître même des peaux où elle se trouve naturellement. On a vu assez fréquemment et dans différents pays des nègres perdre leur couleur noire et devenir aussi blancs que des Européens. Un exemple de ce genre est consigné dans le cinquante-septième volume des *Transactions philosophiques*. Klinkosch cite le cas d'un nègre qui de noir devint jaune, et Caldoni nous apprend qu'un nègre qui exerçait à Venise l'état de cordonnier, et qui était noir lorsqu'on l'amena encore enfant dans cette ville, devint en grandissant de moins en moins foncé, et finit par avoir le teint d'une personne affectée d'une légère jaunisse. Les turcos blessés pendant le siége de Paris, dans la dernière guerre, avaient sensiblement pâli. Sous l'influence de la maladie, il s'était produit chez eux une décoloration notable de la peau. Le même fait souvent observé, a été pour la première fois l'objet de mesures précises de la part de mon fils, sur une négresse, dans le service de M. Broca, aux cliniques (1).

Ces cas de développement accidentel dans la peau des blancs d'une substance qui la colore en noir, et ceux de disparition dans la peau de certains nègres du pigment coloré qui y est naturel prouvent, nous semble-t-il, contrairement à l'opinion de M. Flourens, qu'il n'y a point entre la peau de l'Européen et celle des autres races, de différence organique qui nous autorise à supposer dans le genre humain une diversité d'espèces.

Aussi, des investigations plus attentives, à l'aide de procédés plus exacts, ont mis hors de doute que l'organisation de la peau est la même pour toutes les races; que chez toutes la surface du derme est le siége d'un dépôt de matière colorante, et que la seule différence qui existe d'une race à l'autre tient à ce que la quantité de cette matière est plus abondante chez les noirs que dans les autres types de l'espèce humaine.

« Considérée dans son ensemble, dit M. de Quatrefages, la peau se compose essentiellement de trois couches : le *derme*, l'*épiderme* et le *corps muqueux de Malpighi*. Le premier forme le cuir ou la peau

---

(1) *Sur la décoloration de la peau chez les nègres, sous l'influence du climat et de la maladie*, par M. S. Pozzi. (*Bulletins de la Société d'anthropologie de Paris*. Séance du 21 novembre 1872.)

proprement dite; il est situé au-dessous des deux autres et largement abreuvé de sang par une foule de vaisseaux ramifiés à l'infini. C'est à eux qu'il doit la teinte rouge qu'il présente à l'œil nu lorsqu'on le met à découvert; mais si on l'examine à un grossissement suffisant, on aperçoit entre les mailles des réseaux vasculaires les tissus propres qui le composent, et ces tissus sont aussi blancs chez le nègre de Guinée que chez l'Européen. Cette couche profonde est exactement la même chez le nègre et chez le blanc. Tout à fait à l'extérieur se trouve l'épiderme, couche d'apparence cornée, composée de lamelles translucides plus ou moins intimement adhérentes entre elles, et dont la demi-transparence permet d'apercevoir la teinte générale des tissus placés au-dessous. Cette couche est entièrement semblable dans toutes les races. C'est entre le derme et l'épiderme que se trouve placé le corps muqueux, siége de la coloration: celui-ci se compose de cellules pressées les unes contre les autres, et superposées de manière à former un certain nombre de stratifications. Jusqu'ici encore tout est pareil chez le nègre et chez le blanc; mais dans ce dernier le contenu des cellules, même le plus profondément situées, est, dans la plupart des régions du corps, presque incolore, et ne présente qu'une légère teinte jaunâtre : cette couleur se fonce chez les races jaunes et chez les blancs eux-mêmes quand ils ont le teint brun; chez le nègre enfin, elle devient d'un noir plus ou moins brunâtre (1). »

Une remarque plus importante encore, c'est que la couleur est toujours *uniformément* répandue dans tous les types du genre humain. Si les nuances changent, leur système de distribution est partout identique; il n'y a jamais ici ce qu'on nomme des *livrées*, comme par exemple cette ligne d'un brun noir qui teint la crinière et se prolonge jusqu'à la naissance de la queue dans l'hémione; et cette autre raie noire qui croise la première et descend jusque sur les épaules chez l'âne, et qui établissent entre ces variétés du genre cheval une véritable différence spécifique.

Il est une autre variété de couleur, la *variété albine*, qu'on a regardée quelquefois comme une monstruosité résultant d'un état morbide, mais seulement peut-être parce qu'elle est beaucoup plus rare que les précédentes. Les albinos, comme chacun sait, sont

(1) *Unité de l'espèce humaine*, p. 139.

des personnes chez lesquelles la peau est d'un blanc éblouissant,
avec les cheveux très-fins et presque sans couleur, les yeux rouges
et d'une très-grande sensibilité qui ne leur permet de supporter
que très-peu de lumière, d'où l'opinion vulgaire qu'ils voient dans
l'obscurité. Cette couleur rouge de l'œil tient à ce qu'en raison de
l'absence de la matière colorante de l'iris et de celle du pigment
noir qui tapisse la choroïde, la lumière réfléchie prend une teinte
rougeâtre en traversant les vaisseaux sanguins transparents de l'iris
et des parties internes de l'œil. C'est aussi l'absence totale de matière colorante qui explique le blanc des cheveux et de la peau
qu'on remarque dans l'albinisme.

Mais que cette variété, non plus que les précédentes, ne soit
point le caractère d'une espèce, c'est ce qui résulte des observations suivantes. Et d'abord, loin d'être le propre d'une famille humaine spéciale et distincte des autres, l'albinisme se produit partout, dans toutes les races et sous tous les climats. Wisemann parle
d'une famille très-respectable des environs de Rome qui a plusieurs enfants appartenant à cette variété. On en trouve aussi chez
les Coptes, dans les Papous de la Nouvelle-Guinée, et même en
Afrique parmi les races les plus foncées en couleur, où cette variété est loin d'être rare, et forme par sa blancheur de neige un
contraste frappant avec la teinte d'ébène des habitants du pays.
En deuxième lieu, l'albinisme est si peu un caractère spécifique
qu'on le voit quelquefois se produire et disparaître chez le même
individu.

« L'année passée, dit le professeur Graves de Dublin, cité par Prichard, le docteur Asherson me fit part d'un cas où il avait vu le
pigment de l'œil se développer chez un enfant albinos, âgé de trois ans.
Cet enfant avait en naissant les cheveux blancs et les yeux violets avec
les pupilles rouge foncé. A la fin de sa troisième année, ses cheveux
étaient blonds et ses yeux étaient bleus, mais ils conservaient encore
à un degré très-remarquable, quoique moindre qu'auparavant, cette
mobilité et cette agitation particulières à l'albinos. C'était alors le
seul cas de cette nature dont j'eusse entendu parler, excepté l'exemple
cité par Michaélis dans Blumenbach (*Bibliothèque de médecine*,
vol. III, p. 679), exemple qui encore ne repose que sur l'autorité

incertaine de quelques paysans. Par un hasard assez singulier, j'eus
bientôt la bonne fortune de rencontrer moi-même un cas semblable.
Dans ma jeunesse vivaient non loin de chez moi deux enfants, le
frère et la sœur, dont les yeux, les cheveux et le teint offraient à un
tel degré les caractères de la *leucosis*, qu'ils étaient reconnus pour
albinos, même par des personnes étrangères à la médecine. Dernièrement j'eus occasion de me souvenir d'eux, en lisant, dans un journal, un avertissement où leur nom se trouvait. J'appris que le frère
était devenu marchand de tabac; en allant le voir, je trouvai à mon
grand étonnement que ses yeux de violet rouge qu'ils avaient été
étaient devenus gris, et que ses cheveux, de blancs étaient devenus
blonds; la sensibilité morbide des yeux pour la lumière avait aussi
grandement diminué (1). »

L'albinisme ne saurait donc en aucune manière être considéré
comme le caractère distinctif d'une espèce particulière.

Enfin, avant d'abandonner ce sujet, citons une autre histoire,
celle de la famille *porc-épic*, qui servira peut-être, mieux que tout
ce qui précède, à faire ressortir l'étendue des variations susceptibles de se produire dans l'enveloppe extérieure du corps humain.

En 1731, on présenta à la Société royale de Londres un garçon
âgé de quatorze ans, Edward Lambert, né dans le Suffolk de parents parfaitement sains, et qui, sous le rapport de l'enveloppe té-
gumentaire, offrait quelque chose d'extrêmement remarquable.
Sa peau, si on peut l'appeler ainsi, donnait l'idée d'une sorte de
carapace brunâtre exactement appliquée sur toutes les parties du
corps, le visage, la paume des mains et la plante des pieds ex-
ceptés. Cette carapace, épaisse d'un pouce et plus, semblait formée d'une écorce rugueuse ou d'un cuir grossier; elle était irrégulièrement fendillée, et sur les flancs divisée de manière à figurer
grossièrements les piquants d'un porc-épic, circonstance qui a valu
à Lambert et à ses descendants le surnom sous lequel ils sont restés
célèbres. Cette enveloppe était insensible et calleuse; tous les ans,
à l'automne, elle se détachait par une sorte de mue; la peau, qui
s'était formée au-dessous, reparaissait saine et lisse, mais bien-

---

(1) Prichard, *Histoire naturelle de l'homme*, t. I, p. 106. Traduction française. Paris, 1843.

tôt elle s'épaississait de nouveau, et reprenait sa forme première.

Edward Lambert avait atteint l'âge de quarante ans, quand il fut revu par M. Baker. Ce dernier fit un rapport communiqué à la Société royale, dans lequel nous lisons ce qui suit : « C'était un homme de bonne mine, bien fait, au teint fleuri et qui ne paraissait différer aucunement des autres hommes, lorsqu'il était habillé et que ses mains étaient couvertes. D'ailleurs tout son corps, à l'exception du visage, de la paume des mains et de la plante des pieds, offrait encore la même nature de téguments qui avaient été observés en 1731 par M. Machin, et je m'en réfère à cet égard à sa description qu'il serait inutile de répéter ici. Je ferai cependant remarquer que la couche cornée qui revêt la peau m'a paru formée d'une foule de verrues cylindriques, brunâtres, s'élevant à une même hauteur, et naissant aussi près que possible les unes des autres ; ces excroissances sont roides et élastiques, de sorte que lorsque on y passe la main, elles produisent un certain bruissement assez fort. Mais ce qu'il y a de plus extraordinaire dans l'histoire de cet homme, c'est qu'il a eu six enfants, tous avec la même enveloppe rugueuse, et chez eux, cet état anormal de la peau a commencé à se montrer neuf semaines environ après la naissance, précisément comme cela avait eu lieu chez lui. Un seul de ses enfants est vivant : c'est un très-joli garçon de huit ans que j'ai examiné en même temps que son père et qui est exactement dans les mêmes conditions que lui. »

Ce garçon, devenu homme, se maria à son tour, et eut deux fils et six filles. Les deux enfants mâles, examinés en 1802 par Cilésius, avaient hérité de la carapace de leur père. Il paraît donc hors de doute, dirons-nous avec M. Baker, que cet homme aurait pu devenir souche d'une race dont les individus auraient la même nature de téguments. Si cela fût arrivé et qu'on eût oublié l'origine accidentelle de cette race, il est assez probable qu'on l'eût considérée comme constituant dans le genre humain une espèce distincte.

Une autre diversité est celle relative à la *couleur*, à la *quantité* et à la *structure des cheveux*.

Pour ce qui est de la *couleur*, dans toutes les grandes familles de l'humanité, elle est le plus souvent foncée ou même noire, et dans presque toutes, elle présente quelques exceptions à cette règle, exceptions plus fréquentes chez quelques populations que chez les autres.

Quant à la *quantité* des cheveux, il y a entre les différentes races humaines des différences bien connues. Ainsi les Mongols et les autres peuples qui leur ressemblent dans le nord de l'Asie ont peu de cheveux et la barbe très-peu fournie. Le même caractère paraît se trouver chez toutes les nations américaines, qui se rapprochent, d'ailleurs, en quelques autres points de celles de l'Asie septentrionale. Plusieurs auteurs, tant anciens que modernes, ont même soutenu qu'il existe des populations entièrement dépourvues de barbe. Mais des observations plus exactes ont démontré la fausseté de cette assertion. Si certains peuples asiatiques ont été considérés comme complétement imberbes au temps d'Hérodote et d'Ammien Marcellin, c'est parce qu'ils avaient l'habitude de s'épiler avec un grand soin dès l'enfance. Il en est de même pour les Indiens de l'Amérique. « Quand je voyais entrer chez moi mes paroissiens, tous Indiens de race pure, disait M. l'abbé Brasseur de Bourbourg, cité par M. de Quatrefages, je croyais voir arriver des Arabes. Ils en avaient le teint, et leurs barbes, leurs moustaches étaient tout aussi fournies. » D'autre part, il y a des races chez lesquelles on remarque une exubérance prodigieuse du systéme pileux ; c'est le cas des *Aïnos* ou hommes de la race kurile, parmi lesquels on trouve des individus dont les cheveux poussent jusque sur le dos et dont le corps est presque entièrement velu. « Leur barbe, dit La Pérouse, tombe sur leur poitrine, et ils ont les bras, le cou, le dos couverts de poil. J'insiste sur cette particularité, ajoute-t-il, parce qu'elle se présente comme un caractère général, au lieu qu'en Europe, où l'on trouverait bien quelques individus aussi velus, ces individus forment une exception au caractère commun. » Un autre voyageur, Broughton, dit qu'ils ont le corps couvert presque partout de longs poils noirs, et qu'il a même observé cette particularité chez quelques jeunes enfants.

Enfin, la *structure* des cheveux n'est pas la même chez tous les peuples. Les nations septentrionales de l'Asie et de l'Amérique ont généralement les cheveux plats et roides; il y a néanmoins quelques exceptions. Les Européens les ont souvent plats et souples, et d'autres fois très-frisés et crépus. Si nous prenons l'ensemble des races noires originaires de l'Afrique et que nous les comparions entre elles, nous en verrons qui, étant semblables par le teint et la plupart des particularités physiques, diffèrent cependant par les cheveux, et offrent toutes les gradations possibles, depuis la chevelure complétement crépue jusqu'à la chevelure simplement frisée ou même ondée. Cette remarque est également vraie pour les indigènes des îles du grand Océan méridional. On trouve parmi eux quelques individus dont les cheveux sont crépus et d'autres dont les cheveux sont légèrement frisés.

Aucune des différences dont nous venons de parler ne peut être considérée comme un caractère de race. Il en est tout autrement de la disposition laineuse des cheveux, dont on a voulu faire un des traits spécifiques de la race éthiopienne. Est-il vrai, comme on l'a prétendu, que les cheveux du nègre soient essentiellement différents de ceux des autres types humains ? que chez les races africaines et chez quelques autres tribus noires habitant principalement entre les tropiques, la tête porte de la laine et non des cheveux ?

Observons d'abord que lors même qu'il en serait ainsi, cela ne prouverait en aucune façon que les nègres sont descendus d'une souche distincte de celle des blancs, puisque nous savons que dans quelques espèces d'animaux (les chiens par exemple), il y a des races qui portent de la laine, tandis que quelques autres sont couvertes d'un véritable poil. Mais il n'en est rien.

En effet, les poils véritablement laineux et susceptibles de former un feutre se distinguent des poils ordinaires par une structure particulière, d'où résultent à la surface des aspérités plus ou moins prononcées et proportionnées à sa disposition à se feutrer. C'est cette contexture en forme de scie que présente sa surface extérieure qui donne à la laine sa propriété feutrante et la distingue essentiellement des cheveux.

Les poils soyeux ou poils vrais, bien qu'ils soient couverts parfois d'écailles et de rugosités, n'offrent rien qui ressemble à ces dentelures. Les poils soyeux du tigre sont couverts d'écailles semblables à celles qui couvrent le dos d'une sole, tandis que dans les poils laineux du même animal, les dentelures sont nombreuses et distinctes.

On remarque aussi que le poil laineux augmente d'épaisseur de sa racine à sa pointe ou du moins qu'il offre des inégalités dans sa longueur, des renflements, comme l'apparence de nœuds, et qu'il ne va pas en s'atténuant, tandis que le poil proprement dit est un tissu uni, à contours réguliers et dont le calibre va s'amincissant de la base à l'extrémité libre.

Or, il résulte de l'examen des cheveux du nègre, fait au microscope, que ce sont de véritables cheveux qui ne peuvent en aucune façon être assimilés à de la laine. M. Prichard s'est livré sur ce point à un grand nombre d'observations. Il a vu et examiné avec soin, au moyen d'un grossissement d'environ quatre cents fois, des cheveux appartenant à différentes races d'hommes, et les a comparés à la laine d'un mouton anglais. Il a ainsi tour à tour comparé les cheveux d'un nègre, d'un mulâtre, de plusieurs Européens et de quelques Abyssiniens avec la laine du mouton de Southdown, en les éclairant successivement à la manière des corps transparents et à la manière des corps opaques.

« D'après les résultats de ces observations, dit-il, il reste pour moi parfaitement démontré que le nègre a des cheveux proprement dits et non pas de la laine. La principale différence entre les cheveux du nègre et ceux de l'Européen consiste simplement en ce que les uns sont plus frisés et plus crépus que les autres, et ce n'est réellement qu'une différence du plus au moins, puisque chez quelques Européens les cheveux sont aussi extrêmement crépus. Une autre différence consiste dans la plus grande quantité de substance colorante ou pigment qui se trouve dans les cheveux du nègre. Il est très-probable que cette particularité est avec la première dans des rapports nécessaires, et même qu'elle en est la cause. »

III

CARACTÈRES PHYSIOLOGIQUES

Influence des agents modificateurs. — Les phénomènes de variation sont
moindres chez l'homme que chez les animaux. — Précocité prétendue des
femmes dans les pays chauds. — Immunités de la race nègre.

Nous avons passé en revue les principaux caractères différentiels qui se rattachent à l'anatomie ; il en est d'autres qui rentrent
dans la physiologie et dont nous avons aussi à dire un mot.

Quoiqu'on puisse affirmer d'une manière générale que les lois
de l'économie animale sont sujettes à de moins nombreuses et
de moins grandes variations que celles relatives aux caractères
extérieurs dont nous venons de nous occuper, il est cependant
incontestable que les fonctions comme les organes subissent l'influence des agents modificateurs. S'agit-il des espèces végétales ?
Il n'est personne qui ne sache que nos végétaux cultivés présentent souvent de très-notables différences, d'une race à l'autre, sous
le rapport de la rapidité du développement et du plus ou moins
d'activité des fonctions de reproduction. Sur le premier point il
suffit de citer les blés d'automne, les blés de mars et les blés de
mai, et pour le second d'une part l'exemple du fraisier des Alpes
qui donne des fruits presque toute l'année, et de l'autre celui du
raisin de Corinthe et de certaines bananes qui nous offrent l'é-
trange particularité de fruits entièrement dépourvus de graines.
Nous en pouvons dire autant des espèces animales. Tout le
monde sait qu'il est des races de bœufs et de moutons formées
par l'industrie humaine en vue de l'alimentation qui grandissent
et s'engraissent beaucoup plus vite que les autres. Tel est le bœuf
de Durham. Mais ces races perfectionnées perdent d'un côté ce
qu'elles gagnent de l'autre. Non-seulement elles sont moins fortes,
moins rustiques que les souches mères, mais la fécondité diminue

rapidement en elles et finit même par disparaître complétement chez certains individus. D'autres fois au contraire la faculté reproductive s'accroît d'une manière remarquable chez les races soumises à la domestication.

Il n'en est pas tout à fait de même chez l'homme : les phénomènes de variation qui séparent sous ce rapport les différents groupes humains n'ont rien de comparable à ceux que nous venons de rappeler. Ainsi partout, chez tous les peuples, sauf les différences accidentelles qui doivent être attribuées à l'influence du climat ou à l'action des causes externes, la durée moyenne de la vie est à peu près la même; partout le corps possède la même température, le pouls la même fréquence; partout la femme est féconde en toute saison et dans les mêmes limites, etc.

On a beaucoup parlé, il est vrai, de la précocité physique des femmes dans les pays chauds. Montesquieu s'est appuyé sur cette opinion, longtemps reçue sans contestation, pour rendre compte d'une partie des diversités morales qui séparent les Orientaux des nations occidentales (1). Mais aujourd'hui, grâce aux informations nouvelles qu'on a recueillies, cette opinion est généralement abandonnée, et l'on considère comme un fait acquis que les époques des principales révolutions physiques auxquelles l'homme est assujetti sont les mêmes absolument chez tous les membres de la famille humaine.

On a relevé aussi certaines immunités plus ou moins complètes dont jouirait la race nègre, à l'exclusion des autres, comme constituant un caractère spécifique. Le nègre, dit-on, est complétement insensible à l'action de certaines fièvres, notamment des fièvres de marais qui sont mortelles. Faisons d'abord la part de l'exagération. Il est vrai que les nègres sont de tous les hommes ceux qui résistent le mieux aux atteintes de ce genre de fièvres; mais il n'est pas moins vrai — les faits les mieux constatés l'attestent — qu'ils n'y échappent pas tout à fait, et qu'ils en meurent comme les blancs. Remarquons en outre que cette immunité plus

____

(1) *Esprit des Lois*, liv. XVI, ch. II.

ou moins absolue dont jouissent les nègres est si peu un *caractère d'espèce* qu'ils la perdent ou l'acquièrent, en passant d'un milieu dans un autre milieu. On sait que le climat de Sierra-Leone est funeste aux Européens, tandis que les naturels n'en ressentent aucune fâcheuse influence. Eh bien, les nègres libres amenés de la Nouvelle-Écosse dans ce pays y sont sujets dès leur arrivée aux mêmes maladies que les Européens; preuve évidente que l'immunité dont il s'agit ne tient pas à une différence originelle d'organisation. Ce qui le prouve encore mieux, c'est que lors de l'épidémie qui ravagea Saint-Domingue de 1793 à 1796, il paraît que tous les nègres récemment importés d'Afrique furent atteints de la fièvre jaune, tandis que ceux qui habitaient l'île depuis longtemps y échappèrent.

IV

CARACTÈRES PSYCHOLOGIQUES

Différences frappantes à première vue. — Ces mêmes différences existent chez le même peuple à des époques différentes. — Infériorité intellectuelle des nègres, des Hottentots et des Australiens. — Les aptitudes morales sont identiques chez tous les hommes.

Avant d'avoir épuisé la série des phénomènes de variation que nous offrent les diverses races humaines, il nous reste à dire un mot de ce que nous avons appelé les *caractères psychologiques*, par où nous entendons tout ce qui se rapporte au génie des peuples, à leurs facultés intellectuelles et morales, à leur état social et à leurs mœurs.

On ne peut nier que les divers groupes d'hommes répandus sur la surface du globe ne nous présentent sous ce rapport de notables différences, pour ne pas dire de frappants contrastes. « Imaginons pour un moment, dit M. Prichard, qu'un habitant d'une autre planète, descendant sur notre globe, observe et compare les mœurs de ses habitants. Faisons-le assister d'abord à quelque pompe brillante dans l'un des pays les plus civilisés de l'Europe : au couronnement d'un monarque, par exemple. Voici le fils de saint Louis qu'on installe sur le trône de ses pères, et qui, environné d'une auguste assemblée de pairs, de barons, d'évêques, d'abbés mitrés, reçoit sur son front l'huile sainte qu'un ange vient d'apporter pour consacrer le droit divin des rois. Transportons ensuite successivement notre voyageur dans quelque hameau de la Nigritie, à l'heure où ses noirs habitants, ivres d'une folle joie, s'agitent, au son d'une musique barbare, en mouvements désordonnés; puis dans les plaines salées où erre le chauve Mongol, dont la peau jaunâtre se détache à peine de la robe safranée de la steppe couverte des fleurs de la tulipe et de l'iris; puis auprès de l'antre solitaire où le famélique Boschiman, tapi comme une bête fauve, suit d'un œil inquiet l'oiseau prêt à se prendre au piége qu'il a tendu, ou le reptile que le hasard amène à la portée de sa main; puis enfin, dans les forêts de la Nouvelle-Hollande, en présence d'une troupe de sales Australiens, singeant dans leur danse stupide les mouvements disgracieux des kanguroos. Peut-on supposer que notre voyageur conclura que les différents groupes qui viennent de passer sous ses yeux ne présentent tous que des êtres d'une même nature, appartenant à une même espèce, descendant d'une tige commune ? Il est beaucoup plus probable qu'il arrivera à une conclusion opposée. »

Sans doute; remarquons seulement, comme l'observe notre auteur, que le même peuple pris à des époques différentes de son histoire, présente quelquefois dans ses mœurs et dans son état social des changements non moins considérables que ceux que nous venons de signaler. Cette simple remarque suffirait à elle seule pour établir qu'il n'y a rien d'improbable à ce que des êtres aussi différents dans leur mode d'existence, puissent être unis entre eux par des liens de parenté.

Au point de vue intellectuel, il n'est pas douteux non plus qu'il existe des différences notables entre les groupes divers des populations humaines. Nul ne pourrait songer à comparer sous ce rapport les nègres éthiopiens, les Hottentots et les Australiens aux peuples civilisés de l'Europe et de l'Asie. Les premiers sont vis-à-vis des seconds dans une position d'infériorité incontestable. Mais ici encore tenons-nous en garde contre les exagérations. Il est absolument faux, comme on l'a prétendu d'abord, que les nègres soient incivilisables. Une telle assertion n'est plus permise après les découvertes de nos intrépides voyageurs. Il n'est plus permis d'ignorer aujourd'hui qu'il existe des villes, des arts, une civilisation nègre. M. Bérard, dont le témoignage sur ce point ne doit être suspect à personne, est forcé d'en convenir. En parlant d'un voyage d'exploration que M. Schœlcher, partisan très-prononcé de l'égalité de tous les membres de la grande famille humaine, avait poussé très-loin sur les bords du Sénégal, pour y chercher des armes en faveur de la cause qui lui est chère, M. Bérard s'exprime ainsi :

« Son *arsenal*, dans lequel il a eu l'obligeance de m'introduire, pourrait passer pour une sorte de bazar ou d'exposition des progrès de l'industrie des nègres. Il me serait difficile de dire tout ce que j'y ai vu : instruments de labourage armés de fer ; étoffes, les unes élégantes et légères, les autres plus solides, toutes finement tissées et peintes des couleurs les plus brillantes ; ornements divers, bracelets d'or massif assez habilement travaillés, emploi fréquent du cuir verni dans les ornements et les chaussures, sabres de fer, manuscrits, etc.; voilà ce qui sera présenté en témoignage de la civilisation de certaines tribus de nègres. A la vérité, continue M. Bérard, il sera objecté à M. Schœlcher que tous les *noirs* ne sont pas des *nègres*, c'est-à-dire qu'ils n'appartiennent pas tous à l'espèce dite éthiopienne ; que les Ashanti, les Mandingues, les Yolofs, les habitants de Tombouctou, de Haoussa, de Kachena, etc., ne sont pas les mêmes « que ces nè- « gres aux mâchoires saillantes, aux cheveux courts et crépus, à la « barbe rare, au front fuyant, aux membres démesurément allongés, « au mollet plat, au dos cambré, au talon en saillie, qui forment la « vraie population incivilisée de l'Afrique. » (Courtet de l'Isle.) J'ai adressé moi-même cette objection à M. Schœlcher, qui m'a répondu que *les nègres chez lesquels il avait recueilli les produits exposés sous mes yeux avaient les mâchoires saillantes, l'angle facial aigu et les cheveux laineux* (1). »

(1) *Cours de Physiologie,* p. 411.

Ce qu'on a dit des nègres, de leur prétendu manque d'aptitudes intellectuelles, on l'a dit aussi des Hottentots et en particulier des Boschimen, les plus dégradés peut-être et les plus misérables de tous les peuples du monde. Voici le tableau qu'en trace M. Bory de Saint-Vincent :

« L'espèce hottentote se partage avec l'espèce cafre la pointe méridionale de l'Afrique... De toutes les espèces humaines, la plus voisine du second genre de bimanes par les formes, elle en est encore la plus rapprochée par l'infériorité de ses facultés intellectuelles, et les Hottentots sont pour leur bonheur tellement brutes, paresseux et stupides, qu'on a renoncé à les réduire en esclavage. A peine peuvent-ils former un raisonnement, et leur langage, aussi stérile que leurs idées, se réduit à une sorte de gloussement qui n'a presque plus rien de semblable à notre voix. D'une malpropreté révoltante qui les rend infects, toujours frottés de suif ou arrosés de leur propre urine, se faisant des ornements de boyaux d'animaux qu'ils laissent se dessécher en bracelets ou en bandelettes sur leur peau huileuse, se remplissant les cheveux de graisse et de terre, vêtus de peaux de bêtes sans préparation, se nourrissant de racines sauvages ou de panses d'animaux et d'entrailles qu'ils ne lavent même pas, passant leur vie assoupis ou accroupis et fumant, parfois ils errent avec quelques troupeaux qui leur fournissent du lait. Isolés, taciturnes, fugitifs, se retirant dans leurs cavernes ou dans les bois, à peine font-ils usage du feu, si ce n'est pour allumer leur pipe qu'ils ne quittent point. Le foyer domestique leur est à peu près inconnu, et ils ne bâtissent pas de villages ainsi que les Cafres leurs voisins, qui regardent ces misérables comme une sorte de gibier, leur donnent la chasse et exterminent tous ceux qu'ils rencontrent (1). »

Certes on ne peut imaginer un tableau plus sombre ni plus dégoûtant que celui-là. Mais ces Boschimen, si dégradés ne sont pas une race distincte, ils sont une simple branche de la nation autrefois très-nombreuse des Hottentots. Cette vérité contestée par quelques écrivains est aujourd'hui universellement reconnue. On a donné le nom de Boschimen ou *hommes des buissons* aux restes de hordes de Hottentots qui vivaient originairement des produits de leurs troupeaux, mais que les empiétements successifs des Eu-

(1) Nous citons d'après Prichard, *Histoire de l'Homme*, t. II, p. 295.

ropéens et les guerres avec d'autres tribus indigènes forcèrent à chercher un refuge au milieu des déserts et des rochers inaccessibles de l'intérieur. Si donc nous voulons les juger dans leurs caractères originels, ce n'est pas dans leur état actuel de dégradation qu'il faut les considérer, mais dans l'état où ils étaient à l'époque du premier établissement des Hollandais. Or à cette époque les Hottentots formaient un peuple nombreux, divisé en un assez grand nombre de tribus, soumises chacune au gouvernement patriarcal de leurs chefs ou de leurs anciens. Réunis par hordes de trois ou quatre cents individus, ils parcouraient le pays avec leurs troupeaux, transportant d'un lieu dans un autre, chaque fois que le besoin de nouveaux pâturages se faisait sentir, leurs kraals, sorte de villages ou de camps, dont chaque hutte, composée de quelques perches autour desquelles on disposait des nattes de jonc, pouvait en peu d'instants être démontée, empaquetée, et placée sur le dos d'un bœuf de charge. Un manteau de peaux de mouton cousues formait leur vêtement ; leurs armes consistaient en un arc avec des flèches empoisonnées, et une légère javeline ou assagaie. Ils étaient hardis et actifs à la chasse, et quoique d'une disposition généralement douce, ils se montraient courageux à la guerre, comme leurs envahisseurs européens eurent fréquemment occasion de l'éprouver.

Le voyageur Kolbe, à qui nous devons ces détails, ne les juge en aucune façon inférieurs au commun des hommes sous le rapport de l'intelligence ; il dit en avoir connu plusieurs qui entendaient parfaitement le hollandais, le français et le portugais. « Nous voyons tous les jours, ajoute cet auteur, ces hommes employés par les Européens dans des affaires qui demandent du jugement et de la capacité. Ainsi c'était un Hottentot, nommé Cloos, que M. Van der Stel, le dernier gouverneur du Cap, employait dans les négociations qui avaient pour but d'obtenir du bétail par voie d'échange avec des tribus très-éloignées, et il était bien rare qu'il revînt sans avoir parfaitement réussi dans sa mission. »

On a coutume d'infirmer la force probante de ces cas individuels en les présentant comme des exceptions. Mais l'exception fût-elle aussi réelle qu'on le suppose, les caractères d'une espèce peuvent-ils, même exceptionnellement, se produire dans une autre espèce? A-t-on jamais vu, par exception, des figues venir sur des chardons, ou des raisins sur des épines? — « Je sais, dit M. Bérard, que certains nègres se sont distingués dans les sciences; mais vouloir juger la masse sur ces cas exceptionnels, ce serait aussi peu rationnel que d'accorder à tous les Anglais le génie de Newton et à tous les Français l'esprit de Voltaire. » M. Bérard voudrait-il induire de là que Newton et Voltaire étaient d'une autre espèce que les hommes de leurs nations?...

Passe pour les nègres et les Hottentots, mais les Australiens!... Ce n'est plus à l'orang qu'on les a comparés, mais au mandrille, c'est-à-dire au singe le plus inférieur et le plus vicié. On a dit que ces peuples n'avaient aucune industrie, qu'ils ne savaient ni se construire une cabane même temporaire, ni s'armer d'autre chose que de perches à peine dressées et amincies aux deux bouts, etc.

Plaçons en regard de ces assertions les récits des voyageurs les mieux informés et les plus dignes de foi. Déjà Cook avait remarqué que si les premiers Australiens qu'il aperçut lui semblèrent de véritables sauvages, sur d'autres points de la Nouvelle-Galles du Sud, ils étaient plus industrieux et possédaient quelques pirogues. Après lui, Perron rapporta d'Australie une hache de pierre fixée à son manche par un mastic d'une dureté telle qu'il excita l'étonnement et l'admiration de tous nos chimistes. Enfin, plus récemment encore et de nos jours, on a constaté que les Australiens ne sont étrangers à aucune des industries élémentaires qu'on trouve chez les peuples sauvages, qu'ils savent se construire des huttes permanentes, tailler des canots d'écorce, tisser des filets, les uns à mailles larges pour la chasse aux kanguroos, les autres à mailles étroites pour la pêche du poisson; qu'ils apprennent à lire et à écrire presque aussi vite que les Européens, qu'ils parlent tous et comprennent très-bien l'anglais, qu'en un mot ils sont susceptibles de *perfectibilité* comme tous les autres représentants de l'espèce humaine. « La cherté de la main-d'œuvre, dit M. de

Blosseville dans son *Histoire de la Colonisation pénale et des Etablissements de l'Angleterre en Australie*, a donné une valeur au travail peu essayé jusqu'alors de ces malheureuses peuplades. On s'est aperçu, quand l'intérêt l'a demandé, qu'elles n'étaient pas demeurées témoins inintelligents des arts utiles, que leurs huttes et leurs ménages étaient convenablement tenus. Dès 1853, deux cent mille moutons avaient pour bergers des aborigènes. Un des principaux concessionnaires n'employait pas d'autres ouvriers. On faisait d'eux avec avantage des briquetiers, des conducteurs de bœufs et jusqu'à des constables pour leur propre race. » — On le voit, les Australiens ne sont pas plus que les hommes blancs dénués de facultés intellectuelles ; ces facultés sont fondamentalement les mêmes dans les deux cas ; elles ne diffèrent entre elles que par un plus ou moins grand degré de développement.

Nous ne dirons rien des aptitudes morales. M. Bérard lui-même reconnaît qu'à ce point de vue les différences disparaissent. « Ils sont en général, dit-il en parlant des nègres, affectueux, sensibles, reconnaissants, capables d'un dévouement héroïque, et doivent prendre place comme nous, à titre d'êtres libres, dans la grande famille humaine. »

Nous venons de parcourir la série des diversités que nous présente le genre humain étudié dans ses principaux types, dans ceux qui s'éloignent le plus en apparence les uns des autres et que l'on a coutume d'opposer entre eux comme constituant des espèces différentes. Appuyés sur les faits que nous a fournis notre étude, nous avons à nous demander ce qu'il faut penser de ces phénomènes de variation ; s'il faut y voir des caractères spécifiques ou des caractères de race ; si au milieu de toutes les différences manifestées dans les divers groupes il y a un type commun, un type unique qui se conserve et dans lequel tous les autres viennent se résoudre et s'absorber, ou bien si chacun de ces groupes doit être considéré comme un type à part, originairement et perpétuellement distinct de tous les autres.

UNITÉ DE L'ESPÈCE

I

INSUFFISANCE DE LA TRADITION. — LUMIÈRE QUE JETTENT SUR
LA QUESTION LES DÉCOUVERTES DE LA LINGUISTIQUE.

Dans une première partie, nous avons étudié les principaux
phénomènes de variation que présentent les races humaines.
Formes du crâne, traits du visage, coloration de la peau et de
l'iris, stature et proportion des membres, système pileux, lois de
l'économie animale, caractères psychologiques, — nous avons tout
passé en revue, nous n'avons rien omis, rien d'essentiel du moins,
de ce qui peut servir à différencier les divers groupes d'hommes
répandus sur la surface de la terre.

Ces diversités admises, nous avons à nous demander quel caractère il faut leur assigner ; si elles sont fondamentales et originelles,
comme celles qui distinguent une espèce animale d'une autre
espèce, ou si elles sont accidentelles et acquises, comme celles qui
existent entre des races de la même espèce.

La voie la plus simple et la plus directe pour arriver à la solution
du problème serait d'interroger les traditions des peuples, de suivre
la trace des migrations diverses qui se sont succédé sur notre
globe et de tâcher de découvrir s'il y a eu un ou plusieurs points
de départ. C'est-à-dire qu'il faudrait suivre dans le passé, à l'aide
des données historiques, les dérivations des différentes familles de
la terre, et ressaisir ainsi, en réunissant tous les faits qui trahissent
d'anciennes affinités, le fil qui les rattache à un seul et même
couple primitif. Il est évident qu'à supposer qu'on parvînt à démontrer par ce moyen que tout le genre humain remonte à une

commune origine, nous n'aurions plus besoin de nous demander si tous les types représentent les variétés d'une espèce unique ou plusieurs espèces différentes, car l'unité d'origine emporte nécessairement l'unité d'espèce. L'inspiration et l'autorité divines des Écritures admises, la question ne soulève aucune difficulté. Nous avons dans les récits mosaïques les renseignements les plus précis et les plus circonstanciés qui établissent la commune descendance des divers groupes humains. Mais ce terrain, qui est celui de la foi, n'est pas celui où nous devons nous placer pour le moment. Nous désirons ne faire appel qu'à des considérations scientifiques. A ce point de vue, le témoignage de la Bible ne suffit pas, il a besoin d'être confirmé par d'autres. Or il faut convenir que dans cette voie des recherches historiques, la science est encore bien peu avancée. Ses pas sont trop incertains pour que nous puissions la suivre avec confiance et tenir ses résultats pour définitivement acquis.

Nous serions pourtant injustes envers la science contemporaine si nous ne mentionnions pas (ne fût-ce qu'en passant) les précieuses lumières qu'ont jetées sur la question les récentes découvertes de la linguistique. Quelques mots seulement sur ce sujet.

Admettons pour un moment qu'il soit démontré que les différences très-réelles qui existent entre les langues parlées par les hommes soient irréductibles, et constituent ainsi des idiomes essentiellement et originairement distincts l'un de l'autre, il faut convenir qu'il serait bien difficile, pour ne pas dire impossible, de concilier ce fait avec l'unité du berceau du genre humain. Si les hommes formaient primitivement une même famille, il est plus que probable, il est certain qu'ils ont dû parler la même langue, surtout si l'on admet l'opinion à laquelle se rattachent les plus grands noms de la science, savoir que le langage, au lieu d'être un produit spontané de l'activité intellectuelle de l'homme, est une révélation immédiate de Dieu. Mais admettre que la diversité irréductible des langues humaines serait une preuve contre l'unité de l'espèce, c'est admettre en même temps que l'unité fondamentale de ces langues (à supposer qu'elle soit démontrée) serait une preuve ou tout au moins une présomption puissante en faveur de la commune origine du genre humain.

Cette conséquence a cependant trouvé des contradicteurs, et avant d'aller plus loin, nous devons prêter l'oreille à leurs objections. M. Agassiz en particulier s'est attaché à la combattre pour maintenir sa théorie d'après laquelle l'homme aurait été créé par nations, chaque nation naissant avec son langage, comme l'animal avec son cri particulier. Voici comment il s'exprime : « Ceux qui soutiennent l'unité primitive de l'espèce humaine attachent une grande importance à l'affinité des langues comme prouvant la nécessité d'une parenté directe entre tous les hommes; mais on peut en prouver autant de n'importe quelle famille animale, même de celles qui contiennent un nombre considérable d'espèces et de genres distincts. Qu'on suive sur une carte la distribution géographique des ours, des chats, des ruminants à cornes creuses, des gallinacés, des canards ou de toute autre famille : on prouvera avec tout autant d'évidence que peuvent le faire pour les langues humaines n'importe quelles recherches philologiques, que le grondement des ours du Kamtchatka est allié à celui des ours du Thibet, des Indes orientales, des îles de la Sonde, du Népaul, de Syrie, d'Europe, de Sibérie, des États-Unis, des montagnes Rocheuses et des Andes. Cependant tous ces ours sont considérés comme des espèces distinctes, n'ayant en aucune façon hérité de la voix les uns des autres. Les différentes races humaines ne l'ont pas fait davantage. On peut en dire autant du rugissement et du miaulement des chats d'Europe, d'Asie, d'Afrique ou d'Amérique, et du mugissement des bœufs dont les espèces sont si largement dispersées sur presque tout le globe. Tout ce qui précède est encore vrai du caquetage des gallinacés, du cancanage des canards, aussi bien que du chant des grives qui toutes lancent leurs notes harmonieuses et gaies chacune dans son dialecte, lequel n'est ni le dérivé ni l'héritier d'un autre, bien que toutes chantent en *grivien*. Que les philologues étudient ces faits, qu'ils apprennent en même temps combien sont indépendants les uns des autres les animaux qui emploient des systèmes d'intonation aussi

étroitement alliés, et s'ils ne sont pas absolument aveugles à la signification des analogies de la nature, ils en arriveront eux-même
à douter de la possibilité d'avoir confiance dans les arguments
philologiques employés à prouver la dérivation génétique (1). »

Toute cette argumentation repose, on le voit, sur l'assimilation
établie entre le cri des animaux et le langage articulé que tous les
naturalistes depuis Aristote ont regardé à juste titre comme un
des attributs de l'homme. Qu'on compare le cri dont se servent
les animaux pour traduire leurs impressions et leurs sentiments
aux interjections dont les hommes se servent pour exprimer les
leurs et qui sont à peu près les mêmes chez tous les peuples, soit ;
mais il n'y a que la prévention ou le préjugé scientifiques qui
puissent assimiler le grondement de l'ours ou le chant de la grive
aux langues humaines, même les moins perfectionnées.

L'objection d'Agassiz étant ainsi écartée, reprenons la suite de
notre raisonnement. Supposé, disions-nous, l'unité fondamentale
des langues humaines démontrée, ce serait pour le moins une
présomption très-forte en faveur de l'unité de l'espèce. Or cette
démonstration peut être considérée dès aujourd'hui comme un
fait acquis. Malgré les difficultés inhérentes au sujet et dont la
linguistique n'a pas encore triomphé complétement, il est permis
d'affirmer, au point où en est la science et d'après les comparai-
sons que l'on a faites entre les langues, qu'il existe entre elles,
malgré leurs diversités apparentes, des traits de ressemblance qui
révèlent une communauté d'origine. Sans entrer dans les détails
et les développements que comporterait un pareil sujet, je dirai
sommairement le procédé que l'on a suivi et les résultats généraux qu'on a obtenus.

Toutes sortes d'analogies entre les langues ne démontrent point
leur communauté d'origine. Voltaire a fait justice de ces rappro-
chements arbitraires ou forcés dont on ne s'est peut-être pas toujours abstenu dans la question qui nous occupe. « Voici, dit-il en
raillant fort agréablement les étymologistes de son temps, voici

(1) Lettre à Nott et à Gliddam.

comment on a prouvé que les Tartares Mantchoux sont les ancêtres des Péruviens. *Mango-Capack* est le premier inca du Pérou. Mango ressemble à *Manco*, Manco à *Mancu*, Mancu à *Mantchu*, et de là à *Mantchou*, il n'y a pas loin. Rien n'est mieux démontré. » Mais les plaisanteries de Voltaire ne prouvent rien contre la science. Il est incontestable qu'il y a de nombreuses et réelles ressemblances entre les langues des différents peuples. Ces ressemblances ne sont pas toutes de la même nature. Entre peuples voisins qui ont eu entre eux de longues et nombreuses relations, il doit s'opérer nécessairement un échange plus ou moins considérable de mots qui deviennent communs aux deux vocabulaires. Telles sont les ressemblances qui existent entre l'anglais et le français. Si l'un des deux peuples, au commencement de ces relations, s'est trouvé dans un état de civilisation supérieur à l'autre, il est évident que le nombre de mots qui seront passés de la première de ces langues dans la seconde sera plus considérable. Ces analogies, si grandes qu'on les suppose, ne sont cependant pas les plus importantes. Suffisantes pour établir l'existence de relations commerciales ou politiques entre deux nations différentes, elles ne suffisent pas à établir leur communauté d'origine. Il en est d'autres qu'on a nommées ressemblances de famille qui méritent beaucoup plus d'arrêter notre attention. De ce genre sont celles qu'on observe par exemple, en comparant l'anglais et l'allemand. Le premier caractère qui indique une pareille relation de parenté, c'est l'analogie dans la construction grammaticale et dans la loi de combinaison des mots entre eux. Cette parenté se trahit aussi d'une autre manière par la ressemblance plus ou moins grande d'un certain nombre de mots, de ceux principalement qui servent à représenter les idées d'un peuple à l'état d'existence le plus primitif, ceux qui expriment les relations de famille tels que père, mère, frère, sœur, fille, etc.; ou les objets les plus frappants de l'univers visible, tels que terre, lune, soleil, ou bien encore ceux qui servent à distinguer les différentes parties du corps, comme tête, pieds, mains, etc. Comme il est certain que ces choses ont dû recevoir partout une qualification, comme d'autre part un peuple, si barbare qu'il soit, n'abandonne jamais ces mots primitifs pour les échanger contre ceux d'une autre langue, on a été conduit à penser, toutes les fois que deux peuples se servent des mêmes mots ou de mots correspondants pour exprimer ces choses, que leurs langues ne formaient au commencement qu'une seule langue et qu'ils ont une origine commune.

Or les philologues ont démontré que de telles affinités existent entre les langues de toutes les races dont les descendants peuplent aujourd'hui la plus grande partie de l'Europe ; ces mêmes affinités existent aussi dans les langues des peuples de l'Orient qui appartiennent à la race aryane (les Indous, les Persans, les Afghans, les Kurdes, les Arméniens, les Ossètes) ; d'où l'on a conclu que la plupart des nations européennes sont des colonies venues de l'Asie et appartiennent à la souche aryane dont les branches, dès les temps les plus reculés, se sont étendues au loin vers l'Occident et vers le Nord.

C'est à l'aide de procédés analogues qu'on a été conduit à constater des affinités nombreuses entre les autres langues parlées dans les autres parties de l'Ancien et du Nouveau-Monde. Nous ne pouvons, on le comprend, poursuivre ici cet examen ; nous nous bornerons à rappeler le jugement d'un homme autorisé entre tous, M. Alexandre de Humboldt : « Quelque isolées que certaines langues puissent paraître d'abord, dit-il, quelque singuliers que soient leurs caprices et leurs idiomes, tous ont une analogie entre eux, et leurs nombreux rapports s'aperçoivent plus facilement, à proportion que l'histoire philosophique des nations et l'étude des langues approchent de la perfection. »

Mais hâtons-nous de le reconnaître : au point où en est l'histoire des races et la linguistique, nous ne pouvons nous attendre à trouver dans cette voie une solution positive du problème que nous nous sommes posé. C'est à l'histoire naturelle qu'il faut aller la demander.

II

PHÉNOMÈNES D'HYBRIDITÉ

Définition de l'espèce, de la variété, de la race. — Loi de reproduction des êtres. — Se démontre *a priori*. — Permanence de l'espèce. — Il n'y a point de races hybrides. — Prétendue fécondité des mulets. — Les chabins ou ovicapres. — Atavisme ou loi de retour. — Expérience de Buffon sur le croisement du chien et du loup. — Les léporides.

Commençons par définir nettement les termes. Quand nous disons qu'il y a diversité de races humaines, mais qu'il n'y a qu'une seule espèce, qu'entendons-nous par là, quel sens précis attachons-nous aux mots *race*, *espèce*, en les opposant ainsi l'un à l'autre?

La première idée que réveille l'expression d'*espèce* est celle d'une ressemblance extérieure. Mais cette idée n'épuise pas à elle seule le sens du mot. A l'idée de ressemblance vient s'en ajouter une autre, celle de filiation. Certes rien ne se ressemble moins en apparence qu'un papillon, une chrysalide et une chenille; et cependant ces trois êtres peuvent non-seulement appartenir à la même espèce, mais être sortis d'autant d'œufs pondus par la même mère et appartenir à la même famille physiologique. M. de Quatrefages nous paraît avoir réuni heureusement ces deux idées, quand il définit l'espèce : *l'ensemble des individus, plus ou moins semblables entre eux, qui sont descendus ou qui peuvent être regardés comme descendus d'une paire primitive unique par une succession ininterrompue de familles.* La commune descendance, voilà surtout ce qui rallie les individus en espèces. Ce n'est pas tant les ressemblances apparentes des êtres qu'il faut consulter que leur histoire et les faits qui nous indiquent une parenté originelle. Il y a souvent plus de distance entre deux êtres de même souche qu'entre deux autres de souche différente, et par exemple entre le chien des Pyrénées et l'épagneul qu'entre telle variété de chien et le loup ou le renard.

On appelle simple *variété* un ou plusieurs individus appartenant à la même génération, qui se distinguent des autres individus de la même espèce par des caractères exceptionnels non héréditaires. Mais quand ces caractères exceptionnels passent d'une génération à l'autre et deviennent héréditaires, alors il se forme une *race*. Citons, après M. de Quatrefages, l'exemple suivant pour faire comprendre cette distinction : En 1803 ou 1805, M. Descemet découvrit dans sa pépinière de Saint-Denis, au milieu d'un semis d'acacias, un individu sans épines, qu'il désigna par l'épithète de *spectabilis*. C'est de cet individu, multiplié par marcottes, boutures ou greffes que proviennent tous les acacias sans épines qu'on rencontre aujourd'hui dans le monde entier. Ces individus produisent des graines, mais des graines qui, mises en terre, n'engendrent que des acacias épineux. L'*acacia spectabilis* est resté à l'état de variété. Mais si au contraire un de ces acacias eût porté des graines d'où seraient sortis des arbres également sans épines, et que ceux-ci à leur tour jouissent de la même propriété, l'*acacia spectabilis* aurait cessé d'être une simple variété, il aurait constitué une race.

Toutefois, ces caractères de race, tout permanents et héréditaires qu'ils soient, diffèrent de ceux de l'espèce en ce que, tandis que ceux-ci sont originels, de même date que l'espèce elle-même, ceux-là sont accidentels et de date postérieure. L'espèce est donc un fait de création et de nature, la race un simple fait de modification ou de circonstance. Ainsi entre le tigre et le lion, entre l'âne et le cheval, il y a une différence spécifique, c'est-à-dire primordiale, irréductible, tandis que c'est une simple différence accidentelle, une différence de race qui sépare le cheval arabe du cheval breton, et l'un et l'autre du cheval tartare.

Mais cette commune descendance elle-même, à quoi la reconnaître et comment la constater?

Parmi les divers critères proposés par les naturalistes, l'un des plus concluants, à notre avis, est celui que nous fournit l'observation des faits d'*hybridité*. Je m'explique :

On a depuis longtemps remarqué que dans le monde animal comme dans le monde végétal, toutes les espèces généralement se reproduisent et se perpétuent sans se mêler ni se confondre les unes avec les autres. C'est une loi de nature que les créatures de toutes sortes croissent et se multiplient en propageant leur propre espèce et non point une autre. « On ne cueille point des raisins sur des épines ou des figues sur des chardons, » et ce serait en vain qu'on chercherait dans le monde entier un exemple bien constaté d'une race intermédiaire (je dis d'une race et non de quelques individus) provenant de deux espèces positivement distinctes. Un fait de ce genre, si on venait à le découvrir, serait regardé comme une surprenante exception, comme une anomalie des plus étranges.

Cette loi, que tous les naturalistes sérieux ont reconnue, se démontre pour ainsi dire *à priori* par son évidence propre, tant elle est nécessaire à la conservation de l'ordre et de la variété dans la création animale et végétale. Supposez en effet que les différentes espèces se mêlassent, que des races hybrides provenant de ces mélanges fussent produites et se perpétuassent sans empêchement, le monde organisé présenterait bientôt une scène de confusion universelle. L'ordre établi de Dieu, dès le commencement, cet ordre qui éclate dans l'unité au sein de la diversité, aurait été bouleversé au bout de quelques générations, et il devrait être presque impossible aujourd'hui de découvrir dans les différents règnes le plan primitif du Créateur. Combien l'ordre réel de la nature est opposé à un tel chaos ! Par toute la terre, nous voyons les espèces se reproduire d'une manière régulière, uniforme, et les limites de chacune d'elles ne sont pas moins nettement posées aujourd'hui qu'elles ne l'étaient il y a mille ans.

Un exemple entre plusieurs autres. M. Agassiz, lors de son exploration des côtes de la Floride, a étudié d'une manière approfondie la formation des bancs de polypiers, dans le golfe du Mexique. Il a calculé en particulier le temps qu'ont dû mettre à se former quatre récifs de corail, remarquables par leur disposition concentrique, à l'extrême pointe méridionale de la Floride. Huit mille années, pense-t-il, ont été nécessaires pour les amener à leur état actuel. Et comme la Floride elle-même, dans une étendue de deux degrés de latitude, lui paraît n'être composée que de récifs de corail élevés de même par les polypes, et soudés les uns aux autres par l'action des siècles, il estime qu'il a fallu environ *deux cent mille ans* pour la formation de cette presqu'île. Eh bien, les polypes, dont les coquilles par leur entassement constituent les roches de cette terre, d'origine essentiellement animale, sont de tous points identiques à ceux qu'on pêche encore aujourd'hui pleins de vie, dans toutes les mers voisines. Deux cent mille ans n'ont donc pas changé, d'après M. Agassiz, les zoophytes du golfe du Mexique.

Or, cette permanence dans l'ordre de l'univers à quoi tient-elle, sinon à cette loi d'après laquelle aucun hybride végétal ou animal ne peut se perpétuer, en donnant naissance à une nouvelle race intermédiaire aux deux espèces dont il dérive? On connaît des plantes hybrides, il s'en produit fréquemment dans nos jardins; mais il n'y a pas de races hybrides; c'est un fait aujourd'hui universellement reconnu par les botanistes. Leur fécondité d'action, très-rare et singulièrement amoindrie, s'éteint toujours dès la troisième ou quatrième génération, tandis que des plantes provenant de variétés différentes d'une même espèce sont toujours fertiles, et il n'existe aucun obstacle à leur propagation.

Il n'y a point de races hybrides parmi les végétaux, avons-nous dit. Vraie en soi, cette assertion a pourtant reçu un démenti apparent. Il existe en effet un cas de deux espèces végétales parfaitement distinctes qui ont produit des hybrides restés régulièrement féconds pendant plusieurs générations. Il s'agit de l'*ægilops speltæformis*, produit hybride de l'*ægilops ovata* fécondé par le froment ordinaire. Cet hybride découvert et cultivé d'abord par un horticulteur du Midi, M. Esprit Fabre (d'Agde), a été perpétué depuis, sans retour au type, pendant plus de vingt générations. La même expérience renouvelée en France et en

Allemagne a donné les mêmes résultats. Nous avons donc bien ici, semble-t-il, une *race hybride* qui se maintient par elle-même et qui échappe à la loi de l'atavisme.

Ce fait assurément est digne de la plus sérieuse considération. Remarquons toutefois : 1º que l'*ægilops speltæformis* n'a pu se propager, sans retour, que parce qu'il a été soustrait à l'action des causes naturelles de variation et au contact du pollen des espèces parentes; 2º qu'il est incapable de se propager naturellement, sans le secours de l'homme. Ses graines ne germent point si l'épi qui les renferme n'est enfoncé dans le sol par les soins du cultivateur; il faut des circonstances exceptionnelles pour que la germination des graines devienne possible. Aussi chaque année un certain nombre de pieds demeurent stériles. On voit de suite la différence qui sépare ce fait d'hybridation des faits de métissage journellement observés (1).

La loi qui préside à la reproduction des êtres chez les végétaux existe aussi pour la création animale, et ses effets qui ont pu être observés sur une grande échelle sont également constants et uniformes. S'il y a des mulets et d'autres hybrides dans l'état de domesticité, sauf quelques exemples très-rares qui ont été signalés dans certaines espèces d'oiseaux, on n'en connaît point dans l'état sauvage et naturel. M. Isidore Geoffroy, dont le nom fait autorité en pareille matière, déclare inauthentiques tous les faits de cette nature signalés par divers auteurs chez les mammifères, et quant aux prétendus hybrides naturels de poissons décrits par les anciens zoologistes, ils ne sont, aux yeux de M. Valenciennes, que des *espèces distinctes*, mais qu'on n'avait pas encore su caractériser. Enfin et surtout, lorsque des individus hybrides sont produits, on a reconnu qu'il était impossible d'en obtenir une race nouvelle. C'est seulement, comme pour les plantes, en revenant à l'une des deux espèces mères que la lignée de ces animaux peut se continuer pendant une suite prolongée de générations. Dans le cas de *métissage*, au contraire, ou

(1) ERNEST FAIVRE. *La Variabilité des espèces*, Paris, 1868. Chap. VIII.

de croisement opéré entre individus de même *espèce*, quoique de *race* différente, les unions sont faciles et toujours fécondes. Les expériences de M. Isidore Geoffroy pour les animaux, celles de MM. Naudin et Darwin pour les végétaux ne permettent plus aucun doute à cet égard.

« Malgré des tentatives incessantes, dit M. de Quatrefages, les amateurs d'oiseaux, si nombreux aujourd'hui, n'ont pu encore former une seule race *hybride*, tandis qu'ils obtiennent des races *métisses* (1) aussi souvent et aussi aisément qu'ils le veulent. On a dit le contraire, et tout récemment encore. En présence de ces deux assertions, je n'ai pas cru devoir m'en tenir à ma seule expérience ; j'ai questionné le savant à qui ses études spéciales et la nature philosophique de ses travaux donnaient le plus d'autorité, M. Isidore Geoffroy. Sa réponse a été aussi nette que possible, et il m'a déclaré que, malgré tout ce qui avait été dit à ce sujet, il ne connaissait pas un *seul exemple* qui pût être regardé comme positif. »

Si l'on ne peut citer aucun exemple positif de races hybrides parmi les oiseaux, en est-il de même des mammifères? Ici encore les affirmations contraires n'ont pas manqué. On a parlé d'abord de la fécondité des mulets comme d'un fait avéré et qui est même assez fréquent dans les pays chauds, notamment en Afrique. Remarquons d'abord qu'Hérodote et Pline, les deux plus grands naturalistes de l'antiquité, regardaient, de leur temps, comme un prodige la fécondité du mulet. Remarquons en outre qu'en 1858 une mule ayant conçu près de Briska en Algérie, ce phénomène, qu'on nous dit être assez fréquent en Afrique, jeta les Arabes dans une telle épouvante qu'ils crurent à la fin du monde, et pour conjurer la colère céleste se livrèrent à de longs jeûnes. « Aujourd'hui encore, disent les témoins oculaires qui nous l'ont raconté, ils ne parlent de cet événement

---

(1) M. de Quatrefages entend par *métis* l'animal ou le végétal produit par le croisement d'individus de *races différentes* ; il entend par *hybride* l'animal ou le végétal produit par le croisement d'individus de deux *espèces différentes*.

qu'avec une terreur religieuse (1). » Au surplus cette grossesse exceptionnelle ne vint pas à terme. On a parlé aussi des produits indéfiniment féconds que le chameau et le dromadaire donnaient ensemble. On a dit que ces hybrides plus forts, plus vigoureux que les parents, étaient extrêmement communs, et rendaient en Orient les mêmes services que les mulets en Europe. Pour plus de précision on a cité la Boukarie comme étant le siége principal de cette industrie. On va voir ce qu'il faut penser de ces assertions tant répétées, par l'extrait d'une lettre écrite à M. de Quatrefages par un voyageur russe, M. Khamikof, à qui ses travaux ethnologiques dans les contrées dont il s'agit, ont valu la médaille d'or de la Société de Géographie de Paris : « J'ai voyagé pendant vingt ans dans toute la partie nord-ouest de l'Asie, où le chameau est élevé; en 1839, j'ai fait partie d'une expédition militaire dont les bagages étaient transportés par plus de douze mille chameaux. Dernièrement, j'ai visité toute la partie occidentale de la zone où les deux espèces vivent ensemble (le chameau et le dromadaire), mais je n'ai jamais entendu parler d'un croisement intentionnel et prémédité entre elles. » M. Khamikof ajoutait, dans des renseignements oraux fournis à M. de Quatrefages, « qu'il n'a pas rencontré un seul exemple de ce croisement (2). »

On a parlé d'une prétendue race mixte entre le bison ou bœuf bossu d'Amérique et le bœuf d'Europe; d'une autre entre les alpacas et les vigognes, connue sous le nom d'alpavigognes; d'une autre enfin entre le cerf et le mouton. Mais ceux-là mêmes qui ont invoqué ces exemples reconnaissent que la fécondité de ces hybrides s'éteint au bout d'un très-petit nombre de générations, et qu'elle ne se perpétue qu'à la condition de recourir à un nouveau croisement avec l'un ou l'autre des deux types primitifs (3).

(1) Extrait du *Mémoire présenté à l'Académie des sciences* par M. GRATIOLET, aide naturaliste au Muséum, cité par M. de Quatrefages, *Unité de l'espèce humaine*, p. 206.

(2) *Unité de l'espèce humaine*, p. 270.

(3) MORTON et NOTT, *Types of Mankind*; BROCA, *Recherches sur l'hybridité*.

Avec plus d'assurance encore on a cité l'exemple des *chabins* ou *ovicapres* issus du croisement des espèces chèvre et mouton. Comment, dit-on, contester la fécondité de ces accouplements, quand on sait qu'au Chili et au Pérou elle sert de base à une industrie considérable, celle des *pellones*, sorte de peaux très-recherchées qui servent à une multitude d'usages (manteaux, matelas, couvertures de selle, descentes de lit, etc.), et qu'on prépare avec la toison au poil à la fois long et soyeux dont ces produits hybrides sont recouverts? Nous n'avons nulle envie de contester l'exactitude de ces données, quoiqu'un homme instruit, qui a vécu vingt-trois ans au Chili, et qui a publié sur ce pays un article remarqué dans la *Revue britannique*, nous ait affirmé n'en avoir aucune connaissance. Nous nous bornerons simplement à demander à quel prix, et au moyen de quels procédés ces résultats sont obtenus. M. de Quatrefages va nous le dire. Aux documents puisés dans l'*Histoire du Chili* de M. Claude Gay, membre de l'Institut, il a pu joindre des renseignements oraux que l'obligeance de cet écrivain lui a fournis. « Pour obtenir un *pellon* présentant les qualités requises, dit-il, un premier croisement du bouc avec la brebis ne suffit pas. Les hybrides de première génération ont la forme de la mère et le pelage du père. On manque de détails sur la manière dont se comportent, au point de vue qui nous intéresse, ces hybrides *demi-sang*. On assure qu'ils sont féconds entre eux; mais rien ne nous dit si cette fécondité est indéfinie, ni quels changements ils pourraient présenter au bout de quelques générations. Quoi qu'il en soit on les croise avec la brebis. Cette seconde génération possède donc *trois quarts de sang* de mouton et *un quart de sang* de chèvre. Ces hybrides sont féconds; leur toison est

M. Broca ajoute, il est vrai, « que les propriétaires du haut Pérou, de la Bolivie, du Paraguay et des autres régions où on élève des alpa-vigognes, considèrent ces métis comme aussi féconds que les animaux d'espèce pure. » Mais nous savons par M. Weddel qu'après bien des insuccès le curé Cabréra, au Pérou, n'était parvenu à former un troupeau d'alpa-vigognes de vingt-quatre têtes qu'à condition d'éviter soigneusement de croiser entre eux les hybrides de demi-sang. (DE QUATREFAGES, *Unité de l'espèce humaine*, p. 272, en note.)

belle d'abord ; mais si on les allie entre eux trois ou quatre fois de suite, *cette toison reprend les caractères du poil de bouc.* » Nous constatons donc ici cette même tendance au retour vers les espèces primitives que nous avaient montrée les hybrides végétaux. Pour fixer davantage les caractères mixtes, on croise une femelle de cette seconde génération avec un mâle de la première. On a ainsi des animaux ayant trois huitièmes de sang de chèvre et cinq huitièmes de sang de mouton. Ce sont eux qui fournissent les *pellones* du commerce. Toutefois, malgré leur fécondité, on ne peut les propager indéfiniment. Au bout d'un nombre indéterminé de générations, quelques précautions que l'on prenne, il faut recommencer toute la série des croisements ; la toison s'altère encore, « parce que, nous disait M. Gay, il se « manifeste un retour vers les deux espèces primitives, *exacte-* « *ment comme on l'observe chez les hybrides féconds des* « *espèces végétales, après quelques générations.* » L'importance de cette observation, continue M. de Quatrefages, n'échappera à personne. A elle seule, elle répond à tout ce qu'on a dit des chabins comme constituant une *race*. Certainement aucun éleveur, aucun jardinier n'appellerait de ce nom une série d'individus provenant, il est vrai, par voie de génération d'une double souche commune, mais que l'on sait devoir perdre pour ainsi dire à jour fixe les caractères mixtes qui les distinguent, pour reprendre ceux des premiers parents. Le savant, qu'il soit botaniste ou zoologiste, ne peut pas davantage désigner une pareille série par le nom de *race*, sans donner à ce mot une acception toute nouvelle. — Cet exemple, le plus grave assurément de tous ceux qu'on pourrait nous opposer, ne fait donc qu'attester une fois de plus l'existence des lois générales communes aux deux règnes ; et que parmi ces lois il en est évidemment une qu'on pourrait nommer *loi de retour*, qui tend à faire rentrer les séries hybrides animales ou végétales dans l'une ou l'autre des deux espèces qui leur ont donné naissance (1). »

(1) *Unité de l'espèce humaine*, p. 174.

Cette loi de retour a reçu des naturalistes français le nom d'*atavisme*. Les Allemands l'appellent le *coup en arrière (Rückschlag)*. Son influence est telle qu'après quarante ans d'efforts un éleveur qui avait croisé ses poules avec la race malaise et qui voulut se débarrasser ensuite de ce sang étranger ne put y réussir complétement. Il y avait toujours dans son poulailler quelque individu reproduisant le sang malais.

Il est un autre exemple sur lequel les polygénistes insistent beaucoup. Je veux parler de l'hybridité du chien et du loup. Tous ceux qui ont lu Buffon connaissent la fameuse expérience commencée par le marquis de Spontin-Beaufort et poursuivie par l'illustre naturaliste. Une petite louve à peine âgée de trois jours fut prise dans les bois par un paysan et vendue au marquis de Spontin-Beaufort, qui la fit allaiter artificiellement jusqu'à ce qu'elle pût manger de la viande. Elevée en domesticité et unie à un chien braque qu'elle avait pris en grande affection, elle devint le point de départ de quatre générations d'hybrides. A l'époque de la naissance de la dernière, qui se composait de quatre petits, Buffon avait quatre-vingts ans. Vu son grand âge, et probablement aussi les frais considérables de son entreprise, il abandonna l'expérience. Deux des petits furent mangés par la mère; personne n'a dit ce qu'étaient devenus les deux autres. Cet exemple prouve que les hybrides de la louve et du chien braque jouissent entre eux d'une fécondité qui s'est maintenue intacte pendant au moins *quatre générations*. Cette expérience suffit pleinement à démontrer, contre les exagérations de certains naturalistes, que le croisement de deux espèces différentes peut donner naissance à des produits féconds; mais que cette fécondité soit illimitée, c'est ce qu'aucun des faits à nous connus ne nous permet d'affirmer. S'il y a des séries d'hybrides, nous sommes fondé à dire, au point où en est la science, que de véritables races hybrides n'existent pas.

Reste un dernier exemple, celui des *léporides*.

Commençons par constater un fait que les polygénistes euxmêmes sont forcés de reconnaître, c'est que s'il est possible de

faire croiser le lièvre et le lapin, ce croisement ne s'obtient
qu'avec la plus grande difficulté, et grâce à des précautions minutieuses sans lesquelles on est à peu près sûr d'échouer. Buffon,
qui avait tenté plusieurs fois l'expérience, n'y a jamais réussi.
« J'ai fait élever, dit-il, des lapins avec des hases, et des lièvres
avec des lapines, mais ces essais n'ont rien produit (1). » Le
lièvre et le lapin vivent côte à côte depuis un temps immémorial
dans notre Europe occidentale, et cependant, que je sache, l'on
n'a jamais, à aucune époque, entendu parler d'une race intermédiaire tenant à la fois de l'un et de l'autre. D'où cela vient-il?…
D'où vient, au contraire, qu'entre individus de la même espèce,
entre nos diverses races de chiens, par exemple, si distantes
soient-elles, le croisement s'effectue de lui-même, sans la moindre
difficulté, et cela journellement, souvent même en dépit de tous
les efforts de l'homme pour l'empêcher. « Nos métairies, nos
champs, dit M. de Quatrefages, sont remplis de races métisses, et si ces races se maintiennent, ce n'est que grâce à la surveillance. Dès que celle-ci se relâche, l'instinct de la reproduction agissant sans contrôle confond et mêle tous les sangs
avec une promptitude qui atteste, mieux que toute autre chose,
la parfaite fécondité des métis, à n'importe quel degré. Demandez
au premier éducateur venu ce qui arriverait si on lâchait dans le
plus pur troupeau de mérinos, cinq ou six béliers de races différentes. Il vous répondra en vous montrant nos chiens de rue et
nos chats de gouttières. » Pourquoi n'en est-il pas de même entre
le lièvre et le lapin ? Pourquoi depuis des siècles qu'ils existent
dans nos pays (2) ne se sont-ils jamais mêlés entre eux, au point
de produire de ces nuances insensibles et graduées entre les deux

(1) BUFFON, *Quadrupèdes*, art. *Lapin*.

(2) Pline nous apprend que les lapins étaient originaires d'Espagne. Ils
étaient si nombreux aux îles Baléares qu'ils furent cause d'une véritable fa-
mine pour les habitants, et que ceux-ci furent obligés de demander au divin
Auguste, *divo Augusto*, un secours militaire. (Pline, lib. IX, cap. LV.) « Le
divin Auguste, sans doute, » remarque plaisamment M. Broca, à qui nous
empruntons cette citation, « leur envoya une compagnie de furets. »

espèces, comme celles qu'on remarque entre nos diverses races
de chiens et de chats? (1)

C'est ici le lieu de parler des expériences de M. Roux, président de la Société d'agriculture de la Charente. Le retentisse-
ment qu'elles ont eu et la confiance avec laquelle on les a invoquées, pour affirmer l'existence d'une race intermédiaire et durable
entre le lièvre et le lapin, nous obligent à entrer dans quelques
détails.

M. Roux commença ses expériences en 1850 et fut amené par
elles à observer dans ses croisements la même proportion que nous
avons reconnue être la plus favorable à la production des chabins,
c'est-à-dire qu'il donnait à ses léporides 3/8 de sang de lapin et
5/8 de sang de lièvre. Outre que ses produits s'élevaient sans difficulté, ils réunissaient plusieurs qualités qui leur assuraient sur le
marché d'Angoulême une valeur double de celle des plus beaux
lapins domestiques. Avec un poids plus considérable que celui de
leurs ancêtres, lièvres ou lapins, ils avaient de plus une fourrure
plus belle et une chair d'un goût plus agréable. Cette industrie
— car c'en est une — s'exerçait déjà depuis plusieurs années, lorsqu'en 1859, M. Broca, qui était allé faire une visite à M. Roux,
résolut de reprendre pour son propre compte les mêmes expériences, en leur donnant, cette fois, une direction exclusivement
physiologique. Ses efforts ne furent pas plus heureux que ceux de
ses devanciers, malgré de nombreuses tentatives. Dès 1860, Isidore Geoffroy déclarait que les léporides retournent assez promptement au type lapin, si de nouveaux accouplements avec le lièvre
n'ont pas lieu (2). Deux ans plus tard, le fait était régulièrement

(1) Un tel croisement fut constaté en 1774 près du bourg de Maro, situé
entre Nice et Gênes. Du mariage entre une jeune hase et un lapereau de son
âge, élevés ensemble par l'abbé Dominico Cagliari, naquit spontanément une
famille hybride dont les membres abandonnés à eux-mêmes se reproduisi-
rent pendant un certain nombre de générations. Mais, au bout de quelque
temps, on vit se produire, comme dans les autres cas d'hybridation, d'une
part la *variation désordonnée*, de l'autre le *retour* aux types primitifs.

(2) *Bulletin de la Société zoologique d'acclimatation*. Séance du 18 décembre 1860.

constaté au Jardin d'acclimatation qui possédait des léporides issus
de ceux qu'avait élevés M. Roux lui-même (1). Ce n'est pas tout.
Des expériences culinaires faites à la Société d'agriculture de Paris
et plusieurs fois répétées depuis sur ces léporides que M. Roux faisait vendre au marché, montrèrent qu'ils ne différaient en rien des
simples lapins. Interpellé à plusieurs reprises et mis officiellement
en demeure de s'expliquer par la Société d'acclimatation, M. Roux
s'est d'abord renfermé dans un silence obstiné, puis a fini par reconnaître ce qu'il y avait eu d'exagéré et d'inexact dans ses premières assertions. On n'en a pas moins persisté à poursuivre le
croisement du lièvre et du lapin, et parmi les divers expérimen-
tateurs qui s'y sont essayés il en est un, M. Gayot, qui croit y avoir
réussi, c'est-à-dire avoir obtenu une race de léporides s'entretenant
par elle-même. « Après avoir lu avec le plus grand soin tous les
détails donnés par M. Gayot, dit M. de Quatrefages, je ne puis
voir dans ses léporides qu'une race de vrais lapins à laquelle des
soins raisonnés et intelligents ont donné des caractères spéciaux. »

Remarquons en outre que les expériences de M. Roux, sur lesquelles on s'appuie pour affirmer l'existence d'une race intermédiaire et durable entre le lièvre et le lapin, sont d'une nature telle
qu'il n'est pas permis d'en tirer des conclusions rigoureuses sur
la question de l'espèce. Fussent-elles aussi positives qu'elles le
sont peu, la différence que nous indiquions plus haut, entre nos
diverses races de chiens et de chats qui se croisent journellement
sous nos yeux avec la plus grande facilité et les produits hybrides
du lièvre et du lapin, qui ne s'obtiennent qu'à grand'peine, au
prix des soins les plus minutieux et les plus suivis, resterait toujours, et suffirait à maintenir le grand principe posé par Buffon,
principe qu'ont soutenu après lui et que soutiennent encore
tant de noms justement célèbres dans la science, je veux dire la
fécondité facile, continue, indéfinie, comme caractère essentiel

____

(1) *Note sur les lapins-lièvre*, par JEAN REYNAUD. *Ibid.* Séance du 12 décembre 1862.

et fondamental qui ne permet pas de confondre la race et l'espèce.

Ce premier point ayant été de nos jours l'objet des principales attaques des polygénistes, nous avons dû nous y arrêter assez longuement. Nous continuons maintenant, et nous disons : Cela étant, s'il est prouvé que les différentes races humaines peuvent se mêler et donner naissance à des races mixtes, nous serons en droit de conclure qu'elles appartiennent toutes à une seule et même espèce. Existe-t-il, oui ou non, des races métisses, des races indubitablement issues de deux autres, et qui se perpétuent de génération en génération, sans empêchement ? Voilà la question.

———

III

APPLICATION DES PHÉNOMÈNES D'HYBRIDITÉ AUX RACES HUMAINES

Exagérations des polygénistes. — Fécondité des métis. — Les Griquas. — Les Cafusos. — Les Papouas. — Population de l'île Pitcairn. — Infécondité prétendue des mulâtres d'Amérique et de la Jamaïque. — Cause de celle des Lipploppen ou métis de Java. — Rareté des métis à la Nouvelle-Hollande et en Tasmanie. — Contradiction des polygénistes. — Légitimité des inductions tirées des phénomènes d'hybridité.

Nous avons examiné tour à tour, et nous avons vu ce que valent contre l'infécondité des hybrides les arguments invoqués par les partisans de la pluralité des espèces humaines. Changeant tout à coup de tactique et tenant pour avéré ce qu'ils avaient attaqué et combattu d'abord comme illusoire, ils opposent à notre doctrine un deuxième ordre de considérations tirées de la prétendue incapacité où sont les diverses races d'hommes existant à la surface du

globe de se reproduire et de se perpétuer indéfiniment, preuve évidente, d'après eux, qu'ils sont d'espèces différentes. On a peine à
croire aux exagérations dans lesquels ils sont tombés sur ce point.
L'un d'eux, M. A. de Gobineau, dans son *Essai sur l'inégalité
des races humaines* (1855), a été jusqu'à dire que le croisement
des races a pour résultat inévitable leur dégradation physique et
morale, et que c'est à cette cause, entre autres, qu'il faut attribuer
la corruption sociale et l'abaissement intellectuel qui préparèrent la décadence de la république romaine et l'avénement de la
barbarie. MM. Nott et Robert Knox, renchérissant sur M. Gobineau, ont prétendu que « la seule action des lois de l'hybridité
pourrait exterminer le genre humain, si tous les divers types
d'hommes qui existent actuellement sur la terre venaient à s'amal-
gamer d'une manière complète (1). »

Disons, pour être juste, que tous les polygénistes sont loin de
partager ces craintes. Les partageassent-ils, les faits, ce nous
semble, seraient bien propres à les tranquilliser. Il résulte, en effet,
de documents publiés par Richard, en 1824 et 1830, que la population totale du Mexique, du Guatémala, de la Colombie, de la
Plata et du Brésil étant de seize millions quarante-six mille cent,
le nombre des métis était alors de trois millions trois cent trente-
trois mille, c'est-à-dire de plus du cinquième. Bien plus, au Mexique,
le nombre des métis est le même que celui des blancs; dans la
Colombie, les métis sont sensiblement plus nombreux; dans le
Guatémala, leur nombre est plus que double. Quant aux Etats-
Unis, dont on a cru pouvoir prophétiser la ruine prochaine, si
l'on ne se hâtait d'élever une puissante digue pour arrêter le flot
grossissant de l'émigration qui jette chaque jour de nombreux
étrangers de toute race sur cette terre féconde, ce n'est pas, comme
le dit un écrivain dont le témoignage ne doit pas être suspect à
nos adversaires, « lorsque la population, la prospérité et la puissance de cette nouvelle Europe s'accroissent incessamment avec

____

(1) *Types of Mankind.* Philadelphie, 1857, gr. in 8°, p. 407 ; Rob. Knox,
The Races of men, Lond., 1850, in-12, p. 156.

une rapidité sans exemple dans l'histoire, qu'on peut ajouter foi à un pareil pronostic (1). »

Si rassurants soient-ils, ces faits n'empêchent pas les polygénistes de déclarer introuvables des races humaines mixtes, subsistant par elles-mêmes, et qui soient bien et dûment constatées.

Nous pourrions en appeler d'abord aux faits généraux connus de tout le monde. Qui ne sait que l'union entre le nègre et le blanc est toujours et partout féconde? Qui ne sait que cette fécondité, pour se produire, n'a nul besoin ou de cette exaltation des instincts reproducteurs ou de ces précautions infinies presque toujours nécessaires pour amener le croisement des espèces? Qui n'a pas entendu parler de l'immoralité effrénée de ces propriétaires, de ces maîtres *éleveurs de mulâtres*, et de l'infâme commerce qu'ils entretiennent sur leurs plantations pour se procurer à bon compte des esclaves? Ce que nous disons du nègre et du blanc, nous pouvons le dire aussi bien des autres types humains. On sait que dans l'Amérique centrale et méridionale existent côte à côte les représentants des trois principaux groupes dans lesquels on divise d'ordinaire l'humanité. Eh bien, malgré les différences profondes qui les séparent, ces groupes si divers se sont unis entre eux, se sont croisés à tous les degrés, et cela pendant trois siècles, depuis les premiers temps de la conquête jusqu'à nos jours, sans que jamais ce croisement illimité ait rencontré plus de difficulté que s'il se fût agi de familles appartenant au même peuple.

Mais, indépendamment de ces faits trop connus de tout le monde pour qu'il soit nécessaire de s'y arrêter, il en est d'autres qui le sont moins et qui, nous l'espérons, achèveront de mettre en lumière la vérité qu'il s'agit d'établir, savoir, l'existence de populations mixtes provenant du mélange d'individus de races différentes, et que l'on voit se produire et se multiplier en offrant des caractères intermédiaires à ceux des races dont elles dérivent.

Nous citerons d'abord les *Griquas* ou *Hottentots-Griquas*,

<hr>

(1) Broca, *Recherches sur l'hybridité*, p. 595.

peuple d'origine mêlée, issu, d'un côté, des Hollandais qui ont
colonisé le sud de l'Afrique, et de l'autre, des Hottentots aborigènes. L'origine de cette race remonte à 1650, époque où la colonie du Cap fut fondée, et cent vingt-huit ans plus tard environ,
en 1783, Levaillant estimait à un *sixième* de la population hottentote le chiffre de ces métis. Ces *Bastards* ou *Basters*, car c'est
ainsi qu'ils s'appelaient alors, refoulés par les colons dans l'intérieur des terres, franchirent pour la plupart les déserts et s'établi-
rent au bord du fleuve Orange, où ils ne tardèrent pas à se rendre
redoutables par leurs brigandages et leurs incursions dévasta-
trices chez les tribus aborigènes du voisinage. A cette époque,
c'est-à-dire vers le commencement de notre siècle, quelques-uns
d'entre eux furent convertis à la foi chrétienne par les soins des
missionnaires moraves, et se fixèrent à Laawater ou Klaarwater.
Ils changèrent alors leur nom de Bastards contre celui de Griquas,
pour se distinguer de ceux qui continuaient à mener une vie errante, et faire oublier le mépris qui s'attachait à leur nom. Klaarwater, leur capitale, prit le nom de Griqua-Town. Bientôt un
nombre considérable de Koranas, de Namaquois et de Boschimen
qui avaient embrassé le Christianisme se groupèrent autour de la
mission et formèrent ainsi, par leur fusion avec les Bastards, une
nation qu'on a continué à désigner depuis sous le nom de Griquas. Mais cela se passait, comme nous l'avons dit, au commencement du siècle, de 1803 à 1805. Avant cette époque, et pendant
un siècle et demi, la race des Griquas, ou mieux des Bastards,
s'était maintenue et propagée pure de tout mélange (1). On la retrouve encore dans sa pureté dans certains villages, entre autres à
la Nouvelle-Platberg, fondée par les missionnaires wesleyens.
« De race moins mélangée, ils ont les cheveux moins crépus, la
couleur plus claire, les traits moins prononcés ; leurs familles n'en
sont pas moins nombreuses (2). »

(1) L'objection des polygénistes contre l'exemple des Griquas repose donc
tout entière sur l'équivoque de cette appellation. Elle n'aurait pas eu de raison
d'être si, au lieu des Griquas, on eût parlé des Bastards.

(2) A. DE QUATREFAGES, *Unité de l'espèce humaine*, p. 337.

Dans les plaines solitaires qui sont bordées par les forêts de Karama (Brésil) habitent plusieurs familles d'une race singulière et fort remarquable, que les Portugais désignent sous le nom de *Cafusos*. Ces hommes sont descendus originairement d'un mélange d'Indiens et de nègres qui ont fui les établissements européens et sont allés chercher la liberté dans les plaines dont ils ont peuplé les solitudes. Ils ont été observés par deux intelligents voyageurs allemands, MM. de Spix et Martius, à qui nous empruntons la description suivante : « Leur aspect, disent ces voyageurs, a quelque chose d'étrange qui ne peut manquer de frapper vivement un Européen. Ils ont la taille svelte et cependant le corps musculeux. Leur teint est cuivré, tirant sur le brun. En général, leurs traits se rapprochent plus de la race africaine que de la race américaine ; ils ont le visage ovale, les pommettes des joues hautes, mais pas si larges que les Indiens ; le nez large et aplati, ni retroussé ni très-arqué ; la bouche grande, avec des lèvres épaisses, mais égales, et qui, de même que la mâchoire inférieure, ne font pas en avant une saillie bien marquée. Mais ce qui donne surtout à ces métis un air des plus étranges, c'est l'énorme chevelure crépue qui s'élève perpendiculairement du front jusqu'à la hauteur d'un pied ou d'un pied et demi au-dessus de la tête, formant ainsi une sorte de perruque très-extraordinaire et très-laide. Cette bizarre coiffure qui, au premier aspect, semble un produit de l'art plutôt que de la nature, rappelle la plique polonaise, et pourtant ce n'est point l'effet d'une maladie, mais simplement une conséquence de la double origine des Cafusos. Leur chevelure, en effet, tient le milieu entre la laine du nègre et les cheveux longs et roides de l'Américain. Cette perruque naturelle est quelquefois si haute qu'elle oblige les Cafusos à se baisser pour entrer et sortir par les portes ordinaires de leurs huttes ; elle est d'ailleurs si bien mêlée que toute idée de la peigner est hors de question (1). »

Nous citerons encore une autre race mixte, celle des *Papouas*

---

(1) Prichard, *Histoire naturelle de l'homme*, t. I, p. 27.

ou *Papous*, répandue sur la côte septentrionale de la Nouvelle-Guinée et dans les îles adjacentes. Trois races distinctes forment la population aborigène de la Polynésie : les Malais au teint basané et aux cheveux plats que l'on suppose généralement être originaires de l'île de Sumatra ; les nègres pélagiens noirs à chevelure laineuse, répandus dans l'intérieur de plusieurs îles et dans les montagnes de la presqu'île de Malacca ; puis les Alfourous ou Haraforus, peuples encore peu connus de l'intérieur de la Nouvelle-Guinée ; ils ont les cheveux longs et ressemblent, par leurs caractères physiques, aux habitants de la Nouvelle-Hollande. On suppose qu'ils appartiennent à la même souche que cette race misérable et dégradée.

Or, les Papouas se distinguent et se rapprochent à la fois de toutes ces races. Ils sont noirs comme les nègres pélagiens, mais ils s'en distinguent par l'énorme volume de leur chevelure. Ce trait si remarquable dans leur extérieur les fit surnommer par Dampierre *Mop-Headed Papouas*, « Papouas à tête de vadrouille (1), » tandis qu'il appelle les nègres de la race pélagienne *Shock curl-pated New-Guinea negroes*, « nègres à calotte ratinée de la Nouvelle-Guinée. » En parlant des Papouas, un autre voyageur, Forrest, dit : « Ils ont des cheveux frisés qui forment autour de leur tête une masse si volumineuse que la circonférence est souvent de trois pieds et jamais de moins de deux et demi (2). » Tous les naturalistes et tous les voyageurs qui ont visité ces parages s'accordent à voir dans les Papouas une race mixte provenant des nègres pélagiens et des Malais qui se sont établis sur ces terres et qui y forment à peu près la masse de la population (3).

— Mais quand cela serait, nous dit-on, encore ne serait-il pas

(1) Les tapissiers, à Paris, nomment *vadrouille* ou *tête de laine* un amas de cordes de laine fixé au bout d'un bâton et dont on se sert principalement pour laver les carreaux des salles à manger.

(2) Cité par Prichard, *ibid.*, p. 31.

(3) Quoy et Gaimard, *Observ. sur la constitution physique des Papous*, reproduit textuellement dans Lesson, *Complément des œuvres de Buffon*. Paris, 1829, t. III, in-8°, p. 33.

permis de les citer comme un exemple de race croisée *subsistant par elle-même*, parce que, loin de vivre séparés des deux races primitives, d'où l'on prétend qu'ils sont issus, ils demeurent confondus avec elles dans les mêmes parages. L'île Waïgou, où l'on dit qu'ils se trouvent principalement, est une petite île qui n'a que vingt-cinq lieues de long sur dix de large. Outre les Papouas, elle est encore habitée par les Malais et les Alfourous. Or, quelle apparence y a-t-il que trois races réunies sur un aussi petit territoire et sous un climat équatorial si favorable aux habitudes d'incontinence, soient restées étrangères l'une à l'autre? (1)

Nous pourrions, avec raison, nous plaindre de semblables exigences qui, dans la plupart des cas, auraient pour effet de rendre toute discussion impossible ; car comment se serait produite cette uniformité qu'on exige, à moins de soumettre les races humaines comme les animaux domestiques à une surveillance et à une *sélection* sévère pendant une longue suite de générations, ce qui est tout simplement impraticable et absurde. Mais pour ôter aux polygénistes jusqu'à l'ombre d'un prétexte, nous avons fort heureusement un fait où se trouvent réunies toutes les conditions qu'ils réclament. C'est M. de Quatrefages qui nous le fournit ; laissons-le parler lui-même :

« En 1787, le lieutenant Bligh, commandant du navire la *Bounty*, fut chargé d'aller à Taïti chercher des pieds d'arbre à pain destinés à être transportés aux colonies anglaises. Cet officier était, paraît-il, d'un caractère peu sociable. Il se fit détester de tout son équipage, et, en 1789, lorsqu'il revenait de sa mission, une révolte éclata. Bligh et tous ceux qui lui restèrent fidèles furent mis dans une chaloupe et abandonnés en pleine mer. Les rebelles retournèrent à Taïti pour se choisir des compagnes et embaucher quelques indigènes. Après avoir vainement essayé de s'établir dans l'île de Tobouhaï, ils se partagèrent encore. Une portion revint à Tahiti ; le reste comprenant neuf blancs, six Polynésiens et autant de femmes que d'hommes, fit voile pour Pit-

<hr>

(1) Broca, *Recherches sur l'hybridité*, p. 599.

cairn, petite île déserte d'un accès difficile, écartée de la route suivie par la plupart des navires qui parcourent la mer du Sud, et où
les révoltés espéraient être à l'abri des poursuites du gouvernement
anglais. La petite colonie s'installa à Pitcairn au mois de janvier 1790 ; mais elle ne vécut pas longtemps en paix. Le despo-
tisme des blancs finit par révolter les Polynésiens, qui, aidés d'une
partie de leurs compatriotes du sexe féminin, massacrèrent cinq
de leurs tyrans ; puis, ils en vinrent aux mains entre eux, et enfin
les femmes des blancs qui avaient péri vengèrent leurs maris en
assassinant à leur tour ce qui survivait des Polynésiens. En 1793
il ne restait à Pitcairn que quatre Européens, dix femmes polynésiennes et quelques enfants. On vécut alors dans un état de poly-
gamie absolue. Enfin, un des blancs ayant péri par sa faute, un
autre ayant été tué par ses deux compatriotes qu'il menaçait sans
cesse, Young et Adams étaient les deux seuls survivants en 1799.
Ils comprirent alors les terribles leçons du passé, vécurent en paix
et s'efforcèrent de régénérer cette société née sous de si sanglants
auspices. Young mourut bientôt de maladie, et Adams poursuivit
avec persistance la tâche qu'il s'était imposée. Il réussit de manière
à exciter la surprise et l'admiration du capitaine Beechey, qui visita Pitcairn en 1825. « Le navigateur anglais fut frappé, non-
« seulement par la beauté de leurs formes et l'excellence de leur
« santé, mais encore par leurs qualités morales, la vivacité de leur
« intelligence et leur désir ardent d'instruction. »

« Cette race croisée, ajoute M. de Quatrefages, n'avait donc pas
dégénéré. Quant à sa fécondité, on en jugera par les chiffres suivants.
En 1790, les colons, avons-nous vu, étaient au nombre de trente ;
ils étaient soixante-six lors de la visite du capitaine Beechey en 1825,
et cent quatre-vingt-neuf, savoir quatre-vingt-seize hommes et
quatre-vingt-treize femmes, en 1856. On ne trouve mentionnée
d'autre adjonction que celle d'un seul individu homme, et, en
tout cas, la proportion des deux sexes démontre suffisamment que
d'autres adjonctions n'ont pu être nombreuses. Ainsi, dans une
première période de trente-cinq ans, la population de Pitcairn
avait plus que doublé, malgré l'influence désastreuse exercée par

la débauche sans frein à laquelle se livrèrent d'abord les révoltés de la *Bounty*, malgré les meurtres et les accidents qui, dans l'espace de trois années, avaient réduit à quatorze le nombre des adultes. Dans une seconde période de trente et un ans, la population a presque triplé! (1) »

Nous n'en avons pas fini avec les objections des polygénistes. Il s'agissait de montrer d'abord que les divers groupes humains sont susceptibles de se croiser entre eux, et que ce croisement donne naissance à des métis féconds. Nous l'avons fait. — Non contents de cette démonstration, nos adversaires ont demandé qu'on leur prouvât que ces métis étaient doués d'une fécondité illimitée, qu'il existait des races métisses. Nous avons répondu en citant les Griquas, les Cafusos et les Papouas. — Mais, a-t-on répliqué, rien n'établit que ces races croisées subsistent par elles-mêmes, que leur fécondité illimitée n'est pas due à ce qu'elles vont incessamment se retremper dans les deux races mères. Nous y avons satisfait en alléguant l'exemple des Pitcarniens. — Est-ce tout ? Pas encore. Ce qui précède, a-t-on ajouté, prouve tout au plus que *certains* croisements humains sont indéfiniment féconds. Mais il faut nous prouver que *tous* les croisements humains le sont également. Là-dessus on nous oppose certains faits. Les voici :

C'est d'abord l'infécondité prétendue des mulâtres d'Amérique, issus de l'union des colons d'Europe et des nègres africains. — On peut s'en étonner après les résultats mentionnés plus haut ; mais on a la ressource de dire que les mulâtres ne sont féconds que par leurs croisements de retour avec les deux races mères, et qu'ils cessent de l'être quand ils se croisent *entre eux*. Cette assertion a été émise pour la première fois par M. Jacquinot, compagnon de Dumont d'Urville, dans son voyage au pôle Sud, et auteur de la partie zoologique de la relation de ce voyage. « En voyant dans nos colonies, dit-il, une population de mulâtres se produire et se renouveler sans cesse, on n'a point songé à mettre en doute leur

(1) A. DE QUATREFAGES, *Unité de l'espèce humaine*, p. 339.

fécondité; elle est très-bornée cependant. D'un côté, les mulâtres disparaissent à chaque instant dans l'une ou l'autre des espèces mères, et si leurs accouplements avaient lieu constamment entre eux, ils ne tarderaient pas à s'éteindre... C'est un fait connu des personnes qui habitent les colonies, ajoute-t-il, que les femmes blanches et les négresses sont en général très-fécondes, et qu'il n'en est pas ainsi des mulâtresses (1). »

En regard de ces assertions, dont la portée est d'ailleurs singulièrement diminuée par cet aveu de M. Jacquinot lui-même, « qu'il ne lui a point été donné de recueillir des observations précises, positives, basées sur des chiffres (2), » nous nous bornerons à transcrire le témoignage de M. Hombron, collaborateur de M. Jacquinot, et tout aussi prononcé que lui dans le sens de la pluralité des espèces : « Dans nos colonies, dit-il, les négresses et les blancs offrent une fécondité médiocre ; les mulâtresses et les blancs sont extrêmement féconds, ainsi que les mulâtres et les mulâtresses (3). » Nott lui-même, tout en maintenant d'une manière générale les assertions de M. Jacquinot, est obligé d'en restreindre l'application pour les pays situés sur le littoral du golfe du Mexique. C'est dans la Caroline du Sud qu'il avait recueilli ses observations et constaté le peu de fécondité et le peu de longévité des mulâtres. Mais dans la Louisiane, la Floride et l'Alabama, il trouva parmi les mulâtres bon nombre d'exemples de longévité et de fécondité incontestable, non-seulement dans leurs alliances croisées, mais encore dans leurs alliances directes.

Une telle découverte était bien propre, semble-t-il, à ébranler sa confiance dans la justesse de son assertion ; mais il crut se tirer d'affaire et pouvoir échapper aux conséquences d'un tel fait, en attribuant à la différence des éléments ethnologiques qui avaient pris part aux croisements la différence des résultats observés. Si les mulâtres réussissent mal à la Caroline du Sud, c'est parce qu'elle a été

---

(1) *Voyage au pôle Sud*, etc. Paris, 1846, in-8°, t. II, p. 91–93.

(2) *Ibid.*

(3) Hombron, *De l'Homme, dans ses rapports avec la création (Voyage au pôle Sud),* cité par A. de Quatrefages, *Unité de l'espèce,* p. 322.

colonisée par les Anglo-Saxons ; s'ils réussissent beaucoup mieux sur le golfe du Mexique, c'est parce que ce pays a été colonisé par des peuples méridionaux. Or les Européens du Sud, races à peau brune, aux yeux foncés, aux cheveux noirs, sont moins éloignés des nègres que les Européens du Nord, races à la peau très-blanche, aux yeux gris ou bleus, aux cheveux de couleur claire ; il n'y a donc rien d'étonnant à ce que le croisement réussisse mieux dans le premier cas que dans le second (1).

Les faits sont-ils d'accord avec la théorie ? Nous ne contestons pas que les mulâtres de la Louisiane se rattachent surtout à la Louisiane française ; mais il en est tout autrement de ceux de la Floride et de l'Alabama. C'est des Etats-Unis qu'est venue la population blanche de l'Alabama, et quant à la Floride, elle n'a jamais été une colonie espagnole que de nom. Ce qui le prouve, c'est que lorsque Bartram la parcourut en 1774, dix ans après qu'elle eut été cédée à l'Angleterre, elle était encore partout occupée par les indigènes ; les rares trafiquants qui y pénétraient étaient de *race anglaise*, et c'est en *anglais* que les Indiens le saluèrent à son arrivée à Talahasochte. Les blancs qui ont vraiment peuplé et colonisé la Floride sont donc les Anglais. Or les mulâtres de ce pays et ceux de l'Alabama ne sont ni moins nombreux ni moins féconds que ceux de la Louisiane. Nott lui-même en convient ; sa prétendue explication n'explique donc rien ; elle tombe devant les faits et laisse subsister dans toute sa force le grand argument que nous fournissent les lois constantes de l'hybridité en faveur de la thèse que nous soutenons.

La même réponse s'applique également à l'infécondité relative des mulâtres de la Jamaïque. S'il faut en croire Nott, dont les assertions sur ce point sont confirmées par celles de Long, dans son *Histoire de la Jamaïque*, les mulâtres et les mulâtresses de ce pays sont généralement stériles. « Quelques exemples, dit Long, ont pu se rencontrer peut-être où le mariage de deux mulâtres a produit des enfants qui ont vécu jusqu'à l'âge adulte ; mais je

---

(1) *Types of Mankind*. Philadelphie, 1854, in-8°, chap. xii, p. 373.

n'ai jamais entendu parler d'un cas de ce genre (1). » Tandis qu'un peu plus au Nord, à Cuba, à Haïti, à Porto-Rico, îles colonisées par les Français et les Espagnols, les nègres et les mulâtres réussissent parfaitement (2). Les métis de la Jamaïque, comme ceux de la Caroline, devraient donc leur infériorité à la difficulté de croiser entre elles la race nègre et la race anglosaxonne. — Mais la même cause devrait produire les mêmes effets. D'où vient donc qu'à Mobile, à Pensacola, dans toutes les colonies de la Floride et de l'Alabama, où le sang anglais s'est mêlé avec celui des nègres d'Afrique, les mulâtres issus de ce mélange ne le cèdent en rien, pour la vitalité et la fécondité, à ceux qui sont issus du croisement des nègres et des colons de race latine?

Les métis de Hollandais et de Malais, à Java, sont aussi, à ce qu'il paraît, doués de peu de fécondité ; ils ne peuvent pas se reproduire au delà de la troisième génération (3). — Reste à savoir si la stérilité de ces métis dépend de leur origine croisée ou de quelque autre circonstance. La première explication ne s'accorde guère avec les faits, car d'abord entre les Malais et les Hollandais il y a certainement plus de proximité de race qu'entre les nègres d'Afrique et les Européens, et nous avons vu que les mulâtres issus de ce dernier croisement sont doués d'une fécondité indéfinie. Ensuite si l'hybridité était la cause de la stérilité des métis de Java, ces métis devraient éprouver partout ailleurs la même difficulté de se reproduire, tandis qu'il résulte des communications faites à M. de Quatrefages par le docteur Yvan que, dans les autres colonies hollandaises du grand archipel indien, le croisement des deux mêmes races est indéfiniment fécond (4). Remarquons en outre que le climat des îles de la Sonde est peu favorable aux Européens; que les Hollandais ne perpétuent pas leur race à Batavia, qu'ils y deviennent stériles quelquefois dès la seconde généra-

(1) Long, *History of Jamaica.* Lond., 1774, in-4°, t. II, p. 235, 236.
(2) Broca, *Recherches sur l'hybridité,* p. 629.
(3) Boudin, *Géographie médicale.* Paris, 1857, in-8°, t. I, Introd., p. xxxix.
(4) A. de Quatrefages, *Unité de l'espèce humaine,* p. 326.

tion (1). En sorte qu'il n'y aurait rien d'improbable, bien au contraire, à ce qu'il faille attribuer le peu de fécondité des *Lipplappen* (c'est le nom des métis de Java) à l'influence des milieux. Cette induction nous semble confirmée par l'exemple des Mameluks qui, originaires de la région du Caucase, n'ont jamais pu se propager en Egypte. « En les voyant subsister en ce pays depuis plusieurs siècles, dit Volney, on croirait qu'ils s'y sont reproduits par la voie ordinaire de la génération; mais si leur premier établissement fut un fait singulier, leur perpétuation en est un autre qui n'est pas moins bizarre. Depuis cinq cent cinquante ans qu'il y a des *Mamlouks* en Egypte, pas un seul n'a donnée lignée subsistante, il n'en existe pas une famille à la seconde génération; tous leurs enfants périssent dans le premier ou le second âge. Les Ottomans sont presque dans le même cas, et l'on observe qu'ils ne s'en garantissent qu'en épousant des femmes indigènes, ce que les *Mamlouks* ont toujours dédaigné (les femmes des *Mamlouks* sont comme eux des esclaves transportées de Géorgie, de Mingrélie, etc.). Qu'on s'explique pourquoi des hommes bien constitués, mariés à des femmes saines, ne peuvent naturaliser, sur les bords du Nil, un sang formé au pied du Caucase, et qu'on se rappelle que les plantes d'Europe refusent également d'y maintenir leur espèce (2). »

Un autre exemple sur lequel les polygénistes insistent beaucoup est celui de la difficulté prétendue du croisement des Européens avec les habitants de la Nouvelle-Hollande. « C'est à peine, dit M. Jacquinot, si l'on cite quelques métis d'Australiennes et d'Européens. Cette absence de métis entre deux peuples vivant en contact sur la même terre prouve bien incontestablement la différence des espèces (3). » MM. Lesson et Cunningham, qui ont séjourné l'un et l'autre dans la Nouvelle-Galles du Sud, ne parlent que d'un seul métis né du commerce d'un blanc avec la

(1) Steen Bille (cité par M. Broca, *Recherches sur l'hybridité*, p. 634).
(2) Volney, *Voyage en Syrie et en Egypte*. Paris, au VII, in 8°, t. I, p. 94.
(3) *Voyage au pôle Sud et dans l'Océanie. Zoologie*, par Jacquinot, t. II, p. 109.

femme d'un chef nommé Bongarri (1); et M. Mac Gillivray n'a
pas été moins frappé de la rareté des métis d'Européens et d'Australiens, aux environs du parc Essington, colonie anglaise de l'Australie septentrionale (2). — Admettons le fait tel qu'on nous le
donne et voyons s'il n'y a pas moyen d'en rendre compte, sans
recourir à la différence des espèces. Sans parler de la guerre d'ex-
termination qui fut faite à ces malheureuses peuplades dès l'arrivée
des Européens, circonstance (on en conviendra) qui n'était guère
favorable au rapprochement des deux races, sans parler de l'éloignement et de la destruction des indigènes qui en fut la suite (3),
le petit nombre qui resta mêlé aux blancs ne tarda pas, pour satisfaire aux nouveaux et tristes besoins que leur avaient appris les
Européens, à recourir à toutes sortes de moyens et notamment à
la prostitution de leurs femmes. C'est le témoignage de Cunningham qui, après avoir dit que les tribus de Port-Jackson vivent
principalement de pêche et viennent à la ville échanger leurs
poissons pour des hameçons, du pain ou du rhum, ajoute que ce
commerce donne lieu aux plus tristes scènes de débauche, que la
prostitution des femmes indigènes avec les blancs a pris des proportions considérables, « attendu que les Australiens prêtent leurs
femmes aux convicts pour un morceau de pain ou pour une pipe
de tabac, *for a slice of bread or a pipe of tabacco* (4). » Or on
sait quelles sont les conséquences de la prostitution dans nos
grandes villes; faut-il s'étonner qu'elles aient été les mêmes au
sein des colonies australiennes ? Ajoutons enfin que, vu leur état
de misère et de dénûment, plusieurs de ces peuplades pratiquent

(1) LESSON, *Voyage autour du monde*, etc. Paris, 1839, t. II, p. 278;
CUNNINGHAM, *Two years New-South-Wales*, 3ᵉ édit., Lond., 1828, t. II, p. 17.

(2) MAC GILLIVRAY, *Narration of the voy. X. M. S. Rattlesnake*, 1852,
p. 151.

(3) « Les Australiens furent détruits par le fer et par le feu; on chassa au
sauvage comme chez nous à la bête féroce, et les jurys locaux trouvèrent
tout simple que la torture précédât la mort quand il s'agissait de ces prétendus anthropophages. » M. A. DE QUATREFAGES, *Unité de l'espèce humaine*,
p. 316.

(4) CUNNINGHAM, *Two years in New-South Wales*, t. II, p. 8.

souvent l'infanticide sur leurs propres enfants ; à plus forte raison doivent-ils se livrer à cette coutume barbare sur les enfants dont la couleur trahit une origine étrangère (1). Mais il est en Australie d'autres districts où la nourriture est plus assurée, sur les bords de la Murrumbidgee et de la Murray par exemple, et là aussi l'on trouve des métis en plus grand nombre. Le fait est attesté par les voyageurs les mieux informés, entre autres par Mackensie qui a passé dix ans au milieu de ces populations (2).

Les mêmes observations et les mêmes réponses s'appliquent à peu de chose près à l'absence de métis signalée aussi par M. Jacquinot, dans la terre de Van-Diémen. Comment s'en étonner quand on pense aux cruautés inouïes auxquelles se livrèrent les envahisseurs pour se débarrasser des indigènes? C'est en 1835 que les Anglais commencèrent cette œuvre de destruction. Une véritable *traque*, qu'on a comparée à celle qu'on pratique dans les grandes chasses de l'Inde, fut organisée dans toute l'île ; et en peu de temps tous les Tasmaniens, sans distinction d'âge ni de sexe, furent exterminés, à l'exception de deux cent dix individus qui furent transportés dans une petite île du détroit de Bass (île de Flinders ou de Turneaux). En 1842, le comte de Strzeluki qui les visita n'en trouva plus que cinquante-quatre. C'était tout ce qui restait d'une race qui jusqu'à l'arrivée des Anglais avait occupé, seule et sans contestation, toute l'île de Van-Diémen, aussi étendue que l'Irlande (3). En décembre 1869 M. Paul Topinard écrivait ce qui suit : « Les journaux nous ont appris que le dernier des Tasmaniens est mort il y a cinq ou six mois et que, de ces insulaires, au nombre de sept mille lors de la découverte de l'île de Van-Diémen, il ne reste plus aujourd'hui qu'une femme ; je crois même qu'elle vient de succomber (4). » Et l'on

(1) CUNNINGHAM, *loc. cit.*, t. II, p. 8.

(2) A. DE QUATREFAGES, *loc. cit.*, p. 318.

(3) STRZELUKI, *Physical of New-South Wales and Van Diemen's Land.* London, 1845, in-8°, p. 353, 357.

(4) *Étude sur les Tasmaniens*, dans les *Mémoires de la Société d'anthropologie de Paris*, t. III, 4ᵉ fascicule

s'étonne après cela du petit nombre de croisements et par suite de
métis entre un peuple sur lequel on commit de telles atrocités et
ceux qui les commirent! La preuve que ces atrocités sont bien la
cause de la rareté des métis tasmaniens, c'est qu'il n'en fut pas
toujours ainsi. M. de Blosseville, dans ses *Etudes sur les colonies
pénales de l'Angleterre*, constate qu'à l'origine on voyait plus
de métis en Tasmanie qu'à Sidney, et que les derniers proscrits
traqués par les défrichements et la levée en masse étaient encore
des métis (1).

Chose étrange! les polygénistes affirment très-haut l'existence
de races hybrides, quand il s'agit des espèces animales. S'agit-il
de l'homme au contraire, ils la nient. A les entendre, il est certains groupes humains dont les unions sont extrêmement difficiles, peu ou point fécondes, ou donnent naissance à des produits qui ne se perpétuent pas. Nous aurions pu nous borner à
répondre par une fin de non-recevoir et dire : De deux choses
l'une, ou les lois de l'hybridité s'opposent à la reproduction indéfinie des produits issus de deux espèces différentes, et dans ce
cas, les races humaines, dont les mélanges sont indéfiniment
féconds, appartiennent toutes à une même souche ; ou elles ne s'y
opposent pas, et dès lors l'infécondité prétendue de certains croisements humains est un fait sans valeur et qui ne mérite pas de
nous arrêter. Mais nous avions une réponse plus directe à opposer
aux assertions des polygénistes. Nous avons interrogé les faits,
nous leur avons demandé s'il est vrai qu'il y a des métis humains
plus ou moins frappés d'incapacité de se reproduire, et les faits
ont répondu de manière à laisser subsister intact le principe qui
sert de base à notre argumentation.

Avant d'abandonner ce sujet, disons un mot d'une dernière
objection qui revient souvent sous la plume et dans les livres de
nos adversaires. Voici comment s'exprime M. Bérard, professeur
de physiologie à la Faculté de médecine de Paris : « Analysons un
peu cet argument, dit-il (en parlant de la preuve que nous venons

____

(1) A. DE QUATREFAGES, *Unité de l'espèce humaine*, p. 320

d'exposer); le voici dans sa plus simple expression : Seront de la même espèce tous les individus qui en s'unissant pourront donner naissance à des métis féconds, et dont les descendants seront féconds eux-mêmes. Raisonner de cette manière, cela s'appelle tout simplement faire une pétition de principe. Nous n'avons aucune preuve que des espèces voisines, quoique originairement distinctes, ne puissent ou n'aient pu donner ensemble des produits féconds. L'analogie plaiderait même contre cette exclusion, car on peut supposer que la nature procède ici par graduation comme dans toutes ses opérations. Ainsi, lors de l'union entre espèces différentes, on pourrait observer toutes les conséquences que je vais dire : 1° Tantôt les espèces étant trop éloignées l'une de l'autre, il n'y aurait aucun produit; 2° tantôt il y aurait un produit métis, mais ce métis serait stérile; 3° tantôt les métis seraient féconds, mais la faculté de se reproduire s'éteindrait dans leur postérité au bout d'un certain nombre de générations, comme on l'observe dans certains oiseaux d'espèces différentes; 4° enfin, et je propose formellement l'admission de cette quatrième éventualité, les métis seraient féconds ainsi que leur descendance (1). »

Cette quatrième éventualité, proposée par M. Bérard, est une pure hypothèse, et rien de plus; une hypothèse qui n'est appuyée par aucun fait absolument; une hypothèse qui a contre elle l'analogie de tous les faits à nous connus; une hypothèse enfin qui introduit dans l'ordre de la création une anomalie qu'il est tout à fait impossible de justifier. — « Nous n'avons aucune preuve, dit-on, que des espèces voisines, quoique originairement distinctes, ne puissent ou n'aient pu donner ensemble des produits féconds. » — Mais si, nous avons la preuve d'induction. C'est comme si l'on disait : « Nous n'avons aucune preuve que le soleil ne se soit jamais levé ou ne puisse se lever demain à l'occident. » — La preuve que nous en avons, c'est l'impossibilité de citer un fait, un seul depuis que le monde est monde, qui serve de fondement à cette étrange assertion. Nous en disons autant de l'hypothèse de

(1) P. Bérard, *Cours de physiologie.* Paris, 1848, p. 463.

M. Bérard. Tous les faits à nous connus, et ce sont les seuls que nous soyons en droit d'invoquer, prouvent que des espéces différentes sont incapables de se reproduire d'une manière durable. Or les lois qui régissent la création étant des lois universelles et invariables, nous croyons qu'il est très-légitimement permis, sans mériter le reproche de rouler dans un cercle vicieux, de conclure de ce qui a été à ce qui sera.

IV

ACTION DU MILIEU. — INFLUENCE DE L'HÉRÉDITÉ

Modifications produites chez les animaux domestiques rendus à l'état sauvage. — Pelones. — Calongos. — Mochos. — Influence de la domestication sur la sécrétion du lait. — Moutons kirghis. — Bœufs-dogue. — Ancons ou race loutre chez les moutons. — Race mauchamp. — Action modificatrice du milieu sur l'espèce chevaline. — Etendue des variations chez les chiens et les pigeons. — Influence de la domestication et du climat sur les fonctions physiologiques. — Transmission par hérédité des habitudes acquises. — Application aux races humaines.

Si nous connaissions les limites précises des modifications dont les espéces animales sont susceptibles, il nous serait facile de déterminer ce que valent et signifient les caractères distinctifs des races humaines; facile aussi de prononcer si ces caractères sont originels et spécifiques, ou si ce sont de simples variétés dues à l'influence des agents modificateurs. Supposez en effet qu'en étudiant les différences que présentent les races animales de la même espèce, nous trouvions que ces différences sont identiques à celles qui distinguent les différents groupes humains, il est évident qu'alors les phénomènes de variation que nous avons précédemment décrits n'auraient rien qui ne se concilie avec l'unité de l'espèce humaine. Toute la question peut donc se ramener à ces termes : Y a-t-il, oui ou non, dans les races animales de la même espèce, des variétés comparables à celles qui séparent les diverses branches de l'humanité? Laissons parler les faits, et recueillons soigneusement leur témoignage.

Parmi les animaux sauvages répandus à la surface du globe, il est très-difficile, pour ne pas dire impossible, de reconnaître les souches primitives de nos animaux domestiques, et de fixer ainsi, par leur comparaison, l'étendue des limites de variations qui peuvent se produire dans le cours des temps. Mais si cette voie d'information nous est fermée, il en est une autre qui nous est ouverte et nous fournit de nombreuses et importantes observations, en vue de la solution qui nous occupe.

On sait qu'à la fin du quinzième siècle, lors de la découverte du nouveau continent, plusieurs races d'animaux furent transportées d'Europe en Amérique. Les porcs furent introduits à Saint-Domingue, dès l'époque de la découverte de cette île par Christophe Colomb, au mois de novembre 1493, et ils le furent successivement en tous les lieux où les Espagnols formèrent des établissements. A Saint-Domingue, ils se répandirent par si grandes troupes dans le pays, qu'à l'époque de l'introduction de la canne à sucre, il fut nécessaire d'en détruire un grand nombre. Ils se multiplièrent aussi avec rapidité sur le continent, malgré les bêtes féroces qui, semblait-il, auraient dû les détruire dès qu'ils ne seraient plus sous la protection de l'homme. Eh bien, qu'est-il advenu? C'est que ces animaux, errant en liberté dans les vastes forêts du Nouveau-Monde, sont revenus peu à peu à l'état sauvage, et ont repris en partie les caractères de leurs premiers ancêtres. Leurs oreilles se sont redressées, leur tête s'est élargie, relevée à la partie supérieure; enfin leur couleur n'offre plus ces variétés que l'on trouve dans les races domestiques : elle est presque uniformément noire.

La réapparition des caractères du sanglier sauvage dans une race provenant de cochons domestiques, prouve l'identité de leur origine, et nous permet de les considérer comme des variétés d'une même espèce. Or, chose remarquable, d'après Blumenbach, la différence qui existe sous le rapport de la forme entre la tête du cochon domestique et celle du sanglier des forêts européennes est tout à fait comparable à celle qui s'observe entre le crâne du nègre et celui de l'Européen.

Le bétail à cornes qui fut introduit à Saint-Domingue, au second voyage de Colomb, nous offre aussi plusieurs faits de variation qui montrent jusqu'à quel point les espèces animales peuvent être modifiées sous l'influence du milieu. Ainsi, dans l'Amérique méridionale, il y a des bœufs domestiques et des bœufs sauvages, tous issus de la même race. Les uns et les autres diffèrent profondément pour la couleur. « Les troupeaux de bétail domestique (nous citons don Félix d'Azara) présentent une grande variété de nuances, mais la couleur des bœufs sauvages est constante et invariable : les parties supérieures sont d'un brun rouge, et le reste du corps est noir (1). »

Dans quelques parties très-chaudes du même pays, il s'est formé une race de bœufs dont le poil est extrêmement ras et fin que l'on nomme *pelones*. Parfois même il naît dans ces régions des individus dont la peau est entièrement nue, auxquels on donne le nom de *calongos*, tandis qu'il ne paraît pas qu'il naisse jamais de ces animaux dans les parties froides du pays. D'Azara cite un fait plus extraordinaire encore. Toujours dans l'Amérique méridionale, il naquit en 1770 un taureau *mocho* ou sans cornes. Ce taureau a donné naissance à son tour à des veaux dépourvus de cornes, et est ainsi devenu souche d'une race qui s'est fort multipliée (2).

Mais une modification tout autrement remarquable est celle relative au développement des glandes mammaires. En Europe, la vache donne du lait depuis le moment où elle devient féconde jusqu'à celui où elle cesse de l'être. La sécrétion du lait est donc

<hr>

(1) Don F. d'Azara, *Voyages dans l'Amérique méridionale.* Paris, 1809, t. I, p. 378.
(2) *Ibid.*

en elle une fonction constante. Or, il est reconnu généralement aujourd'hui qu'il n'en est pas de même dans l'état de nature. L'ampleur des mamelles dans nos races domestiques, et la faculté qu'elles ont de donner du lait en tout temps, tient uniquement à l'habitude que nous avons de traire nos vaches après qu'elles ont perdu leur nourrisson. C'est une modification profonde de l'économie animale, produite par une pratique incessamment répétée chez tous les individus, pendant une longue suite de générations. Que cette pratique soit interrompue, et bientôt l'organisation, rendue à son état primitif et dégagée de toute contrainte, remontera vers son type normal. C'est ce qu'on voit en Colombie, où l'abondance du bétail et d'autres circonstances ont fait perdre l'habitude de traire les vaches. Là, si l'on destine une vache à donner du lait, il faut que son nourrisson soit avec elle tout le jour et puisse la teter. Vient-il à mourir, le lait tarit aussitôt. Un fait analogue s'observe dans les chèvres redevenues sauvages en Amérique : l'ampleur des mamelles a presque complétement disparu.

Ces faits et d'autres encore qu'il serait facile de multiplier, prouvent combien grandes sont les modifications survenues chez nos animaux domestiques depuis leur importation dans le Nouveau-Monde, et nous donnent par conséquent la mesure des diversités qui peuvent se produire dans la même espèce. Et pourtant les causes qui ont amené ces modifications ont agi pendant un temps relativement court, trois siècles au plus. On est fondé à croire qu'une action plus longue aurait eu des effets plus considérables. C'est ce dont on peut se convaincre en étudiant les différentes races d'animaux de l'ancien continent, dont la domesticité remonte à l'antiquité la plus haute.

Le mouton, par exemple, est un des animaux le plus anciennement asservis à l'homme ; il est aussi l'un de ceux dont les variétés sont le plus nombreuses et le plus considérables. Or rien ne porte à croire que les races de moutons domestiques appartiennent à plus d'une espèce, malgré les différences extrêmes qu'elles présentent dans différents pays. Au reste, quand bien même il y aurait

quelque doute à cet égard, ce qui n'est pas douteux, c'est que les
mêmes races sont susceptibles de se modifier profondément sous
l'influence des circonstances extérieures. Tel est le cas des moutons de Tartarie, de toutes les races la plus extraordinaire peut-
être par l'étrangeté de ses formes et la hauteur de sa taille. Ces
moutons, appelés *kirghis*, sont plus grands qu'un veau qui vient de
naître, très-lourds de forme, et ont quelque ressemblance, pour les
proportions, avec les races de l'Inde, aux jambes élevées, au chan-
frein convexe. Leur tête est très-protubérante, leurs oreilles sont
grandes et pendantes, leur lèvre inférieure dépasse de beaucoup la
supérieure. La plupart ont sous le cou des caroncules couvertes
de poil; au lieu d'une queue véritable, ils ont une énorme masse
de graisse de forme arrondie, et qui par-dessous est presque complétement dépourvue de poil. Eh bien, un voyageur allemand,
M. Ermann, qui a parcouru, il y a quelques années, l'Asie septentrionale, nous apprend que les moutons à grosse queue des kirghis,
lorsqu'on les enlève à leurs plaines natales (les hauts plateaux du
centre de l'Asie), et qu'on les transporte en Sibérie, ne conservent point les particularités qui les distinguent; les herbages secs
et amers des steppes ne sont point favorables à la formation de la
matière adipeuse, et les moutons y perdent bientôt la masse de
graisse de leur queue. Même dans l'Oural méridional, dans les
pâturages d'Orenburgh, ces moutons perdent leur grosse queue
après un petit nombre de générations (1).

Il arrive aussi quelquefois qu'une variété qui se produit d'une
manière tout à fait accidentelle dans un individu devient, en se
perpétuant, le point de départ d'une race nouvelle. Nous en avons
vu un exemple dans le bœuf *mocho*. Il faut en dire autant des
bœufs *gnatos*, littéralement bœufs camards, que M. de Quatrefages propose de nommer *bœufs-dogue*, à cause de la ressemblance qu'ils présentent avec ce chien dans leurs traits caractéristiques. « La tête, le museau surtout, sont considérablement
raccourcis, la mâchoire inférieure dépasse la supérieure, et la lèvre

(1) P᷉RICHARD, *Histoire naturelle de l'homme*. t. I, p. 60.

fortement relevée, laisse les dents à nu (1). » S'il faut en croire Owen, il n'y a presque pas un os dans la tête du gnato qui ressemble à l'os correspondant du bœuf ordinaire. Tout porte à croire que cette race singulière a pris naissance spontanément dans les troupeaux à demi sauvages des Indiens du sud de la Plata. Ce qui est certain, c'est qu'elle descend de nos races domestiques, car tous les bœufs américains sont venus primitivement de l'Europe, et en particulier tous ceux du bassin de la Plata descendent d'un taureau et de huit vaches amenés à l'Assomption en 1558, par les frères Goës. Si le bœuf gnato ne s'est pas propagé plus abondamment, cela tient à l'habitude qu'on a prise de tuer tout jeune veau qui présente les caractères de cette race. Et cette habitude s'explique elle-même par la difficulté qu'on éprouve à nourrir ces animaux en temps de sécheresse, la forme de leur mâchoire les empêchant de brouter aussi aisément que les bœufs ordinaires. Or, supposé que la provenance de cette race fût inconnue, ses traits caractéristiques sont tels qu'il n'est pas douteux qu'on en eût fait, non pas seulement une espèce, mais un genre à part.

Non moins remarquable au point de vue qui nous occupe est la *race ancon*, ou *race loutre* chez les moutons. En 1791, dans l'État de Massachusets, naquit un bélier qui, sans cause connue, se trouva avoir le corps plus long et les jambes plus courtes que le reste de sa race ; les jambes de devant étaient crochues. Cette conformation le rendant impropre à franchir les barrières dans lesquelles on s'efforçait avec peine de parquer les autres moutons, on tenta de propager la particularité qui le distinguait. On l'accoupla à des brebis dont les pattes présentaient la longueur ordinaire, et on obtint ainsi des fils dont quelques-uns seulement reproduisaient, à des degrés divers, le caractère anormal du père. Ceux-ci furent rapprochés entre eux, et en peu d'années on eut une race nouvelle que l'on nomma, d'après la forme du corps, la race loutre.

---

(1) A. DE QUATREFAGES. *Charles Darwin et ses précurseurs*, 2ᵉ partie, chap. VII.

Ce n'est pas autrement que la race *mauchamp* a été créée. Tous les mauchamps qui vivent aujourd'hui, soit en France, soit ailleurs, descendent d'un jeune agneau, à laine droite et soyeuse, né en 1828, qu'on découvrit au milieu d'un troupeau de mérinos ordinaires. Ainsi s'est formée une race entièrement nouvelle et dont la date et l'origine précises nous sont parfaitement connues.

Inutile d'insister sur les diversités de l'espèce chevaline; tout le monde les connaît. Disons seulement, d'après Blumenbach, que pour les proportions de la tête et la forme du front la différence qui existe à cet égard chez les races humaines les plus dissemblables est moindre que celle qui existe entre la tête allongée du cheval napolitain et celle du cheval de race hongroise remarquable par sa brièveté et le développement de la mâchoire inférieure. On pourrait nous objecter, il est vrai, que ces diversités doivent être expliquées par l'existence de tout autant de types primitifs et non par l'influence du milieu. Sans entrer ici dans la discussion de ce point controversé, et nous bornant à rappeler que la ressemblance des chevaux sauvages qu'on a découverts dans le centre de l'Asie avec les *tarpans* ou chevaux rendus à l'état libre suffirait à elle seule pour établir l'identité d'origine de nos diverses races chevalines, citons un fait qui démontre d'une manière invincible comment, sous l'action des causes modificatrices, les caractères des races peuvent être affectés. Une de ces races de chevaux devenus sauvages, dont nous parlions tout à l'heure, a été observée par Pallas dans les vastes plaines voisines des sources du Tschugan (Sibérie orientale). Ces animaux, qui sont arrière-descendants de chevaux domestiques, diffèrent maintenant de la race russe en ce qu'ils ont la tête plus forte et les oreilles plus pointues; leur crinière est courte et rude, et leur queue s'est notablement raccourcie : tout autant de traits qui doivent être considérés comme des caractères acquis par la race, depuis qu'elle est devenue sauvage dans le désert. On en peut dire autant des chevaux libres des pampas d'Amérique : « La taille a diminué, les jambes et la tête ont grossi, les oreilles se sont allongées et rejetées en arrière, le poil est devenu grossier, les teintes du pelage se sont en partie *uniformisées*, et les robes les plus tranchées, telles que les noires et les pies, ont entièrement disparu (1). »

Mais passons sur les diversités que pourraient nous offrir encore d'autres espèces animales, et venons-en de suite à celui de tous nos animaux domestiques qui nous présente les variations les plus grandes et les plus nombreuses, le chien. « Placez, dit M. de Quatrefages, à côté du grand chien des Philippines, dont la taille dépasse celle de toutes nos races européennes, le bichon que nos grand'mères cachaient dans leur manchon; à côté du lévrier aux jambes si longues, si grêles, qui force le lièvre à la course, le basset à jambes torses, si bien fait pour se glisser dans un terrier; à côté du chien turc, à la peau entièrement nue, le barbet qui semble porter une toison; comparez le chien des Pyrénées au bouledogue, le chien de Poméranie au griffon, le terre-neuve au chien courant, et vous n'aurez encore que des notions imparfaites sur ce monde de chiens qui embrasse les formes les plus différentes, les instincts les plus divers (2). » Certes, toutes les diversités que nous avons signalées dans les différentes branches de la famille humaine ne sont pas comparables à celles que nous présente la grande tribu des chiens. Si donc, malgré ces diversités, il est prouvé que tous les chiens descendent d'une même souche, que ces diversités si nombreuses et si profondes ne sont pas naturelles mais acquises, on voit quel puissant argument d'analogie nous fournit un pareil fait en faveur de la commune origine du genre humain. Les polygénistes eux-mêmes sont forcés d'en convenir; ils avouent que l'analogie n'est pas à dédaigner, que si elle ne fournit jamais de certitude complète, elle donne du moins des présomptions, des probabilités dont la science fait son profit. Mais ce qu'ils n'avouent pas, ce qu'ils nient péremptoirement, c'est le fait lui-même. Ils le nient parce qu'ils ne le comprennent pas, parce qu'ils sont incapables de l'expliquer. « Faisons, dit M. Broca, la plus large part

(1) Prichard, *Histoire naturelle de l'homme*, p. 63 et 64.
(2) A. de Quatrefages, *Unité de l'espèce humaine*, p. 102.

possible à toutes les conditions hygiéniques ; exagérons au centuple
l'action du froid, celle de la chaleur, celle du milieu où l'animal
est obligé de chercher sa subsistance. Rien de tout cela ne nous
permettra de comprendre comment le crâne du type primitif a pu
s'allonger ou se raccourcir, se rétrécir ou s'élargir, s'élever ou s'affaisser, pour revêtir les formes si tranchées qui permettent, en
entrant dans un musée ostéologique, de reconnaître au premier
coup d'œil les têtes des principales races canines, etc., etc. (1). »
Assurément, nous ne nous chargeons pas d'expliquer en vertu de
quelles lois des changements si considérables ont pu s'accomplir.
Ici, comme en bien des cas, le comment et le pourquoi des choses
nous échappent, mais les faits restent ; ils se posent et s'imposent,
malgré qu'on en ait. Or, il est de fait que des modifications profondes peuvent se produire dans les races animales, au point de
rendre tout aussi difficile de comprendre et d'expliquer comment
celles-ci sont sorties de celles-là, qu'il est difficile de comprendre et
d'expliquer comment le basset et le lévrier sont issus d'un même
couple. Je ne peux pas plus comprendre la modification du crâne
du cochon ou du cheval rendus à l'état sauvage que je ne peux
comprendre la modification du crâne du chien, et cependant il est
certain que le cochon et le cheval, redevenus libres, affectent des
formes et un volume dans la charpente osseuse de la tête qu'ils
n'ont pas dans l'état de domesticité. Je ne peux pas comprendre
comment les oreilles courtes et droites chez le chien de berger ont
pu devenir longues, larges et pendantes chez le basset, le braque,
le dogue anglais, le chien courant, etc. Mais je ne peux pas comprendre davantage comment des changements analogues ont pu
se produire chez les animaux que nous avons déjà cités, et cependant il est certain (nous l'avons vu) que les *kirghis*, transportés
des hauts plateaux de l'Asie centrale dans les steppes de la Sibérie,
perdent leurs caractères distinctifs : leurs jambes élevées, leurs
oreilles grandes et pendantes, la forme particulière de leurs lèvres
et surtout cette grosse queue chargée de graisse, qui établit entre

(1) BROCA, *Recherches sur l'hybridité animale*, p. 443.

eux et les autres races une différence si frappante; et cependant il est certain (nous l'avons vu encore) que chez les *tarpans* observés par Pallas, les oreilles sont devenues plus pointues, la queue plus courte, le poil plus rude, la teinte plus uniforme, etc., etc. Ainsi tombent devant les faits les prétendues impossibilités invoquées par nos adversaires. Quand les polygénistes auront expliqué comment la race loutre a pu sortir d'un troupeau de mérinos ordinaires, nous expliquerons à notre tour comment les divers types de chiens ont pu sortir d'une même souche. Jusque-là nous sommes en droit d'écarter cette sorte d'impossibilité qu'on nous oppose; et lorsque d'autre part nous entendons les naturalistes les plus distingués, ceux qui se sont le plus occupés de l'étude de l'histoire des espèces, affirmer que tous les chiens appartiennent à une espèce unique (1), nous ne voyons aucun motif sérieux de douter qu'ici comme ailleurs l'action des causes modificatrices est la source des différences de taille, de forme, de pelage, d'instinct que ces races nous présentent (2).

Un exemple non moins décisif nous est fourni par l'espèce colombine. De tous les naturalistes, Darwin est celui qui s'est livré à l'étude la plus approfondie de la question. Nul n'a fait voir comme lui quelle est la nature et l'étendue des variations que les pigeons ont subies, sous l'influence du milieu et surtout du grand agent modificateur qu'il a pris à tâche de préconiser, la *sélection* (3). Il a compté jusqu'à cent cinquante races différentes de pigeons et montré que les différences qui les distinguent n'affectent pas seulement la surface du corps (la couleur, la disposition des

---

(1) Frédéric Cuvier, *Recherches sur les caractères ostéologiques du chien.* (*Annales du Muséum d'histoire naturelle*, t. XVIII, 1811.) — *Dictionnaire des sciences naturelles*, article Chien, 1817.

(2) « Au rapport de Rosman, les chiens européens transportés dans la Côte d'Or s'y modifient d'une manière étrange : ils n'aboient plus, ils hurlent et glapissent, la queue s'allonge, les oreilles se redressent comme chez la race native. » Ernest Faivre, *La variabilité des espèces*, p. 28.

(3) Darwin entend par sélection un pouvoir intelligent, constamment à l'affût de toute altération accidentellement produite, pour choisir avec soin celle de ces altérations qui peuvent de quelque manière et en quelque degré, tendre à perfectionner l'être premier.

plumes, etc.), mais atteignent le squelette lui-même. « Le bec
s'allonge, se courbe et se rétrécit, ou bien s'élargit et se raccourcit
presque du simple au triple; il est nu ou recouvert d'une énorme
membrane comme boursouflée. Les pieds sont grands et grossiers
ou petits et délicats. Le crâne entier présente d'une race à l'autre
dans ses contours généraux, dans les proportions et les rapports
réciproques des os, des variations qui frappent au premier coup
d'œil. Ces mêmes rapports se modifient si bien, pour l'ensemble
du squelette, que dans la station et la marche, le corps est tantôt
presque horizontal, tantôt à peu près exactement vertical; les côtes
sont deux et trois fois plus larges dans certaines races que dans
d'autres, qui semblent en revanche perdre un de ces arcs osseux;
le nombre des vertèbres varie dans les deux régions postérieures
du corps. En résumé, l'importance de ces différences est telle que,
si l'on eût trouvé, à l'état sauvage et vivant en liberté, la plupart
des races de pigeons, les ornithologistes n'auraient certainement
pas hésité à les considérer comme autant d'*espèces* séparées devant
prendre place dans plusieurs *genres* distincts. » Or, toutes ces
races si nombreuses et si distantes les unes des autres, par leurs
caractères différentiels, Darwin n'hésite pas à les faire descendre
d'une souche unique, le biset *(Columbia livia)*, « et pour quiconque aura suivi attentivement les faits et les raisonnements apportés à l'appui de cette conclusion, » dit M. de Quatrefages, « il
sera évident qu'elle est incontestable (1). »

Telle est la puissance du milieu que les fonctions physiologiques elles-mêmes peuvent en être profondément modifiées. Nous
avons déjà vu que la sécrétion du lait diffère sensiblement dans
les races domestiques comparées aux races sauvages. Cet exemple
n'est pas le seul; nous pourrions en citer bien d'autres. Sous l'influence de la domestication, la fécondité augmente ou diminue
dans certaines races. Il y a des animaux (l'éléphant est du nombre)
qui refusent de procréer quand ils sont asservis. Mais la plupart,
en passant de l'état sauvage à l'état de domesticité, acquièrent une

_____

(1) *Charles Darwin et ses précurseurs français.* 1870. 1ʳᵉ partie, chap. II.

fécondité plus grande. Ainsi, dans le premier cas, la truie n'a qu'une seule portée annuelle et ne donne le jour qu'à six à huit marcassins; dans le second, elle met bas deux fois par an de dix à quinze petits porcs et même plus. Dans l'état sauvage, les chats et les chiens n'ont qu'une seule portée par an; ils en produisent plusieurs dans nos maisons. D'autres fois, c'est le climat qui est l'agent modificateur. En voici un exemple bien remarquable. Laissons parler M. de Quatrefages : « L'oie d'Égypte, introduite en France par Geoffroy-Saint-Hilaire, et depuis cette époque élevée au Muséum, a gagné en taille et en force, en même temps que son plumage s'est légèrement éclairci. Ces modifications auraient suffi pour caractériser la race française; mais en outre, le moment de la ponte a été retardé d'une manière remarquable. Jusqu'en 1843, elle avait eu lieu, comme en Égypte, vers la fin de décembre ou le commencement de janvier. Par suite, les jeunes s'élevaient dans la saison la plus rigoureuse. En 1844, la ponte a été reportée au mois de février; en 1846, au mois de mars, et l'année suivante, au mois d'avril, c'est-à-dire précisément à l'époque où pondent naturellement les oies originaires de nos régions tempérées (1). » Les mêmes phénomènes se reproduisent dans les races végétales. Le retour successif des blés d'automne aux blés de printemps et *vice versa* prouve que les blés d'automne et de printemps sont des races et non des espèces. Or, le développement complet des blés d'automne prend en moyenne trois cents jours; celui des blés de printemps, cent cinquante. D'où vient cette différence si grande dans l'activité vitale? De la différence des espèces? Non, mais uniquement de la différence du milieu.

La même cause suffit à expliquer un autre phénomène de variation qu'on exploite quelquefois contre l'unité de l'espèce humaine. Je veux parler de la différence de longévité qui aurait existé d'après la Bible entre les hommes de la période patriarcale et ceux d'aujourd'hui. Sans faire remarquer qu'il n'est pas bien sûr que notre manière de supputer les années fût identique à celle

_____

(1) *Unité de l'espèce humaine*, p. 130.

des Hébreux, la physiologie des végétaux nous fournit une réponse plus péremptoire. L'Erythrine crête de coq est un arbre dans le nouveau continent, elle devient une herbe sous notre climat ; le *Cobæa Scandens*, le *Phytolacca*, herbacés dans nos contrées, sont ligneux sur le sol africain ; le réséda, annuel chez nous, est un arbuste en Egypte. Ces faits sont décisifs et montrent qu'un changement, même considérable, dans la durée moyenne de la vie ne dépasse en rien les limites de la variabilité qui peut se produire dans les espèces (1).

Nous en disons autant de la diversité d'instincts parfois si remarquables dans les races animales. Ici l'influence de la domination exercée par l'homme est si manifeste, qu'elle force l'assentiment de ceux-là même qui ont le plus d'intérêt à la nier. Que dans bien des cas on ait profité des aptitudes et des qualités propres à chaque race, et qu'on se soit appliqué à les développer ; qu'on ait employé les lévriers à courir le lièvre par exemple, parce qu'ils sont naturellement agiles et bons chasseurs, au lieu qu'ils aient de l'agilité et de longues jambes parce qu'ils sont employés à courir le lièvre ; qu'on ait employé les chiens de Terre-Neuve au sauvetage parce qu'ils aiment l'eau et sont bons nageurs, au lieu qu'ils aient ces dispositions, parce qu'ils sont employés au sauvetage, etc.; cette explication ne rend pas compte de tous les faits. Il est des habitudes, des instincts, des passions acquises qui se transmettent par l'hérédité, deviennent ainsi des caractères de race et dans lesquels il est impossible de méconnaître l'influence de l'éducation. Aux exemples connus de tout le monde, joignons le fait suivant raconté par M. Knight : « Les penchants héréditaires des descendants des poneys norwégiens, dit-il, qu'ils soient de race pure ou de race croisée, sont très-singuliers. Leurs ancêtres ont eu l'habitude d'obéir *à la voix du cavalier* et non à la bride, et au dire des maquignons, il serait impossible de donner aux jeunes poulains cette dernière habitude, ce qui n'empêche pas qu'ils ne soient excessivement dociles et obéissants du moment où ils comprennent le

(1) ERNEST FAIVRE, *La variabilité des espèces*, p. 25.

commandement de leur maître. Il est également très-difficile de les conserver renfermés dans des enclos, ce qui tient peut-être à la liberté illimitée à laquelle la race a dû être accoutumée en Norwége (1). »

De l'examen que nous venons de faire, il résulte, nous semble-t-il : 1° que des animaux appartenant à une même espèce prouvée par une commune origine, peuvent, sans perdre leur caractère spécifique, différer considérablement quant aux formes de la tête, quant à la couleur, quant à la nature des téguments et du pelage, quant à la taille, la structure de leurs membres, et les proportions des diverses parties du corps, et même quant aux fonctions physiologiques, aux habitudes, aux instincts et aux facultés intellectuelles ; 2° que ces variations qui deviennent quelquefois permanentes dans la race aussi longtemps que cette race se propage sans croisement, se produisent sous l'influence du climat, de la nourriture, du genre de vie, de l'éducation, etc. ; tout autant de circonstances accidentelles, étrangères au caractère de l'espèce.

Or, s'il en est ainsi pour les races animales, pourquoi n'en serait-il pas de même pour les races humaines? Les différences qui séparent les divers groupes humains ne sont ni plus nombreuses ni plus considérables que celles qui séparent les différents types dans les mêmes espèces d'animaux ; elles le sont moins. Dans l'un et l'autre cas, elles ne dépassent jamais certaines limites ; elles portent sur la structure extérieure, la forme de la tête, la couleur de la peau, le caractère du système pileux, les conditions de l'économie animale, les mœurs et les coutumes. Si donc elles n'altèrent pas le type particulier de l'espèce chez les animaux, si les diversités incomparablement plus grandes qui se sont produites dans les caractères physiques, physiologiques et psychologiques de nos races domestiques transportées dans le Nouveau-Monde et rendues à l'état sauvage ne les empêchent pas de descendre d'une souche commune, ne sommes-nous pas fondés à conclure que ces mêmes diversités, mais moindres dans les divers groupes humains, ne

(1) PRICHARD, *Histoire naturelle de l'homme*, t. I, p. 97.

sont nullement incompatibles avec l'unité de l'espèce? Pourquoi
l'influence des circonstances extérieures, qui suffit à expliquer les
phénomènes de variation dans le premier cas, ne suffirait-elle pas
à les expliquer dans le second? Les hommes seraient-ils moins
sensibles que les animaux à l'action des causes modificatrices? Ils
le sont plus. Si le climat, la nature du sol, les aliments, le mode
de vivre réagissent sur la constitution de l'animal et y impriment
des caractères permanents, l'espèce humaine se trouve bien plus
que la brute sous l'empire de ces diverses causes, car elle naît dans
un état de nudité, et par l'effet de sa dispersion sur tout le globe
elle est soumise aux accidents les plus divers et les plus propres à
altérer le type primitif. Depuis le climat des tropiques jusqu'à celui des zones glacées, depuis l'alimentation de l'Esquimau qui se
nourrit de poisson cru jusqu'à celle des naturels des Indes essentiellement frugivores, et à celle des familles dont la chair des animaux forme la base, depuis la vie sédentaire de l'ouvrier européen,
jusqu'aux habitudes nomades des tribus dont la vie se passe en
plein air ou sous la terre, quelle variété infinie à tous égards! Ne
serait-il pas étrange, pour dire le moins, que les races inférieures
se modifiassent si profondément, en passant d'un climat à un autre,
ou de l'état sauvage à l'état de domesticité, et que l'espèce humaine
seule, sous l'action de tant de causes diverses, restât uniforme dans
sa couleur, dans ses traits et dans son aspect général? Ajoutez encore que l'influence des facultés intellectuelles doit s'exercer d'une
manière beaucoup plus profonde chez l'homme que chez les brutes.
Sans refuser absolument l'intelligence à ces dernières, et tout en
faisant la part aussi large que possible aux théories en vogue qui
tendent à effacer, ou tout au moins à amoindrir la distance qui
les sépare de l'homme, toujours est-il que cette distance existe et
qu'elle est grande. L'homme doit donc ressentir plus que les bêtes
l'action modificatrice des facultés mentales, et si l'influence de
celles-ci est incontestable sur l'animal, selon qu'on le prend à
l'état sauvage ou de domesticité, comment s'étonner après cela
que la différence de culture, de civilisation, de développement intellectuel ait produit chez l'homme des modifications analogues.

V

RÉPONSE A QUELQUES OBJECTIONS

La persistance des types ne prouve pas qu'ils soient originels. — Pourquoi
cette persistance est plus grande chez l'homme que chez les animaux. —
Action conservatrice du milieu. — Les nègres océaniens et les insulaires de
la Polynésie. — Types divers du continent africain. — Différences crânolo-
giques des trois grandes races humaines. — Causes diverses de la coloration de la peau. — Développement des types. — Race nègre américaine.—
Yankees. — Créoles canadiens. — Currencys. — Influence du milieu au
point de vue des mœurs et de la civilisation.

Mais ici l'on nous arrête et l'on dit : L'analogie que vous vou-
driez établir entre les races humaines et les races animales n'est
pas réelle. La preuve, c'est que tandis que chez les animaux les
différences acquises paraissent ou disparaissent pour ainsi dire
sous nos yeux, les variétés de l'espèce humaine sont douées d'une
force de résistance qui brave non pas absolument mais à un haut
degré les influences qui semblent devoir les modifier. Le porc re-
devient sanglier dans les bois, le nègre ne devient pas blanc sous
les latitudes de l'Amérique septentrionale. La même objection se
reproduit sous une autre forme : « Des hommes, dit M. Bérard dans
le *Cours de Physiologie* déjà cité (tome I, p. 457), des hommes
habitant depuis des époques vraisemblablement antérieures aux
temps historiques des îles situées sous les mêmes latitudes et même
au voisinage les unes des autres, sont restés différents de couleur
jusqu'à nos jours. Comparez les habitants des îles Viti, Salomon,
Nouvelles-Hébrides, aux Polynésiens des îles Tonga, Otaïti,
Nouka-Hiva. Les premiers sont couleur de suie ; leurs voisins
(depuis trois ou quatre mille ans peut-être), n'ont point pris la
teinte éthiopienne. » « La plupart des pays de l'Europe, dit-il
encore, ont envoyé dans des régions lointaines une partie de leur

population ; or, quel que soit le terme écoulé, ni l'Angleterre, ni la France, ni l'Espagne ne méconnaissent dans les colons les traits des habitants de la mère patrie. » (P. 461.)

Cette objection tirée de la persistance des types forme la difficulté capitale du sujet. Mais si grave soit-elle, nous sommes loin de la tenir pour insoluble.

Remarquons d'abord que la persistance des types est une loi universelle qui s'applique non-seulement aux races générales dont se compose le genre humain, mais aux divers groupes d'individus qui existent dans chacune de ces races. En d'autres termes, ce ne sont pas seulement les nègres qui restent nègres, les blancs qui restent blancs, mais parmi les blancs les mêmes traits se conservent de génération en génération chez les individus d'une même famille, malgré la diversité des circonstances extérieures. C'est le cas des Juifs, par exemple. A quelques légères différences près, nous retrouvons le même type chez les Juifs portugais et chez les Juifs allemands (1). Edwards, en parcourant la France et l'Italie septentrionale, distinguait encore les uns des autres, et à côté les uns des autres, les descendants des Celtes Gaëls et ceux des Celtes Kimris. Bien plus, qu'on sépare une famille de telle sorte que ses descendants ne contractent alliance qu'entre eux, et la physiono- mie propre de cette famille se conservera de génération en généra- tion, comme on en cite des exemples chez les familles princières. Si donc la persistance des caractères différentiels dans les princi- paux types humains prouve, comme le veulent certains natura- listes, que ce sont des types créés, de véritables espèces, la même persistance des caractères différentiels chez les individus d'une même race prouvera également que chacun de ces groupes d'indi- vidus constitue une espèce différente, que les Juifs, par exemple, sont d'une espèce différente que les autres hommes ; que les Bretons

(1) Ce fait nous avait toujours paru constant ; nous avons été surpris de le voir nié par M. de Quatrefages, p. 351. En maintenant la permanence du type juif comme type à part, nous admettons du reste pleinement les modi- fications de la couleur des yeux et de la peau que les Juifs ont subies aussi bien que toutes les autres races, sous l'influence des actions du milieu.

Kimris sont d'une espèce différente que les Bourguignons Gaëls ;
que les Provençaux de Marseille venant de la Phocide sont d'une
autre espèce que ceux de la Provence Ligurienne et leurs voisins
du Languedoc ; que les Français du Nord, enfin, sont une autre
espèce d'hommes que les Français du Midi. C'est jusque-là qu'il
faut aller, sous peine d'être inconséquent, quand on s'appuie sur
la persistance des types pour en conclure la pluralité des espèces.

Mais non, un type peut être persistant, sans être pour cela originel ou spécifique ; preuve en soit les *ancons* et les *mauchamps*.
Qu'est-ce au fond que la loi de persistance ? C'est tout simplement
la loi d'après laquelle des variétés accidentelles ou acquises se perpétuent par voie de génération et finissent par devenir des altérations permanentes, de véritables caractères typiques. Que si
cette persistance est plus opiniâtre chez l'homme que chez les animaux, il n'y a rien là qui doive nous étonner. Les différences typiques étant des qualités acquises qui se transmettent par la génération des parents à leurs descendants, il est évident que ces
différences seront d'autant plus difficiles à faire disparaître que la
durée de la vie sera plus longue, parce qu'alors l'empreinte que
laisse l'agent modificateur dans tout l'organisme sera plus profonde. Or, tout le monde sait que la durée moyenne de la vie et
surtout la durée moyenne de la période de développement pendant laquelle se forme et se dessine pour ainsi dire le caractère
des individus est beaucoup plus longue chez l'homme que chez les
animaux.

N'oublions pas d'ailleurs, comme le fait remarquer avec tant
de raison M. de Quatrefages, que le milieu qui agit d'abord
comme cause de variation, agit ensuite comme cause de conservation, de stabilité. Si des milieux différents produisent des différences dans le type primitif, le même milieu agissant toujours
dans le même sens doit nécessairement fixer la modification dont
il est la cause, en s'opposant, soit à des modifications en sens
contraire, soit au retour à l'état primitif. Ainsi s'expliquent les
faits entassés à grands frais par les polygénistes, dans le but de
montrer que l'existence des types caucasien, mongol et éthiopien

remonte à l'origine des temps historiques. Que les sculptures et les dessins qu'on a retrouvés dans l'ancienne Égypte nous présentent des types parfaitement reconnaissables ; que dans la grande procession de Thotmès IV, qui date, nous dit-on, de 1700 ans avant J.-C., la tête laineuse et prognathe du nègre éthiopien, son front fuyant, son nez épaté, ses dents obliques, ses lèvres saillantes, et jusqu'à l'angle facial qui le caractérise soient merveilleusement rendus ; que dans le tableau qui figure la victoire de Rhamsès II, sur les nègres, dans le temple de Beyt-el-Wâlee en Nubie, la tête de Rhamsès se détache de celle des vaincus comme celle d'un Grec moderne au milieu d'une population du Congo ; que dans celui représentant le combat de Sésostris contre les Scythes, il y ait parmi ces derniers une troupe alliée ou mercenaire de guerriers où l'on retrouve tous les caractères des Mongols actuels de l'Asie centrale(1) ; qu'est-ce que cela prouve ? Que ces trois grands types de l'espèce humaine étaient déjà formés à cette époque, et que, placés dans des circonstances identiques à celles de leur formation, ils se sont conservés intacts jusqu'à nous ; voilà tout. On a beau presser ces faits, on n'en fera jamais sortir la pluralité des espèces.

Point n'est besoin non plus de remanier la chronologie pour expliquer comment des types si différents ont pu sortir d'un même moule. Les monuments égyptiens eussent-ils les 4000 ans d'existence qu'on leur attribue, et le déluge universel eût-il couvert la terre, selon la chronologie des Juifs, 2328 ans avant J.-C., nous avons tout le temps qu'il nous faut pour que la transformation dont il s'agit ait pu avoir lieu. En vain l'on nous oppose le fait que les Européens établis dans les contrées tropicales depuis près de 400 ans n'ont subi aucun changement ; ce fait, fût-il exact, ne prouve nullement que dans l'intervalle qui sépare le déluge de ces premiers monuments, les trois grands types humains n'aient pu se former. Quelques années suffisent pour fixer les caractères d'une race ; cette race une fois *assise*, il faudra des

(1) Broca. *Recherches sur l'hybridité*, p. 453.

siècles pour les faire disparaître, et cela d'autant plus qu'ils auront duré plus longtemps. Ce n'est donc pas un séjour de quatre cents ans dans le pays des noirs qui pouvait effacer complétement un type qu'on nous dit avoir été définitivement arrêté depuis plus de quarante siècles. Tout ce qu'on est raisonnablement en droit d'attendre en pareil cas, c'est que, sous l'influence de circonstances nouvelles, le type se soit légèrement modifié. Ce qui devait être est ce qui a été. Nous aurons bientôt occasion d'en faire la preuve.

On insiste et l'on dit : Si les types divers sont de simples variétés produites sous l'action des agents modificateurs, comment se fait-il que des hommes qui habitent les mêmes parages maritimes, et sont placés dans des conditions climatériques identiques, depuis des siècles, forment néanmoins deux races distinctes comme celle des nègres océaniens et celle des insulaires de la Polynésie? — Depuis des siècles? soit; mais depuis combien? Là est toute la question; or qui le sait ? Qui a dit aux polygénistes la durée de cette cohabitation ? Qui leur a appris qu'elle est de trois ou quatre mille ans ? Voilà pourtant ce qu'il faudrait savoir pour décider quelque chose; car s'il était vrai qu'au lieu de trente ou quarante siècles de durée, le séjour des deux races principales de l'Océanie dans le voisinage l'une de l'autre n'eût qu'une durée de trois ou quatre siècles, l'objection qu'on nous oppose croulerait par la base. Qu'est-ce que trois ou quatre générations pour effacer un caractère typique qui a peut-être mis plus de mille ans à se former?

Sans prétendre résoudre le difficile problème de l'origine des populations polynésiennes, nous sommes autorisé à croire, d'après certains faits, qu'il y a eu des migrations, à des époques indéterminées, qui expliquent la différence des types au milieu de circonstances identiques. Un exemple entre plusieurs autres. L'île de Pâques fait partie de l'archipel polynésien. Ses habitants, comme ceux des îles Tonga, Otaïti, Nouka-Hiva n'ont pas la teinte éthiopienne qui caractérise leurs voisins de la Mélanésie. Cette différence est surprenante à première vue. Mais la surprise diminue quand on

sait que l'île de Pâques, comme celle de Taïti, ont été peuplées
par des Malais. C'est du moins ce qu'on a conclu du fait qui
frappe d'étonnement tous les voyageurs : la construction des
énormes plates-formes recouvrant des tombeaux et la confection
des statues gigantesques qui les surmontent. L'opinion la plus
probable est que les hommes qui ont sculpté ces statues ou bâti
ces plates-formes venaient des îles de la Malaisie, sinon de l'Inde
elle-même. Il n'y a en effet que dans ces îles, à Java, par exemple,
qu'on peut rencontrer des monuments du même genre et d'une
importance approximative. Ce sont des autels dont les pierres, parfaitement quadrangulaires, ont 2 mètres 5o centimètres de long
sur 1 mètre 8o centimètres de haut, et réunies de façon à couvrir une étendue d'environ 1oo mètres de longueur sur une largeur
de 10 mètres. C'est sur ces murs que sont les statues dont la base
est le plus souvent cachée par les accumulations de détritus végétaux, et qui cependant présentent encore. de la poitrine au sommet de la tête, une hauteur de 7 à 8 mètres.

Il y a donc à rechercher, dans toutes les îles assez mal connues
de l'Océanie, et peut-être même dans l'Australie, les traces du
passage de cette race primitive venue de la Malaisie par un chemin détourné pour ainsi dire, et on aura la démonstration scientifique du peuplement de l'Amérique par les mêmes éléments qui
se sont répandus sur l'ancien monde. L'Asie centrale deviendra
ainsi, sans conteste, le berceau unique de l'humanité actuelle (1).

Une réponse du même genre s'applique à la cohabitation, dans
des circonstances presque identiques, des races de différentes couleurs que nous présente l'ethnographie africaine. « La zone du
Soudan, nous dit-on, recèle à la fois la race blanche des Touarics,
la race rouge ou cuivrée des Fellahs, et plusieurs races au teint
d'ébène..... Le noir le plus pur et le plus foncé s'observe au nord
du Sénégal, chez les Yolofs, qu'entourent les Maures simplement
basanés, les Foulahs au teint de cuivre, et les Mandingues cou-

(1) *Extrait d'un rapport de M. le contre-amiral de Lapelin, commandant
en chef la division navale du Pacifique*, dans le *Journal des Débats*
du 13 mars 1873.

35

leur de tabac. Les Hottentots, si jaunes qu'on a essayé d'en faire
des Mongols, ont pour voisins immédiats les Cafres, qui sont de
vrais nègres ; et à l'autre extrémité de l'Afrique, les nègres laineux du Sahara septentrional, les descendants des anciens Mé-
lano-Gétules sont enclavés au milieu des Mozabics, des Biscaries,
des Touarics et autres Berbères à peau blanche (1). » — Encore
un coup, pour que ces faits eussent la portée qu'on leur attribue,
il faudrait qu'on pût nous dire depuis combien de temps ces races
si disparates habitent sous le même ciel, sont soumises à l'influence du même climat. Il faudrait qu'on pût établir qu'elles ont
toujours vécu côte à côte, qu'il n'y a pas eu de déplacement, de
migrations à des époques diverses qui expliquent leurs diversités.
Mais on ne le peut ; on ne l'essaye même pas.

En outre les influences du milieu ne sont pas seules ici à
considérer, il faut tenir grand compte aussi de la nature première de la race. La même race placée sous l'action des mêmes
circonstances donnera des résultats identiques, mais les mêmes
circonstances agissant dans le même sens sur des races différentes ne produiront pas toujours les mêmes effets. C'est ce
qu'ont mis en lumière les expériences des éleveurs anglais. Les uns
et les autres avaient le même but : produire un bœuf dont l'ossature fût aussi réduite, les muscles aussi volumineux, l'engraissement aussi rapide que possible ; les moyens mis en œuvre de part
et d'autre étaient les mêmes ; mais ils opéraient sur des races différentes : tandis que Backwel opérait sur la race à longues cornes
de Leicester, les frères Collins opéraient sur la race à courtes
cornes de la Tees. Qu'en est-il résulté ? C'est que les mêmes procédés employés pour atteindre le même but, souvent même par
les mêmes personnes, ont produit des résultats différents. Le leicester a été transformé en dishley, et le teswater en durham, sans
qu'on ait jamais pu faire disparaître complétement l'empreinte de
leurs types originels. « Une race nouvelle, dit très-bien M. de
Quatrefages, n'est jamais un produit simple ; pour employer le

(1) BROCA, *Recherches sur l'hybridité*, p. 475.

langage des mathématiciens, elle est toujours une *résultante* dont les deux *composantes* sont la race primitive, d'une part, la nature du milieu, de l'autre. Que l'un des éléments change, et le résultat changera aussi, comme change la *résultante* dont l'une des composantes est changée. Voilà pourquoi, après mille ans, le Juif de Cochin est encore distinct du véritable Hindou ; pourquoi tout en prenant peut-être quelques caractères communs, le nègre et l'Anglo-Saxon se distingueront toujours l'un de l'autre sur la terre d'Amérique ; voilà pourquoi encore le nègre transporté en Europe ne deviendra jamais un vrai Caucasien, quand même son teint blanchirait, et pourquoi l'Européen acclimaté au Sénégal ne sera jamais un vrai nègre, quand même son teint noircirait (1). »

Enfin, quant au cas des colons européens dont le type national s'est conservé après trois siècles, il n'y a pas lieu de s'en étonner. Comment pouvait-il en être autrement au sein de colonies où les causes modificatrices, à supposer qu'elles eussent eu le temps d'agir, sont incessamment traversées et comme paralysées dans leurs effets par l'arrivée de nouveaux émigrés de la mère patrie ?

Au reste, tous les raisonnements du monde ne sauraient tenir contre les faits. Or les faits prouvent de la manière la plus positive que les variétés des races humaines peuvent se produire et se produisent en effet sous l'influence des causes modificatrices.

La différence que présentent les trois grands types humains, sous le rapport de la forme de la tête, est peut-être une de celles qui semblent échapper le plus à l'action des circonstances extérieures. Les polygénistes n'ont pas manqué d'arguer de l'impossibilité prétendue d'un changement de cette nature sous l'influence du milieu. Un tel changement, s'il a eu lieu, disent-ils, n'a pu se produire que par une action directe sur le volume ou la forme du cerveau. Or, quel rapport, quelle liaison logique peut-il y avoir entre le développement des os du crâne et de la face, et l'éducation intellectuelle ou morale, entre une cause psychologique et un résultat ostéologique ? — Quel lien peut-il y avoir entre ces deux

(1) *Unité de l'espèce humaine*, p. 354.

ordres de faits? Nous n'en savons rien ; ce que nous savons (et cela nous suffit), le voici : Entre le nord de la Chine et le mont Altaï est une vaste contrée qu'occupait anciennement un peuple puissant et célèbre de la souche des Hiong-Nu. C'est de ce peuple, qui menaçait déjà l'existence de l'empire chinois, à une époque antérieure à l'ère chrétienne, que sont descendues les races turques répandues maintenant depuis la grande muraille de la Chine jusqu'au Danube et à l'Adriatique. De ces races diverses issues de la même origine, les unes sont restées nomades, et mènent encore aujourd'hui la même vie pastorale et errante dans les pays occupés par leurs ancêtres; les autres, qui descendent des premiers conquérants du Maweralnahar et du Khorassan, de même que les Seldjoucides qui, depuis huit siècles, sont établis dans l'empire ottoman et dans l'empire persan, sont depuis longtemps civilisées. Eh bien, tandis que les premiers offrent à un très-haut degré la configuration pyramidale, les seconds ont subi une transformation radicale et ont pris dans la forme de la tête le caractère européen. « Quelques écrivains, ajoute Prichard à qui nous empruntons ces détails, ont attribué à l'introduction des esclaves circassiennes dans les harems ce changement de structure physique observé chez la race turque; mais cette cause n'aurait d'influence que sur les riches et sur les grands, la masse de la population n'ayant point formé d'unions hors de son propre sein; la différence de mœurs comme la différence de religion a tenu, dans les pays ottomans, les Turcs vainqueurs séparés des Grecs, premiers occupants du pays; tandis qu'en Perse, les Tajeks, ou Persans véritables, appartiennent à une secte différente de musulmans, et sont encore un peuple distinct des Turcs qui les gouvernent, et qui vivent en général dans les plaines éloignées des villes (1). »

Des modifications du même genre s'observent chez les nègres éthiopiens. « L'Africain, dit M. de Reiset cité par M. de Quatrefages, arrive aux Antilles avec tous les caractères du nègre. L'enfant créole de nègre et de négresse purs reproduit ces caractères

----

(1) PRICHARD, *Histoire naturelle de l'homme*, t. I, p. 147.

mais atténués. La face en particulier perd le caractère de *museau*. Les cheveux et la couleur persistent (1); mais sous tous les autres rapports, le nègre créole se rapproche de plus en plus du blanc. »

« M. Lyell a trouvé de même, après de nombreuses recherches faites auprès des médecins résidant dans les Etats à esclaves et par le témoignage de tous ceux qui ont porté leur attention sur ce sujet, que, sans aucun mélange de races, la tête et le corps des nègres placés en contact intime avec les blancs se rapprochent de plus en plus à chaque génération de la configuration européenne (2). »

Disons enfin, pour comble d'évidence, qu'il est aujourd'hui scientifiquement prouvé que le volume et la forme de la tête se modifient sous l'influence de l'éducation. M. Broca s'est livré à cet égard à des études comparatives sur les infirmiers et les internes de l'hospice de Bicêtre, et les résultats qu'il a obtenus confirment de la manière la plus positive cette vérité déjà mise en lumière par d'autres que par lui, à savoir que le cerveau augmente de volume en proportion de l'exercice de la pensée; ce qui l'amène à conclure ainsi : « L'éducation ne rend pas seulement l'homme meilleur; elle ne constitue pas seulement en sa faveur cette supériorité relative qui lui permet d'utiliser tout ce que la nature a mis en lui d'intelligence; elle le rehausse davantage encore; elle a le merveilleux pouvoir de le rendre supérieur à lui-même, d'agrandir son cerveau et d'en perfectionner les formes (3). »

Prenons de même la couleur de la peau, autre caractère sur le-

(1) Ce fait n'a rien en lui-même qui doive nous étonner. L'expérience montre, en effet, que dans une race qu'on cherche à modifier, il y a certains caractères qui cèdent avec moins de facilité que d'autres, qu'il en est même qui persistent en dépit de toutes les influences. John Sebright, le plus habile éleveur de pigeons, demandait trois mois pour produire n'importe quel plumage qui lui était indiqué, tandis qu'il lui fallait six ans pour façonner une tête ou un bec. On sait que Backwell et ses successeurs qui ont tout fait pour réduire l'ossature du leicester et activer son engraissement, n'y ont réussi qu'en partie.

(2) *Bulletin de la Société ethnologique.*

(3) *Bulletins de la Société d'anthropologie de Paris.* Séance du 5 décembre 1872.

quel les adversaires de l'unité de l'espèce insistent le plus. Tout le monde sait que chez une même race, les nuances de la peau et des cheveux varient suivant l'altitude du pays; que ces nuances, qui sont foncées dans les plaines basses, s'éclaircissent dans les régions élevées. Tel est le cas des Hindous de l'Himalaya, des Arabes des montagnes de l'Yémen, et des Berbères du mont Aurès, dans la région de Tunis. « Tous les touristes qui ont voyagé dans l'Oberland bernois, dit M. Hollard, ont pu remarquer l'étonnante différence physique qui existe entre les habitants des villes et ceux des villages de la montagne; dans le bas Hasly aussi bien qu'à Interlaken, j'ai souvent rencontré le teint demi-basané et les cheveux noirs de la race ligurienne, tandis qu'à quelques lieues de là, la population du haut Hasly est généralement blonde, comme celle des Alpes suisses en général (1). »

L'action du soleil n'est pas moins réelle que celle de l'élévation du sol sur les phénomènes de la coloration. C'est sous la zone torride que nous rencontrons les teintes les plus foncées, et à mesure que nous nous éloignons de cette zone, les nuances deviennent plus claires. Prétendre que la couleur des races est originelle, que le soleil n'y est pour rien, c'est non-seulement méconnaître l'observation générale que nous venons de rappeler, c'est oublier aussi que les peuples de race syro-arabe, qui sont blancs naturellement, sont devenus tout à fait noirs sous le ciel de l'Abyssinie; c'est oublier encore que les Hottentots ne sont que des nègres revenus à une teinte plus pâle sur le plateau élevé de l'Afrique australe; c'est oublier enfin les changements notables que subissent les nègres d'Afrique et les blancs d'Europe, quand ils quittent leurs terres natales. Les polygénistes eux-mêmes sont obligés de convenir que sous un climat moins chaud les nègres d'Afrique prennent une teinte grisâtre. Et quant aux modifications qui se produisent chez les blancs, sous l'action de la chaleur, « qui ne sait, dit M. de Quatrefages, que la figure des femmes blondes se couvre de taches de rousseur au moindre coup de soleil! (Or l'ap-

---

(1) HOLLARD, *De l'Homme et des races humaines*, p. 273.

parition subite de ces taches tient à la coloration circonscrite du
même pigment auquel le nègre doit sa couleur.) M. Pruner-Bey,
qui a vu les frères d'Abbadie, M. Schimper, M. Baroni, passer en
Egypte à leur aller et à leur retour d'Abyssinie ou d'Arabie, a pu
constater sur ceux de ces voyageurs qui appartenaient aux races
blondes des changements très-marqués et durables. Lui-même a
vu son teint se bronzer, ses cheveux se foncer et devenir bouclés
de clairs et lisses qu'ils étaient primitivement, à la suite d'un séjour de trois mois seulement à Tchema en Arabie (1). »

Il faut cependant le reconnaître, il y a des faits qui semblent à
première vue être en opposition avec ce que nous venons de dire.
Si la coloration de la peau doit être attribuée à l'influence du soleil, d'où vient que, au nord du tropique du Cancer et jusque sous
les latitudes du cercle polaire, on trouve des peuples plus colorés
que nous, comme par exemple en Asie toutes les nations de type
mongol, dont un des caractères est une teinte jaune nuancée de
brun ; en Europe, nos Lapons qui appartiennent au même type
et dont le teint est enfumé ; dans l'Amérique, les nombreuses tribus aborigènes connues sous le nom de Peaux-Rouges ?

Voici notre réponse : l'objection serait insoluble si nous consi-
dérions l'action du soleil comme la *cause unique* de la coloration
de la peau. Mais nous sommes loin de le prétendre. Le genre de
vie, le climat, l'humidité, la sécheresse, mille autres circonstances,
en agissant sur l'organisme en général, doivent réagir par cela
même sur le teint. Il n'est pas douteux, par exemple, que les climats extrêmes, c'est-à-dire ceux où l'on passe par des températures
tour à tour très-chaudes et très-froides, doivent produire sur la
peau une sorte de surexcitation qui, en provoquant son activité
organisatrice, favorise la formation d'un excès de matière colorante. Ainsi s'explique le teint basané, jaune-brun ou olivâtre des
Lapons, des Samoyèdes, des Kamtchadales, des Esquimaux, des
Groënlandais, en un mot, de tous les peuples hyperboréens. J'en
dis autant de celui des tribus nomades de l'Asie centrale, au milieu

(1) *Unité de l'espèce humaine*, p. 215.

des vastes steppes qu'elles habitent. Autrefois les Lapons et les Finnois ne formaient qu'un seul peuple, et rien n'indique qu'il y eût entre eux la moindre différence. Mais sous l'action d'un climat extrême et réduits à une vie difficile et précaire, les Lapons sont maigres, petits, ont le teint enfumé, les cheveux généralement noirs, tandis que les Finnois, sous un ciel moins inclément que celui de la Laponie, sont grands, bien faits, ont le teint clair et la chevelure blonde des Scandinaves. Les uns et les autres sont issus des mêmes pères; d'où vient donc la différence, sinon de la différence des habitudes et du climat? « Il y a ici un fait, dit M. Hollard, qui n'a pas été assez remarqué des adversaires de l'unité de l'espèce humaine, c'est celui du développement des types. Dans notre revue des races africaines, nous avons déjà pu nous convaincre que le type nègre, loin de se montrer réalisé avec l'ensemble de ses caractères dans une population plus ou moins homogène, ainsi qu'il arrive pour une espèce animale observée dans l'état de nature, se substitue peu à peu au type caucasique, à mesure que nous avançons de l'Egypte aux sources du Nil Blanc, et de là à l'ouest, vers les côtes de Guinée, et jusqu'au plateau de l'Afrique australe; à l'est, nous avons vu que le même développement se reproduit, mais en général en s'éloignant moins du point de départ. Non-seulement nous pourrions constater aussi des points de contact entre les peuples de type caucasique et des tribus de type mongol dans l'Asie occidentale; mais ce dernier nous présenterait à son tour un développement plus marqué, si nous le suivions sur le plateau, et du plateau vers la région nord-est du continent, où les Tschouktchis, par exemple, nous offriraient, à son plus haut degré, la forme pyramidale du crâne. En revanche, du côté de la Chine, du Japon et de la presqu'île indo-chinoise, le type mongol s'éloigne beaucoup moins des formes caucasiques (1). »

Au reste, nous l'avons déjà dit, et nous le répétons, il n'y a rien de têtu comme un fait. Or les faits établissent d'une manière irré-

____

(1) *De l'Homme et des races humaines*, p. 283.

fragable que le climat, les habitudes, le genre de vie exercent une influence marquée sur l'organisme humain, et par suite sur la coloration de la peau. S'agit-il des nègres d'Afrique, personne n'ignore aujourd'hui que, par suite du contact habituel avec les blancs et de l'amélioration du régime, il s'est formé aux Etats-Unis une race nègre américaine dérivée de la race nègre africaine et qui lui est bien supérieure physiquement et intellectuellement. Dans ses beaux articles sur le Mississipi, publiés dans la *Revue des Deux-Mondes*, M. Elisée Reclus, parlant de ce qu'il a vu et observé lui-même, s'exprime ainsi : « Nous ne voulons pas toucher à la question brûlante de l'esclavage; nous constaterons seulement un fait certain, le progrès constant des nègres dans l'échelle sociale. Même sous le rapport physique, ils tendent sans cesse à se rapprocher de leurs maîtres. Les nègres des Etats-Unis n'ont plus le même type que les nègres d'Afrique. Leur peau est rarement d'un noir velouté, bien que tous leurs ancêtres aient été achetés sur la côte de Guinée; ils n'ont pas les pommettes aussi saillantes, les lèvres aussi épaisses, le nez aussi épaté, la laine aussi crépue, la physionomie aussi bestiale, l'angle facial aussi aigu que leurs frères de l'ancien monde. Dans l'espace de cent cinquante ans, ils ont, sous le rapport de l'apparence extérieure, franchi un bon quart de la distance qui les séparait des blancs (1). »

Il en est absolument de même des blancs transplantés en Amérique. Là aussi, sous l'influence du milieu, s'est formée une nouvelle race blanche, dérivée de la race anglaise, et que l'on peut nommer la race *yankee*. Les témoignages sont trop nombreux, trop positifs, pour qu'il soit possible de les révoquer en doute. Les polygénistes les plus décidés, MM. Nott et Gliddon eux-mêmes, ont été forcés de convenir du fait, tout en cherchant à en atténuer la portée. L'augmentation de la taille, l'agrandissement des orbites, la diminution des tissus graisseux et des appareils glandulaires, l'allongement du cou, telles sont quelques-unes des modifications profondes qu'a subies le type anglais, dans le milieu

(1) *Revue des Deux-Mondes*. Livraison du 1er août 1859.

américain. Edwards, Smith, Carpenter, M. Desor, Knox lui-même, tout polygéniste qu'il est, sont unanimes à le reconnaître. « Un petit nombre d'années, dit là-dessus M. l'abbé Brasseur, en confirmant leurs observations, a suffi pour établir une distinction, déjà très-marquée, entre les Américains modernes et les Anglais dont ils descendent. Nous demanderons au voyageur attentif, qui a parcouru les Etats-Unis, de nous dire ce qu'il pense de certaines familles de New-York et de la Pensylvanie, dont le sang est demeuré pur depuis un siècle ou deux, et des populations le plus anciennement établies dans le Kentucky et sur les bords du Mississipi. N'a-t-il pas observé, comme nous, une altération sensible, non-seulement dans les traits, mais dans le caractère ? A part la civilisation européenne qui les a suivis, on retrouve déjà chez les uns, avec l'angle facial, la fierté et l'esprit de ruse de l'Iroquois, chez les autres, avec l'extérieur, la rudesse, la franchise et l'indépendance de l'Illinois et du Cherokee (1). » Et pour ce qui est de la couleur : « Si d'autres influences, dit M. Reclus dans les articles déjà cités, ne balançaient celles du climat, il se pourrait bien qu'après un certain laps de siècles, les Américains eussent tous la couleur des aborigènes, leurs ancêtres fussent-ils venus de l'Irlande, de la France ou du Congo. » Des modifications analogues s'observent chez le créole canadien. « Un long séjour en Amérique, lisons-nous encore dans la *Revue des Deux-Mondes* du 15 décembre 1850, a fait perdre au créole canadien les vives couleurs de sa carnation. Son teint a pris une nuance d'un gris foncé ; ses cheveux noirs tombent à plat sur ses tempes comme ceux de l'Indien. Nous ne reconnaissons plus en lui le type européen, encore moins le type gaulois. » Enfin, même en Australie, colonisée depuis si peu de temps, les colons anglais ont subi l'action du milieu au point de former déjà un type à part distinct du type primitif. « Les *currency*s, écrivait Cunningham en 1826 (on sait qu'on désigne ainsi les créoles australiens, par opposition aux Eu-

---

(1) *Histoire des nations civilisées du Mexique et de l'Amérique centrale durant les siècles antérieurs à Christophe Colomb*, cité par M. A. DE QUATREFAGES, *Unité de l'espèce*, p. 225.

ropéens qu'on nomme *sterlings*), les currencys deviennent grands et sveltes comme les Américains, et sont en général remarquables par le caractère saxon des cheveux blonds et des yeux bleus ; mais leur teint, dans la jeunesse même, est d'un *jaune pâle*. Dans un âge plus avancé, ils sont facilement reconnaissables auprès des individus nés en Angleterre. Les joues de rose ne sont point de ce climat, non plus que de celui de l'Amérique, où un teint fleuri attirera indubitablement cette observation : « Vous êtes du vieux pays, vous ! »

Qu'on juge après cela de ce que valent les affirmations si tranchantes des polygénistes, quand ils nous disent que la couleur des races est originelle et permanente, et qu'il n'y a entre elle et le climat aucune relation (1).

Enfin, les observations qui précèdent s'appliquent également aux différences que nous présentent les types humains sous le rapport des mœurs, de la civilisation, du développement intellectuel et moral. Ici encore, sans avoir besoin de recourir à une différence originelle, la différence des circonstances extérieures suffit à nous les expliquer. C'est aux extrémités de l'ancien monde, dans les vastes régions de l'Asie et de l'Afrique, qui n'offrent aux sociétés humaines que les conditions des climats extrêmes, et qui les dispersent sur d'immenses espaces, que se trouvent les races inférieures, tandis que c'est au centre, sur une zone étroite qui touche à plusieurs mers, qui est variée de montagnes, de plateaux et de plaines basses, sous un climat tempéré, c'est-à-dire dans les conditions les plus favorables au développement de l'activité humaine, aux grands établissements nationaux, aux relations des peuples, que se montrent les races supérieures.

A ces faits généraux viennent s'ajouter d'autres faits particuliers. Si l'on compare, par exemple, les nègres de la Guinée, dispersés par petites tribus sur les côtes de l'immense plage de l'Atlantique, avec les nègres habitant sous la même latitude, mais à quelques centaines de lieues à l'est, dans l'intérieur des terres où

(1) Voyez en particulier M. Broca, dans ses *Recherches sur l'hybridité animale*, p. 460 et suivantes.

ils peuvent se rassembler, quelle différence sous le rapport de l'intelligence, de l'industrie et même de la civilisation ! Tandis que les premiers portent sur leurs traits l'empreinte d'une affreuse dégradation, les seconds, dans le Soudan, ont formé des États puissants et policés ; ils possèdent des lois, ils exercent divers métiers, savent tisser des étoffes et travaillent quelques métaux. Et pourtant, c'est la même race ; les uns et les autres sont des nègres. La différence qui les sépare ne tient pas à une infériorité ou à une supériorité originelle, spécifique, mais simplement à l'influence du milieu dans lequel les uns et les autres se sont développés.

———

VI

UNITÉ PSYCHOLOGIQUE DES RACES HUMAINES [*]

Importance spécifique des caractères psychologiques. — Coutumes et idées générales communes à tous les hommes. — Athéisme prétendu de certains peuples. — Unité de l'espèce humaine prouvée par l'histoire des missions chrétiennes. — Tsékélo, prince des Cafres-Bassoutos.

Ceci nous conduit à présenter un dernier ordre de considérations qui, selon nous, achèvent de mettre le sceau de l'évidence sur la thèse que nous avons essayé de soutenir ; je veux parler de l'unité fondamentale qui existe entre toutes les races humaines au point de vue psychologique.

C'est qu'en effet entre tous les caractères qui peuvent nous servir à caractériser les espèces, il n'en est peut-être pas de plus important que celui qui se fonde sur les aptitudes psychologiques. Cette vérité ressort avec éclat de l'étude comparative des différentes espèces animales, souvent beaucoup plus distinctes les unes des autres par leurs habitudes spécifiques que par aucune particularité découverte dans leur organisation. Nous en avons un exemple re-

marquable dans le genre abeille. Entre autres espèces, on distingue
l'*apis manicata* qui dépose dans des trous ses œufs enveloppés
d'une coque membraneuse; l'*apis muraria* qui bâtit pour eux
des murs en maçonnerie; l'*apis papaveris* qui les couvre de
feuilles de coquelicot; l'*apis centucularis* ou *rosenbiene* qui tapisse de feuilles de rose les trous qu'elle a creusés pour eux.

Ce sont de même des différences psychologiques, bien plus que
celles qui existent dans la structure anatomique qui distinguent
le chien de ses congénères, le loup et le renard, avec lesquels il a,
sous d'autres rapports, tant de traits de ressemblance (1). Il n'est
ni féroce et indomptable comme le loup, ni solitaire comme le
renard; son caractère doux, son goût pour la vie en commun le
distinguent également de l'un et de l'autre.

Nous pourrions citer d'autres exemples; ceux-là suffisent pour
montrer que chaque espèce d'animaux a un caractère psychologique bien défini qui est au moins aussi typique que peut l'être
aucun des caractères pris de l'organisme. Si donc il était établi
qu'il y a dans les différentes races humaines des caractères psychologiques communs, bien constatés et persistants, nous aurions
dans ce fait une des preuves les plus fortes en faveur de l'unité de
l'espèce.

Voyons maintenant quelles sont les données que nous fournit
l'histoire psychologique des diverses races humaines, en prenant
pour champ d'investigation celles-là même qui sont le plus éloignées entre elles.

Laissant de côté certains faits qui se retrouvent chez tous les
peuples de la terre, tels que la parole articulée et l'usage d'un lan-

(1) On a longtemps fait du chacal, comme du loup et du renard, une espèce
différente du chien. M. de Quatrefages pense, avec la plupart des naturalistes
modernes, que le chacal n'est autre que le chien primitif dont toutes nos races
de chiens sont descendues. Il cite à ce propos le fait suivant : Il y avait à
Grenoble un *chien*, comme tout le monde l'appelait, qui n'était qu'un chacal
d'Alger. M. Isidore Geoffroy l'a vu. Ce chacal était « doux et affectueux avec
son maître, familier avec tous, jouissant de la plus complète liberté et en
usant pour aller jouer avec *les autres chiens* dans les rues et sur les places de
la ville. »

gage conventionnel, l'emploi du feu, des armes, des vêtements,
l'asservissement de certains animaux réduits en domesticité, celui
du chien en particulier, qui a suivi l'homme partout; laissant de
côté tous ces faits qui, par leur universalité même, pourraient être
pris à témoin de l'unité fondamentale des races humaines, nous
retrouvons dans toutes certains sentiments, certaines tendances
qui prouvent à la fois et leur étroite parenté et la distance qui les
sépare des races animales. Ces sentiments, ces tendances, sont
d'une part la *moralité*, ou faculté par laquelle l'homme perçoit la
notion du bien et du mal moral; et de l'autre la *religiosité*, par
laquelle il a le sentiment de l'infini, l'espérance d'une vie future
au delà du tombeau; la croyance à certains êtres mystérieux d'une
nature supérieure, objets de respect ou de crainte. Bien plus, à ces
notions de la Divinité et d'une autre vie, quelque vagues qu'elles
soient, correspondent chez tous les peuples certains faits analogues qui s'expriment à peu près partout de la même manière,
malgré leur éloignement et les différences nombreuses qui les séparent à d'autres égards. « Les rites pratiqués sur toute la terre en
l'honneur de ceux qui ne sont plus; les différentes cérémonies
relatives à la sépulture, à l'embaumement, à l'incinération des
corps, les processions funéraires qui, dans tous les pays, dans tous
les temps, chez tous les peuples, accompagnent les morts à leur
dernière demeure; les tombeaux élevés sur les lieux où ont été
déposés leurs restes périssables; les innombrables tumulus dispersés sur toute la surface du globe, seules traces qu'aient laissées des
races depuis longtemps éteintes; les moraïs et les gigantesques
monuments des îles polynésiennes; les magnifiques pyramides de
l'Egypte et de l'Anahuac; les prières et les litanies récitées aujour-
d'hui pour les vivants et pour les morts dans les églises de la chré-
tienté, dans les mosquées et les pagodes de l'Orient, comme elles
l'étaient jadis dans les temples du monde païen; le pouvoir accordé
aux prêtres, considérés comme médiateurs entre les dieux et les
hommes; les pontifes agissant comme vicaires de la Divinité sur
les rives du Tibre, du Brahmapoutra et du golfe Arabique; les
guerres sacrées désolant des empires pour établir ou renverser cer-

tains dogmes, etc., etc., tous ces différents faits et beaucoup d'autres
semblables que présente à notre observation l'histoire des nations
civilisées comme celles des peuples barbares, nous conduisent à
reconnaître que l'humanité tout entière sympathise dans certaines
idées générales, dans certains sentiments profondément empreints
en elle, et dont la nature n'est pas moins mystérieuse que l'origine (1). »

Le fait a été nié ; on a soutenu l'existence de populations nombreuses, étrangères au sentiment moral comme au sentiment religieux. En parlant ainsi, on a confondu deux choses, la faculté
morale et religieuse et les actes par lesquels elle se traduit, et,
comme les actes varient suivant les circonstances, on a cru pouvoir conclure de l'absence de certains actes avec lesquels la faculté
morale et religieuse était indissolublement associée, dans l'esprit
de ceux qui font l'objection, à l'absence de cette faculté elle-même.
Mais, pour être juste et se préserver d'erreur, il faut se garder
avec soin de juger les peuples étrangers à nos mœurs et à notre
civilisation, avec nos idées propres et d'après nos mœurs actuelles.
Moyennant cette précaution, il nous sera facile de reconnaître
chez tous, chez ceux-là même qui nous paraissent le plus dégradés, les sentiments et les vertus que nous honorons le plus : le
respect de la propriété, le respect de la vie humaine, le respect de
soi-même (2). Sans doute ces sentiments ne s'expriment pas partout de la même manière. Leur expression varie suivant les temps,
les lieux, les religions, l'éducation, la tradition de la société au
sein de laquelle elle se produit. Mais si les actes changent, la faculté qui leur a donné naissance reste toujours et partout la même.
Pour citer un exemple entre plusieurs autres, prenons la poli-
tesse. « Nous nous levons et nous nous découvrons la tête devant
un étranger, un supérieur, dit M. de Quatrefages ; en pareil cas,
le Turc garde sa coiffure et le Polynésien s'assied. Pour différer
complétement dans la forme, les actes ne sont-ils pas au fond

(1) PRICHARD, *Histoire naturelle de l'Homme*, t. II, p. 261, 263.
(2) A. DE QUATREFAGES, *Rapport sur les progrès de l'anthropologie*. Paris,
1867.

les mêmes? La faculté qu'ils accusent n'est-elle pas identique? »

Si la *moralité* avec ses traits essentiels, ses caractères les plus délicats se retrouve dans tous les groupes humains, il en est de même de la *religiosité*.

Quoi qu'on ait pu dire à cet égard, les peuples vraiment athées n'existent pas. L'erreur de ceux qui ont affirmé cet athéisme a sa principale source, comme l'observe l'éminent écrivain que nous citions tantôt, « dans la haute opinion que l'Européen a de lui-même, dans le dédain qui préside habituellement à ses rapports avec les autres populations, et surtout avec celles qu'il traite avec plus ou moins de raison de barbares ou de sauvages. Par exemple, un voyageur qui d'ordinaire parle fort mal leur langue interpellera quelques individus sur les délicates questions de la Divinité, de la vie future, etc.; ses interlocuteurs ne le comprenant pas, feront quelques signes de doute ou de dénégation sans rapport aucun avec les questions posées; à son tour l'Européen se méprendra. Lui qui déjà ne voyait en eux que des êtres infimes, incapables de toute conception tant soit peu élevée, en conclura sans hésiter que ces peuples n'ont aucune notion ni de Dieu, ni d'une autre vie; et son assertion bientôt répétée, sera facilement acceptée comme vraie par des lecteurs qui ont des peuples étrangers à notre civilisation à peu près les mêmes opinions que lui. L'histoire des voyages nous fournirait ici de nombreux exemples (*Hottentots, Cafres, Béchuanas*). »

Pour cette cause donc et pour d'autres qu'il serait trop long même d'indiquer, on a prétendu qu'il existait des races humaines chez lesquelles la faculté religieuse n'existait pas, et l'on a cité à l'appui, d'une part, les Mongols, les Chinois, les Japonais, en un mot, la presque totalité des races jaunes qui se rattachent aux croyances boudhistes, d'autre part les Australiens et les Hottentots.

Nous ne pouvons entrer ici, on le comprend, dans une discussion approfondie à ce sujet. Nous renvoyons au beau travail de M. de Quatrefages, dans son *Rapport sur les progrès de l'anthropologie*. Bornons-nous à remarquer, comme nous l'avons fait pour le sentiment moral, qu'on a confondu le sentiment religieux avec l'expression plus ou moins parfaite qu'il a revêtue, et de ce que l'on n'a pas trouvé chez certains peuples les formes et les pratiques sous lesquelles on était habitué à le voir se produire, on s'est hâté de conclure trop légèrement que ces peuples étaient étrangers à toute notion religieuse. Cela est si vrai, que M. Barthélemy Saint-Hilaire qui ne craint pas de déclarer, à plusieurs reprises, qu'à ses yeux *un tiers de l'humanité est athée*, est obligé d'en convenir. « Ceci ne veut pas dire, écrit-il, qu'ils professent l'athéisme et qu'ils se font gloire de leur incrédulité avec cette jactance dont on pourrait citer plus d'un exemple parmi nous. *Ceci veut dire simplement que ces peuples n'ont pas pu s'élever, dans leurs méditations les plus hautes, jusqu'à la notion de Dieu.* » Ils ne se sont pas fait de Dieu l'idée que vous vous en faites vous-même, soit ; mais des peuples « qui mettent des dieux partout dans leurs légendes, qui partout ont semé des temples consacrés à ces divinités, qui les redoutent et les adorent, qui ont fait de la prière une institution, qui admettent le dogme de la vie future et celui de la rémunération, » ces peuples peuvent-ils bien être appelés *athées ?* « L'absence d'idoles, de culte public, de sacrifice quelconque chez les Cafres et chez les Béchuanas, dit le docteur Livingstone, fait croire tout d'abord que ces peuplades professent l'athéisme le plus absolu. Mais, quelque dégradées que soient les populations africaines, dit-il ailleurs, il n'est pas besoin de les entretenir de l'existence de Dieu, ni de leur parler de la vie future ; ces deux vérités sont universellement reconnues en Afrique. » La même observation s'applique aux aborigènes de l'Australie. On rencontre chez tous, même les plus arriérés, une mythologie rudimentaire.

Au reste, voici le témoignage d'un homme autorisé entre tous : « Obligé par mon enseignement même, dit M. de Quatrefages, de passer en revue toutes les races humaines, j'ai cherché l'athéisme chez les plus inférieures comme chez les plus élevées, je ne l'ai rencontré nulle part, si ce n'est à l'état individuel ou tout au plus d'école plus ou moins restreinte, comme on l'a vu en Europe au siècle dernier, comme on l'y voit encore aujourd'hui. Partout et toujours la masse des populations lui a échappé (1). »

Le fait que nous venons de relever a déjà une grande valeur au point de vue qui nous occupe; mais que sera-ce si nous parvenons à établir que ces races si dissemblables de mœurs, de coutumes, de civilisation sont toutes aptes à recevoir le Christianisme, et capables les unes aussi bien que les autres de vivre de la vie des chrétiens et des peuples les plus avancés? Ne sera-ce pas la preuve que l'humanité a la même histoire, le même avenir; qu'elle souffre des mêmes maux; qu'elle a besoin du même remède; qu'elle en ressent partout et de la même manière l'efficacité; en un mot qu'elle a la même nature morale; qu'elle est issue du même berceau?

Or cette preuve est faite depuis longtemps et se poursuit chaque jour devant nous. L'histoire des missions chrétiennes est là qui l'atteste. Nous voudrions pouvoir la mettre sous les yeux de nos lecteurs; nous voudrions les conduire sur les pas de nos missionnaires, depuis les régions glacées qu'habitent les nations hyperboréennes jusqu'aux vastes plaines de l'Afrique australe où vivent misérablement les hordes nomades des sales Bushmen; nous voudrions les faire assister aux changements merveilleux survenus, sous l'influence du Christianisme, dans la condition de ces peuplades dégradées, les leur montrer se relevant peu à peu de l'état d'abjection où les ont trouvées nos missionnaires, et s'élevant par degrés aux mœurs, aux coutumes de la civilisation, aux idées les plus pures de la religion et de la morale. Ces faits, qu'il serait trop long de retracer ici, mais que chacun peut lire dans l'histoire des missions contemporaines, ne sont-ils pas la démonstration, une démonstration puissante, décisive, que l'âme des Esquimaux, des Groënlandais, des Africains a la même constitution morale que celle des autres hommes; qu'il y a chez ces peuples les mêmes éléments de moralité, les mêmes sympathies, les mêmes aptitudes religieuses, la même susceptibilité d'affection, la

(1) *Rapport sur les progrès de l'anthropologie*, p. 78 et suiv.

même conscience que chez tous les autres; et cela étant, n'en résulte-t-il pas d'une manière rigoureuse, d'après les règles dont nul ne songe à contester l'existence, quand il s'agit d'établir des distinctions spécifiques, que tous les hommes ne forment qu'une seule famille, qu'ils appartiennent tous à une seule et même espèce?

Qu'on nous permette de citer un fait en terminant :

Tsékélo, fils de Moshesh, roi des Cafres-Bassoutos, était venu en Europe, il y a quelques années, pour plaider auprès du gouvernement anglais la cause de son peuple, dont les intérêts avaient été gravement compromis par la délimitation de territoire que leur avait imposée le gouverneur de la colonie du Cap. Avant de retourner en Afrique, Tsékélo voulut visiter Paris. Il y séjourna plusieurs semaines, pendant lesquelles tous ceux qui eurent occasion de le voir et de l'entendre purent se convaincre que tout Cafre qu'il était, il n'était inférieur en rien comme intelligence et talent de parole aux hommes de notre race. Dans un repas d'adieu qui lui fut donné par ses amis, un des convives, M. Edmond de Pressensé, avait dit : « En écoutant Tsékélo, nous avons senti, reconnu en lui un homme en tout semblable à nous-mêmes! » — « Oui, oui! » s'est écrié alors l'Africain, « un homme, un homme, un homme! Si je pouvais prêter mon âme à M. de Pressensé et la mettre dans son corps pendant trois jours, il verrait qu'elle pense, qu'elle sent comme la sienne! »

Ce fait entre plusieurs autres ne prouve-t-il pas aussi à sa manière la thèse que nous nous sommes efforcé d'établir : l'unité de l'espèce humaine?

TABLE DES MATIÈRES

CHAPITRE III

ÈRE PRIMAIRE OU PALÉOZOÏQUE DITE DE TRANSITION

CHAPITRE V

ÉRE TERTIAIRE OU CAÏNOZOÏQUE

CHAPITRE VI

ÉRE QUATERNAIRE OU ACTUELLE

I. PÉRIODE POST-PLIOCÈNE

LIVRE DEUXIÈME

—

LA CRÉATION

—

CHAPITRE VI

CHAPITRE VII

CHAPITRE VIII

CHAPITRE IX

CHAPITRE X

LIVRE TROISIÈME

LES DEUX RÉCITS COMPARÉS

CHAPITRE PREMIER

CHAPITRE VI

TROISIÈME JOUR

CHAPITRE VII

QUATRIÈME JOUR

CHAPITRE VIII

CINQUIÈME JOUR

CHAPITRE IX

SIXIÈME JOUR

CHAPITRE X

SIXIÈME JOUR

(SUITE)

CHAPITRE XI

DE L'ORIGINE SIMIENNE DE L'HOMME

CHAPITRE XII

ANTIQUITÉ DE L'HOMME

APPENDICE

—

DIVERSITÉ DES RACES HUMAINES
UNITÉ DE L'ESPÈCE

II. Phénomènes d'hybridité.

TABLE DES GRAVURES

FIN DES TABLES.

Paris. — Typ. de Ch. Meyrueis, 11, rue Cujas.

ERRATUM

Page 89, à l'entête et à la 3ᵉ ligne du second alinéa, mettre : « Samalandroïdes giganteus, » au lieu de « Salamandroïdes gigantea. »

9 782329 261133